CAD/CAM/CAE 系列丛书
入门与提高

ANSYS 19.0

土木工程有限元分析

入门与提高

CAD/CAM/CAE技术联盟◎编著

U0235954

清华大学出版社
北京

内 容 简 介

本书以 ANSYS 的最新版本 ANSYS 19.0 为依托,对 ANSYS 分析的基本思路、操作步骤、应用技巧进行了详细介绍,并结合典型工程应用实例详细讲述了 ANSYS 的具体工程应用方法。

本书前 7 章为操作基础,详细介绍了 ANSYS 分析全流程的基本步骤和方法,随后介绍了 APDL 语言及土木工程中常用单元,最后以具体的工程实例深入浅出地介绍了 ANSYS 在隧道工程、边坡工程、水利工程、桥梁工程及房屋建筑工程中的应用。每个实例都先用 GUI 方式逐步教用户如何操作,让读者轻松地学会,随后提供详细的命令流。全书分为 13 章,分别为有限元软件 ANSYS 简介、ANSYS 19.0 图形用户界面的组成、建立实体模型、划分网格、施加载荷、求解、后处理、APDL 及土木工程中常用单元简介、ANSYS 隧道工程应用实例分析、ANSYS 边坡工程应用实例分析、ANSYS 水利工程应用实例分析、ANSYS 桥梁工程应用实例分析、ANSYS 房屋建筑工程应用实例分析。

本书可作为理工科院校土木、力学和隧道等专业的本科生、研究生及教师学习 ANSYS 软件的教材,也可作为从事土木建筑工程、水利工程等专业的科研人员学习使用 ANSYS 的参考用书。

图书在版编目(CIP)数据

ANSYS 19.0 土木工程有限元分析入门与提高/CAD/CAM/CAE 技术联盟编著. —北京:清华大学出版社,2020.3
(CAD/CAM/CAE 入门与提高系列丛书)
ISBN 978-7-302-52407-6

Ⅰ.①A… Ⅱ.①C… Ⅲ.①土木工程—有限元分析—应用软件 Ⅳ.①TU-39

中国版本图书馆 CIP 数据核字(2019)第 042137 号

责任编辑:赵益鹏　赵从棉
封面设计:李召霞
责任校对:刘玉霞
责任印制:刘海龙

出版发行:清华大学出版社
　　　　网　　　址:http://www.tup.com.cn,http://www.wqbook.com
　　　　地　　　址:北京清华大学学研大厦 A 座　　　　邮　　编:100084
　　　　社 总 机:010-62770175　　　　邮　　购:010-62786544
　　　　投稿与读者服务:010-62776969,c-service@tup.tsinghua.edu.cn
　　　　质量反馈:010-62772015,zhiliang@tup.tsinghua.edu.cn
印 装 者:清华大学印刷厂
经　　销:全国新华书店
开　　本:185mm×260mm　　印　张:34.5　　字　　数:800 千字
版　　次:2020 年 4 月第 1 版　　印　　次:2020 年 4 月第 1 次印刷
定　　价:89.80 元

产品编号:073758-01

前　言

Preface

ANSYS 软件是美国 ANSYS 公司开发的大型通用有限元软件,它是有限元分析中第一个通过 ISO 9001 质量认证的计算机辅助工程设计分析软件,同时也是美国机械工程师协会、美国核安全局及近 20 多种专业技术协会认证的标准分析软件。它是最为通用和有效的商用有限元软件之一,它融结构、传热学、流体、电磁、声学和爆破分析等于一体,具有非常强大的前处理、后处理和计算分析能力,能够同时模拟结构、热、流体、电磁及多种物理场间的耦合效应。目前,它已经广泛应用于土木工程、机械制造、材料加工、航空航天、铁路运输、石油化工、核工业、轻工、电子、能源、汽车、生物医学、家用电器等各个领域,为各个领域的设计开发以及前沿课题做出了很大贡献。

为了帮助读者迅速了解并掌握 ANSYS 软件在土木工程中的应用技术,作者根据长期使用 ANSYS 软件进行土木工程力学分析的经验和体会,以 ANSYS 的最新版本 ANSYS 19.0 为依据,编写了本书。

一、本书特点

☑ 作者权威

本书的编者都是高校从事计算机辅助工程分析教学研究多年的一线人员,具有丰富的教学实践经验与教材编写经验,有一些执笔者是国内 ANSYS 图书出版界知名的作者,前期出版的一些相关书籍经过市场检验很受读者欢迎。多年的教学工作使他们能够准确地把握学生的心理与实际需求,本书是作者总结多年的设计经验以及教学的心得体会,历时多年的精心准备,力求全面、细致地展现 ANSYS 软件在土木工程分析应用领域的各种功能和使用方法。

☑ 针对性强

就本书而言,我们的目的是编写一本对土木工程专业具有针对性的基础应用学习书籍。对每个知识点,我们不求过于深入,只要求读者能够掌握可以满足一般工程分析的知识即可,并且在语言上尽量做到浅显易懂、言简意赅。

☑ 实例丰富

本书的实例不管是数量还是种类,都非常丰富。从数量上说,本书结合大量的土木工程分析实例,详细讲解了 ANSYS 知识要点,让读者在学习案例的过程中潜移默化地掌握 ANSYS 软件操作技巧。

☑ 突出提升技能

本书从全面提升 ANSYS 工程分析能力的角度出发,结合大量的案例来讲解如何利用 ANSYS 软件进行有限元分析,使读者了解计算机辅助土木工程分析并能够独立地完成各种工程分析。

本书中有很多实例本身就是工程分析项目案例,经过作者精心提炼和改编,不仅保证读者能够学好知识点,更重要的是能够帮助读者掌握实际的操作技能,同时培养工程分析实践能力。

二、本书的内容

本书前 7 章为操作基础,详细介绍了 ANSYS 分析全流程的基本步骤和方法,随后介绍了 APDL 语言及土木工程中常用单元,最后结合具体的工程实例深入浅出地介绍了 ANSYS 在隧道工程、边坡工程、水利工程、桥梁工程及房屋建筑工程中的应用。每个实例都先用 GUI 方式一步一步地教用户如何操作,让读者轻松地学会,随后提供详细的命令流。全书分为 13 章,分别为有限元软件 ANSYS 简介、ANSYS 19.0 图形用户界面的组成、建立实体模型、划分网格、施加载荷、求解、后处理、APDL 及土木工程中常用单元简介、ANSYS 隧道工程应用实例分析、ANSYS 边坡工程应用实例分析、ANSYS 水利工程应用实例分析、ANSYS 桥梁工程应用实例分析、ANSYS 房屋建筑工程应用实例分析。

三、本书的服务

1. 关于本书的技术问题或有关本书信息的发布

读者朋友遇到有关本书的技术问题,可以登录网站 www.sjzswsw.com 或将问题发到邮箱 win760520@126.com,我们将及时回复。也欢迎加入图书学习交流群(QQ:180284277)交流探讨。

2. 安装软件的获取

按照本书上的实例进行操作练习,以及使用 ANSYS 进行分析时,需要事先在计算机上安装相应的软件。读者可从网络中下载相应软件,或者从当地电脑城、软件经销商处购买。QQ 交流群也会提供下载地址和安装方法教学视频,需要的读者可以关注。

3. 配套电子资源

为了配合各学校师生利用此书进行教学的需要,随书配赠多媒体电子资源,内容为书中所有实例以文本文件的格式给出的命令流文件,以及实例操作过程录屏动画,供读者学习中使用。

本书主要由 CAD/CAM/CAE 技术联盟编著,具体参与本书编写的有胡仁喜、刘昌丽、康士廷、王敏、闫聪聪、杨雪静、李亚莉、李兵、甘勤涛、王培合、王艳池、王玮、孟培、张亭、王佩楷、孙立明、王玉秋、王义发、解江坤、秦志霞、井晓翠等。本书的编写和出版得到了很多朋友的大力支持,值此图书出版发行之际,向他们表示衷心的感谢。同时,也深深感谢支持和关心本书出版的所有朋友。

本书可作为理工科院校土木、力学和隧道等专业的本科生、研究生及教师学习 ANSYS 软件的学习教材,也可作为从事土木建筑工程、水利工程等专业的科研人员学习使用 ANSYS 的参考用书。

编　者

2020 年 2 月

目 录

Contents

Note

第 *1* 章

有限元软件ANSYS简介

　　本章先简单介绍有限元方法，随后介绍 ANSYS 的功能、文件系统和分析过程，最后，结合一个实例给出 ANSYS 的实现过程。

学 习 要 点

- ◆ 有限元法简介
- ◆ ANSYS 19.0 的安装与启动
- ◆ ANSYS 文件系统
- ◆ ANSYS 分析过程

1.1 有限元法简介

有限元法的基本思想是将连续的结构离散成有限个单元,并在每一个单元中设定有限个节点,将连续体看作是只在节点处相连接的一组单元的集合体;同时选定场函数的节点值作为基本未知量,并在每一个单元中假设一近似插值函数以表示单元场中场函数的分布规律;进而利用力学中的某些变分原理去建立用以求解节点未知量的有限元方程,从而将一个连续域中的无限自由度问题化为离散域中的自由度问题。一经求解就可以利用解得的节点值和设定的插值函数确定单元上以至整个集合体上的场函数。有限元法的分析过程可以分为如下 5 个步骤。

(1) 结构离散化。离散化就是指将所分析问题的结构分割成有限个单元体,并在单元体的指定点设置节点,使相邻单元的有关参数具有一定的连续性,形成有限元网格,即将原来的连续体离散为节点处相连接的有限单元组合体,代替原来的结构。结构离散化时,划分单元的大小和数目应当根据计算精度和计算机的容量等因素来确定。

(2) 选择位移插值函数。为了能用节点位移表示单元体的位移、应变和应力,在分析连续体问题时,必须对单元中位移的分布作出一定的假设,即假定位移是坐标的某种简单函数(插值函数或位移模式),通常采用多项式作为位移函数。选择适当的位移函数是有限元法分析中的关键,应当注意以下几个方面:

① 多项式项数应等于单元的自由度数;

② 多项式阶次应包含常数项和线性项;

③ 单元自由度应等于单元节点独立位移的个数。

位移矩阵为

$$f = N\delta^e \tag{1-1}$$

式中,f 为单元内任意一点的位移;δ^e 为单元节点的位移;N 为行函数。

(3) 分析单元的力学特性。先利用几何方程推导出用节点位移表示的单元应变:

$$\varepsilon = B\delta^e \tag{1-2}$$

式中,ε 为单元应变;B 为单元应变矩阵。

再由本构方程可导出用节点位移表示的单元应力:

$$\sigma = DB\delta^e \tag{1-3}$$

式中,D 为与单元材料有关的弹性矩阵。

最后由变分原理可得到单元上节点力与节点位移间的关系式(即平衡方程):

$$F^e = k^e\delta^e \tag{1-4}$$

式中,k^e 为单元刚度矩阵,

$$k^e = \iiint B^T DB \, \mathrm{d}x\,\mathrm{d}y\,\mathrm{d}z \tag{1-5}$$

(4) 集合所有单元的平衡方程,建立整体结构的平衡方程。即先将各个单元的刚度矩阵合成整体刚度矩阵,然后将各单元的等效节点力集合成总的载荷阵列——称为总刚矩阵 K:

$$K = \sum k^{e} \tag{1-6}$$

由总刚矩阵形成整个结构的平衡方程：

$$K\delta = F \tag{1-7}$$

（5）由平衡方程求解未知节点位移和计算单元应力。有限元求解程序的内部过程如图 1-1 所示。因为单元可以设计成不同的几何形状，所以可以灵活地模拟和逼近复杂的求解区域。很显然，只要插值函数满足一定的要求，随着单元数目的增加，解的精度也会不断提高而最终收敛于问题的精确解。虽然从理论上来讲，不断增加单元数目可以使数值分析解最终收敛于问题的精确解，这却大大地增加计算机运行时间。而在实际工程应用中，只要所得的解能够满足工程的实际需要就可以，因此，有限元法的基本策略就是在分析精度和分析时间上找到一个最佳平衡点。

图 1-1　有限元程序图

1.2　ANSYS 19.0 的安装与启动

1.2.1　系统要求

1. 操作系统要求

（1）Windows 7（专业版和企业版）（64 位），Windows 8.1 Update 1（专业版和企业版）（64 位），Windows 10（专业版、企业版和教育版）（64 位），Microsoft Windows HPC Server 2008 R2，Windows Server 2012 R2 x64。

注：Windows 各家庭版及所有 32 位版本均不支持安装。

（2）确定计算机安装有网卡、TCP/IP 协议，并将 TCP/IP 协议绑定到网卡上。

2. 硬件要求

（1）内存：8GB（推荐 16GB）以上。

（2）硬盘：40GB 以上硬盘空间，用于安装 ANSYS 软件及其配套使用软件。

各模块所需硬盘容量：

ANSYS Mechanical APDL：12.5 GB

ANSYS Autodyn：8.0 GB

ANSYS LS-DYNA：8.5 GB

ANSYS AIM：13.5 GB

ANSYS CFX：9.7 GB

ANSYS Fluent：11.8 GB

ANSYS TurboGrid：8.9 GB

ANSYS FENSAP-ICE：7.8 GB

Note

ANSYS Polyflow：12.2 GB

ANSYS CFD Post only：8.9 GB

ANSYS Forte：7.7 GB

ANSYS Chemkin：8.1 GB

ANSYS ICEM CFD：8.1 GB

ANSYS Aqwa：7.8 GB

ANSYS Icepak：7.1 GB

ANSYS Geometry Interfaces：3.8 GB

CATIA V5：3.5 GB

CATIA v6：2.1 GB

3. 软件要求

Microsoft . NET Framework 4.5 或以上

Microsoft Visual C++2010 x64 Redistributable

Microsoft Visual C++2012 x64 Redistributable

1.2.2 设置运行参数

在使用 ANSYS 19.0 软件进行设计之前，可以根据用户的需求设计环境。

执行"开始"→"程序"→"ANSYS 19.0"→"Mechanical APDL Product Launcher"命令，得到如图 1-2 所示的对话框，主要设置内容有模块选择、文件管理、用户管理/个人设置和程序初始化等。

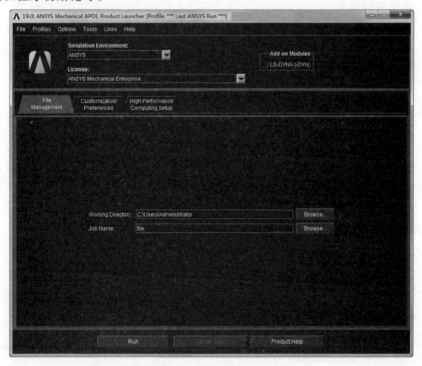

图 1-2　ANSYS 19.0 对话框

1．模块选择

在"Simulation Environment"（数值模拟）下拉列表中列出以下三种界面：

（1）ANSYS：典型 ANSYS 用户界面。

（2）ANSYS Batch：ANSYS 命令流界面。

（3）LS-DYNA Solver：线性动力求解界面。

用户根据自己的实际需要选择一种界面。

在"License"下拉列表中列出了各种界面下相应的模块：力学、流体、热、电磁、流固耦合等，用户可根据自己的要求选择，如图 1-3 所示。

图 1-3 "License"下拉列表

2．文件管理

单击"File Management"（文件管理），然后在"Working Directory"（工作目录）文本框设置工作目录，再在"Job Name"（文件名）设置文件名，默认文件名为 File。

☎ **注意**：ANSYS 默认的工作目录是在系统所在硬盘分区的根目录，如果一直采用这一设置，会影响 ANSYS 19.0 的工作性能，建议将工作目录改建在非系统所在硬盘分区中，且要有足够大的硬盘容量。

☎ **注意**：初次运行 ANSYS 时默认文件名为 File，重新运行时工作文件名默认为上一次定义的工作名。为防止对之前工作内容的覆盖，建议每次启动 ANSYS 时更改文件名，以便备份。

3．用户管理/个人设置

单击"Customization/Preferences"（用户管理/个人设置），就可以得到如图 1-4 所示的"Customization/Preferences"界面。

用户管理中可设定数据库的大小和进行内存管理设置，个人设置中可设置自己喜欢的用户环境：在 Language Selection 中选择语言；在 Graphics Device Name 中对显示模式进行设置（Win32 提供 9 种颜色等值线，Win32c 提供 108 种颜色等值线；3D 针对 3D 显卡，适宜显示三维图形）；在 Read START file at start-up 中设定是否读入启动文件。

完成以上设置后,单击"Run"按钮就可以运行 ANSYS 19.0 程序了。

图 1-4 "Customization/Preferences"界面

1.2.3 启动与退出

1. 启动 ANSYS 19.0

(1) 快速启动:在 Windows 系统中执行"开始"→"程序"→"ANSYS 19.0"→"Mechanical APDL (ANSYS)"命令,如图 1-5(a)所示,就可以快速启动 ANSYS 19.0,采用的用户环境默认为上一次运行的环境配置。

(a)   (b)

图 1-5 ANSYS 19.0 启动方式

(a) 快速启动;(b) 交互式启动

（2）交互式启动：在 Windows 系统中执行"开始"→"程序"→"ANSYS 19.0"→"Mechanical APDL Product Launcher"命令，如图 1-5（b）所示，就是以交互式启动 ANSYS 19.0。

注意：建议用户选用交互式启动，这样可防止上一次运行的结果文件被覆盖掉，并且还可以重新选择工作目录和工作文件名，便于用户管理。

2. 退出 ANSYS 19.0

（1）命令方式：/EXIT。

（2）GUI 路径：在用户界面中单击 ANSYS Toolbar（工具条）中的"QUIT"按钮，或单击 Utility Menu→File→EXIT，出现 ANSYS 19.0 程序退出对话框，如图 1-6 所示。

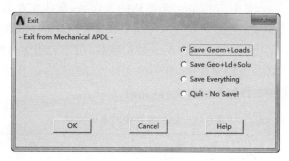

图 1-6　ANSYS 19.0 程序退出对话框

（3）在 ANSYS 19.0 输出窗口（图 1-7）中单击关闭按钮 ☒ 。

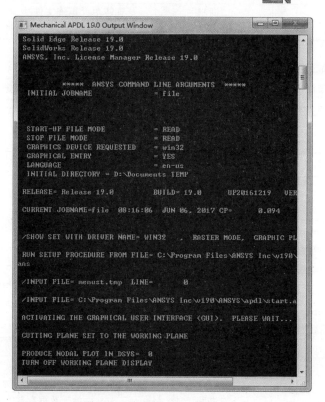

图 1-7　ANSYS 19.0 输出窗口

注意：采用第一种和第三种方式退出时，直接退出 ANSYS；而采用第二种方式时，退出 ANSYS 前要求用户对当前的数据库（几何模型、载荷、求解结果及三者的组合）进行选择性操作，或者什么都不保存，因此建议用户采用第二种方式退出。

1.3 ANSYS 文件系统

1.3.1 文件类型

ANSYS 程序广泛应用文件来存储和恢复数据，特别是在求解分析时。这些文件被命名为 Jobname.ext，其中 Jobname 是默认的工作名，默认作业名为 File，可以更改，最大长度可达 32 个字符，但必须是英文名，ANSYS 不支持中文的文件名；ext 是由 ANSYS 定义的唯一的由 2～4 个字符组成的扩展名，用于表明文件的内容。

ANSYS 程序运行产生的文件中，有一些文件在 ANSYS 运行结束前产生但在某一时刻会自动删除，这些文件称为临时文件（见表 1-1）。

表 1-1　ANSYS 产生的临时文件

文 件 名	类 型	内 容
Jobname.ano	文本	图形注释命令
Jobname.bat	文本	从批处理输入文件中复制的输入数据
Jobname.don	文本	嵌套层（级）的循环命令
Jobname.erot	二进制	旋转单元矩阵文件
Jobname.page	二进制	ANSYS 虚拟内存页文件

另外一些在运行结束后保留的文件则称为永久性文件（见表 1-2）。临时文件一般是计算过程中存储某些中间信息的文件，如 ANSYS 虚拟内存页（Jobname.page）以及旋转某些中间信息的文件（Jobname.erot）等。

表 1-2　ANSYS 产生的永久性文件

文 件 名	类 型	内 容
Jobname.out	文本	输出文件
Jobname.db	二进制	数据文件
Jobname.rst	二进制	结构与耦合分析文件
Jobname.rth	二进制	热分析文件
Jobname.rmg	二进制	磁场分析文件
Jobname.rfl	二进制	流体分析文件
Jobname.sn	文本	载荷步文件
Jobname.grph	文本	图形文件
Jobname.emat	二进制	单元矩阵文件
Jobname.log	文本	日志文件
Jobname.err	文本	错误文件
Jobname.elem	文本	单元定义文件
Jobname.esav	二进制	单元数据存储文件

Note

1.3.2 文件管理

1. 指定文件名

（1）进入 ANSYS 后，通过以下方法更改工作文件名：

命令：/FILNAME,fname
GUI：Utility Menu→FILE→Change Jobname...

（2）由 Interactive 式启动进入 ANSYS 后，直接运行，则 ANSYS 的文件名默认为 file。

（3）由 Interactive 式启动进入 ANSYS 后，在运行环境设置窗口中 jobname 项中把系统默认的 file 更改为想要输入的文件名。

2. 保存数据库文件

ANSYS 数据库文件包含了建模、求解、后处理所产生的保存在内存中的数据，一般指存储几何信息、节点单元信息、边界条件、载荷信息、材料信息、位移、应变、应力和温度等数据库文件，后缀为 db。

存储操作将 ANSYS 数据库文件从内存中写入数据库文件 jobname.db，作为数据库当前状态的一个备份。由于 ANSYS 软件没有其他有限元软件的即时 Undo 功能以及 ANSYS 没有自动保存功能，因此，建议在不能确定下一个操作是否稳妥时，保存当前数据库，以便及时恢复。

ANSYS 提供以下 3 种方式存储数据库：

（1）利用工具栏上面的 SAVE_DB 命令，如图 1-8 所示。

ANSYS Toolbar
| SAVE_DB | RESUM_DB | QUIT | POWRGRPH |

图 1-8　ANSYS 文件的存储与读取快捷方式

（2）使用命令流方式存储数据库：

命令：SAVE,Fname,ext,dir,slab

（3）用下拉菜单方式保存数据库：

GUI：Utility Menu→FILE→Save as jobname.db
或　 Utility Menu→FILE→Save as...

📞注意：Save as jobname.db 表示以工作文件名保存数据库；而 Save as...程序将数据保存到另外一个文件名中，当前的文件内容并不会发生改变，保存之后进行的操作仍记录在原来的工作文件的数据库中。

重复存储到一个同名数据库文件，ANSYS 先将旧文件复制到 jobname.db 作为备份，恢复它相当于执行一次"Undo"操作。

在求解之前保存数据库。

3. 恢复数据库文件

有以下 3 种方式恢复数据库文件：

（1）利用工具栏上面的 RESUM_DB 命令。

（2）使用命令流方式恢复数据库。

命令:Resume,Fname,ext,dir,slab

（3）用下拉菜单方式恢复数据库。

GUI:Utility Menu→FILE→Resume jobname.db
或　Utility Menu→FILE→Resume from ...

4. 读入文本文件

ANSYS 程序经常需要读入一些文本文件,如参数文件、命令文件、单元文件、材料文件等,常见读入文本文件的操作如下:

（1）读取 ANSYS 命令记录文件。

命令:/Input,fname,ext,--,line,log
GUI:Utility Menu→FILE→Read input from

（2）读取宏文件。

命令:*Use,name,arg1,arg2,…,arg18
GUI:Utility Menu→Macro→Execute Data Block

（3）读取材料参数文件。

命令:Parres,lab,fname,ext,...
GUI:Utility Menu→Parameters→Restore Parameters

（4）读取材料特性文件。

命令:Mpread,fname,ext,--,lib
GUI:Main Menu→Preprocess→Material Props→Read from File
或　Main Menu→Preprocess→Loads→Other→Change Mat Props→Read from File
或　Main Menu→Solution→Load step opts→Other→change Mat Props→Read from File

（5）读取单元文件。

命令:Nread,fname,ext,--
GUI:Main Menu→Preprocess→Modeling→Creat→Elements→Read Elem File

（6）读取节点文件。

命令:Nread,fname,ext,--
GUI:Main Menu→Preprocess→Modeling→Creat→Nodes→Read Node File

5. 写出文本文件

（1）写入参数文件。

命令:Parsav,lab,fname,ext,...
GUI:Utility Menu→Parameters→Save Parameters

Note

（2）写材料特性文件。

```
命令:Mpwrite,fname,ext,…,lib,mat
GUI:Main Menu→Preprocess→Material Props→Write to File
  或 Main Menu→Preprocess→Loads→Other→Change Mat Props→Write to File
  或 Main Menu→Solution→Load step opts→Other→change Mat Props→Write to File
```

（3）写入单元文件。

```
命令:Ewrite,fname,ext,--,kappnd,format
GUI:Main Menu→Preprocess→Modeling→Creat→Elements→Write Elem File
```

（4）写入节点文件。

```
命令:Nwrite,fname,ext,--,kappnd
GUI:Main Menu→Preprocess→Modeling→Creat→Elements→Write Node File
```

6. 文件操作

ANSYS的文件操作相当于操作系统中的文件操作功能,如重命名文件、复制文件和删除文件等。

（1）重命名文件。

```
命令:/rename,fname,ext,--,fname2,ext2,…
GUI:Utility Menu→File→File Operation→Rename
```

（2）复制文件。

```
命令:/copy,fname,ext1,--,fname2,ext2,…
GUI:Utility Menu→File→File Operation→Copy
```

（3）删除文件。

```
命令:/delete,fname,ext,--
GUI:Utility Menu→File→File Operation→Delete
```

7. 列表显示文件信息

（1）列表显示 Log 文件。

```
GUI:Utility Menu→File→List→Log Files
  或 Utility Menu→List→Files→Log Files
```

（2）列表显示二进制文件。

```
GUI:Utility Menu→File→List→Binary Files
  或 Utility Menu→List→Files→Binary Files
```

（3）列表显示错误信息文件。

```
GUI:Utility Menu→File→List→Error Files
  或 Utility Menu→List→Files→Error Files
```

1.4 ANSYS 分析过程

从总体上讲,ANSYS 软件有限元分析包含前处理、求解和后处理 3 个基本过程,如图 1-9 所示,它们分别对应 ANSYS 主菜单系统中 PreProcessor(前处理)、Solution(求解器)、General Postproc(通用后处理器)与 TimeHist Postproc(时间历程处理器)。

图 1-9 分析主菜单

ANSYS 软件包含多种有限元分析功能,从简单的线性静态分析到复杂的非线性动态分析以及热分析、流固耦合分析、电磁分析、流体分析等。ANSYSY 具体应用到每一个不同的工程领域,其分析方法和步骤有所差别,本节主要讲述对大多数分析过程都适用的一般步骤。

一个典型的 ANSYS 分析过程可分为以下 3 个步骤:

(1) 建立模型。

(2) 加载求解。

(3) 查看计算结果。

其中,建立模型包括参数定义、实体建模和划分网格;加载求解包括施加载荷、边界条件和进行求解运算;查看计算结果包括计算处理和评估结果。

1.4.1 建立模型

在 ANSYS 分析过程中,与其他步骤相比较,建立有限元分析模型需要花费 ANSYS 更多时间。首先要指定工作名和标题,然后选择并定义单元类型、单元实常数、材料属性数据,创建或读入几何模型,再划分单元获得网格模型等。

1. 指定工作文件名和分析标题

(1) 指定工作文件名:工作文件名是 ANSYS 存储各种数据时采用的公用名称(不同数据库存储时都采用工作文件名),在创建 ANSYS 工程时,推荐为工程定义文件名。当为将要分析的工程定义了工作文件名后,它就成为分析过程中所产生的所有文件的第一部分(即文件名),这个工程的所有文件名都包含这个工作名,只是使用不同的扩展名来识别文件类型。倘若在分析开始没有指定工作文件名,则 ANSYS 默认所有的文件名为 file。ANSYS 每分析一个项目时需要清除内存环境,还需要重新指定一个没有用过的新的工作文件名,目的是确保每次分析的文件不被覆盖。

对于 ANSYS 工作名,可以通过如下方式进行指定:

① 在以交互式启动 ANSYS 后,在 ANSYS 19.0 Product launcher 对话框中,把 job name 栏中的 file 改为自己想要分析的工程的文件名。

② 在以快速方式启动并进入 ANSYS 后,通过如下方式更改:

命令:/FILENAME

GUI:Utility Menu→File→Change Job name

注意：此时更改工作文件名后，除记录文件 Jobname. log 与 Jobname. err 等文件仍然采用启动程序时指定的工作文件名外，其他后来存储的数据文件均采用新的工作文件名。

此外，工作文件名可以是长度不超过 64 个字符的字符串，但必须是以字母开头，可以包含字母、数字、下划线、横线等，但不允许包含中文字符及@、♯、$、％等特殊符号。

（2）分析标题：分析标题对 ANSYS 分析过程本身没有任何影响，其主要目的是用简洁的英文语句表示当前分析的某种信息，比如分析对象、分析工况和分析性质等。标题分为主标题和副标题两种，下面分别说明其用法。

主标题：显示在 ANSYS 系统的图形窗口的最下部，用下面两种方式来实现。

命令：/TITILE
GUI：Utility Menu→File→Change Title

副标题：只显示在输出结果中，在图形窗口中不显示，并且只能用/STITLE 命令方式实现。

2. 定义单位

ANSYS 软件没有为系统指定单位，分析时只需按照统一的单位制定义材料属性、几何尺寸、载荷大小等输入数据即可。可以根据自己的习惯使用国际单位制或工程单位制。

用/UNITS 命令定义系统单位，其命令格式为/UNITS，Label。Label 为可以定义的单位，包含 SI（国际单位制）、BFT（以英尺为基础的单位制）以及 USER（自定义单位，ANSYS 默认设置）。

注意：结构分析只有时间单位、长度单位和质量单位 3 个基本量，所有输入的数据都应当是这 3 个量。如标准国际单位制下，时间是秒（s），长度是米（m），质量是千克（kg），导出力的单位是 $kg \cdot m/s^2$（相当于 N），材料的弹性模量单位是 $kg/(m \cdot s^2)$（相当于 Pa）。

3. 定义单元类型

ANSYS 程序的单元库中有超过 100 种的不同单元类型，每一种单元类型都有特定的编号和一个识别单元类型的前缀，如 BEAM3、PLANE42、SHELL63 等。ANSYS 在土木工程应用中常用到的单元将在下章介绍。

在 ANSYS 建模之前必须先定义单元类型，因为单元类型决定了单元的自由度数和单元位于二维空间还是三维空间。如 BEAM3 有 3 个自由度（UX，UY，ROTZ），是一个二维弹性梁单元；而 SHELL63 有 6 个自由度（UX，UY，UZ，ROTX，ROTY，ROTZ），是一个三维弹性壳单元。

定义单元类型可以有以下两种方式：

命令：ET, ITYPE, Ename, KOP1, KOP2, KOP3, KOP4, KOP5, KOP6, INOPR
GUI：Main Menu→Preprocess→Element Type→Add/Edit/Delete

其中,ITYPE是单元类型的序号,ANSYS默认在现有的最大序号上加1,Ename是所用单元类型名称,KOP1,KOP2,KOP3,KOP4,KOP5,KOP6是单元类型的一些选项,INOPR如果设置为1,则在工程中禁止所有此单元模型的求解输出。

4. 定义单元实常数

当为材料选择了划分网格的单元类型后,接着就应该输入与此类型相关的单元实常数,单元实常数是根据所选择的单元类型的特性决定的。程序设计者将实际工程对象抽象成数学模型后,有时需要将对象的部分属性单独补充到计算机程序中才能完整地描述对象的行为特性。如实际工程中将梁抽象成线模型后,必须补充截面特性,如二维梁单元BEAM3的实常数有面积(AREA)、惯性矩(IZZ)、高度(HEIGHT)、剪切变形常数(SHEARZ)、初始应变(ISTRN)和单位长度(ADDMAS);板壳结构抽象成面模型后,必须补充厚度;还有弹簧单元的刚度以及梁单元的质量和惯性矩等,这都要确定相关的实常数。

定义单元实常数可以有下列方式:

```
命令:R, NSET, R1, R2, R3, R4, R5, R6
GUI:Main Menu→Preprocessor→Real Constants→Add/Edit/Delete
或  Main Menu→Solution→Load Step Opts→Other→Real Constants→Add/Edit/Delete
```

其中,NSET表示实常数数组的识别号,R1,R2,R3,R4,R5,R6表示输入的实常数值。

☎ 注意:并非每个单元都有单元实常数,这取决于单元类型特性。

5. 定义材料特性

大多数单元类型在进行程序分析时都需要指定材料特性,ANSYS程序可方便地定义各种材料的特性,如结构材料属性参数、热性能参数、流体性能参数和电磁性能参数等。

ANSYS程序可定义的材料特性有以下3种:

(1) 线性或非线性。

(2) 各向同性、正交异性或非弹性。

(3) 随温度变化或不随温度变化。

定义材料特性可以有下列方式:

```
命令:MP, Lab, MAT, C0, C1, C2, C3, C4
GUI:Main Menu→Preprocessor→Material Props→Material Models
或  Main Menu→Solution→Load Step Opts→Other→Change Mat Props→Material Models
```

6. 建立有限元模型

在定义好材料特性后,接下来一步就是建立所需要的几何模型,进而进行网格划分生成有限元模型。ANSYS提供了两种建立有限元模型的方法:实体建模法和直接生成法。

对于实体建模,描述模型的几何边界,建立对单元大小和形状的控制,然后根据ANSYS程序的提示对实体进行单元网格划分,生成节点和单元。

直接生成法是指在定义ANSYS实体模型之前,必须确定每个节点的位置,以及每个单元的大小、形状和连接。

实体建模法与直接生成法有以下几个特点：

（1）实体建模的优点：相对处理数据较少；支持使用面和体及布尔运算；能进行自适应网格划分；便于几何改进和单元类型的变化，对于庞大或复杂模型以及三维实体模型很适合；方便简洁，效率高。

（2）实体建模的缺点：实体建模有时需要大量的 CPU 时间，对于小型或简单模型有时显得很烦琐，在有些情况还可能因程序不能生成有限元网格而导致建模失败。

（3）直接生成法的优点：适合小型或简单模型，能够控制几何形状及每个节点和单元的编号。

（4）直接生成法的缺点：需要逐个建立点、线、面和体，这对复杂模型而言很烦琐且容易出错；不能用自适应网格划分，使得优化设计不方便；建模不方便，效率低。

综上，建议采用实体建模。

1.4.2 加载求解

模型建立以后，就给模型施加载荷和约束，并进行求解。这些工作可利用 ANSYS 的 SOLUTION 处理器来实现，包括选择分析选项、设置分析选项、设置载荷步选项、加载和初始化求解。

1. 选择分析选项

可以根据载荷条件和想要计算的响应来选择分析类型，ANSYS 提供如图 1-10 所示的 7 种分析类型。

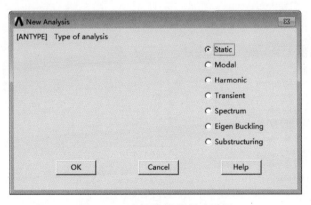

图 1-10 选择分析选项对话框

选择分析类型的方式可用菜单法或命令法来实现。

命令：Antype,Status,LDSTEP,SUBSTEP,Action
GUI：Main Menu→Solution→Analysis Type→New Analysis

执行完以上两个命令中的任何一个，会出现如图 1-10 所示的对话框，命令中 ANTYPE 包含如下 7 种分析类型：

（1）Static(0)：静力/稳态求解，可执行所有线性或非线性静力/稳态问题求解。

（2）Modal(2)：模态求解，计算结构的模态振型与频率。

（3）Harmonic（3）：谐响应求解，计算结构在不同频率激励下的响应行为。

（4）Transient（4）：瞬态求解，计算结构在时间历程载荷作用下的瞬态行为。

（5）Spectrum（8）：谱求解，包含响应谱和随机震动求解两种。

（6）Eigen Buckling（1）：特征屈曲求解，计算线性临界屈曲载荷。

（7）Substructuring（7）：子结构，计算超单元生成超单元矩阵。

根据载荷条件和将要计算的响应从 7 个选项中选择一个，如图 1-10 中选择了土木工程中常用到的静力/稳态求解选项，然后单击"OK"按钮关闭对话框。

2. 设置分析选项

选择出分析选项后，就应该针对不同的分析类型设置它们各自的分析选项，主要包括非线性选项设置、线线设置和求解器设置等。这个过程使用 Main Menu→Solution→Analysis Type→Analysis Options 菜单命令来设置，执行这个菜单命令后将弹出如图 1-11 所示的对话框。

图 1-11　设置分析选项对话框

（1）非线性选项设置主要有以下几个：

① Large deform effects：设置为 Off 时表示关闭几何非线性开关，采用小位移算法；设置为 On 时表示打开几何非线性开关，采用大位移算法。

② Newton-Raphson option：设置为 Program chosen 表示程序选择；设置为 Full N-R 表示完全 N-R；设置为 Modified N-R 表示修正的 N-R；设置为 initial stiffness 表示初始刚度。

③ Adaptive descent：设置为 ON if necessary 表示程序在必要时打开自适应下降；设置为 On 表示打开自适应下降；设置为 Off 表示关闭自适应下降。

④ VT Speedup：设置为 No 表示不采用加速比方式计算，设置为 Yes 表示采用加速比方式计算。

（2）线性选项设置。

Linear Options：设置为 No 表示采用一致质量矩阵，否则表示采用集中质量矩阵。

（3）求解器设置。

① Equation solver：选择合适的求解器，有 FRONT（波前求解器）、SPARSE（稀疏矩阵求解器）、JCG（雅可比共轭梯度求解器）等。

② Tolerance/Level：控制迭代精度水平，分为 1、2、3、4、5 个级别。精度水平 1 对应求解速度快（即迭代次数少），但精度低；精度水平 5 对应求解速度慢，但精度高。

③ Memory Save：设置为 ON 表示求解时逐个单元进行存储单元矩阵，不组装总体刚度矩阵；设置为 OFF 表示组装总体刚度矩阵（默认）。

3. 设置载荷步选项

载荷步选项的主要功能是对载荷步进行修改和控制，包括时间、子步数、载荷步、平衡迭代和求解输出控制等设置。这个过程使用 Main Menu→Solution→Analysis Type→Sol'n Control 菜单命令来设置，执行这个菜单命令后将弹出如图 1-12 所示的求解控制对话框。其基本选项设置分 3 大块。

（1）Analysis Options（分析选项）包括：

① Small Displacement Static：小变形静态分析，用于线性静态分析。

② Large Displacement Static：大变形静态分析，用于非线性静态分析。

③ Small Displacement Transient：小变形瞬态分析，用于线性全瞬态分析。

④ Large Displacement Transient：大变形瞬态分析，用于非线性全瞬态分析。

⑤ Restart Current Transient：重新开始当前分析。

（2）Time Control（时间控制）：

① Time at end of loadstep：载荷步终止时间。

② Automatic time stepping：自动时间步长，设置在每一载荷步中的每一子步的加载方式。

③ Number of substeps：设置载荷步的数量。

（3）Write Items to Results File（设置结果文件输出项目）：

① All solution items：输出所有的求解项目。

② Basic quantities：输出基本求解项目。

③ User selected：输出选择的项目。

图 1-12　求解控制对话框

④ Frequency：写入结果文件频率。

4．加载

ANSYS 程序的载荷包括自由度、边界条件(约束、支承或边界场参数)和其他内外部作用载荷，一般指如下 6 类：①DOF(自由度)约束；②力；③表面分布载荷；④体积载荷；⑤惯性载荷；⑥耦合场载荷。

5．初始化求解

初始化求解可用菜单命令 Main Menu→Solution→Solve→Current LS 或用命令 SOLVE 来执行。该项的主要功能是 ANSYS 程序根据现有选项的设置，从数据库获取模型和载荷信息并进行计算求解，将结果数据写入结果文件和数据库。

1.4.3　查看计算结果

完成计算后，可以通过 ANSYS 程序的后处理器查看计算结果。在 ANSYS 程序中有 POST1 和 POST26 两个后处理器。

POST1 为通用后处理器，用于查看整个模型或选定的部分模型在某一子步(时间步)的计算结果，其菜单命令为 Main Menu→General Postproc。POST26 为时间历程后处理器，用于查看模型特定点在所有时间步内的结果，其菜单命令为 Main Menu→TimeHist Postproc。

第 2 章

ANSYS 19.0图形用户界面的组成

　　ANSYS 功能强大,操作复杂,对一个新手来说,图形用户界面(GUI)是最常用的界面,几乎所有的操作都是在图形用户界面上进行的。它提供用户和 ANSYS 程序之间的交互。所以,首先熟悉图形用户界面是很有必要的。

学 习 要 点

- ◆ ANSYS 19.0 图形用户界面的组成
- ◆ 启动图形用户界面
- ◆ ANSYS 19.0 主菜单
- ◆ ANSYS 19.0 设置个性化的界面

2.1 ANSYS 19.0 图形用户界面的组成

图形用户界面使用命令的内部驱动机制，使每一个 GUI（图形用户界面）操作对应一个或若干个命令。操作对应的命令保存在输入日志文件（Jobname. log）中。所以，图形用户界面可以使用户在对命令了解很少或几乎不了解的情况下完成 ANSYS 分析。ANSYS 提供的图形用户界面还具有直观、分类科学的优点，方便用户的学习和应用。

标准的图形用户界面如图 2-1 所示，包括 10 个部分：

图 2-1　标准图形用户界面

1. 菜单栏

菜单栏包括文件操作（File）、选择功能（Select）、数据列表（List）、图形显示（Plot）、视图环境控制（PlotCtrls）、工作平面（WorkPlane）、参数（Parameters）、宏命令（Macro）、菜单控制（MenuCtrls）和帮助（Help）10 个下拉菜单，囊括了 ANSYS 的绝大部分系统环境配置功能。在 ANSYS 运行的任何时候均可以访问该菜单。

2. 快捷工具条

快捷工具条对于常用的新建、打开、保存数据文件、视图旋转、抓图软件、报告生成器和帮助操作，提供了方便快捷方式。

3. 输入窗口

ANSYS 提供了 4 种输入方式：常用的 GUI(图形用户界面)输入、命令输入、使用工具条和调用批处理文件。在这个窗口可以输入 ANSYS 的各种命令，在输入命令过程中，ANSYS 自动匹配待选命令的输入格式。

4. 显示隐藏的对话框

在对 ANSYS 进行操作的过程中，会弹出很多对话框，重叠的对话框会隐藏，单击输入栏右侧第一个按钮，便可以迅速显示隐藏的对话框。

5. 工具条

工具条包括一些常用的 ANSYS 命令和函数，是执行命令的快捷方式。用户可以根据需要对该窗口中的快捷命令进行编辑、修改和删除等操作，最多可设置 100 个命令按钮。

6. 图形窗口

该图形窗口显示 ANSYS 的分析模型、网格、求解收敛过程、计算结果云图、等值线、动画等图形信息。

7. 主菜单

主菜单几乎涵盖了 ANSYS 分析过程的全部菜单命令，按照 ANSYS 分析过程进行排列，依次是个性设置(Preferences)、前处理(Preprocessor)、求解器(Solution)、通用后处理器（General Postproc)、时间历程后处理（TimeHist Postproc)、ROM 工具(ROM Tool)、辐射选项(Radiation Opt)、进程编辑(Session Editor)和完成(Finish)。

8. 视图控制栏

用户可以利用这些快捷方式方便地进行视图操作，如前视、后视、俯视、旋转任意角度看、放大或缩小、移动图形等，调整到用户最佳视图角度。

9. 输出窗口

该窗口的主要功能在于同步显示 ANSYS 对已进行的菜单操作或已输入命令的反馈信息，用户输入命令或菜单操作的出错信息和警告信息等，关闭此窗口，ANSYS 将强行退出。

10. 状态栏

这个位置显示 ANSYS 的一些当前信息，如当前所在的模块、材料属性、单元实常数及系统坐标等。

2.2　启动图形用户界面

有两种启动 ANSYS 的方式：命令方式和菜单方式。由于命令方式复杂且不直观，所以不予以介绍。

ANSYS 菜单运行方式分为：交互方式和批处理方式两种。

选择"开始"→"所有程序"→"ANSYS 19.0"→"Mechanical APDL（ANSYS）"，可以看到如下一些选项：

- ◆ ANSYS Client Licensing：ANSYS 客户许可，其中包括 Client ANSLIC＿ADMIN Utility(客户端认证管理)和 User License Preferences(使用者参数认证)。
- ◆ AQWA：水动力学有限元分析模块。
- ◆ Animate Utility：播放视频剪辑。
- ◆ ANS_ADMIN Utility：运行 ANSYS 的设置信息。可以在这里配置 ANSYS 程序，添加或者删除某些许可证号。也可以通过 ANSYS Client Licensing 文件查看许可证信息。
- ◆ DISPLAY Utility：开始显示程序。
- ◆ Help System：显示在线帮助和手册。
- ◆ Site Information：显示系统管理者的支持信息。
- ◆ ANSYS：以图形用户界面方式运行 ANSYS。
- ◆ Configure Ansys Products：运行 ANSYS 的附加产品。

2.3 菜 单 栏

菜单栏(Utility Menu)包含了 ANSYS 全部的公用函数，如文件控制、选取、图形控制、参数设置等。它采用下拉菜单结构。该菜单具有非模态性质(也就是以非独占形式存在的)，允许在任何时刻(即在任何处理器下)进行访问，使用起来更为方便和友好。

每一个菜单都是一个下拉菜单，在下拉菜单中，要么包含了折叠子菜单(以"→"符号表示)，要么执行某个动作，有如下 3 种动作：

- ◆ 立刻执行一个函数或者命令。
- ◆ 打开一个对话框(以"…"指示)。
- ◆ 打开一个选取菜单(以"＋"指示)。

可以利用快捷键打开菜单栏，例如可以按 Alt＋F 键打开 File 菜单。

菜单栏有 10 个内容，下面对其中的重要部分做简要说明(按 ANSYS 本身的顺序排列)。

2.3.1 文件菜单

File(文件)菜单包含了与文件和数据库有关的操作，如清空数据库、存盘、恢复等。有些菜单只能在 ANSYS 开始时才能使用，如果在后面使用，会清除已经进行的操作，所以要小心使用。除非确有把握，否则不要使用 Clear & Start New 菜单操作。

1. 设置工程名和标题

通常，工程名都是在启动对话框中定义，但也可以在文件菜单中重新定义。

- ◆ File→Clear & Start New 命令用于清除当前的分析过程，并开始一个新的分析。新的分析以当前工程名进行。它相当于退出 ANSYS 后，再以 Run

Interactive 方式重新进入 ANSYS 图形用户界面。

◆ File→Change Jobname 命令用于设置新的工程名,后续操作将以新设置的工程名作为文件名。打开的对话框如图 2-2 所示,在打开对话框中,输入新的工程名。

图 2-2　改变工程名

◆ New log and error files 选项用于设置是否使用新的记录和错误信息文件,如果选中 Yes 复选框,则原来的记录和错误信息文件将关闭,但并不删除,相当于退出 ANSYS 并重新开始一个工程。取消选中 Yes 复选框时,表示不追加记录和错误信息到先前的文件中。尽管是使用先前的记录文件,但数据库文件已经改变了名字。

◆ File→Change Directory 命令用于设置新的工作目录,后续操作将在新设置的工作目录内进行。打开的对话框如图 2-3 所

图 2-3　"浏览文件夹"对话框

示,在打开的"浏览文件夹"对话框中,选择工作目录。ANSYS 不支持中文,这里目录要选择英文目录。

当完成了实体模型建立操作,但不敢确定分网操作是否正确时,就可以在建模完成后保存数据库,并设置新的工程名,这样,即使分网过程中出现不可恢复或恢复很复杂的操作,也可以用原来保存的数据库重新分网。对这种情况,也可以用保存文件来获得。

◆ File→Change Title 命令用于在图形窗口中定义主标题。可以用"％"号来强制进行参数替换。

例如,首先定义一个时间字符串参量 TM,然后在定义主标题中强制替换:

```
TM = '3:05'
/TITLE, TEMPERATURE CONTOURS AT TIME = % TM %
```

其中/TITLE 是该菜单操作的对应命令。

这样在图形窗口中显示的将是:

```
TEMPERATURE CONTOURS AT TIME = 3:05.
```

2．保存文件

要养成经常保存文件的习惯。

- File→Save as Jobname.db 命令用于将数据库保存为当前工程名。对应的命令是 SAVE，对应的工具条快捷按钮为 Toolbar→SAVE_DB。
- File→Save as 命令用于打开"Save DataBase"对话框，可以选择路径或更改名称，另存文件。
- File→Write db log file 命令用于把数据库内的输入数据写到一个记录文件中，从数据库写入的记录文件和操作过程的记录可能并不一致。

3．读入文件

有多种方式可以读入文件，包括读入数据库、读入命令记录和输入其他软件生成的模型文件。

- File→Resume Jobname.db 和 Resume from 命令用于恢复一个工程。前者恢复的是当前正在使用的工程，而后者恢复用户选择的工程。但是，只有那些存在数据库文件（.db）的工程才能恢复，这种恢复也就是把数据库读入并在 ANSYS 中解释执行。
- File→Read Input From 命令用于读入并执行整个命令序列，如记录文件。当只有记录文件（LOG）而没有数据库文件时（由于数据库文件通常很大，而命令记录文件很小，所以通常用记录文件进行交流），就有必要用到该命令。如果对命令很熟悉，甚至可以选择喜欢的编辑器来编辑输入文件，然后用该函数读入。它相当于用批处理方式执行某个记录文件。
- File→Import 和 File→Export 命令用于提供与其他软件的接口，如从 Pro/E 中输入几何模型。如果对这些软件很熟悉，在其中创建几何模型可能会比在 ANSYS 中建模方便一些。ANSYS 支持的输入接口有 IGES、CATIA、SAT、Pro/E、UG、PARA 等，输出接口为 IGES。但是它们需要 License 支持，并要保证其输入/输出版本之间的兼容。否则可能不会识别，文件传输错误。
- File→Report Generator 命令用于生成文件的报告，可以是图像形式的报告，也可以是文件形式的，这大大提高了 ANSYS 分析之间的信息交流。

4．退出 ANSYS

File→Exit 命令用于退出 ANSYS，选择该命令将打开退出对话框，询问在退出前是否保存文件，或者保存哪些文件（图 2-4）。但是使用/EXIT 命令前，应当先保存那些以后需要的文件，因为该命令不会有提示信息。在工具条上，QUIT 按钮也是用于退出 ANSYS 的快捷按钮。

2.3.2 选取菜单

Select（选取）菜单包含了选取数据子集和创建组件部件的命令。

1．选择图元

Select→Entities 命令用于在图形窗口上选择图元。选择该命令时，打开如图 2-5 所示的选取图元对话框。该对话框经常使用，这里详细介绍。

图 2-4　用 QUIT 退出 ANSYS

图 2-5　选取图元对话框

其中,选取类型表示要选取的图元,包括节点、单元、体、面、线和关键点。每次只能选择一种图元类型。

选取标准表示通过什么方式来选取,包括如下选取标准:

◆ By Num/Pick:通过在输入窗口中输入图元号或者在图形窗口中直接选取。

◆ Attached to:通过与其他类型图元相关联来选取,而其他类型图元应该是已选取好的。

◆ By Location:通过定义笛卡儿坐标系的 X、Y、Z 轴来构成一个选择区域,并选取其中的图元,可以一次定义一个坐标,单击"Apply"按钮后,再定义其他坐标内的区域。

◆ By Attribute:通过属性选取图元。可以通过图元或与图元相连的单元的材料号、单元类型号、实常数号、单元坐标系号、分割数目、分割间距比等属性来选取图元。需要设置这些号的最小值、最大值以及增量。

◆ Exterior:选取已选图元的边界。如单元的边界为节点、面的边界为线。如果已经选择了某个面,那么执行该命令就能选取该面边界上的线。

◆ By Result:选取结果值在一定范围内的节点或单元。执行该命令前,必须把所要的结果保存在单元中。

对单元而言,还可以通过单元名称(By Elem Name)选取,或者选取生单元(Live Elem's),或者选取与指定单元相邻的单元。对单元图元类型,除了上述基本方式外,有的还有其独有的选取标准。

选取设置选项用于设置选的方式,有如下几种方式:

◆ From Full:从整个模型中选取一个新的图元集合。

◆ Reselect:从已选取好的图元集合中再次选取。

◆ Also Select:把新选取的图元加到已存在的图元集合中。

◆ Unselect:从当前选取的图元中去掉一部分图元。

选取函数按钮是一个即时作用按钮,也就是说,一旦单击该按钮,选取已经发生。也许在图形窗口中看不出来,用/Replot 命令来重画,这时就可以看出其发生了作用。

有 4 个按钮：

◆ Sele All：全选该类型下的所有图元。

◆ Sele None：撤销该类型下的所有图元的选取。

◆ Invert：反向选择。不选择当前已选取的图元集合，而选取当前没有选取的图元集合。

◆ Sele Belo：选取已选取图元以下的所有图元。例如，如果当前已经选取了某个面，则单击该按钮后，将选取所有属于该面的点和线。

选取设置及选取函数的说明如表 2-1 所示。

表 2-1　图元选择模式的图示

作用按钮与多数对话框中的按钮意义一样。不过在该对话框中，多了 Plot 和 Replot 按钮，可以很方便地显示选择结果，只有那些选取的图元才出现在图形窗口中。使用这项功能时，通常需要单击 Apply 按钮而不是 OK 按钮。

要注意的是，尽管一个图元可能属于另一个项目的图元，但这并不影响选择。例如,当选择了线集合 SL,而这些线可能不包含关键点 K1,如果此时执行线的显示,则看不到关键点 K1,但执行关键点的显示时 K1 依然会出现,表示它仍在关键点的选择集合之中。

2. 组件和部件

Select→Comp/Assembly 命令用于对组件和部件进行操作。简单地说,组件就是选取的某类图元的集合,部件则是组件的集合。部件可以包含部件和组件,而组件只能包含某类图元。可以创建、编辑、列表和选择组件和部件。通过该子菜单,就可以定义某些选取集合,以后直接通过名字对该集合进行选取,或者进行其他操作。

3. 全部选择

Select→Everything 命令用于选择模型所有项目下的所有图元,对应的命令是"ALLSEL,ALL"。若要选择某个项目的所有图元,选择 Select→Entities 命令,在打开的对话框中单击"Sele All"按钮。

Select→Everything Below 命令用于选择某种类型以及包含于该类型下的所有图元,对应的命令为"ALLSEL,BELOW"。

例如,"ALLSEL,BELOW,LINE"命令用于选择所有线及所有关键点,而"ALLSEL,BELOW,NODE 命令"选取所有节点及其下的体、面、线和关键点。

要注意的是,在许多情况下,需要在整个模型中进行选取或其他操作,而程序仍保留着上次选取的集合。所以,要时刻明白当前操作的对象是整个模型或其中的子集。当用户不是很清楚时,一个较好但稍嫌麻烦的方法是:每次选取子集并完成对应的操作后,使用 Select→Everything 命令恢复全选。

2.3.3 列表菜单

List(列表)菜单用于列出存在于数据库的所有数据,还可以列出程序不同区域的状态信息和存在于系统中的文件内容。它将打开一个新的文本窗口,其中显示想要查看的内容。许多情况下,需要用列表菜单来查看信息。如图 2-6 所示是列表显示记录文件的结果。

1. 文件和状态列表

List→File→Log File 命令用于查看记录文件的内容,也可以用其他编辑器打开文件。

List→File→Error File 命令用于列出错误信息文件的内容。

List→Status 命令用于列出各个处理器下的状态。可以获得与模型有关的所有信息。这是一个很有用的操作,对应的命令为 *STATUS,可以列表的内容包括:

◆ Global Status:列出系统信息。
◆ Graphics:列出窗口设置信息。
◆ Working Plane:列出工作平面信息,如工作平面类型、捕捉设置等。
◆ Parameters:列出参量信息。可以列出所有参量的类型和维数,但对数组参量,要查看其元素值时,则需要指定参量名列表。
◆ P-Method:列出 p 方法的设置选项,包括阶数、收敛设置等。该操作只能在预处理器/PREP7 或求解器/SOLU 下才能使用。

- Preprocessor：列出预处理器下的某些信息。该菜单操作只有在预处理器下才能使用。
- Solution：列出求解器下的某些信息。该操作只有进入求解器后才能使用。
- General Postproc：列出后处理器下的某些信息。该操作只有进入通用后处理器后才能使用。
- TimeHist Postproc：列出时间历程后处理器下的某些信息。该操作只有进入时间历程后处理器后才能使用。
- Design Opt：列出优化设计的设置选项。该操作只有进入优化处理器/OPT 才能使用。
- Run-Time Stats：列出运行状态信息。包括运行时间、文件大小的估计信息。只有在运行时间状态处理器下才能使用该菜单操作。
- Radiation Matrix：列出辐射矩阵信息。
- Configuration：列出整体的配置信息。它只能在开始级下使用。

图 2-6　列表显示记录文件的结果

2. 图元列表

List→Keypoints：用于列出关键点的详细信息，可以只列出关键点的位置，也可以列出坐标位置和属性，但它只列出当前选择的关键点，所以，为了查看某些关键点的信息，首先需要用 Utility→Select 命令选择好关键点，然后再应用该命令操作（特别是关键点很多时）。列表显示的关键点信息如图 2-7 所示。

- List→Lines：用于列出线的信息，如组成线的关键点、线段长度等。
- List→Areas：用于列出面的信息。
- List→Volumes：用于列出体的信息。
- List→Elements：用于列出单元的信息。
- List→Nodes：用于列出节点信息，在打开的对话框中，可以选择是否列出节点在柱坐标中的位置,选择列表的排序方式,如以节点号排序、以 X 坐标值排序等。

♦ List→Components:用于列出部件或者组件的内容。对组件,将列出其包含的图元;对部件,将列出其包含的组件或其他部件。

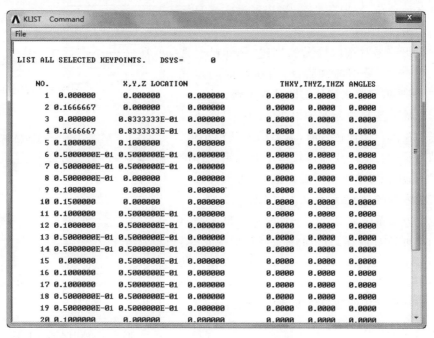

图 2-7　列表显示关键点信息

3. 模型查询选取器

♦ List→Lines:用于列出线的信息,如组成线的关键点、线段长度等。

♦ List→Areas:用于列出面的信息。

♦ List→Volumes:用于列出体的信息。

♦ List→Elements:用于列出单元的信息。

♦ List→Nodes:用于列出节点信息,在打开的对话框中,可以选择是否列出节点在柱坐标中的位置,选择列表的排序方式,如以节点号排序、以 X 坐标值排序等。

♦ List→Components:用于列出部件或者组件的内容。对组件,将列出其包含的图元;对部件,将列出其包含的组件或其他部件。

♦ List→Picked Entities:这是一个非常有用的命令,选择该命令将打开一个选取对话框,称为模型查询选取器。可以从模型上直接选取感兴趣的图元,并查看相关信息,也能够提供简单的集合/载荷信息。当用户在一个已存在的模型上操作,或者想要施加与模型数据相关的力和载荷时,该功能特别有用。

模型查询选取器的对话框如图 2-8 所示,在该选取器中,选取指示包括 Pick(选取)和 Unpick(撤销选取),可以在图形窗口中单击鼠标右键在选取和撤销之间进行切换。

通过选取模式,可以设置是单选图元,还是用矩形框、圆形或其他区域来选取包含于其中的图元。当只选取极为少量图元时，建议采用单选。当图元较多并具有一定规则时，就应当采用区域包含方式来选取。

查询项目和列表选项包括属性、距离、面积、其上的各种载荷、初始条件等，可以通过它来显示感兴趣的项目。

选取跟踪是对选取情况的描述，例如已经选取的数目、最大最小选取数目、当前选取的图元号，通过该选取跟踪来确认选区是否正确。

键盘输入选项决定是直接输入图元号，还是通过迭代输入。迭代输入时，需要输入其最小值、最大值以及增长值。要输入较多个有一定规律的图元号时，用该方法是合适的。这时，需要先设置好键盘输入的含义，然后在文本框中输入数据。

以上方法都是通过产生一个新对话框来显示信息。也可以直接在图形窗口上显示对应信息，这就需要打开三维注释（Generate 3D Anno）功能。由于其具有三维功能，所以旋转视角后，它也能够保持在图元中的适当位置，便于查看。

也可以像其他三维注释一样，修改查询注释。菜单路径为 Utility Menu：PlotCtrls→Annotate→Create 3D Annotation。

图 2-8　模型查询选取器

4. 属性列表

List→Properties 命令用于列出单元类型、实常数设置、材料属性等。

对某些 BEAM 单元，可以列出其截面属性。

对层单元，列出层属性。

对非线性材料，列出非线性数据表。

可以对所有项目进行列表，也可以只对某些项目的属性列表。

5. 载荷列表

List→Loads 命令用于列出施加到模型的载荷方向、大小。这些载荷包括：

◆ DOF Constraints：自由度约束，可以列出全部或者指定节点、关键点、线、面上的自由度约束。

◆ Force：集中力，可以列出全部或者指定节点或者关键点上的集中力。

◆ Surface Loads：列出节点、单元、线、面上的表面载荷。

◆ Body Surface：列出节点、单元、线、面、体、关键点上的体载荷。可以列出所有图元上的体载荷，也可以列出指定图元上的体载荷。

◆ Inertia Loads：列出惯性载荷。

◆ Solid Model Loads：列出所有实体模型的边界条件。

- Initial Conditions：列出节点上的初始条件。
- Elem Init Condt's：列出单元上定义的初始条件。

需要注意的是：上面提到的"所有"，是依赖于当前选取状态的。这种列表有助于查看载荷施加是否正确。

6. 结果列表

List→Results 命令用于列出求解所得的结果（如节点位移、单元变形等）、求解状态（如残差、载荷步）、定义的单元表、轨线数据等。

通过对感兴趣区域的列表，来确定求解是否正确。

该列表操作只有在通用后处理器中把结果数据读入到数据库后才能进行。

7. 其他列表

List→Others 命令用于对其他不便于归类的选项进行列表显示，但这并不意味着这些列表选项不重要。可以对如下项目进行列表，这些列表后面都将用到，这里不详细叙述其含义。

- Local Coord Sys：显示定义的所有坐标系。
- Master DOF：主自由度。在缩减分析时，需要用它来列出主自由度。
- Gap Conditions：缝隙条件。
- Coupled Sets：列出耦合自由度设置。
- Constraints Eqns：列出约束方程的设置。
- Parameters 和 Named Parameters：列出所有参量或者某个参量的定义及值。
- Components：列出部件或者组件的内容。
- Database Summary：列出数据库的摘要信息。
- Superelem Data：列出超单元的数据信息。

2.3.4　绘图菜单

Plot（绘图）菜单用于绘制关键点、线、面、体、节点、单元和其他可以以图形显示的数据。绘图操作与列表操作有很多对应之处，所以这里简要叙述。

- Plot→Replot 命令用于更新图形窗口，许多命令执行之后，并不能自动更新显示，所以需要该操作来更新图形显示。由于其经常使用，所以用命令方式也许更快捷。可以在任何时候输入"/Repl"命令重新绘制。
- Keypoint、Lines、Areas、Volumes、Nodes、Elements 命令用于绘制单独的关键点、线、面、体、节点和单元。
- Specified Entites 命令用于绘制指定图元号的范围内的单元，这有利于对模型进行局部观察。也可以首先用 Select 选取，然后用上面的方法绘制。不过用 Specified Entites 命令更为简单。
- Materials 命令用于以图形方式显示材料属性随温度的变化。这种图形显示是曲线图，在设置材料的温度特性时，也有必要利用该功能来显示设置是否正确。
- Data Tables 命令用于对非线性材料属性进行图示化显示。
- Array Parameters 命令用于对数组参量进行图形显示，这时，需要设置图形显

Note

示的纵横坐标。对 Array 数组,用直方图显示;对 Table 形数组,则用曲线图显示。

◆ Result 命令用于绘制结果图。可以绘制变形图、等值线图、矢量图、轨线图、流线图、通量图、三维动画等。

◆ Multi-plots 命令是一个多窗口绘图指令。在建模或者其他图形显示操作中,多窗口显示有很多好处。

例如,在建模中,一个窗口显示主视图,一个窗口显示俯视图,一个窗口显示左视图,这样就能够方便观察建模的结果。在使用该菜单操作前,需要用绘图控制设置好窗口及每个窗口的显示内容。

◆ Components 命令用于绘制组件或部件,当设置好组件或部件后,用该操作可以方便地显示模型的某个部分。

2.3.5 绘图控制菜单

PlotCtrls(绘图控制)菜单包含了对视图、格式和其他图形显示特征的控制。许多情况下,绘图控制对于输出正确、合理、美观的图形具有重要作用。

1. 观察设置

选择 PlotCtrls→Pan,Zoom,Rotate 命令,打开一个移动、缩放和旋转对话框,如图 2-9 所示。Window 表示要控制的窗口。多窗口时,需要用该下拉列表框设置控制哪一个窗口。

视角方向代表查看模型的方向,通常,查看的模型是以其质心为焦点的。可以从模型的上(Top)、下(Bot)、前(Front)、后(Back)、左(Left)、右(Right)方向查看模型,Iso 代表从较近的右上方查看,坐标为(1,1,1,);Obliq 代表从较远的右上方看,坐标为(1,2,3);WP 代表从当前工作平面上查看。只需要单击对应按钮就可以切换到某个观察方向了。对三维绘图来说,选择适当的观察方向,与选取适当的工作平面具有同等重要的意义。

为了对视角进行更多控制,可以用 PlotCtrl→View Settings 命令进行设置。

缩放选项通过定义一个方框来确定显示的区域,其中,Zoom 按钮用于通过中心及其边缘来确定显示区域;Box Zoom 按钮用于通过一个方框的两个角来确定方框大小,而不是通过中心;Win Zoom 按钮也是通过方框的中心及其边缘来确定显示区域的大小,但与 Box Zoom 不同,它只能按当前窗口的宽高比进行缩放;Back Up 按钮用于返回上一个显示区域。

移动、缩放按钮中,点号代表缩放,三角代表

图 2-9 移动、缩放和旋转对话框

移动。

旋转按钮代表了围绕某个坐标轴旋转,正号表示以坐标轴的正向为转轴。

速率滑动条代表了操作的程度。速率越大,每次操作缩放、移动或旋转的程度越大,速率的大小依赖于当前显示需要的精度。

动态模式表示可以在图形窗口中动态地移动、缩放和旋转模型。其中有两个选项:

♦ Model:在 2D 图形设置下,只能使用这种模式。在图形窗口中,按下左键并拖动就可以移动模型,按下右键并拖动就可以旋转模型,按下中键(对鼠标两键,用 Shift+右键)左右拖动表示旋转,按下中键上下拖动表示缩放。

♦ Lights:该模式只能在三维设备下使用。它可以控制光源的位置、强度以及模型的反光率;按下左键并拖动鼠标沿 X 方向移动时,可以增加或减少模型的反光率;按下左键并拖动鼠标沿 Y 方向移动时,将改变入射光源的强度。按下右键并拖动鼠标沿 X 方向移动时,将使得入射光源在 X 方向旋转。按下右键并拖动鼠标沿 X 方向移动时,将使得入射光源在 Y 方向旋转。按下右键并拖动鼠标沿 Y 方向移动时,将使得入射光源在 X 方向旋转。按下中键并拖动鼠标沿 X 方向移动时,将使得入射光源在 Z 方向旋转。按下中键并拖动鼠标沿 Y 方向移动时,将改变背景光的强度。

可以使用动态模式方便地得到需要的视角和大小,但可能不够精确。

可以不打开 Pan,Zoom,Rotate 对话框直接进行动态缩放、移动和旋转。操作方法是:按住 Ctrl 键不放,图形窗口上将出现动态图标,然后就可以拖动鼠标左键、中键、右键进行缩放、移动或者旋转了。

2. 数字显示控制

PlotCtrls→Numbering 命令用于设置在图形窗口上显示的数字信息。它也是经常使用的一个命令,选择该命令打开的对话框如图 2-10 所示。

图 2-10　数字显示控制对话框

该对话框设置是否在图形窗口中显示图元号,包括关键点号(KP)、线号(LINE)、面号(AREA)、体号(VOLU)、节点号(NODE)。

对单元,可以设置显示的多项数字信息,如单元号、材料号、单元类型号、实常数号、单元坐标系号等,依次需要在"Elem/Attrib numbering"选项下进行选择。

TABN 选项用于显示表格边界条件。当设置了表格边界条件,并打开该选项时,则表格名将显示在图形上。

SVAL 选项用于在后处理中显示应力值或者表面载荷值。

NUM 选项控制是否显示颜色和数字,有 4 种方式:

- ◆ Colors & numbers:既用颜色又用数字标识不同的图元。
- ◆ Colors Only:只用颜色标识不同图元。
- ◆ Numbers Only:只用数字标识不同图元。
- ◆ No Color/numbers:不标识不同图元,在这种情况下,即使设置了要显示图元号,图形中也不会显示。

通常,当需要对某些具体图元进行操作时,打开该图元数字显示,便于通过图元号进行选取。例如,想对某个面加表面载荷,但又不知道该面的面号时,就打开面(AREA)号的显示。但要注意:不要打开过多的图元数字显示,否则图形窗口会很凌乱。

3. 符号控制

PlotCtrls→Symbols 命令用于决定在图形窗口中是否出现某些符号,包括边界条件符号(/PBC)、表面载荷符号(/PSF)、体载荷符号(/PBF)以及坐标系、线和面的方向线等符号(/PSYMB)。这些符号在需要的时候能提供明确的指示,但当不需要时,它们可能使图形窗口看起来很凌乱,所以在不需要时最好关闭它们。

符号控制对话框如图 2-11 所示。

该对话框对应了多个命令,每个命令都有丰富的含义,对于更好地建模和显示输出具有重要意义。

4. 样式控制

PlotCtrls→Style 命令用于控制绘图样式。它包含的命令如图 2-12 所示,在每个样式控制中都可以指定这种控制所适用的窗口号。

Hidden→Line Options 命令用于设置隐藏线选项,其中有 3 个主要选项:显示类型、表面阴影类型和是否使用增强图形功能(PowerGraphics)。显示类型包括了如下几种:

- ◆ BASIC 型(Non-Hidden):没有隐藏,也就是说,可以透过截面看到实体内部的线或面。
- ◆ SECT 型(Section):平面视图,只显示截面。截面要么垂直于视线,要么位于工作平面上。
- ◆ HIDC 型(Centroid Hidden):基于图元质心类别的质心隐藏显示,在这种显示模式下,物体不存在透视,只能看到物体表面。
- ◆ HIDD 型(Face Hidden):面隐藏显示。与 HIDC 类似,但它是基于面质心的。

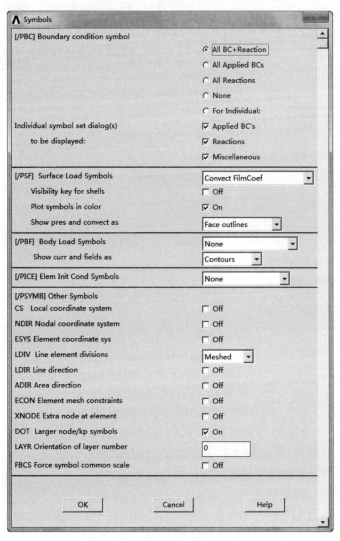

图 2-11 符号控制对话框

◆ HIDP 型（Precise Hidden）：精确显示不可见部分。与 HIDD 相同,只是其显示计算更为精确。

◆ CAP 型（Capped Hidden）：SECT 和 HIDD 的组合,也就是说,在截面之前存在透视,截面之后则不存在。

◆ ZBUF 型（Z-buffered）：类似于 HIDD,但是截面后物体的边线还能看得出来。

◆ ZCAP 型（Capped Z-buffered）：ZBUF 和 SECT 的组合。

◆ ZQSL 型（Q-Slice Z-buffered）：类似于 SECT,但是截面后物体的边线不能看得出来。

◆ HQSL 型（Q-Slice precise）：类似于 ZQSL,但是计算更精确。

Size and Shape 命令用于控制图形显示的形状和尺寸,如图 2-13 所示,主要控制收缩（Shrink）和扭曲（Distortion）。通常情况下,不需要设置收缩和扭曲,但对细长体结构（如流管等）,用该选项能够更好地观察模型。此外,还可以控制每个单元边上的显示,例如:设置/EFACET 为 2,当在单元显示时,如果通过 Utility Menu:PlotCtrls→Numbering 命令设置显示单元号,则在每个单元边上显示两个面号。

图 2-12　绘图样式子菜单

图 2-13　图形显示的形状和尺寸控制

Edge Options 命令用于设置模型边缘显示选项。

Contours 命令用来控制等值线显示,包括控制等值线的数目、所用值的范围及间隔、非均匀等值线设置、矢量模式下等值线标号的样式等。

Graphs 命令用于控制曲线图。在绘制轨线图或者其他二维曲线图时尤其有用,可以设置曲线的粗细,修改曲线图上的网格,设置坐标和图上的文字等。

Colors 命令用来设置图形显示的颜色。可以设置整个图形窗口的显示颜色,曲线图、等值线图、边界、实体、组件等颜色。在这里,还可以自定义颜色表。但通常情况下,用系统默认的颜色设置就可以了。还可以选择 Utility Menu:PlotCtrls→Style→Color→Reverse Video 命令反白显示,当要对屏幕做硬复制,并且打印输出并非彩色时,原来的黑底并不适合,这时需要首先把背景设置为黑色,然后用该命令使其变成白底。

Light Source 命令用于光源控制,Tanslucency 命令用于半透明控制,Texturing 命令用于纹理控制,都是为了增强显示效果。

Background 命令用于设置背景。通常用彩色或者带有纹理的背景能够增加图形的表现力,但是在某些情况下,则需要使图形变得更为简单朴素,这依赖于用户的需要。

MultiLegend Options 命令用于设置存在多个图例时的位置和内容。文本图例设置的对话框如图 2-14 所示,其中 WN 代表图例应用于哪一个窗口,Class 代表图例的类型,Loc 用于设置图例在整个图形中的相对位置。

Displacement Scaling 命令用于设置位移显示时的缩放因子。对绝大多数分析而言,物体的位移(特别是形变)都不大,与原始尺寸相比,形变通常在 0.1% 以下,如果真实显示形变的话,根本看不出来,该选项就是用来设置形变缩放的。它在后处理的

图 2-14 文本图例设置对话框

Main Menu→General Postproc→Plot Results→Deformed Shape 命令中尤其有用。

Floating Point Format 命令用于设置浮点数的图形显示格式,该格式只影响浮点数的显示,而不会影响其内在的值。可以选择 3 种格式的浮点数:G 格式、F 格式和 E 格式。可以为显示浮点数设置字长和小数点的位数,如图 2-15 所示。

Vector Arrow Scaling 命令用于画矢量图时,设置矢量箭头的长度是依赖于值的大小,还是使用统一的长度。

图 2-15 浮点数格式设置

5. 字体控制

Font Controls 命令用于控制显示的文字形式,包括图例上的字体、图元上的字体、曲线图和注释字体。不但可以控制字体类型,还可以控制字体的大小和样式。

遗憾的是:ANSYS 目前还不支持中文字体,支持的字号也较少。

6. 窗口控制

Windows Controls 命令用于控制窗口显示,包括如下一些内容:

Windows Layout 命令用于设置窗口布局,主要是设置某个窗口的位置,可以设置为 ANSYS 预先定义好的位置,如上半部分、右下部分等;也可以将其放置在指定位置,只需要在对话框的 Window geometry 下拉列表框中选中 Picked 单选按钮,单击 OK 按钮后,再在图形窗口上单击两个点作为矩形框的两个角点,这两个角点决定的矩形框就是当前窗口。

Window Options 命令用于控制窗口的显示内容,包括是否显示图例、如何显示图例、是否显示标题、是否显示 Windows 边框、是否自动调整窗口尺寸、是否显示坐标指示,以及 ANSYS 产品标志如何显示等。

Window On 命令或 Off 命令用于打开或者关闭某个图形窗口。

还可以创建、显示和删除图形窗口,可以把一个窗口的内容复制到另一个窗口中。

7. 动画显示

PlotCtrls→Annimate 命令控制或者创建动画,可以创建的动画包括:形状和变形、物理量随时间或频率的变化显示、Q 切片的等值线图或者矢量图、等值面显示、粒子轨迹等。但是,不是所有的动画显示都能在任何情况下运行,如物理量随时间变化就只能对瞬态分析时可用,随频率变化只能在谐波分析时可用,粒子轨迹图只能在流体和电磁场分析中可用。

8. 注释

PlotCtrls→Annotate 命令用于控制、创建、显示和删除注释。可以创建二维注释,也可以创建三维注释。三维注释使其在各个方向上都可以看见。

注释有多种,包括文字、箭头、符号、图形等。三维符号注释创建对话框如图 2-16 所示。

注释类型包括 Text(文本)、Lines(线)、Areas(面)、Symbols(符号)、Arrows(箭头)和 Options(选项)。可以只应用一种,也可以综合应用多种注释方式来对同一位置或者同一项目进行注释。

位置方式设置注释定位于什么图元上。可以定位注释在节点、单元、关键点、线、面和体图元上,也可以通过坐标位置来定位注释的位置,或者锁定注释在当前视图上。如果选定的位置方式是坐标方式,就要求从输入窗口输入注释符号放置的坐标,当使用 On Node 时,就可以通过选取节点或者输入节点来设置注释位置。

符号样式用来选取想要的符号,包括线、空心箭头、实心圆、实心箭头和星号。当在注释类型中选择其他类型时,该符号样式中的选项是不同的。

符号尺寸用来设置符号的大小,可以拖动滑动条到想要的大小。这是相对大小,可以查看变化来获得想要的值。

宽度指的是线宽,只对线和空心箭头有效。

作用按钮控制是否撤销当前注释(Undo),是否刷新显示(Refresh),或者关闭该对话框(Close),或者寻求帮助(Help)。

当在注释类型中选择 Options 选项时对话框如图 2-17 所示。在该选项中,可以复制(Copy)、移动(Move)、尺寸重设(Resize)、删除(Delete 和 Box Delete)注释,Delete All 用于删除所有注释。Save 和 Restore 按钮用于保存或者恢复注释的设置及注释内容。

9. 设备选项

PlotCtrls→Device Options 子菜单中,有一个重要选项/DEVI,它控制是否打开矢量模式,当矢量模式打开时,物体只以线框方式显示;当矢量模式关闭光栅模式打开时,物体将以光照样式显示。

10. 图形输出

ANSYS 提供了 3 种图形输出功能:重定向输出、硬复制、输出图元文件。

PlotCtrls→Redirect Plots 命令用于重定向输出。当在 GUI 方式时,默认情况下,图形输出到屏幕上。可以利用重定向功能使其输出到文件中。输出的文件类型有很多种,如 JPEG、TIFF、GRPH、PSCR 和 HPGL 等。在批处理方式下运行时,多采用该方式。

注释类型
位置方式
符号样式
符号尺寸
符号颜色
宽度
关键字
作用按钮

图 2-16 三维符号注释创建对话框

图 2-17 注释选项对话框

Note

PlotCtrls→Hard Copy→To Printer 命令用于把图形硬复制输出到打印机。提供的是图形打印功能。

PlotCtrls→Hard Copy→To File 命令用于把图形硬复制输出到文件,在 GUI 方式下,用该方式能够方便地把图形输出到文件,并且能够控制输出图形的格式和模式。这种方式下,支持的文件格式有 BMP、Postscript、TIFF 和 JPEG。

PlotCtrls→Captrue Image 命令用于获取当前窗口的快照,然后保存或打印;PlotCtrls→Restore Image 命令用于恢复图像,结合使用这两个命令,可以把不同结果同时显示,以方便比较。

PlotCtrls→Write Metatile 命令用于把当前窗体内容作为图元文件输出,它只能在Win32 图形设备下使用。

2.3.6 工作平面菜单

WorkPlane(工作平面)菜单用于打开、关闭、移动、旋转工作平面或者对工作平面进行其他操作,还可以对坐标系进行操作。图形窗口上的所有操作都是基于工作平面的,对三维模型来说,工作平面相当于一个截面,用户的操作可以只是在该截面上(面命令、线命令等),也可以针对该截面及其纵深。

1. 工作平面属性

WorkPlane→WP Settings 命令用于设置工作平面的属性,选择该命令,打开 WP Settings 对话框,这是经常使用的一个对话框,如图 2-18 所示。

坐标形式代表了工作平面所用的坐标系,可以选择 Cartesian(直角坐标系)或Polar(极坐标系)。

显示选项用于确定工作平面的显示方式。可以显示栅格和坐标三元素(坐标原点、X、Y 轴方向),也可以只显示栅格(GridOnly)或者坐标三元素(Triad Only)。

捕捉模式决定是否打开捕捉。当打开时,可以设置捕捉的精度(即捕捉增量 Snap Incr 或 Snap Arg),这时,只能在坐标平面上选取从原点开始的、坐标值为捕捉增量倍数的点。要注意的是,捕捉增量只对选取有效,对键盘输入是没有意义的。

当在显示选项中设置要显示栅格时,可以用栅格设置来设置栅格密度。通过设置栅格最小值(Minimum)、最大值(Maximum)和间隙(Spacing)来决定栅格密度。通常情况下,不需要把栅格设置到整个模型,只要在感兴趣的区域产生栅格就可以了。

容差(Tolerances)的意义是:如果选取的点并不是恰好在工作平面上,但是在工作平面附近,为了在工作平面上选取到该点,必须要移动工作平面,但是通过设置适当的容差,就可以在工作平面附近选取。当设置容差为δ时,容差平面就是工作平面向两个方向的偏移,从而所有容差平面间的点都被看成是在工作平面上,可以被选取到,如图 2-19 所示。

图 2-18　设置工作平面

图 2-19　容差的意义

WorkPlane→Show WP Status 命令用于显示工作平面的设置情况。

WorkPlane→Display Working Plane 是一个开关命令,用来打开或者关闭工作平面的显示。

2. 工作平面的定位

使用 Workplane→Offset WP by Increment 或 Offset WP to 或 Align WP With 命令,可以把工作平面设置到某个方向和位置。

Offset WP by Increment 命令直接设置工作平面原点相对于当前平面原点的偏移、工作平面方向相对于当前平面方向的旋转。可以直接输入偏移和旋转的大小,也可以通过其按钮进行。

Offset WP to 命令用于偏移工作平面原点到某个指定的位置,可以把原点移动到全局坐标系或当前坐标原点,也可以设置工作平面原点到指定的坐标点、关键点或节点。当指定多个点时,原点将位于这些点的中心位置。

Align WP With 命令可以通过 3 个点构成的平面来确定工作平面,其中第一个点为工作平面的原点。也可以让工作平面垂直于某条线,也可以设置工作平面与某坐标系一致。此时,不但其原点在坐标原点,平面方向也与坐标方向一致,而 Offset WP to 命令则只改变原点,不改变方向。

3. 坐标系

坐标系在 ANSYS 建模、加载、求解和结果处理中有重要作用。ANSYS 区分了很多坐标系,如结果坐标系、显示坐标系、节点坐标系、单元坐标系等。这些坐标系可以使用全局坐标系,也可以使用局部坐标系。

WorkPlane→Local Coordinate Systems 命令提供了对局部坐标系的创建和删除。局部坐标系是用户自己定义的坐标系,能够方便用户建模,可以创建直角坐标系、柱坐标系、球坐标系、椭球坐标系和环面坐标系。局部坐标号一定要大于 10,一旦创建了一个坐标系,它立刻成为活动坐标系。

可以设置某个坐标系为活动坐标系(选择 Utility Menu:WorkPlane→Change Active CS to 命令);也可以设置某个坐标系为显示坐标系(选择 Utility Menu:WorkPlane→Change Display CS to 命令);还可以显示所有定义的坐标系状态(选择 Utility Menu:List→Other→Local Coord Sys 命令)。

不管位于什么处理器中,除非做出明确改变,否则当前坐标系将一直保持为活动。

2.3.7　参量菜单

Parameters(参量)菜单用于定义、编辑或者删除标量、矢量和数组参量。对那些经常要用到的数据或者符号以及从 ANSYS 中要获取的数据,都需要定义参量。参量是 ANSYS 参数设计语言(APDL)的基础。

如果已经大量采用 Parameters 菜单来创建模型、获取数据或输入数据了,那么你的 ANSYS 水平应该不错了,这时,使用命令输入方式也许能更快速有效地建模。

1. 标量参量

选择 Parameters→Scalar Parameters 命令将打开一个标量参量的定义、修改和删除对话框,如图 2-20 所示。

用户只需要在 Selection 文本框中输入要定义的参量名及其值就可以定义一个参量。重新输入该变量及其值就可以修改它,也可以在 Items 下拉列表框中选择参量,然后在 Selection 文本框中修改值。要删除一个标量有两种方法,一是单击 Delete 按钮,二是输入某个参量名,但不对其赋值。如果在 Selection 文本框中输入“GRAV=”,按 Enter 键之后,将删除 GRAV 参量。

Parameters→Get Scalar Data 命令用于获取 ANSYS 内部的数据,如节点号、面积、程序设置值、计算结果等。要对程序运行进行过程控制或

图 2-20　标量参量对话框

者优化等操作时，就需要从 ANSYS 程序内部获取值，以进行与程序内部过程的交互。

2. 数组参量

Parameters→Array Parameters 命令用于对数组参量进行定义、修改或删除，与标量参量的操作相似。但是，标量参量可以不事先定义而直接使用，数组参量则必须事先定义，包括定义其维数。

ANSYS 除了提供通常的数组 ARRAY 外，还提供了一种称为表数组的参量 TABLE。表数组包含整数或者实数元素。它们以表格方式排列，基本上与 ARRAY 数组相同。但有以下 3 点重要区别：

- 表数组能够通过线性插值方式，计算出两个元素值之间的任何值。
- 一个表从 0 行和 0 列开始作为索引值；与 ARRAY 不同的是，该索引参量可以为实数。但这些实数必须定义，如果不定义，则默认对其赋予极小值（7.888609052e-31），并且要以增长方式排列。
- 一个页的索引值位于每页的(0,0)位置。

简单地说，表数组就是在 0 行 0 列加入了索引的普通数组。其元素的定义也像普通数组一样，通过整数的行列下标值可以在任何一页中修改，但该修改将应用到所有页。

ANSYS 提供了大量对数组元素赋值的命令，包括直接对元素赋值（Parameters→Array Parameters→Define/Edit）、把矢量赋给数组（Parameters→Array Parameters→Fill）、从文件数据导入赋值（Parameters→Array Parameters→Get Array Data）。

Parameters→Array Operations 命令能够对数组进行数学操作，包括矢量和矩阵的数学运算、一些通用函数操作和矩阵的傅里叶变换等。

3. 函数定义和载入

Parameters→Functions→Define/Edit…命令用于定义和编辑函数，并将其保存到文件中。

Parameters→Functions→Read from file 命令用于将函数文件读入到 ANSYS 中，与上面的命令配合使用，在加载方面具有特别简化的作用，因为该方式允许定义复杂的载荷函数。

例如，当某个平面载荷是距离的函数，而所有坐标系为直角坐标系时，就需要得到任何一点到原点的距离，如果不作用自定义函数，就会有很多重复输入，但是函数定义则能够相对简化，其步骤为：

(1) 选择 Parameters→Functions→Define/Edit…命令，打开"Function Editor"对话框，输入或者通过单击按钮，使得"Result＝"文本框中的内容为：SQRT({X}^2＋{Y}^2)＊PCONST，如图 2-21 所示。需要注意的是，尽管可以用输入的方法得到表达式，但是，当不确定基本自变量时，建议还是采用单击按钮和选择变量的方式来输入。例如，对结构分析来说，基本自变量为时间 TIME、位置(X、Y、Z)和温度 TEMP，所以，在定义一个压力载荷时，就只能使用以上 5 个基本自变量，尽管在定义函数时也可以定义其他的方程自变量（Equation Variable），但在实际使用时，这些自变量必须事先赋值。也可以定义分段函数，这时，需要定义每一段函数的分段变量及范围。用于分段的变量必须在整个分段范围内是连续的。

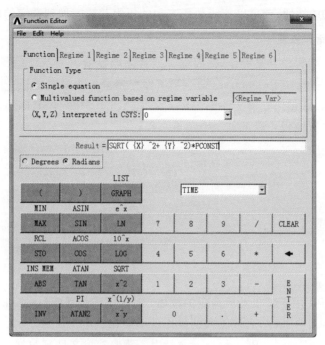

图 2-21　函数定义

（2）选择 File→Save 命令，在打开的对话框中设置自定义函数的文件名。假设本函数保存的文件名为 PLANEPRE. FUNC。

（3）选择 Parameters→Functions→Read from file 命令从文件中读入函数，作为载荷边界条件读入程序中。在打开的对话框中输入如图 2-22 所示的内容。

图 2-22　函数读入

（4）单击 OK 按钮，就可以把函数所表示的压力载荷施加到选定的区域上。

4．参量存储和恢复

为了在多个工程中共享参量，需要保存或者读取参量。

Parameters→Save Parameters 命令用于保存参量。参量文件是一个 ASCII 文件，其扩展名默认为 parm。参量文件中包含了大量 APDL 命令 * SET，所以，也可以用文本编辑器对其进行编辑。以下是一个参量文件：

```
/NOPR
* SET,A                , 10.00000000000
* SET,B                , 254.0000000000
* SET, C               , 'string'
* SET, _RETURN         , 0.000000000000E + 00
* SET, _STATUS         , 1.000000000000
* SET, _ZX             , ''
/GO
```

其中，/NOPR 用于禁止随后命令的输出，/GO 用于打开随后命令的输出。在 GUI 方式下，使用/NOPR 指令，后续输入的操作就不会在输出窗口上显示。

Parameters→Restore Parameters 命令用于读取参量文件到数据库中。

2.3.8　宏菜单

Macro（宏）菜单用于创建、编辑、删除或者运行宏或数据块，也可以对工具条上的快捷按钮进行修改。

宏是包含一系列命令集合的文件，这些命令序列通常能完成特定功能。可以把多个宏包含在一个文件中，该文件称为宏库文件，这时，每个宏就称为数据块。

一旦创建了宏，该宏事实上相当于一个新的 ANSYS 命令。如果使用默认的宏扩展名，并且宏文件在 ANSYS 宏搜索路径之内，则可以像使用其他 ANSYS 命令一样直接使用宏。

1．创建宏

Macro→Create Macro 命令用于创建宏。采用这种方式时，可以创建最多包含 18 条命令的宏。如果宏比较简短，采用这种方式创建是方便的；但如果宏很长，则使用其他文本编辑器更好一些。这时，只需要把命令序列加入到文件中即可。

宏文件名可以是任意与 ANSYS 不冲突的文件，扩展名也可以是任意合法的扩展名。但使用 MAC 作为扩展名时，就可以像其他 ANSYS 命令一样执行。

宏库文件可以使用任何合法的扩展名。

2．执行宏

Macro→Execute Macro 命令用于执行宏文件。

Macro→Execute Data Block 命令用于执行宏文件中的数据块。

为了执行一个不在宏搜索路径内的宏文件或者库文件，需要选择 Macro→Macro Search Path 命令以使 ANSYS 能搜索到它。

3．缩略词

Macro→Edit Abbreviations 命令用于编辑缩略词，以修改工具条。默认的缩略词（即工具条上的按钮）有 4 个：SAVE_DB、RESUM_DB、QUIT和 POWERGRF，如图 2-1 所示。

可以在输入窗口中直接输入缩略词定义，也可以在如图 2-23 所示对话框的 Selection 文本框中输入。但是要注意，使用命令方式输入时，需要更新才能添加缩略词到工具条上（更新命令为Utility Menu：MenuCtrl→Update Toolbar）。输入缩略词的语法为：

图 2-23　工具条编辑对话框

Note

```
* ABBR,abbr,string
```

其中，abbr 是缩略词名，也就是显示在工具条按钮上的名称，abbr 是不超过 8 位的字符串；string 是想要执行的命令或宏。如果 string 是宏，则该宏一定要位于宏搜索路径之中；如果 string 是选取菜单或者对话框，则需要加入"Fnc_"标志，表示其代表的是菜单函数，例如：

```
* ABBR,QUIT,Fnc_/EXIT
```

string 可以包含多达 60 个字符，但是，它不能包含字符"＄"和如下命令：C＊＊、/COM、/GOPR、/NOPR、/QUIT、/UI 或者 ＊END。

工具条可以嵌套，也就是说，某个按钮可能对应了一个打开工具条的命令，这样，尽管每个工具条上最多可以有 100 个按钮，但理论上可以定义无限多个按钮（缩略词）。

需要注意的是，缩略词不能自动保存，必须选择 Macro→Save Abbr 命令来保存缩略词，并且退出 ANSYS 后重新进入时，需要选择 Macro→Restore Abbr 命令对其重新加载。

2.3.9　菜单控制菜单

MenuCtrls（菜单控制）决定哪些菜单成为可见的，是否使用机械工具条（Mechanical Toolbar），也可以创建、编辑或者删除工具条上的快捷按钮，决定输出哪些信息。

可以创建自己喜欢的界面布局，然后选择 MenuCtrls→Save Menu Layout 命令保存它，下次启动时，将显示保存的布局。

MenuCtrls→Message Controls 命令用于控制显示和程序运行，选择该命令打开的对话框如图 2-24 所示。

其中，NMERR 文本框用于设置每个命令的最大显示警告和错误信息个数。当某个命令的警告和错误个数超过 NMABT 值时，程序将退出。

图 2-24　信息控制对话框

2.3.10　帮助菜单

ANSYS 提供了功能强大、内容完备的帮助，包括大量关于 GUI、命令、基本概念、单元等的帮助。熟练使用帮助是提高 ANSYS 应用水平的必要条件。这些帮助以 Web 页方式存在，很容易访问。

有 3 种方式可以打开帮助：

1. 通过"Help"菜单

Utility Menu：Help→Help Topics 命令使用目录表方式提供帮助。选择该命令，将打开如图 2-25 所示的帮助文档，这些文档以 Web 方式组织。从图中可以看出，可以通过 3 种方式来得到项目的帮助。

图 2-25　ANSYS 帮助主题

◆ 目录方式：使用此方式需要对所查项目的属性有所了解。

◆ 索引方式：以字母顺序排序。

♦ 搜索方式：这种方式简便快捷，缺点是可能搜索到大量条目。

在浏览某页时，可能注意到一些有下划线的不同颜色的词，这就是超文本链接。单击该词，就能得到关于该项目的帮助。出现超文本链接的典型项目是命令名、单元类型、用户手册的章节等。

当单击某个超文本链接之后，它将显示不同的颜色。一般情况下，未单击时为蓝色，单击之后为红褐色。

2. Help 按钮

很多对话框上都有 Help 按钮，单击它就可以得到与该对话框相关的或对应命令的帮助信息。例如，定义单元 LINK180 实常数对话框如图 2-26 所示。其中有两个实常数项 AREA 和 ADDMAS，如果不知道这两个实常数在单元中的具体含义，只要单击 Help 按钮，就将打开 LINK180 的帮助信息。通过阅读帮助，就可以知道其含义了。

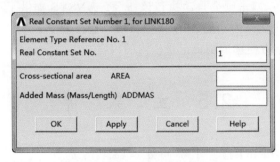

图 2-26　定义 LINK180 实常数

3. 输入 HELP 命令

也可以在命令窗口中输入 HELP 命令，以获得关于某个命令或者单元的帮助信息。如上例中，输入"HELP,LINK180"或者"HELP,180"就可以得到 LINE180 单元的帮助。

ANSYS 在命令输入上采用了联想功能，这能够避免一些错误，同时也带来了很大的方便。

例如，输入"HELP,PLN"时，就可以看到文本框的提示栏中出现了"help,PLNSOL"的提示。在这种情况下，直接按 Enter 键就可以了。

使用菜单方式时，并不总能得到某些菜单项的确切含义。这时，通过执行该菜单操作，将在记录编辑器（Session Editor）中记录该菜单对应的命令，然后在命令窗口中输入"help"命令，就能得到详细的关于该命令对应菜单的帮助了。

对新手而言，查看 Help→ANSYS Tutorials 中的内容很有好处，它能一步一步地教会用户如何完成某个分析任务。

2.4　输　入　窗　口

输入窗口（Input Window）主要用于直接输入命令或者其他数据，输入窗口包含4 个部分，如图 2-27 所示。

文本框　　　提示区　　　历史记录框　　　垂直滚动条

图 2-27　命令输入窗口

◆ 文本框：用于输入命令。

◆ 提示区：在文本框与历史记录框之间，提示当前需要进行的操作，要经常注意提示区的内容，以便能够按顺序正确输入或者进行其他操作（如选取）。

◆ 历史记录框：包含所有以前输入的命令。在该框中单击某选项就会把该命令复制到文本框，双击则会自动执行该命令。ANSYS 提供了用键盘上的上下箭头来选择历史记录的功能，用上下箭头可以选择命令。

◆ 垂直滚动条：方便选取历史记录框内的内容。

2.5　主　菜　单

　　主菜单（Main Menu）包含了不同处理器下的基本 ANSYS 操作。这些基于操作的顺序排列，应该在完成一个处理器下的操作后再进入下一个处理器。当然，也可以随时进入任何一个处理器，然后退出再进入，但这不是一个好习惯。应该是做好详细规划，然后按部就班地进行，这样才能使程序具有可读性，并降低程序运行的代价。

　　主菜单中的所有函数都是模态的，完成一个函数之后才能进行另外的操作，而菜单栏则是非模态的。例如，如果用户在工作平面上创建关键点，那么不能同时创建线、面或者体，但是可以利用菜单栏定义标量参数。

　　主菜单的每个命令都有一个子菜单（用"→"号指示）。主菜单不支持快捷键。默认主菜单如图 2-28 所示。

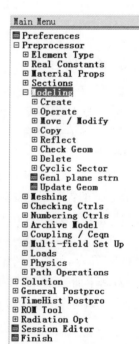

图 2-28　主菜单

◆ Preferences（优选项）：打开一个对话框，用户可以选择一个或几个学科。可以采用此方式筛选菜单，将其他用不到的菜单隐藏。所以，尽管这一步稍微有点麻烦，但它为以后的操作带来了较大方便。

◆ Preprocessor（预处理器）：包含 PREP7 操作，如建模、分网和加载等，但是在本书中，把加载作为求解器中的内容。求解器中的加载菜单与预处理器中的加载菜单相同，两者都对应了相同的命令，并无差别。以后涉及加载时，将只列出求解器中的菜单路径。

◆ Solution（求解器）：包含 SOLUTION 操作，如分析类型选项、加载、载荷步选

Note

项、求解控制和求解等。

- ◆ General Postproc（通用后处理器）：包含了 POST1 后处理操作，如结果的图形显示和列表。
- ◆ TimeHist Postproc（时间历程处理器）：包含了 POST26 的操作，如对结果变量的定义、列表或者图形显示。
- ◆ ROM Tool（减缩积分模型工具）：用于与减缩积分相关的操作。
- ◆ Radiation Opt（辐射选项）：包含了 AUX12 操作，如定义辐射率、完成热分析的其他设置、写辐射矩阵、计算视角因子等。
- ◆ Session Editor（记录编辑器）：用于查看在保存或者恢复之后的所有操作记录。
- ◆ Finish（结束）：退出当前处理器，回到开始级。

2.5.1 优选项

优选项（Preferences）选择分析任务涉及的学科，以及在该学科中所用的方法，如图 2-29 所示。该步骤不是必需的，可以不选，但会导致在以后分析中，面临一大堆选择项目。所以，让优选项过滤掉不需要的选项是明智的办法。尽管默认的是所有学科，但这些学科并不是都能现时使用。例如，不可以把流体动力学（FLOTRAN）单元和其他某些单元同时使用。

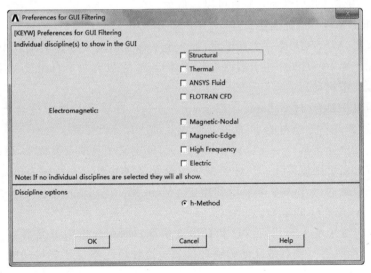

图 2-29 优选对话框

在学科方法中，p-Method 是高阶计算方法，通常比 h-Method 具有更高的精度和收敛性，但是，该方法消耗的计算时间比后者大大增加，且不是所有学科都适用 p-Method，只有在结构静力分析、热稳态分析、电磁场分析中可用。其他场合下都采用 h-Method。

2.5.2 预处理器

预处理器（Preprocessor）提供了建模、分网和加载的函数。选择 Main Menu→

Preprocessor命令或者在命令输入窗口中输入"/PREP7",都将进入预处理器,不同的是,该命令方式并不打开预处理菜单。

预处理器的主要功能包括单元定义、实体建模、分网。

1. 单元定义

Element Type用于定义、编辑或删除单元。如果单元需要设置选项,用该方法比用命令方法更为直观方便。

不可以把单元从一种类型转换到另一种类型,或者为单元添加或删除自由度。单元的转换可以在如下情况下进行:隐式单元和显式单元之间、热单元和结构单元之间、磁单元转换到热单元、电单元转换到结构单元、流体单元转换到结构单元,其他形式的转换都是不合法的。

ANSYS单元库中包含100多种单元,单元是根据不同的号和前缀来识别的。不同前缀代表不同单元种类,不同的号代表该种类中的具体单元形式,如BEAM4、PLANE7、SOLID96等。ANSYS中有如下种类的单元:BEAM、COMBIN、CONTAC、FLUID、HYPER、INFIN、LINK、MASS、MATRIX、PIPE、PLANE、SHELL、SOLID、SOURC、SURF、TARGE、USER、INTER和VISCO。

具体选择何种单元,由以下因素决定:

◆ 分析学科:如结构、流体、电磁等。

◆ 分析物体的几何性质:是否可以近似为二维。

◆ 分析的精度:是否线性。

举例来说,MASS21是一个点单元,有3个平移自由度和3个转动自由度,能够模拟三维空间。而FLUID79用于器皿内的流体运动,它只有两个自由度UX、UY,所以它只能模拟二维运动。

可以通过Help→HelpTopic→Elements命令来查看哪种单元适合当前的分析。但是,这种适合并不是绝对的,可能有多种单元都适合分析任务。

必须定义单元类型。一旦定义了某个单元,就定义了其单元类型号,后续操作将通过单元类型号来引用该单元。这种类型号与单元之间的对应关系称为单元类型表,单元类型表可以通过菜单命令来显示和指定:Main Menu→Preprocessor→Modeling→Create→Elements→Elem Attributes。

单元只包含了基本的几何信息和自由度信息。而在分析中单元事实上代表了物体,所以还可能具有一些其他几何和物理信息。这种单元本身不能描述的信息用实常数(Real Constants)来描述。如Beam单元的截面积(AREA),Mass单元的质量(MASSX、MASSY、MASSZ)等。但不是所有的单元都需要实常数,如PLANE42单元在默认选项下就不需要实常数。某些单元只有在某些选项设置下才需要实常数,如PLANE42单元,设置其Keyopt(3)=3,就需要平面单元的厚度信息。

Material Props用于定义单元的材料属性。每个分析任务都针对具体的实体,这些实体都具有物理特性,所以,大部分单元类型都需要材料属性。材料属性可以分为:

◆ 线性材料和非线性材料。

◆ 各向同性、正交各向异性和非弹性材料。

◆ 温度相关和温度无关材料。

2. 实体建模

Main Menu→Preprocessor→Modeling→Create 命令用于创建模型（可以创建实体模型，也可以直接创建有限元模型，这里只介绍创建实体模型）。ANSYS 中有两种基本的实体建模方法。

◆ 自底向上建模：首先创建关键点（它是实体建模的顶点），然后把关键点连接成线、面和体。所有关键点都以笛卡儿直角坐标系上的坐标值定义。但是，不是必须按顺序创建。例如，可以直接连接关键点为面。

◆ 自顶向下建模：利用 ANSYS 提供的几何原形创建模型，这些原型是完全定义好了的面或体。创建原型时，程序自动创建较低级的实体。

使用自底向上还是自顶向下的建模方法取决于习惯和问题的复杂程度，通常情况是同时使用两种方式才能高效建模。

Preprocessor→Modeling→Operate 命令用于模型操作，包括拉伸、缩放和布尔操作。布尔操作对于创建复杂形体很有用，可用的布尔操作包括相加（add）、相减（subtract）、相交（intersect）、分解（divide）、黏接（glue）、搭接（overlap）等，不仅适用于简单原型的图元，也适用于从 CAD 系统输入的其他复杂几何模型。在默认情况下，布尔操作完成后输入的图元将被删除，被删除的图元编号变成空号，这些空号将被赋给新创建的图元。

尽管布尔操作很方便，但很耗机时，也可以直接对模型进行拖动和旋转。例如拉伸（Extrude）或旋转一个面就能创建一个体。对存在相同部分的复杂模型，可以使用复制（Copy）和镜像（Reflect）。

Preprocessor→Modeling→Move/Modify 命令用于移动或修改实体模型图元。

Preprocessor→Modeling→Copy 命令用于复制实体模型图元。

Preprocessor→Modeling→Reflect 命令用于镜像实体模型图元。

Preprocessor→Modeling→Delete 命令用于删除实体模型图元。

Preprocessor→Modeling→Check Geom 命令用于检查实体模型图元，如选取短线段、检查退化、检查节点或者关键点之间的距离。

在修改和删除模型之前，如果较低级的实体与较高级的实体相关联（如点与线相关联），那么，除非已经删除高级实体，否则不能删除低级实体。所以，如果不能删除单元和单元载荷，就不能删除与其相关联的体；如果不能删除面，则不能删除与其相关联的线。模型图元的级别如表 2-2 所示。

表 2-2 图元级别

级　别	单元和单元载荷
最高级 ↓ 最低级	节点和节点载荷
	体和实体模型体载荷
	面和实体模型表面载荷
	线和实体模型线载荷
	关键点和实体模型点载荷

3．分网

一般情况下，由于形体的复杂性和材料的多样性，需要多种单元，所以在分网前定义单元属性是很有必要的。

Preprocessor→MeshTool命令是分网工具。它将常用分网选项集中到一个对话框中，如图 2-30 所示。该对话框能够帮助完成几乎所有的分网工作。但是，如果要用到更高级的分网操作，则需要使用 Mexhing 子菜单。单元属性用于设置整个或某个图元的单元属性，首先在下拉列表框中选择想设置的图元，单击 Set 按钮；然后在选取对话框中选取该图元的全部（单击"Pick All"按钮）或部分，设置其单元类型、实常数、材料属性、单元坐标系。

使用智能网格选项，可以方便地由程序自动分网，省去分网控制的麻烦。只需要拖动滑块控制分网的精度，其中 1 为最精细，10 为最粗糙，默认精度为 6。

但是，智能分网只适用于自由网格，而不宜在映射网格中采用。自由网格和映射网格的区别如图 2-31 所示。

图 2-30　网格工具对话框

图 2-31　自由网格和映射网格

局部网格控制提供了更多、更细致的单元尺寸设置。可以设置全部（Global）、面（Areas）、线（Lines）、层（Layer）、关键点（Keypts）的网格密度。对面而言，需要设置单元边长;对线来说,可以设置线上的单元数,也可以用 Clear 按钮来清除设置;对线单元,可以把一条线的网格设置复制到另外几条线上,把线上的间隔比进行转换(Flip);对层单元来说,还可以设置层网格。在某些需要特别注意的关键点上,可以直接设置其网格尺寸(Keypts),系统会自动调整关键点附近网格单元的边长。

一旦完成了网格属性和网格尺寸设置,就可以进行分网操作了,其步骤如下:

(1) 选择对什么图元分网,可以对线、面、体和关键点分网。

(2) 选择网格单元的形状(如图 2-30 所示的 Shape 选项:对面而言,为三角形或四边形;对体而言,为四面体或六面体;对线和关键点,该选择是不可选的)。

(3) 确定是自由网格(Free)、映射网格(Mapped)还是扫掠分网(Sweep)。对面用映射分网时,如果形体是三面体或四面体,则在下拉列表框中选择 3 or 4 sided 选项;如果形体是其他不规则图形,则在下拉列表框中选择 pick corners 选项。对体分网时,四面体网格只能是自由网格,六面体网格则既可以为映射网格,也可以为扫掠网格。当使用扫掠网格时,在下拉列表框中选择 Auto Src/Trg 选项将自动决定扫掠的起点和终点位置,否则需要用户指定。

(4) 选择好上述选项之后,单击 Mesh 或 Sweep(对 Sweep 体分网)按钮,选择要分网的图元,就可以完成分网了。注意根据输入窗口的指示来选取面、体或关键点。

对某些网格要求较高的地方,如应力集中区,需要用 Refine 按钮来细化网格。首先选择想要细化的部分,然后确定细化的程度,1 表示细化程度最小,10 表示细化程度最大。

要对分网进行更多控制,可以使用 Meshing 级联菜单。该菜单中主要包括如下命令:

◆ Size Ctrls:网格尺寸控制。

◆ Mesher Opts:分网器选项。

◆ Concatenate:线面的连接。

◆ Mesh:分网操作。

◆ Modify Mesh:修改网格。

◆ Check Mesh:网格检查。

◆ Clear:清除网格。

4. 其他预处理操作

Preprocessor→Checking Ctrls 命令用于对模型和形状进行检查,用该菜单可以控制实体模型(关键点、线、面和体)和有限元模型(节点和面)之间的联系,控制后续操作中的单元形状和参数等。

Preprocessor→Numbering Ctrls 命令用于对图元号和实常数号等进行操作,包括号的压缩和合并,号的起始值设置、偏移值设置等。例如,当对面 1 和面 6 进行了操作,形成一个新面,而面号 1 和面号 6 则空出来了,这时,用压缩面号操作(Compress Numbers)能够把面进行重新编号,原来的 2 号变为 1 号,3 号变为 2 号,以此类推。

Preprocessor→Archive Model 命令用于输入/输出模型的几何形状、材料属性、载荷或者其他数据。也可以只输入/输出其中的某一部分。实体模型和载荷的文件扩展名为 IGES,其他数据则是命令序列,文件格式为文本。

Preprocessor→Coupling/Ceqn 命令用于添加、修改或删除耦合约束，设置约束方程。

Preprocessor→FLOTRAN Set Up 命令用于设置流体力学选项，包括流体属性、流动环境、湍流和多组分运输、求解控制等选项。由于计算流体力学，特别是对高带流体，存在数值发散困难，所以选择适当的求解控制非常关键。在 Solution 求解器中也有相同的菜单。

Preprocessor→Loads 命令用于载荷的施加、修改和删除，将在 Main Menu→Solution 菜单中介绍。

Preprocessor→Physics 命令用于对单元信息进行读出、写入、删除或者列表操作。当对同一个模型进行多学科分析而又不会同时对其分析（如对管路模型分析其结构和CFD 时），就需要用到该操作。

2.5.3 求解器

Solution 求解器包含了与求解器相关的命令，包括分析选项、加载、载荷步设置、求解控制和求解。启动后，选择Main Menu→Solution 命令打开求解器菜单，如图 2-32 所示。这是一个缩略菜单，用于静态或者完全瞬态分析。可以选择最下面的 Unabridged Menu 命令打开完整的求解器菜单，在完整求解器菜单中选择 Abridged Menu 命令又可以使其恢复为缩略方式。

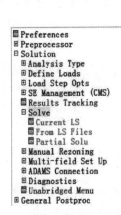

图 2-32　缩略求解器菜单

在完整求解菜单中，大致有如下几类操作：分析类型和分析选项、载荷和载荷步选项、求解。

1. 分析类型和分析选项

Main Menu → Solution → Analysis Type → New Analysis 命令用于开始一次新的分析。在此用户需要决定分析类型。ANSYS 提供了如下几种类型的分析：静态分析、模态分析、谐分析、瞬态分析、功率谱分析、屈曲分析和子结构分析。选择何种分析类型要根据所研究的内容、载荷条件和要计算的响应来决定。例如，要计算固有频率，就必须使用模态分析。一旦选定分析类型后，应当设置分析选项，其菜单路径为 Main Menu→Solution→Analysis Type→Analysis Option，不同的分析类型有不同分析选项。

Solution→Restart 命令用于进行重启动分析。有两种重启动分析：单点和多点。绝大多数情况下，都应当开始一个新的分析。对静态、谐波、子结构和瞬态分析可使用一般重启动分析，以在结束点或者中断点继续求解。多点重启动分析可以在任何点处开始分析，只适用于静态或完全瞬态结构分析。重启动分析不能改变分析类型和分析选项。

选择 Solution→Analysis Type→Sol's Control 命令打开一个求解控制对话框，这是一个标签对话框，包含 5 个选项卡。该对话框只适用于静态和全瞬态分析，它把大多数求解控制选项集成在一起。其中包括 Basic 选项卡中的分析类型、时间设置、输出项目；Transient 选项卡中的完全瞬态选项、载荷形式、积分参数；Sol's Option 选项卡中的求解方法和重启动控制；Nonlinear 选项卡中的非线性选项、平衡迭代、蠕变；
Advanced NL 选项卡中的终止条件准则和弧长法选项等。当做静态和全瞬态分析时，
使用该对话框很方便。

对某些分析类型，不可能有如下分析选项：

- ExpansionPass：模态扩展分析。只能用于模态分析、子结构分析、屈曲分析、使
  用模态叠加法的瞬态和谐分析。
- Modal Cyclic Sym：进行模态循环对称分析。在分析类型为模态分析时才能
  使用。
- Master DOFs：主自由度的定义、修改和删除，只能用于缩减谐分析、缩减瞬态
  分析、缩减屈曲分析和子结构分析。
- Dynamic Gap Cond：间隙条件设置，只能用于缩减或模态叠加法的瞬态分
  析中。

2. 载荷和载荷步选项

- DOF 约束（Constraints）：用于固定自由度为确定值，如在结构分析中指定位移
  或者对称边条，在热分析中指定温度和热能量的平行边条。
- 集中载荷（Forces）：用在模型的节点或者关键点上，如结构分析中的力和力矩、
  热分析中的热流率、磁场分析中的电流段。
- 表面载荷（Surface Loads）：是应用于表面的分布载荷，如结构分析中的压强、热
  分析中的对流和热能量。
- 体载荷（Body Loads）：是一个体积或场载荷，如结构分析中的温度、热分析中的
  热生成率、磁场分析中的电流密度。
- 惯性载荷（Inertia Loads）：是与惯性（质量矩阵）有关的载荷，如重力加速度、角
  速度和角加速度，主要用于结构分析中。
- 耦合场载荷（Coupled-field Loads）：是上面载荷的特殊情况。从一个学科分析
  的结果成为另一个学科分析中的载荷，如磁场分析中产生的磁力能够成为结构
  中的载荷。

这 6 种载荷包括了边界条件、外部或内部的广义函数。在不同的学科中，载荷有不
同的含义。

- 在结构（Structural）中为位移、力压强、温度等。
- 在热（Thermal）中为温度、热流率、对流、热生成率、无限远面等。
- 在磁（Magnetic）中为磁动势、磁通量、磁电流段、流源密度、无限远面等。
- 在电（Electric）中为电位、电流、电荷、电荷密度、无限远面等。
- 在流体（Fluid）中为速度、压强等。

Solution→Settings 命令用于设置载荷的施加选项，如表面载荷的梯度和节点函
数设置、新施加载荷的方式，如图 2-33 所示。其中，最重要的是设置载荷的添加方
式，共有 3 种：改写、叠加和忽略。当在同一位置施加载荷时，如果该位置存在同类
型载荷，则其要么重新设置载荷、要么与以前的载荷相加、要么忽略它，默认情况下
是改写。

在该菜单中，还有 Smooth Data（数据平滑）命令，用于对噪声数据进行预定阶数的

Note

平滑,并用图形方式显示结果,这时,首先需要用 * Dim 定义两个数组矢量,对其赋值后才能平滑。

Solution→Apply 命令用于施加载荷,其中包括结构、热、磁、电、流体学科的载荷选项以及初始条件。只有选择了单元后,这些选项才能成为可选择状态。

初始条件用来定义节点处各个自由度的初始值,对结构分析而言,还可以定义其初始速度。初始条件只对稳态和全瞬态分析有效。在定义初始自由度值时,要注意避免这些值发生冲突。

Solution→Delete 命令用于删除载荷和载荷步(LS)文件。

Solution→Operate 命令用于载荷操作,包括有限元载荷的缩放、实体模型载荷与有限元载荷的转换、载荷步文件的删除等。

Solution→Load Step Opts 命令用于设置载荷步选项。

一个载荷步就是载荷的一个布局,包括空间和时间上的布局,两个不同布局之间用载荷步来区分。一个载荷步只可能有两种时间状况:阶跃方式和斜坡方式。如果有其他形式的载荷,则需要离散为这两种形式,并以不同载荷步近似表达。

- ◆ 子步是一个载荷步内的计算点,在不同分析中有不同用途。
- ◆ 在非线性静态或稳态分析中,使用子步以获得精确解。
- ◆ 在瞬态分析中,使用子步以得到较小的积分步长。
- ◆ 在谐分析中,使用子步来得到不同频率下的解。

平衡迭代用于非线性分析,是在一个给定的子步上进行的额外计算,其目的是为了收敛。在非线性分析中,平衡迭代作为一种迭代校正,具有重要作用。

载荷步、子步和平衡迭代之间的区别如图 2-34 所示。

图 2-33 载荷设置选项　　　　　图 2-34 载荷步、子步和平衡迭代

在载荷步选项菜单中,包含输出控制(Output Ctrls)、求解控制(Solution Ctrls)、时间/频率设置(Time/Frequency)、非线性设置(Nonlinear)、频谱设置(Spectrum)等。

有 3 种方式进行载荷设置:多步直接设置、利用载荷文件、使用载荷数组参量。其中,Solution→Load Step Opts→From LS File 命令用于读出载荷文件,Solution→Load Step Opts→Write LS File 命令用于写入载荷文件。在 ANSYS 中,载荷文件是以 Jobname. snn 来定义的,其中 nn 代表载荷步号。

3. 求解

Solution→Solve→Current LS 命令用于指示 ANSYS 求解当前载荷步。

Solution→Solve→From LS File 命令用于指示 ANSYS 读取载荷文件中的载荷和载荷选项来求解,可以指定多个载荷步文件。

Solution→Solve→Partial Sou 命令用于指示 ANSYS 只分析序列中的某一步,当只需要对某一步重复分析,而不需要重复整个分析过程时,使用该命令的效率很高。

多数情况下,使用 Current LS 命令就可以了。

Solution→Flotran Setup 和 Run Flotran 命令用于设置流体动力学选项和运行流体动力学计算程序。

2.5.4　通用后处理器

一个分析运行完成后,需要检查分析是否正确、获得并输出有用结果,这就是后处理器的功能。

后处理器分为通用后处理器和时间历程后处理器,前者用于查看一载荷步和子步的结果,也就是说,它是在某一时间点或频率点上,对整个模型显示或列表;后者则用于查看某一空间点上的值随时间的变化情况。为了查看整个模型在时间上的变化,可以使用动画技术。

在命令窗口中,输入"/POST1"进入通用后处理器,输入"/POST26"进入时间历程后处理器。

求解阶段计算的两类结果数据是基本数据和导出数据。基本数据是节点解数据的一部分,指节点上的自由度解。导出数据是由基本数据计算得到的,包括节点上除基本数据外的解数据。不同学科分析中的基本数据和导出数据如表 2-3 所示。在后处理操作中,需要确定要处理的数据是节点解数据还是单元解数据。

通用后处理器包含以下功能:结果读取、结果显示、结果计算、解的定义和修改等。基本数据和导出数据如表 2-3 所示。

表 2-3　不同学科分析中的基本数据和导出数据

学　　科	基 本 数 据	导 出 数 据
结构分析	位移	应力、应变、反作用力等
热分析	温度	热流量、热流梯度等
流场分析	速度、压强	压强梯度、热流量等
电场分析	标量电势	电场、电流密度等
磁场分析	磁势	磁能量、磁流密度等

1. 结果读取

General Postproc→Data & File Opts 命令用于定义从哪个结果文件中读取数据和读入哪些数据。如果不指定,则从当前分析结果文件中读入所有数据。其文件名为当前工程名,扩展名以 R 开头,不同学科有不同扩展名。结构分析的扩展名为 RST,流体动力学分析的扩展名为 RFL,热力分析的扩展名为 RTH,电磁场分析的扩展名为 RMG。

General Postproc→Read Results 命令用于从结果文件中读取结果数据到数据库，如图 2-35 所示。ANSYS 求解后，结果并不自动读入到数据库，需要手动选择读入某个计算结果，然后对其进行操作和后处理。正如前面提到的，通用后处理器只能处理某个载荷步或载荷子步的结果，所以，只能读入某个载荷步或子步的数据。

图 2-35　结果读取选项

- Previous Set：读前一子步数据。
- First Set：读第一子步数据。
- Next Set：读下一子步数据。
- Last Set：读最后一子步数据。
- By Load Step：通过指定载荷步及其子步来读入数据。
- By Time/Freq：通过指定时间或频率点读取数据，具体读入时间或频率的值由所进行的分析决定。当指定的时间或频率点位于分析序列的中间某点时，程序自动用内插法设置该时间点或频率点的值。
- By Set Number：直接读取指定步的结果数据。

General Postproc→Options for Outp 命令用于控制输出选项。

2. 结果显示

在通用后处理器中，有 3 种结果显示：图形显示、列表显示和查询显示。

General Postproc→Plot Result 命令用于显示图形结果。ANSYS 提供了丰富的图形显示功能。包括：变形显示（Deformed Shape）、等值线图（Contour Plot）、矢量图（Vector Plot）、轨线图（Plot Path Item）、流动轨迹图（Flow Trace）以及浇混图（Concrete Plot）。

- 绘制这些图形之前，必须先定义好所要绘制的内容，无论是角节上的值、中节点的值，还是单元上的值。

确定对什么结果项目感兴趣，是压强、应力、速度还是变形等。有的图形能够显示整个模型的值，如等值线图，而有的只能显示其中某个或某些点处的值，如流动轨线图。

- 在 Utility Menu：Plot→Result 菜单中，也有相应的图形绘制功能。

General Postproc→List Results 命令用于对结果进行列表显示，可以显示节点解数据（Nodal Solution）、单元解数据（Element Solution）；也可以列出反作用力（Reaction Sou）或者节点载荷（Nodal Loads）值；还可以列出单元表数据（Elem Table Data）、矢量数据（Vector Data）、轨线上的项目值（Path Items）等。可以以节点或单元的升序排列（Unsorted Node 和 Unsorted Elems）。

列表结果也可以以某一解的升序或降序排列（Sorted Node 和 Sorted Elems）。

- 在 Utility Menu：List→Results 菜单中，列表显示结果数据。但用菜单的列表命令显得按部就班一些，也更符合习惯用法。

Query Results 命令显示结果查询，可直接在模型上显示结果数据。例如：为了显示某点的速度，选取 Query Result→Subgrid Solu 命令，在打开的对话框中选择速度选项，然后在模型中选取要查看的点，解数据即出现在模型上。也可以使用三维注释功能，使得在三维模型的各个方向都能看到结果数据，要使用该功能，只要选中查询选取对话框中的 generate 3D Anno 复选框即可。

3. 结果计算

General Postproc→Nodal Calcs 命令用于计算选定单元的合力、总的惯性力矩或者对其他一些变量做选定单元的表面积分。可以指定力矩的主轴,如果不指定,则默认以结果坐标系(RSYS)轴为主轴。

General Postproc→Element Table 命令用于单元表的定义、修改、删除和其他一些数学运算。

在 ANSYS 中,单元表提供了在结果数据中进行数学运算的工作空间,可以通过它得到一些不能直接得到的与单元相关的数据,如某些导出数据。

事实上,单元表相当于一个电子表格,每一行代表了单元,每一列代表了该单元的项目,如单元体积、重心、平均应力等。定义单元表时,要注意以下几项:

General Postproc→Element Table→Define Table 命令只用于对选定单元进行列表。也就是说,只有那些选定单元的数据才能复制到单元表中。通过选定不同单元,可以填充不同的表格行。

相同的顺序号组合可以代表不同单元形式的不同数据。所以,如果模型有单元形式的组合,注意选择同种形式的单元。

读入结果文件后,或改变数据后,ANSYS 程序不会自动更新单元表。

用 Define Table 命令来选择单元上要定义的数据项,如压强、应力等,然后使用 Plot Elem Table 命令来显示该数据项的结果,也可以用 List Elem Table 命令对数据项进行列表。

ANSYS 提供了如下命令,可对单元上的数据项进行操作:

◆ Sum of Each Item:列求和。对单元表中的某一列或几列求和,并显示结果。

◆ Add Items:行相加。两列中,对应行相加,可以指定加权因子及其相加常数。

◆ Multiply:行相乘。两列中,对应行相乘,可以指定乘数因子。

◆ Find Maximum 和 Find Minimum:两列中,对应行各乘以一个因子,然后比较并列出其最大或最小值。

◆ Exponentiate:对两列先指数化后相乘。

◆ Cross Product:对两个列矢量取叉积。

◆ Dot Product:对两个列矢量取点积。

◆ Abs Value Option:设置操作单元表时,在加、减、乘和求极值操作之前,是否先对列取绝对值。

◆ Erase Table:删除整个单元表。

General Postproc→Path Operation 命令用于轨线操作。所谓轨线,就是模型上的一系列点,这些点上的某个结果项及其变化是用户关心的。而轨线操作就是对轨线定义、修改和删除,并把关心的数据项(称为"轨线变量")映射到轨线上来,然后就可以对轨线标量进行列表或图形显示了。这种显示通常是以到第一个点的距离为横坐标。

General Postproc→Fatigue 命令用于对结构进行疲劳计算。

General Postproc→Safety Factor 命令用于计算结构的安全系数,它把计算的应力结果转换为安全系数或者安全裕度,然后进行图形或者列表显示。

4. 解的定义和修改

General Postproc→Submodeling 命令用于对子模型数据进行修改和显示。

General Postproc→Nodal Results 命令用于定义和修改节点解。

General Postproc→Elem Results 命令用于定义和修改单元解。

General Postproc→Elem Tabl Data 命令用于定义或修改单元表格数据。

首先选取想修改的节点或单元,然后选取要修改的数据项,如应力、压强等,然后输入其值,对某些项(如应力项),存在 3 个方向的值,则可能需要输入 3 个方向的数据。即使不进行求解(Solution)运算,也可以定义或修改解结果。

General Postproc→Reset 命令用于重要通用后处理器的默认设置。该函数将删除所有单元表、轨线、疲劳数据和载荷组指针,所以要小心使用。

2.5.5 时间历程后处理器

时间历程后处理器可以用来观察某点结果随时间或频率的变化,如图 2-36 所示,包含图形显示、列表、微积分操作等功能。一个典型的应用是在瞬态分析中绘制结果项与时间的关系,或者在非线性结构中画出力与变形的关系。在 ANSYS 中,该处理器为POST26。

所有的 POST26 操作都是基于变量的,此时,变量代表了与时间(或频率)相对应的结果项数据。每个变量都被赋予一个参考号,该参考号大于等于 2,而参考号 1 赋给了时间(或频率)。显示、列表或者数学运算都是通过变量参考号进行的。

TimeHist Postproc→Settings 命令用于设置文件和读取的数据范围。默认情况下,最多可以定义 10 个变量,但可以通过Settings→Files 命令来设置多达 200 个变量。默认情况下,POST26 使用 POST1 中的结果文件,但可以使用 Settings→Files命令来指定新的时间历程处理结果文件。

- ⊞ General Postproc
- ⊟ TimeHist Postpro
  - Variable Viewer
  - ⊞ Settings
  - Store Data
  - Define Variables
  - ⊞ Read LSDYNA Data
  - List Variables
  - List Extremes
  - Graph Variables
  - ⊞ Math Operations
  - ⊞ Table Operations
  - Smooth Data
  - Generate Spectrm
  - ⊞ ElecMag
  - Reset Postproc
- ⊞ Topological Opt

图 2-36 时间历程
后处理器

Settings→Data 命令用于设置读取的数据范围及其增量。默认情况下,读取所有数据。

TimeHist Postproc→Define Variables 命令用来定义 POST26 变量,可以定义节点解数据、单元解数据和节点反作用力数据。

TimeHist Postproc→Store Data 命令用于存储变量,定义变量时,就建立了指向结果文件中某个数据指针,但并不意味着已经把数据提取到了数据库中。存储变量则是把数据从结果文件复制到数据库中。有 3 种存储变量的方式。

- ◆ MERGE:添加新定义的变量到以前存储的变量中。也就是说,数据库中将增加更多列。

- ◆ NEW:替代以前存储的变量,删除以前计算的变量,存储新定义的变量。当改变了时间范围或其增量时,应当用此方式。因为以前存储的变量与当前的时间范围不一致了,也就是说,以前定义的变量与当前的时间点并不存在对应关系,显然这些变量也就没有意义了。

- ◆ APPEND:追加数据到以前存储的变量。当要从两个文件中连接同一个变量时,这种方式是很有用的。当然,首先需要选择 Main Menu→TimeHist Postproc→Settings→Files 命令来设置结果文件名。

TimeHist Postproc→List Variables 命令用于列表方式显示变量值。

TimeHist Postproc→List Extremes 命令用于列出变量的极大、极小值及对应的时间点,对复数只考虑其实部。

TimeHist Postproc→Graph Variables 命令用于以图形显示变量随时间/频率的变化。对复数而言,默认情况下显示负值,可以通过 TimeHist Postproc→Setting→Graph 命令进行修改,以显示实部、虚部或者相位角。

TimeHist Postproc→Math Operations 命令用于定义的变量进行数学运算。例如在瞬态分析时定义了位移变量,将其对时间求导就得到速度变量,再次求导就得到加速度。其他一些数学运算包括加、乘、除、绝对值、方根、指数、常用对数、自然对数、微分、积分、复数的变换和求最大值、最小值等。

TimeHist Postproc→Table Operations 命令用于变量和数组之间的赋值。首先设置一个矢量数组,然后把它的值赋给变量,也可以把 POST26 变量值赋给该矢量值数组,还可以直接对变量赋值(Table Operations→Fill Data),此时,可以对变量的元素逐个赋值,如果要赋的值是线性变化的,则可以设置其初始值及变化增量。

TimeHist Postproc→Smooth Data 命令用于对结果数据进行平滑处理。要设置数据平滑的点和阶数,以及如何绘制平滑后的数据。

TimeHist Postproc→Generate Spectrum 命令允许在给定的位移时间历程中生成位移、速度、加速度响应谱,频谱分析中的响应谱可用于计算整个结构的响应。该菜单操作通常用于单自由度系统的瞬态分析。它需要两个变量,一个是含有响应谱的频率值,另一个是含有位移的时间历程。频率值不仅代表响应谱曲线的横坐标,也代表用于产生响应谱的单自由度激励的频率。

TimeHist Postproc→Reset PostProc 命令重置后处理器。这将删除所有定义的变量及设置的选项。

退出 POST26 时,将删除其中的变量、设置选项和操作结果。这些不是数据库的内容,不能保存。但这些命令保存在 LOG 文件中,当退出 POST26 又重新进入时,要重新定义变量。

2.5.6　记录编辑器

记录编辑器(Session Editor)记录了在保存或者恢复操作之后的所有命令。单击该命令后将打开一个编辑器窗口,可以查看其中的操作或者编辑命令,如图 2-37 所示。

窗口上方的菜单具有如下功能:

◆ OK:输入显示在窗口中的操作序列,此菜单用于输入修改后的命令。

◆ Save:将显示在窗口中的命令保存为分开的文件。其文件名为 jobname001. cmds,其中序号依次递增。可以用/INPUT 命令输入已经存盘的文件。

◆ Cancel:放弃当前窗口的内容,回到 ANSYS 主界面中。

◆ Help:显示帮助。

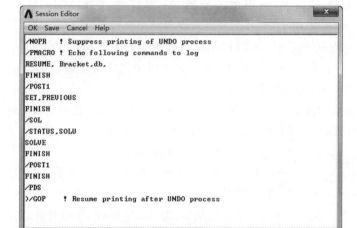

图 2-37　记录编辑器

2.6　输 出 窗 口

输出窗口(Output Window)接收所有从程序来的文本输出：命令响应、注解、警告、错误以及其他信息。初始时，该窗口可能位于其他窗口之下。

输出窗口的信息能够指导用户进行正确操作。典型的输出窗口如图 2-38 所示。

图 2-38　输出窗口

2.7　工　具　条

工具条(Toolbar)中包含需要经常使用的命令或函数。工具条上的每个按钮对应一个命令或菜单函数或宏。可以通过定义缩写来添加按钮。ANSYS 提供的默认工具条如图 2-39 所示。

图 2-39　工具条

要添加按钮到工具条,只需要创建缩略词到工具条,一个缩略词是一个 ANSYS 命令或者 GUI 函数的别名。有两个途径可以打开创建缩略词对话框。

♦ 选择 Utility Menu：MenuCtrls→Edit Toolbar 命令。

♦ 选择 Utility Menu：Macro→Edit Abbreviations 命令。

工具条上能够立即反映出在该对话框中所做的修改。

在输入窗口中输入"＊ABBR"也可以创建缩略词,但使用该方法时,需要选择 Utility Menu：MenuCtrls→Update Toolbar 命令更新工具条。

缩略词在工具条上的放置顺序由缩略词的定义顺序决定,不能在 GUI 中修改。但可以把缩略词集保存为一个文件,编辑这个文件,就可以改变其次序。其菜单路径为 Utility Menu：MenuCtrls→Save Toolbar 或 Utility Menu：Macro→Save Abbr。

由于有的命令或者菜单函数对应不同处理器,所以在一个处理器下单击其他处理器的缩略词按钮时,会打开"无法识别的命令"警告。

2.8　图 形 窗 口

图形窗口(Graphics Window)是图形用户界面操作的主窗口,用于显示绘制的图形,包括实体模型、有限元网格和分析结果,它也是图形选取的场所。

ANSYS 能够利用图形和图片描述模型的细节,这些图形可以在显示器上查看、存入文件,或者打印输出。

ANSYS 提供了两种图形模式：交互式图形和外部图形。前者指能够直接在屏幕终端查看的图形,后者指输出到文件中的图形,可以控制一个图形或者图片输出到屏幕还是到文件。通常,在批处理命令中,是将图形输出到文件。

本节主要介绍图形窗口,并简单介绍如何把图形输出到外部文件。

可以改变图形窗口的大小,但保持其宽高比为 4：3 在视觉上更好一些。

图形窗口的标题显示刚完成的命令。当打开多个图形窗口时,这一点很有用。

在 PREP7 模块中时,标题中还将显示如下信息：

♦ 当前有限元类型属性指示(type)。

◆ 当前材料属性指示（mat）。

◆ 当前实常数设置属性指示（real）。

◆ 当前坐标系参考号（csys）。

2.8.1 图形显示

通常，显示一个图形需要两个步骤：

（1）选择 Utility Menu：PlotCtrls 命令设置图形控制选项。

（2）选择 Utility Menu：Plot 命令绘图。可以绘制的图形有很多，包括：几何显示，如节点、关键点、线和面等；结果显示，如变形图、等值线图和结果动画等；曲线图显示，如应力应变曲线、时间历程曲线和轨线图等。

在显示之前，或者在绘图建模之前，有必要理解图形的显示模式。在图形窗口中，有两种显示模式：直接模式和 XOR 模式。只能在预处理器中才能切换这两种模式，在其他处理器中，直接模式是无效的。如图 2-40 所示为用于计算无限长圆柱体的模型，可以通过纹理等控制来使模型更真实美观。

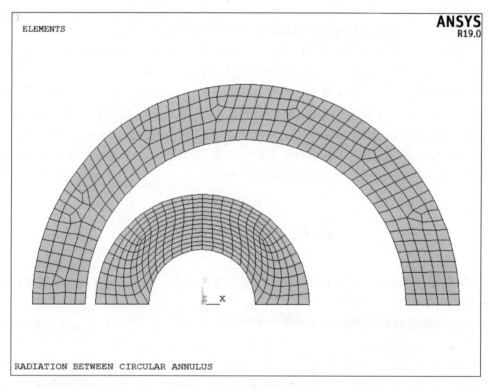

图 2-40　ANSYS 图形窗口

1. 直接模式

GUI 在默认情况下，一旦创建了新图元，模型会立即显示到图形窗口中，这就叫直接模式。然而，如果在图形窗口中有菜单或者对话框，移动菜单或对话框将把图形上的显示破坏掉，并且会改变图形窗口的大小。例如，将图形窗口缩小为图标再恢复时，直接模式显示的图将不会显示，除非进行其他绘图操作，如用/REPLOT 命令重新绘制。

直接模式自动对用户的图形绘制和修改命令进行显示。要注意的是,它只是一个临时性显示,所以:

当图形窗口被其他窗口覆盖,或者图形最小化之后,图形将被毁坏。

窗口的缩放依赖于最近的绘图命令,如果新的实体位于窗口之外,将不能完全显示新的实体。为了显示完整的新的实体,需要一个绘图指令。

数字或者符号(如关键点的序号或者边界符号)以直接模式绘制,所以它们符合上面两条规则,除非在 PlotCtrls 中明确指出要打开这些数字或符号。

当定义了一个模型但是又不需要立即显示时,可以用下面的操作关闭直接显示模式。

选择 Utility Menu:PlotCtrls→Erase Options→Immediate Disply 命令。

在输入窗口中输入"IMMED"命令。

当不用 GUI 而交互运行 ANSYS 时,默认情况下,直接模式是关闭的。

2. XOR 模式

该模式用来在不改变当前已存在的显示的情况下,迅速绘制或擦除图形,也用来显示工作平面。

使用 XOR 模式的好处是它产生一个即时显示,该显示不会影响窗口中的已有图形,缺点是在同一个位置两次创建图形时,它将擦除原来的显示。例如,当在已有面上再画一个面时,即使用/Replot 命令重画图形,也不能得到该面的显示。但是在直接模式下时,当打开了面号(Utility Menu:PlotCtrls→Numbering)时,可以立刻看到新绘制的图形。

3. 矢量模式和光栅模式

矢量模式和光栅模式对图形显示有较大影响。矢量模式只显示图形的线框,光栅模式则显示图形实体;矢量模式用于透视,光栅模式用于立体显示。一般情况下都采用光栅模式,但是在图形查询选取等情况下,用矢量模式是很方便的。

选择 Utility Menu:PlotCtrls→Device Options 命令,然后选中 vector mode 复选框,使其变为 On 或者 Off。可以在矢量模式和光栅模式间切换。

2.8.2 多窗口绘图

ANSYS 提供了多窗口绘图,在建模时能够从各个角度观察图形,在后处理时能够方便地比较结果。进行多窗口操作的步骤如下:

(1) 定义窗口布局。

(2) 选择想要在窗口中显示的内容。

(3) 如果要显示单元和图形,选择用于绘图的单元和图形显示类型。

(4) 执行多窗口绘图操作,显示图形。

1. 定义窗口布局

所谓窗口布局,即窗口外观,包括窗口的数目、每个窗口的位置及大小。

Utility Menu:PlotCtrls→Multiwindow Layout 命令用于定义窗口布局,对应的命

令是/WINDOW。

在打开的对话框中,包括如下窗口布局设置。

- ◆ One Window:单窗口。
- ◆ Two(Left-Right):两个窗口,左右排列。
- ◆ Two(Top-Bottom):两个窗口,上下排列。
- ◆ Three(2Top/Bot):三个窗口,两个上面,一个下面。
- ◆ Three(Top/2Bot):三个窗口,两个下面,一个上面。
- ◆ Four(2Top/2Bot):四个窗口,两个上面,两个下面。

在该对话框中,Display uponOK/Apply选项的设置比较重要。有如下一些选项:

- ◆ No Redisplay:单击OK按钮或者Apply按钮后,并不更新图形窗口。
- ◆ Replot:重新绘制所有图形窗口的图形。
- ◆ Multi-Plots:多重绘图,实现窗口之间的不同绘图模式时,通常使用该选项,例如,在一个窗口内绘制矢量图,在另一个窗口内绘制等值线图。还可以选择 Utility Menu:PlotCtrls→Windows Controls→Window Layout命令定义窗口布局,打开的对话框如图2-41所示。

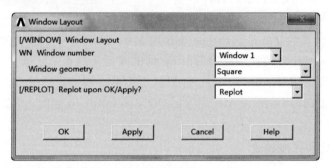

图2-41 窗口布局

首先选择想要设置的窗口号(Window number),然后设置其位置和大小(Window geometry),对应的命令是/WINDOW。这种设置将覆盖 Multiwindow Layout 设置。具体地说,如果定义了3个窗口,两个在上,一个在下,则在上的窗口为1和2,在下的窗口为3。如果用/WINDOW命令设置窗口3在右半部分,则它将覆盖窗口2。

在该对话框中,如果在 Window geometry 下拉列表框中选择 Picked 选项,则可以用鼠标选取窗口的位置和大小,也可以从输入窗口中输入其位置,在输入时,以整个图形窗口的中心作为原点。例如,对原始尺寸来说,设置$(-1.0,1.67,1.1)$表示原始窗口的全屏幕。Utility Menu:PlotCtrls→Style→Colors→Window Colors命令用于设置每个窗口的背景色。

2. 设置显示类型

一旦完成了窗口布局设置,就要选择每个窗口要显示的类型。每个窗口可以显示模型图元、曲线图或其他图形。

Utility Menu:PlotCtrls→Multi-Plot Controls命令用来设置每个窗口显示的内容。

Note

在打开的对话框中,首先选择设置窗口(Edit Window),但绘制曲线图时,不用设置该选项,因为程序默认情况是绘制模型(实体模型和有限元模型)的所有项目,包括关键点、线、面、体、节点和单元。在单元选项中,可以设置当前绘图是单元还是POST1中的变形、节点解、单元解,或者单元表数据的等值线图、矢量图。

这些绘图设置与单个窗口的绘图设置相同,例如,绘制等值线图或者矢量图打开的对话框与在通用后处理器中打开的对话框是一样的。

为了绘制曲线图,应当将Display Type设置为Graph Plots,这样就可以绘制所有的曲线图,包括材料属性图、轨线图、线性应力和数组变量的列矢量图等,对应的命令为/GCMD。

完成这些设置后,还可以对所有窗口进行通用设置,菜单路径为Utility Menu:PlotCtrls→Style,关于图形的通用设置,也就是设置颜色、字体、样式等。

尽管多窗口绘图可以绘制不同类型的图,但其最主要的用途是在三维建模中。在图形用户交互建模过程中,可以设置4个窗口,其中一个显示前视图,一个显示顶视图,一个显示左视图,另一个则显示Iso立体视图。这样,就可以很方便地理解图形并建模。

3. 绘图显示

设置好窗口后,选择Utility Menu:Plot→Multi-Plot命令,就可以进行多窗口绘图操作了,对应的命令是GPLOT。

以下是一个多窗口绘图的命令及结果(假设已经进行了计算):

```
/POST1
SET,LAST                        !读入数据到数据库
/WIND,1,LEFT                    !创建两个窗口,左右排列
/WIND,2,RIGHT
/TRIAD,OFF                      !关闭全局坐标显示
/PLOPTS,INFO,0                  !关闭图例
/GTYPE,ALL,KEYP,0              !关闭关键点、线、面、体和节点的显示
/GTYPE,ALL,LINE,0
/GTYPE,ALL,AREA,0
/GTYPE,ALL,VOLU,0
/GTYPE,ALL,NODE,0
/GTYPE,ALL, ELEM,1             !在所有窗口中都使用单元显示
/GCMD,1,PLDI,2                 !在窗口1中绘制变形图,2代表了绘制未变形边界
/GCMD,2,PLVE,U                 !在窗口2中绘制位移矢量图
GPLOT                          !执行绘制命令
```

所得结果如图2-42所示。

4. 图形窗口的操作

定义了图形窗口,在完成绘图操作之前或之后,可以对窗口及其内容进行复制、删除、激活或者关闭窗口。

Utility Menu:PlotCtrls→Window Controls→Window On or Off命令用于激活

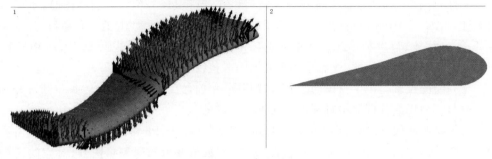

图 2-42　多窗口绘图

或者关闭窗口，对应的命令是/WINDOW，wn，ON 或者/WINDOW，wn，OFF，其中 wn 是窗口号。

　　Utility Menu：PlotCtrls→Window Controls→Delete Window 命令用于删除窗口，对应的命令是/WINDOW，wn，DELE。

　　Utility Menu：PlotCtrls→Window Controls→Copy Windows 命令用于把一个窗口的显示设置复制到另一个窗口中。

　　Utility Menu：PlotCtrls→Erase Options→Erase between Plots 命令是一个开关操作。如果不选中该选项，则在屏幕显示之间不会进行屏幕擦除。这使得新的显示在原有显示上重叠，虽然有时这种重叠是有意义的，但多数情况下，它只能使屏幕看起来很乱。其对应的命令是/NOERASET 和/ERASE。

5. 捕获图像

　　捕获图像能够得到一个图像快照，用户通过对该图像存盘或恢复，来比较不同视角、不同结果或者其他有明显差异的图像。其菜单路径为 Utility Menu：PlotCtrls→Capture Image。

2.8.3　增强图形显示

　　ANSYS 提供有两种图形显示方式。

- 全模式显示方式：菜单路径为 Toolbar→POWRGRPH，在打开的对话框中，选择 OFF，对应的命令为 GRAPHICS，FULL。
- 增强图形显示方式：菜单路径为 Toolbar→POWRGRPH，在打开的对话框中，选择 ON，对应的命令为 GRAPHICS，POWER。

　　默认情况下，除存在电路单元外，所有其他分析都使用增强图形显示方式。通常情况下，能用增强图形显示时尽量使用，因为它的显示速度比全模式显示方式快很多，但是，有一些操作只支持增强图形显示方式，也有一些绘图操作只支持全模式方式。除了显示速度快这个优点外，增强图形显示方式还有很多其他优点：

- 对具有中节点的单元绘制二次表面。当设置多个显示小平面（Utility Menu：PlotCtrls→Style→Size and Shape）时，用该方法能够绘制有各种曲率的图形，指定的小平面越多（1～4），绘制的单元表面就越光滑。
- 对材料类型和实常数不连续的单元，它能够显示不连续结果。

- 壳单元的结果可同时在顶层和底层显示。
- 可用 QUERY 命令在图形用户界面方式下查询结果。

使用增强图形显示方式的缺点如下：

- 不支持电路单元。
- 当被绘制的结果数据不能被增强图形显示方式支持时，结果将用全模式绘制出来。
- 在绘制结果数据时，它只支持结果坐标系下的结果，而不支持基于单元坐标系的绘制。
- 当结果数据要求平均时，增强图形显示方式只用于绘制或者列表模型的外表面，而全模型方法则对整个外表面和内表面的结果都进行平均。
- 使用增强图形显示方式时，图形显示的最大值可能和列表输出的最大值不同，因为图形显示非连续处是不进行结果平均，而列表输出则是在非连续处进行了结果平均。

POWERGRAPHIC 还有其他一些使用上的限制，它不能支持如下命令：/CTYPE、DSYS、/EDGE、/ESHAPE、＊GET、/PNUM、/PSYMB、RSYS、SHELL 和＊VGET。另外有些命令，不管增强图形显示方式是否打开，都使用全模式方式显示，如/PBF、PRETAB、PRSECT 等。

第3章

建立实体模型

本章介绍建立有限元模型的两种方法：输入法和创建法。其中创建法可以自顶向下，也可以自底向上。

学 习 要 点

◆ 几何建模概论
◆ 工作平面的使用
◆ 移动、复制和缩放几何模型

3.1 几何建模概论

有限元分析的最终目的是还原一个实际工程系统的数学行为特征,换句话说,分析必须是针对一个物理原型的准确的数学模型。由节点和单元构成的有限元模型与结构系统的几何外形是基本一致的,广义上讲,模型包括所有的节点、单元、材料属性、实常数、边界条件,以及用来表现这个物理系统的特征,所有这些特征都反映在有限元网格及其设定上。在 ANSYS 中,有限元模型的建立分为直接法和间接法,直接法是直接根据结构的几何外形建立节点和单元而得到有限元模型,它一般只适用于简单的结构系统。间接法是利用点、线、面和体等基本图元,先建立几何外形,再对该模型进行实体网格划分,以完成有限元模型的建立,因此它适用于节点及单元数目较多的复杂几何外形的结构系统。下面对间接法建立几何模型作简单的介绍。

3.1.1 自底向上建模

所谓的自底向上,顾名思义就是由建立模型的最低单元的点到最高单元的体来构造实体模型。即首先定义关键点(keypoints),然后利用这些关键点定义较高级的实体图元,如线(lines)、面(areas)和体(volume),这就是所谓的自底向上的建模方法,如图 3-1 所示。一定要牢记自底向上构造的有限元模型是在当前激活的坐标系内定义的。

3.1.2 自顶向下建模

ANSYS 软件允许通过汇集线、面、体等几何体素的方法构造模型。当生成一种体素时,ANSYS 程序会自动生成所有从属于该体素的较低级图元,这种一开始就从较高级的实体图元构造模型的方法就是所谓的自顶向下的建模方法,如图 3-2 所示。可以根据需要自由地组合自底向上和自顶向下的建模技术。注意几何体素是在工作平面内建立的,而自底向上的建模技术是在激活的坐标系上定义的。如果混合使用这两种技术,那么应该考虑使用"CSYS,WP"或"CSYS,4"命令强迫坐标系跟随工作平面变化。另外,建议不要在环坐标系中进行实体建模操作,因为会生成其他不想要的面或体。

图 3-1 自底向上构造模型

图 3-2 自顶向下构造模型(几何体素)

3.1.3 布尔运算操作

可以使用求交、相减或其他布尔操作来雕刻实体模型。通过布尔操作,可以直接用较高级的图元生成复杂的形体,如图 3-3 所示。布尔运算对于通过自底向上或自顶向下方法生成的图元均有效。

图 3-3 使用布尔运算生成的复杂形体

创建模型时要用到布尔操作,ANSYS 具有以下布尔操作功能:

◆ 加:把相同的几个体素(点、线、面、体)合在一起形成一个体素。

◆ 减:从相同的几个体素(点、线、面、体)中去掉相同的另外几个体素。

◆ 黏接:将两个图元连接到一起,并保留各自边界,如图 3-4 所示。

考虑到网格划分,由于网格划分器划分几个小部件比划分一个大部件更加方便,因此黏接常常比加操作更加适合。

◆ 叠分:操作与黏接功能基本相同,不同的是叠分操作输入的图元具有重叠的区域。

◆ 分解:将一个图元分解为两个图元,但两者之间保持连接。可用于将一个复杂体修剪剖切为多个规则体,为网格划分带来方便。分解操作的"剖切工具"可以是工作平面、面或线。

◆ 相交:把相重叠的图元形成一个新的图元。

3.1.4 拖拉和旋转

布尔运算尽管很方便,但一般需耗费较多的计算时间,所以在构造模型时,可以采用拖拉或者旋转的方法建模,如图 3-5 所示。它往往可以节省很多计算时间,提高效率。

图 3-4 黏接操作   图 3-5 拖拉一个面生成一个体

3.1.5　移动和复制

一个复杂的面或体在模型中重复出现时仅需构造一次。之后可以移动、旋转或者复制到所需的地方，如图 3-6 所示，我们会发现在方便之处生成几何体素再将其移动到所需之处，往往比直接改变工作平面生成所需体素更方便。图中黑色区域表示原始图元，其余都是复制生成。

图 3-6　复制一个面

3.1.6　修改模型

在修改模型时，需要知道实体模型和有限元模型中图元的层次关系，不能删除依附于较高级图元上的低级图元。例如：不能删除已划分网格的体，也不能删除依附于面上的线等。若一个实体已经加了载荷，那么删除或修改该实体时附加在该实体上的载荷也将从数据库中删除。图元中的层次关系如下：

◆ 高级图元：

　　单元（包括单元载荷）

　　节点（包括节点载荷）

　　实体（包括实体载荷）

　　面（包括面载荷）

　　线（包括线载荷）

　　关键点（包括点载荷）

◆ 低级图元：

在修改已划分网格的实体模型时，首先必须清楚该实体模型上所有的节点和单元，然后可以自顶而下地删除或者重新定义图元，以达到修改模型的目的，如图 3-7 所示。

待修改网格　　　　　清除网格　　　　　正几何模型　　　　　重新划分网格

图 3-7　修改已划分网格的模型

3.1.7　把 IGES 文件导入模型

可以在 ANSYS 里直接建立模型，也可以先在 CAD 系统里建立实体模型，然后把模型存为 IGES 文件格式，再把这个模型输入 ANSYS 系统中，一旦模型成功地输入，就可以像在 ANSYS 中创建模型那样对这个模型进行修改和划分网格。

3.2　坐 标 系 简 介

ANSYS 有多种坐标系供选择：

（1）总体和局部坐标系：用来定位几何形状参数（节点、关键点等）和空间位置。

（2）显示坐标系：用于几何形状参数的列表和显示。

（3）节点坐标系：用来定义每个节点的自由度和节点结果数据的方向。

（4）单元坐标系：用来确定材料特性主轴和单元结果数据的方向。

（5）结果坐标系：用来列表、显示或在通用后处理操作中将节点和单元结果转换到一个特定的坐标系中。

3.2.1　总体和局部坐标系

总体坐标系和局部坐标系用来定位几何体。默认地，当定义一个节点或关键点时，其坐标系为总体笛卡儿坐标系。可是对有些模型，定义为不是总体笛卡儿坐标系的另外坐标系可能更方便。ANSYS 程序允许用任意预定义的 3 种（总体）坐标系的任意一种来输入几何数据，或者在任何其他定义的（局部）坐标系中进行此项工作。

1. 总体坐标系

总体坐标系被认为是一个绝对的参考系。ANSYS 程序提供了前面定义的 3 种总体坐标系：笛卡儿坐标系、柱坐标系和球坐标系，所有这 3 种坐标系都是右手系，而且有共同的原点。

图 3-8（a）表示笛卡儿坐标系；图 3-8（b）表示一类圆柱坐标系（其 Z 轴同笛卡儿坐标系的 Z 轴一致），坐标系统标号是 1；图 3-8（c）表示球坐标系，坐标系统标号是 2；图 3-8（d）表示两类圆柱坐标系（Z 轴与笛卡儿坐标系的 Y 轴一致），坐标系统标号是 3。

图 3-8　总体坐标系

2. 局部坐标系

在许多情况下,必须要建立自己的坐标系。其原点与总体坐标系的原点偏移一定距离,或其方位不同于先前定义的总体坐标系,图 3-9 是一个局部坐标系的示例,它是通过用于局部、节点或工作平面坐标系旋转的欧拉旋转角来定义的。可以按以下方式定义局部坐标系:

(1) 按总体笛卡儿坐标定义局部坐标系:

> 命令:LOCAL
> GUI:Utility Menu→WorkPlane→Local Coordinate Systems→Create Local CS→At Specified Loc +

(2) 通过已有节点定义局部坐标系:

> 命令:CS
> GUI: Utility Menu→WorkPlane→Local Coordinate Systems→Create Local CS→By 3 Nodes +

(3) 通过已有关键点定义局部坐标系:

> 命令:CSKP
> GUI: Utility Menu → WorkPlane → Local Coordinate Systems → Create Local CS → By 3 Keypoints +

(4) 以当前定义的工作平面的原点为中心定义局部坐标系:

> 命令:CSWPLA
> GUI:Utility Menu→WorkPlane→Local Coordinate Systems→Create Local CS→At WP Origin

图 3-8 中 X,Y,Z 表示总体坐标系,然后通过旋转该总体坐标系来建立局部坐标系。图 3-9(a)表示将总体坐标系绕 Z 轴旋转一个角度得到 $X_1,Y_1,Z(Z_1)$;图 3-9(b)表示将 $X_1,Y_1,Z(Z_1)$ 绕 X_1 轴旋转一个角度得到 $X_1(X_2),Y_2,Z_2$。

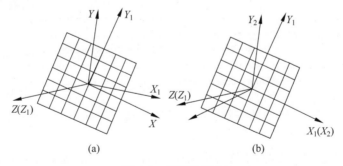

图 3-9　局部坐标系

当定义了一个局部坐标系后,它就会被激活。当创建了局部坐标系后,分配给它一个坐标系号(必须是 11 或更大),可以在 ANSYS 程序中的任何阶段建立或删除局部坐标系。若要删除一个局部坐标系,可以利用下面的方法:

> 命令:CSDELE
> GUI:Utility Menu→WorkPlane→Local Coordinate Systems→Delete Local CS

若要查看所有的总体和局部坐标系,可以使用下面的方法:

命令:CSLIST
GUI:Utility Menu→List→Other→Local Coord Sys

与 3 个预定义的总体坐标系类似,局部坐标系可以是笛卡儿坐标系、柱坐标系或球坐标系。局部坐标系可以是圆的,也可以是椭圆的,另外,还可以建立环形局部坐标系,如图 3-10 所示。

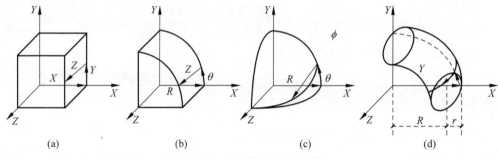

图 3-10 局部坐标系类型

图 3-10(a)表示局部笛卡儿坐标系;图 3-10(b)表示局部圆柱坐标系;图 3-10(c)表示局部球坐标系;图 3-10(d)表示局部环坐标系。

3. 坐标系的激活

可以定义多个坐标系,但某一时刻只能有一个坐标系被激活。激活坐标系的方法如下:首先自动激活总体笛卡儿坐标系,当定义一个新的局部坐标系,这个新的坐标系就会自动被激活,如果要激活一个总体坐标系或以前定义的坐标系,可用下列方法:

命令:CSYS
GUI:Utility Menu→WorkPlane→Change Active CS to→Global Cartesian
    Utility Menu→WorkPlane→Change Active CS to→Global Cylindrical
    Utility Menu→WorkPlane→Change Active CS to→Global Spherical
    Utility Menu→WorkPlane→Change Active CS to→Specified Coord Sys
    Utility Menu→WorkPlane→Change Active CS to→Working Plane

在 ANSYS 程序运行的任何阶段都可以激活某个坐标系,若没有明确地改变激活的坐标系,当前激活的坐标系将一直保持不变。

在定义节点或关键点时,不管哪个坐标系是激活的,程序都将坐标标为 X、Y 和 Z,如果激活的不是笛卡儿坐标系,应将 X、Y 和 Z 理解为柱坐标系中的 R、θ、Z 或球坐标系中的 R、θ、ϕ。

3.2.2 显示坐标系

在默认情况下,即使是在坐标系中定义的节点和关键点,其列表都显示它们在总体笛卡儿坐标,可以用下列方法改变显示坐标系:

```
命令:DSYS
GUI:Utility Menu→WorkPlane→Change Display CS to→Global Cartesian
    Utility Menu→WorkPlane→Change Display CS to→Global Cylindrical
    Utility Menu→WorkPlane→Change Display CS to→Global Spherical
    Utility Menu→WorkPlane→Change Display CS to→Specified Coord Sys
```

改变显示坐标系也会影响图形显示。除非有特殊的需要,一般在用诸如 "NPLOT,EPLOT"命令显示图形时,应将显示坐标系重置为总体笛卡儿坐标系。 DSYS 命令对 LPLOT,APLOT 和 VPLOT 命令无影响。

3.2.3 节点坐标系

总体和局部坐标系用于几何体的定位, 而节点坐标系则用于定义节点自由度的方 向。每个节点都有自己的节点坐标系,默认 情况下,它总是平行于总体笛卡儿坐标系 (与定义节点的激活坐标系无关)。可用下 列方法将任意节点坐标系旋转到所需方向, 如图 3-11 所示。

原始节点坐标系　　旋转到圆柱坐标系

图 3-11　节点坐标系

(1) 将节点坐标系旋转到激活坐标系的方向。即节点坐标系的 X 轴转成平行于 激活坐标系的 X 轴或 R 轴,节点坐标系的 Y 轴旋转到平行于激活坐标系的 Y 轴或 θ 轴,节点坐标系的 Z 轴旋转到平行于激活坐标系的 Z 轴或 ϕ 轴。

```
命令:NROTAT
GUI:Main Menu→Preprocessor→Modeling→Create→Nodes→Rotate Node CS→To Active CS
    Main Menu→Preprocessor→Modeling→Move/Modify→Rotate Node CS→To Active CS
```

(2) 按给定的旋转角旋转节点坐标系(因为通常不易得到旋转角,因此 NROTAT 命令可能更有用),在生成节点时可以定义旋转角,或对已有节点制定旋转角 (NMODIF 命令)。

```
命令:N
GUI:Main Menu→Preprocessor→Modeling→Create→Nodes→In Active CS
命令:NMODIF
GUI:Main Menu→Preprocessor→Modeling→Create→Nodes→Rotate Node CS→By Angles
    Main Menu→Preprocessor→Modeling→Move/Modify→Rotate Node CS→By Angles
```

可以用下列方法列出节点坐标系相对于总体笛卡儿坐标系旋转的角度:

```
命令:NANG
GUI:Main Menu→Preprocessor→Modeling→Create→Nodes→Rotate Node CS→By Vectors
    Main Menu→Preprocessor→Modeling→Move/Modify→Rotate Node CS→By Vectors
命令:NLIST
GUI:Utility Menu→List→Nodes
    Utility Menu→List→Picked Entities→Nodes
```

3.2.4　单元坐标系

每个单元都有自己的坐标系,单元坐标系用于规定正交材料特性的方向、施加压力和显示结果(如应力应变)的输出方向。所有的单元坐标系都是正交右手系。

大多数单元坐标系的默认方向遵循以下规则:

(1) 线单元的 X 轴通常从该单元的 I 节点指向 J 节点。

(2) 壳单元的 X 轴通常也取 I 节点到 J 节点的方向,Z 轴过 I 节点且与壳面垂直,其正方向由单元的 I、J 和 K 节点按右手法则确定,Y 轴垂直于 X 轴和 Z 轴。

(3) 二维和三维实体单元的单元坐标系总是平行于总体笛卡儿坐标系。

并非所有的单元坐标系都符合上述规则,对于特定单元坐标系的默认方向可参考 ANSYS 帮助文档单元说明部分。许多单元类型都有选项(KEYOPTS,在 DT 或 KETOPT 命令中输入),这些选项用于修改单元坐标系的默认方向。对面单元和体单元而言,可用下列命令将单元坐标系的方向调整到已定义的局部坐标系上:

```
命令:ESYS
GUI:Main Menu→Preprocessor→Meshing→Mesh Attributes→Default Attribs
    Main Menu→Preprocessor→Modeling→Create→Elements→Elem Attributes
```

如果既用了 KEYOPT 命令又用了 ESYS 命令,则 KEYOPT 命令的定义有效。对某些单元而言,通过输入角度可相对先前的方向作进一步旋转,例如 SHELL63 单元中的实常数 THETA。

3.2.5　结果坐标系

在求解过程中,计算的结果数据有位移(UX,UY,ROTS 等)、梯度(TGX,TGY 等)、应力(SX,SY,SZ 等)和应变(EPPLX,EPPLXY 等)等,这些数据存储在数据库和结果文件中,要么是在节点坐标系(初始或节点数据),要么是在单元坐标系(导出或单元数据)。但是,结果数据通常是旋转到激活的坐标系(默认为总体坐标系)中来进行云图显示、列表显示和单元数据存储(ETABLE 命令)等操作。

可以将活动的结果坐标系转到另一个坐标系(如总体坐标系或一个局部坐标系),或转到在求解时所用的坐标系下(例如,节点和单元坐标系)。如果列表、显示或操作这些结果数据,则它们将首先被旋转到结果坐标系下。利用下列方法可改变结果坐标系:

```
命令:RSYS
GUI:Main Menu→General Postproc→Options for Output
    Utility Menu→List→Results→Options
```

3.3　自顶向下建模(体素)

几何体素是用单个 ANSYS 命令创建常用实体模型(如球、正棱柱等)。因为体素是高级图元,不用先定义任何关键点而形成,所以称利用体素进行建模的方法为自顶向下建模。当生成一个体素时，ANSYS 程序会自动生成所有属于该体素的必要的低级图元。

3.3.1 创建面体素

创建面体素的命令及 GUI 菜单路径如表 3-1 所示。

表 3-1 创建面体素

用　法	命　令	GUI 菜单路径
在工作平面上创建矩形面	RECTNG	Main Menu→Preprocessor→Modeling→Create→Areas→Rectangle→By Dimensions
通过角点生成矩形面	BLC4	Main Menu→Preprocessor→Modeling→Create→Areas→Rectangle→By 2 Corners
通过中心和角点生成矩形面	BLC5	Main Menu→Preprocessor→Modeling→Create→Areas→Rectangle→By Centr & Cornr
在工作平面上生成以其原点为圆心的环形面	PCIRC	Main Menu→Preprocessor→Modeling→Create→Circle→By Dimensions
在工作平面上生成环形面	CYL4	Main Menu → Preprocessor → Modeling → Create→Circle→Annulus or→Partial Annulus or→Solid Circle
通过端点生成环形面	CYL5	Main Menu→Preprocessor→Modeling→Create→Circle→By End Points
以工作平面原点为中心创建正多边形	RPOLY	Main Menu→Preprocessor→Modeling→Create→Polygon→By Circumscr Rad or→By Inscribed Rad or→By Side Length
在工作平面的任意位置创建正多边形	RPR4	Main Menu→Preprocessor→Modeling→Create→Polygon→Hexagon or→Octagon or→Pentagon or→Septagon or→Square or→Triangle
基于工作平面坐标对生成任意多边形	POLY	该命令没有相应 GUI 路径

3.3.2 创建实体体素

创建实体体素的命令及 GUI 菜单路径如表 3-2 所示。

表 3-2 创建实体体素

用　法	命　令	GUI 菜单路径
在工作平面上创建长方体	BLOCK	Main Menu→Preprocessor→Modeling→Create→Volumes→Block→By Dimensions
通过角点生成长方体	BLC4	Main Menu→Preprocessor→Modeling→Create→Volumes→Block→By 2 Corners & Z
通过中心和角点生成长方体	BLC5	Main Menu→Preprocessor→Modeling→Create→Volumes→Block→By Centr,Cornr,Z

续表

用　法	命　令	GUI 菜单路径
以工作平面原点为圆心生成圆柱体	CYLIND	Main Menu→Preprocessor→Modeling→Create→Volumes→Cylinder→By Dimensions
在工作平面的任意位置创建圆柱体	CYL4	Main Menu→Preprocessor→Modeling→Create→Volumes→Cylinder→Hollow Cylinder or→Partial Cylinder or→Solid Cylinder
通过端点创建圆柱体	CYL5	Main Menu→Preprocessor→Modeling→Create→Volumes→Cylinder→By End Pts & Z
以工作平面的原点为中心创建正棱柱体	RPRISM	Main Menu→Preprocessor→Modeling→Create→Volumes→Prism→By Circumscr Rad or→By Inscribed Rad or→By Side Length
在工作平面的任意位置创建正棱柱体	RPR4	Main Menu→Preprocessor→Modeling→Create→Volumes→Prism→Hexagonal or→Octagonal or→Pentagonal or→Septagonal or→Square or→Triangular
基于工作平面坐标对创建任意多棱柱体	PRISM	该命令没有相应 GUI 路径
以工作平面原点为中心创建球体	SPHERE	Main Menu→Preprocessor→Modeling→Create→Volumes→Sphere→By Dimensions
在工作平面的任意位置创建球体	SPH4	Main Menu→Preprocessor→Modeling→Create→Volumes→Sphere→Hollow Sphere or→Solid Sphere
通过直径的端点生成球体	SPH5	Main Menu→Preprocessor→Modeling→Create→Volumes→Sphere→By End Points
以工作平面原点为中心生成圆锥体	CONE	Main Menu→Preprocessor→Modeling→Create→Volumes→Cone→By Dimensions
在工作平面的任意位置创建圆锥体	CON4	Main Menu→Preprocessor→Modeling→Create→Volumes→Cone→By Picking
生成环体	TORUS	Main Menu→Preprocessor→Modeling→Create→Volumes→Torus

图 3-12 所示是环形体素和环形扇区体素。

环形体素　　　　　　　　环形扇区体素

图 3-12　环形体素和环形扇区体素

图 3-13 所示是空心圆球体素和圆台体素。

(a)   (b)

图 3-13 空心圆球体素和圆台体素

（a）空心圆球体素；（b）圆台体素

3.4 自底向上建模

　　无论是使用自底向上还是自顶向下的方法构造实体模型，均由关键点（keypoints）、线（lines）、面（areas）和体（volumes）组成，如图 3-14 所示。

　　顶点为关键点，边为线，表面为面，而整个物体内部为体。这些图元的层次关系是：最高级的体图元以次高级的面图元为边界，面图元又以线图元为边界，线图元则以关键点图元为端点。

图 3-14 基本实体模型图元

3.4.1 关键点

　　用自底向上的方法构造模型时，首先定义最低级的图元：关键点。关键点是在当前激活的坐标系内定义的。不必总是按从低级到高级的办法定义所有的图元来生成高级图元，可以直接在它们的顶点由关键点来直接定义面和体，中间的图元需要时可自动生成。例如，定义一个长方体可用 8 个角的关键点来定义，ANSYS 程序会自动地生成该长方形中所有的面和线。可以直接定义关键点，也可以从已有的关键点生成新的关键点，定义好关键点后，可以对它进行查看、选择和删除等操作。

1. 定义关键点

　　定义关键点的命令及 GUI 菜单路径如表 3-3 所示。

表 3-3 定义关键点

位　　置	命　　令	GUI 路径
在当前坐标系下	K	Main Menu → Preprocessor → Modeling → Create → Keypoints→In Active CS Main Menu → Preprocessor → Modeling → Create → Keypoints→On Working Plane
在线上的指定位置	KL	Main Menu → Preprocessor → Modeling → Create → Keypoints→On Line Main Menu → Preprocessor → Modeling → Create → Keypoints→On Line w/Ratio

2. 从已有的关键点生成关键点

从已有的关键点生成关键点的命令及 GUI 菜单路径如表 3-4 所示。

表 3-4　从已有的关键点生成关键点

位　　　置	命　　令	GUI 菜单路径
在两个关键点之间创建一个新的关键点	KEBTW	Main Menu→Preprocessor→Modeling→Create→Keypoints→KP between KPs
在两个关键点之间填充多个关键点	KFILL	Main Menu→Preprocessor→Modeling→Create→Keypoints→Fill between KPs
在三点定义的圆弧中心定义关键点	KCENTER	Main Menu→Preprocessor→Modeling→Create→Keypoints→KP at Center
由一种模式的关键点生成另外的关键点	KGEN	Main Menu → Preprocessor → Modeling →Copy→Keypoints
从已给定模型的关键点生成一定比例的关键点	KSCALE	该命令没有菜单模式
通过映像产生关键点	KSYMM	Main Menu → Preprocessor → Modeling →Reflect→Keypoints
将一种模式的关键点转到另外一个坐标系中	KTRAN	Main Menu → Preprocessor → Modeling → Move/Modify→Transfer Coord→Keypoints
给未定义的关键点定义一个默认位置	SOURCE	该命令没有菜单模式
计算并移动一个关键点到一个交点上	KMOVE	Main Menu → Preprocessor → Modeling → Move/Modify→Keypoints→To Intersect
在已有节点处定义一个关键点	KNODE	Main Menu→Preprocessor→Modeling→Create→Keypoints→On Node
计算两关键点之间的距离	KDIST	Main Menu → Preprocessor → Modeling → Check Geom→KP distances
修改关键点的坐标系	KMODIF	Main Menu → Preprocessor → Modeling → Move/Modify→Keypoints→Set of KPs MainMenu→Preprocessor→Modeling→Move/Modify→Keypoints→Single KP
将一种模式的关键点转到另外一个坐标系中	KTRAN	Main Menu → Preprocessor → Modeling → Move/Modify→Transfer Coord→Keypoints

3. 查看、选择和删除关键点

查看、选择和删除关键点的命令及 GUI 菜单路径如表 3-5 所示。

表 3-5　查看、选择和删除关键点

用　　途	命　　令	GUI 菜单路径
列表显示关键点	KLIST	Utility Menu→List→Keypoints→Coordinates ＋Attributes Utility Menu→List→Keypoints→Coordinates only Utility Menu→List→Keypoints→Hard Points
选择关键点	KSEL	Utility Menu→Select→Entities

用　　途	命　　令	GUI 菜单路径
屏幕显示关键点	KPLOT	Utility Menu→Plot→Keypoints→Keypoints Utility Menu→Plot→Specified Entities→Keypoints
删除关键点	KDELE	Main Menu→Preprocessor→Modeling→Delete→Keypoints

3.4.2　硬点

硬点实际上是一种特殊的关键点,它表示网格必须通过的点。硬点不会改变模型的几何形状和拓扑结构,大多数关键点命令如 FK、KLIST 和 KSEL 等都适用于硬点,而且它还有自己的命令集和 GUI 路径。

如果发出更新图元几何形状的命令,例如布尔操作或者简化命令,任何与图元相连的硬点都将自动删除;不能用复制、移动或修改关键点的命令操作硬点;当使用硬点时,不支持映射网格划分。

1. 定义硬点

定义硬点的命令及 GUI 菜单路径如表 3-6 所示。

表 3-6　定义硬点

位　　置	命　　令	GUI 菜单路径
在线上定义硬点	HPTCREATE LINE	Main Menu → Preprocessor → Modeling → Create → Keypoints→Hard PT on line→Hard PT by ratio Main Menu → Preprocessor → Modeling → Create → Keypoints→Hard PT on line→Hard PT by coordinates Main Menu → Preprocessor → Modeling → Create → Keypoints→Hard PT on line→Hard PT by picking
在面上定义硬点	HPTCREATE AREA	Main Menu → Preprocessor → Modeling → Create → Keypoints→Hard PT on area→Hard PT by coordinates Main Menu → Preprocessor → Modeling → Create → Keypoints→Hard PT on area→Hard PT by picking

2. 选择硬点

选择硬点的命令及 GUI 菜单路径如表 3-7 所示。

表 3-7　选择硬点

位　　置	命　　令	GUI 菜单路径
硬点	KSEL	Utility Menu→Select→Entities
附在线上的硬点	LSEL	Utility Menu→Select→Entities
附在面上的硬点	ASEL	Utility Menu→Select→Entities

3. 查看和删除硬点

查看和删除硬点的命令及 GUI 菜单路径如表 3-8 所示。

Note

表 3-8　查看和删除硬点

用　途	命　令	GUI 菜单路径
列表显示硬点	KLIST	Utility Menu→List→Keypoints→Hard Points
列表显示线及附属的硬点	LLIST	该命令没有相应 GUI 路径
列表显示面及附属的硬点	ALIST	该命令没有相应 GUI 路径
屏幕显示硬点	KPLOT	Utility Menu→Plot→Keypoints→Hard Points
删除硬点	HPTDELETE	Main Menu→Preprocessor→Modeling→Delete→Hard Points

3.4.3　线

线主要用于表示实体的边。像关键点一样,线是在当前激活的坐标系内定义的。并不总是需要明确地定义所有的线,因为 ANSYS 程序在定义面和体时,会自动生成相关的线。只有在生成线单元(例如梁)或想通过线来定义面时,才需要专门定义线。

1．定义线

定义线的命令及 GUI 菜单路径如表 3-9 所示。

表 3-9　定义线

用　法	命　令	GUI 菜单路径
在指定的关键点之间创建直线(与坐标系有关)	L	Main Menu→Preprocessor→Modeling→Create→Lines→Lines→In Active Coord
通过 3 个关键点创建弧线(或者通过两个关键点和指定半径创建弧线)	LARC	Main Menu→Preprocessor→Modeling→Create→Lines→Arcs→By End KPs & Rad Main Menu→Preprocessor→Modeling→Create→Lines→Arcs→Through 3 KPs
创建多义线	BSPLIN	Main Menu→Preprocessor→Modeling→Create→Lines→Splines→Spline thru KPs Main Menu→Preprocessor→Modeling→Create→Lines→Splines→Spline thru Locs Main Menu→Preprocessor→Modeling→Create→Lines→Splines→With Options→Spline thru KPs Main Menu→Preprocessor→Modeling→Create→Lines→Splines→With Options→Spline thru Locs
创建圆弧线	CIRCLE	Main Menu→Preprocessor→Modeling→Create→Lines→Arcs→By Cent & Radius Main Menu→Preprocessor→Modeling→Create→Lines→Arcs→Full Circle
创建分段式多义线	SPLINE	Main Menu→Preprocessor→Modeling→Create→Lines→Splines→Segmented Spline Main Menu→Preprocessor→Modeling→Create→Lines→Splines→With Options→Segmented Spline

续表

用　法	命　令	GUI 菜单路径
创建与另一条直线成一定角度的直线	LANG	Main Menu→Preprocessor→Modeling→Create→Lines→Lines→At Angle to Line Main Menu→Preprocessor→Modeling→Create→Lines→Lines→Normal to Line
创建与另外两条直线成一定角度的直线	L2ANG	Main Menu→Preprocessor→Modeling→Create→Lines→Lines→Angle to 2 Lines Main Menu→Preprocessor→Modeling→Create→Lines→Lines→Norm to 2 Lines
创建一条与已有线共终点且相切的线	LTAN	Main Menu→Preprocessor→Modeling→Create→Lines→Lines→Tan to 2 Lines
生成一条与两条线相切的线	L2TAN	Main Menu→Preprocessor→Modeling→Create→Lines→Lines→Tan to 2 Lines
生成一个面上两关键点之间最短的线	LAREA	Main Menu→Preprocessor→Modeling→Create→Lines→Lines→Overlaid on Area
通过一个关键点按一定路径延伸成线	LDRAG	Main Menu→Preprocessor→Modeling→Operate→Extrude→Lines→Along Lines
使一个关键点按一条轴旋转生成线	LROTAT	Main Menu→Preprocessor→Modeling→Operate→Extrude→Lines→About Axis
在两相交线之间生成倒角线	LFILLT	Main Menu→Preprocessor→Modeling→Create→Lines→Line Fillet
生成与激活坐标系无关的直线	LSTR	Main Menu→Preprocessor→Create→Lines→Lines→Straight Line

2. 从已有线生成新线

从已有线生成线的命令及 GUI 菜单路径如表 3-10 所示。

表 3-10　从已有线生成新线

用　法	命　令	GUI 菜单路径
通过已有线生成新线	LGEN	Main Menu→Preprocessor→Modeling→Copy→Lines Main Menu→Preprocessor→Modeling→Move/Modify→Lines
从已有线对称映像生成新线	LSYMM	Main Menu→Preprocessor→Modeling→Reflect→Lines
将已有线转到另一个坐标系	LTRAN	Main Menu→Preprocessor→Modeling→Move/Modify→Transfer Coord→Lines

3. 修改线

修改线的命令及 GUI 菜单路径如表 3-11 所示。

表 3-11　修改线

用　法	命　令	GUI 菜单路径
将一条线分成更小的线段	LDIV	Main Menu→Preprocessor→Modeling→Operate→Booleans→Divide→Line into 2 Ln's Main Menu→Preprocessor→Modeling→Operate→Booleans→Divide→Line into N Ln's Main Menu→Preprocessor→Modeling→Operate→Booleans→Divide→Lines w/ Options
将一条线与另一条线合并	LCOMB	Main Menu→Preprocessor→Modeling→Operate→Booleans→Add→Lines
将线的一端延长	LEXTND	Main Menu→Preprocessor→Modeling→Operate→Extend Line

4．查看和删除线

查看和删除线的命令及 GUI 菜单路径如表 3-12 所示。

表 3-12　查看和删除线

用　法	命　令	GUI 菜单路径
列表显示线	LLIST	Utility Menu→List→Lines Utility Menu→List→Picked Entities→Lines
屏幕显示线	LPLOT	Utility Menu→Plot→Lines Utility Menu→Plot→Specified Entities→Lines
选择线	LSEL	Utility Menu→Select→Entities
删除线	LDELE	Main Menu→Preprocessor→Modeling→Delete→Line and Below Main Menu→Preprocessor→Modeling→Delete→Lines Only

3.4.4　面

平面可以表示二维实体(例如平板和轴对称实体)。曲面和平面都可以表示三维的面，例如壳、三维实体的面等。跟线类似，只有用到面单元或者由面生成体时，才需要专门定义面。生成面的命令将自动生成依附于该面的线和关键点，同样，面也可以在定义体时自动生成。

1．定义面

定义面的命令及 GUI 菜单路径如表 3-13 所示。

表 3-13　定义面

用　法	命　令	GUI 菜单路径
通过顶点定义一个面(即通过关键点)	A	Main Menu→Preprocessor→Modeling→Create→Areas→Arbitrary→Through KPs
通过其边界线定义一个面	AL	Main Menu→Preprocessor→Modeling→Create→Areas→Arbitrary→By Lines
沿一条路径拖动一条线生成面	ADRAG	Main Menu→Preprocessor→Modeling→Operate→Extrude→Along Lines

用 法	命 令	GUI 菜单路径
沿一轴线旋转一条线生成面	AROTAT	Main Menu→Preprocessor→Modeling→Operate→Extrude→About Axis
在两面之间生成倒角面	AFILLT	Main Menu→Preprocessor→Modeling→Create→Areas→Area Fillet
通过引导线生成光滑曲面	ASKIN	Main Menu→Preprocessor→Modeling→Create→Areas→Arbitrary→By Skinning
通过偏移一个面生成新的面	AOFFST	Main Menu→Preprocessor→Modeling→Create→Areas→Arbitrary→By Offset

2. 通过已有面生成新的面

通过已有面生成新的面的命令及 GUI 菜单路径如表 3-14 所示。

表 3-14 通过已有面生成新面

用 法	命 令	GUI 菜单路径
通过已有面生成另外的面	AGEN	Main Menu→Preprocessor→Modeling→Copy→Areas Main Menu→Preprocessor→Modeling→Move/Modify→Areas→Areas
通过对称映像生成面	ARSYM	Main Menu→Preprocessor→Modeling→Reflect→Areas
将面转到另外的坐标系下	ATRAN	Main Menu→Preprocessor→Modeling→Move/Modify→Transfer Coord→Areas
复制一个面的部分	ASUB	Main Menu→Preprocessor→Modeling→Create→Areas→Arbitrary→Overlaid on Area

3. 查看、选择和删除面

查看、选择和删除面的命令及 GUI 菜单路径如表 3-15 所示。

表 3-15 查看、选择和删除面

用 法	命 令	GUI 菜单路径
列表显示面	ALIST	Utility Menu→List→Areas Utility Menu→List→Picked Entities→Areas
屏幕显示面	APLOT	Utility Menu→Plot→Areas Utility Menu→Plot→Specified Entities→Areas
选择面	ASEL	Utility Menu→Select→Entities
删除面	ADELE	Main Menu→Preprocessor→Modeling→Delete→Area and Below Main Menu→Preprocessor→Modeling→Delete→Areas Only

3.4.5 体

体用于描述三维实体,仅当需要用体单元时才必须建立体,生成体的命令将自动生成低级的图元。

1. 定义体

定义体的命令及 GUI 菜单路径如表 3-16 所示。

表 3-16　定义体

用　法	命　令	GUI 菜单路径
通过顶点定义体(即通过关键点)	V	Main Menu→Preprocessor→Modeling→Create→Volumes→Arbitrary→Through KPs
通过边界定义体(即用一系列的面来定义)	VA	Main Menu→Preprocessor→Modeling→Create→Volumes→Arbitrary→By Areas
将面沿某个路径拖拉生成体	VDRAG	Main Menu→Preprocessor→Operate→Extrude→Along Lines
将面沿某根轴旋转生成体	VROTAT	Main Menu→Preprocessor→Modeling→Operate→Extrude→About Axis
将面沿其法向偏移生成体	VOFFST	Main Menu→Preprocessor→Modeling→Operate→Extrude→Areas→Along Normal
在当前坐标系下对面进行拖拉和缩放生成体	VEXT	Main Menu→Preprocessor→Modeling→Operate→Extrude→Areas→By XYZ Offset

其中,VOFFST 和 VEXT 操作示意图如图 3-15 所示。

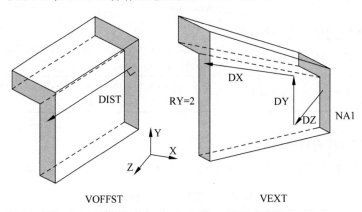

VOFFST　　　　　　　　　　VEXT

图 3-15　VOFFST 和 VEXT 操作示意图

2. 通过已有的体生成新的体

通过已有的体生成新的体的命令及 GUI 菜单路径如表 3-17 所示。

表 3-17　通过已有体生成新体

用　法	命　令	GUI 菜单路径
由一种模式的体生成另外的体	VGEN	Main Menu→Preprocessor→Modeling→Copy→Volumes Main Menu→Preprocessor→Modeling→Move/Modify→Volumes
通过对称映像生成体	VSYMM	Main Menu→Preprocessor→Modeling→Reflect→Volumes
将体转到另外的坐标系	VTRAN	Main Menu→Preprocessor→Modeling→Move/Modify→Transfer Coord→Volumes

3．查看、选择和删除体

查看、选择和删除体的命令及 GUI 菜单路径如表 3-18 所示。

表 3-18　查看、选择和删除体

用　　法	命　　令	GUI 菜单路径
列表显示体	VLIST	Utility Menu→List→Picked Entities→Volumes Utility Menu→List→Volumes
屏幕显示体	VPLOT	Utility Menu→Plot→Specified Entities→Volumes Utility Menu→Plot→Volumes
选择体	VSEL	Utility Menu→Select→Entities
删除体	VDELE	Main Menu → Preprocessor → Modeling → Delete → Volume and Below Main Menu → Preprocessor → Modeling → Delete → Volumes Only

3.5　工作平面的使用

尽管光标在屏幕上只表现为一个点，但它实际上代表的是空间中垂直于屏幕的一条线。为了能用光标拾取一个点，首先必须定义一个假想的平面，当该平面与光标所代表的垂线相交时，能唯一地确定空间中的一个点，这个假想的平面就是工作平面。从另一种角度想象光标与工作平面的关系，可以描述为光标就像一个点在工作平面上来回游荡，工作平面因此就如同在上面写字的平板一样，工作平面可以不平行于显示屏，如图 3-16 所示。

图 3-16　显示屏、光标、工作平面及拾取点之间的关系

工作平面是一个无限平面，有原点、二维坐标系、捕捉增量和显示栅格。在同一时刻只能定义一个工作平面（当定义一个新的工作平面时就会删除已有的工作平面）。工作平面是与坐标系独立使用的。例如，工作平面与激活的坐标系可以有不同的原点和旋转方向。

进入 ANSYS 程序时，有一个默认的工作平面，即总体笛卡儿坐标系的 X-Y 平面。工作平面的 X、Y 轴分别取为总体笛卡儿坐标系的 X 轴和 Y 轴。

3.5.1 定义一个新的工作平面

可以用下列方法定义一个新的工作平面。

（1）由三点定义一个工作平面：

```
命令:WPLANE
GUI:Utility Menu→WorkPlane→Align WP with→XYZ Locations
```

（2）由三个节点定义一个工作平面：

```
命令:NWPLAN
GUI:Utility Menu→WorkPlane→Align WP with→Nodes
```

（3）由三个关键点定义一个工作平面：

```
命令:KWPLAN
GUI:Utility Menu→WorkPlane→Align WP with→Keypoints
```

（4）通过一指定线上的点的垂直于该直线的平面定义为工作平面：

```
命令:LWPLAN
GUI:Utility Menu→WorkPlane→Align WP with→Plane Normal to Line
```

（5）通过现有坐标系的 X-Y（或 R-θ）平面定义为工作平面：

```
命令:WPCSYS
GUI:Utility Menu→WorkPlane→Align WP with→Active Coord Sys
    Utility Menu→WorkPlane→Align WP with→Global Cartesian
    Utility Menu→WorkPlane→Align WP with→Specified Coord Sys
```

3.5.2 控制工作平面的显示和样式

为获得工作平面的状态（即位置、方向、增量）可用下面的方法：

```
命令:WPSTYL,STAT
GUI:Utility Menu→List→Status→Working Plane
```

将工作平面重置为默认状态下的位置和样式,利用命令 WPSTYL,DEFA。

3.5.3 移动工作平面

可以将工作平面移动到与原位置平行的新的位置,方法如下：
（1）将工作平面的原点移动到关键点：

```
命令:KWPAVE
GUI:Utility Menu→WorkPlane→Offset WP to→Keypoints
```

（2）将工作平面的原点移动到节点：

命令：NWPAVE
GUI:Utility Menu→WorkPlane→Offset WP to→Nodes

（3）将工作平面的原点移动到指定点：

命令：WPAVE
GUI:Utility Menu→WorkPlane→Offset WP to→Global Origin
　　 Utility Menu→WorkPlane→Offset WP to→Origin of Active CS
　　 Utility Menu→WorkPlane→Offset WP to→XYZ Locations

（4）偏移工作平面：

命令：WPOFFS
GUI:Utility Menu→WorkPlane→Offset WP by Increments

3.5.4　旋转工作平面

可以将工作平面旋转到一个新的方向，可以在工作平面内旋转 X-Y 轴，也可以使整个工作平面都旋转到一个新的位置。如果不清楚旋转角度，利用前面的方法可以很容易地在正确的方向上创建一个新的工作平面。旋转工作平面的方法如下：

命令：WPROTA
GUI:Utility Menu→WorkPlane→Offset WP by Increments

3.5.5　还原一个已定义的工作平面

尽管实际上不能存储一个工作平面，但可以在工作平面的原点创建一个局部坐标系，然后利用这个局部坐标系还原一个已定义的工作平面。

在工作平面的原点创建局部坐标系的方法如下：

命令：CSWPLA
GUI:Utility Menu→WorkPlane→Local Coordinate Systems→Create Local CS→At WP Origin

利用局部坐标系还原一个已定义的工作平面的方法如下：

命令：WPCSYS
GUI:Utility Menu→WorkPlane→Align WP with→Active Coord Sys
　　 Utility Menu→WorkPlane→Align WP with→Global Cartesian
　　 Utility Menu→WorkPlane→Align WP with→Specified Coord Sys

3.5.6　工作平面的高级用途

用 WPSTYL 命令或前面讨论的 GUI 方法可以增强工作平面的功能，使其具有捕捉增量、显示栅格、恢复容差和坐标类型的功能。然后，就可以迫使坐标系随工作平面的移动而移动，方法如下：

```
命令:CSYS
GUI:Utility Menu→WorkPlane→Change Active CS to→Global Cartesian
    Utility Menu→WorkPlane→Change Active CS to→Global Cylindrical
    Utility Menu→WorkPlane→Change Active CS to→Global Spherical
    Utility Menu→WorkPlane→Change Active CS to→Specified Coordinate Sys
    Utility Menu→WorkPlane→Change Active CS to→Working Plane
    Utility Menu→WorkPlane→Offset WP to→Global Origin
```

1. 捕捉增量

如果没有捕捉增量功能,在工作平面上将光标定位到已定义的点上将是一件非常困难的事情。为了能精确地拾取,可以用 WPSTYL 命令或相应的 GUI 建立捕捉增量功能。一旦建立了捕捉增量(snap increment),拾取点(picked location)将定位在工作平面上最近的点,数学上表示如下,当光标在区域(assigned location):

$$N * SNAP - SNAP/2 \leqslant X < N * SNAP + SNAP/2$$

对任意整数 N,拾取点的 X 坐标为: $X_P = N * SNAP$。

在工作平面坐标系中的 X,Y 坐标均可建立捕捉增量,捕捉增量也可以看成是个方框,拾取到方框的点将定位于方框的中心,如图 3-17 所示。

2. 显示栅格

可以在屏幕上建立栅格以帮助用户观察工作平面上的位置。栅格的间距、状况和边界可由"WPSTYL"命令来设定(栅格与捕捉点无任何关系)。发出不带参量的"WPSTYL"命令控制栅格在屏幕上的打开和关闭。

3. 恢复容差

需拾取的图元可能不在工作平面上,而在工作平面的附近,这时,通过"WPSTYL"命令和 GUI 路径指定恢复容差,在此容差内的图元将认为是在工作平面上的。这种容差就如同在恢复拾取时,给了工作平面一个厚度。

4. 坐标系类型

ANSYS 系统有两种可选的工作平面:笛卡儿坐标系和极坐标系工作平面。我们通常采用笛卡儿坐标系工作平面,但当几何体容易在极坐标系(r,θ)中表述时可能用到极坐标系工作平面。图 3-18 所示为用"WPSTYL"命令激活的极坐标系工作平面的栅格。在极坐标系工作平面中的拾取操作与在笛卡儿坐标系工作平面中的是一致的。对捕捉参数进行定位的栅格点的标定是通过指定待捕捉点之间的径向距离(SNAP ON WPSTYL)和角度(SNAPANG)来实现的。

5. 工作平面的轨迹

如果用与坐标系会合在一起的工作平面定义几何体,可能发现工作平面是完全与坐标系分离的。例如,当改变或移动工作平面时,坐标系并不能反映新工作平面类型或位置的变化。例如:将工作平面从默认位置移开,然后想在新的工作平面的原点用键盘输入定义一个关键点(即 K,1205,0,0)会发现关键点落在坐标系的原点而不是工作平面的原点。

图 3-17 捕捉增量

图 3-18 极坐标工作平面栅格

如果想强迫激活的坐标系在建模时跟着工作平面一起移动,可以在用 CSYS 命令或相应的 GUI 路径时利用一个选项来自动完成。命令:CSYS,WP 或 CSYS4 或者 GUI:Utility Menu→WorkPlane→Change Active CS to→Working Plane,将迫使激活的坐标系与工作平面有相同的类型(如笛卡儿)和相同的位置。那么,尽管用户离开了激活的坐标系 WP 或 4,在移动工作平面时,坐标系将随其一起移动。如果改变所用工作平面的类型,坐标系也将相应更新。例如,当将工作平面从笛卡儿转为极坐标系时,激活的坐标系也将从笛卡儿坐标系转到柱坐标系。

如果重新来看上面讨论的例子,想在自己移动工作平面之后将一个关键点放置在工作平面的原点,但这次在移动工作平面之前先激活跟踪工作平面,命令:CSYS,WP 或 GUI:Utility Menu→WorkPlane→Change Active CS to→Working Plane,然后像前面一样移动工作平面。现在,当使用键盘定义关键点(即 K,1205,0,0),这个关键点将被放在工作平面的原点,因为坐标系与工作平面的方位一致。

3.6 使用布尔操作修正几何模型

在布尔运算中,对一组数据可用诸如交、并、减等逻辑运算处理,ANSYS 程序也允许对实体模型进行同样的操作,这样修改实体模型就更加容易。

无论是自顶向下还是自底向上构造的实体模型,都可以对它进行布尔运算操作。需注意的是,凡是通过连接生成的图元对布尔运算无效,对退化的图元也不能进行某些布尔运算。通常,完成布尔运算之后,紧接着就是实体模型的加载和单元属性的定义,如果用布尔运算修改了已有的模型,需注意重新进行单元属性和加载的定义。

3.6.1 布尔运算的设置

对两个或多个图元进行布尔运算时,可以通过以下方式确定是否保留原始图元,如图 3-19 所示。

命令:BOPTN
GUI:Main Menu→Preprocessor→Modeling→Operate→Booleans→Settings

一般来说,对依附于高级图元的低级图元进行布尔运算是允许的,但不能对已划分网格的图元进行布尔操作,必须在执行布尔操作之前将网格清除。

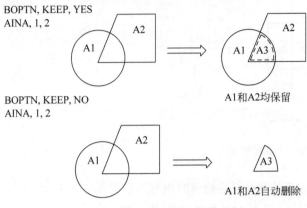

图 3-19　布尔运算的保留操作示例

3.6.2　布尔运算之后的图元编号

ANSYS 的编号程序会对布尔运算输出的图元依据其拓扑结构和几何形状进行编号。例如:面的拓扑信息包括定义的边数、组成面的线数(即三边形面或四边形面)、面中的任何原始线(在布尔操作之前存在的线)的线号、任意原始关键点的关键点号等。面的几何信息包括形心的坐标、端点和其他相对于一些任意的参考坐标系的控制点。控制点是由 NURBS 定义的描述模型的参数。

编号程序首先给输出图元分配按其拓扑结构唯一识别的编号(以下一个有效数字开始),任何剩余图元按几何编号。但需注意的是,按几何编号的图元顺序可能会与优化设计的顺序不一致,特别是在多重循环中几何位置发生改变的情况下。

3.6.3　交运算

布尔交运算的命令及 GUI 菜单路径如表 3-19 所示。

表 3-19　交运算

用　法	命　令	GUI 菜单路径
线相交	LINL	Main Menu→Preprocessor→Modeling→Operate→Booleans→Intersect→Common→Lines
面相交	AINA	Main Menu→Preprocessor→Modeling→Operate→Booleans→Intersect→Common→Areas
体相交	VINV	Main Menu→Preprocessor→Modeling→Operate→Booleans→Intersect→Common→Volumes
线和面相交	LINA	Main Menu→Preprocessor→Modeling→Operate→Booleans→Intersect→Line with Area
面和体相交	AINV	Main Menu→Preprocessor→Modeling→Operate→Booleans→Intersect→Area with Volume
线和体相交	LINV	Main Menu→Preprocessor→Modeling→Operate→Booleans→Intersect→Line with Volume

图 3-20~图 3-24 所示为一些图元相交的实例。

图 3-20 线与线相交   图 3-21 线与面相交

图 3-22 面与面相交   图 3-23 面与体相交

图 3-24 线与体相交

3.6.4 两两相交

两两相交是由图元集叠加而形成一个新的图元集。就是说,两两相交表示至少任意两个原图元的相交区域。比如,线集的两两相交可能是一个关键点(或关键点的集合),或是一条线(或线的集合)。

布尔两两相交运算的命令及 GUI 菜单路径如表 3-20 所示。

表 3-20 两两相交

用 法	命 令	GUI 菜单路径
线两两相交	LINP	Main Menu→Preprocessor→Modeling→Operate→Booleans→Intersect→Pairwise→Lines
面两两相交	AINP	Main Menu→Preprocessor→Modeling→Operate→Booleans→Intersect→Pairwise→Areas
体两两相交	VINP	Main Menu→Preprocessor→Modeling→Operate→Booleans→Intersect→Pairwise→Volumes

图 3-25、图 3-26 所示为一些两两相交的实例。

图 3-25 线的两两相交   图 3-26 面的两两相交

3.6.5 相加

加运算的结果是得到一个包含各个原始图元所有部分的新图元,这样形成的新图元是一个单一的整体,没有接缝。在 ANSYS 程序中,只能对三维实体或二维共面的面进行加操作,面相加可以包含面内的孔即内环。

加运算形成的图元在网格划分时通常不如搭接形成的图元。

布尔相加运算的命令及 GUI 菜单路径如表 3-21 所示。

表 3-21　相加运算

用　　法	命　　令	GUI 菜单路径
面相加	AADD	Main Menu→Preprocessor→Modeling→Operate→Booleans→Add→Areas
体相加	VADD	Main Menu→Preprocessor→Modeling→Operate→Booleans→Add→Volumes

3.6.6 相减

如果从某个图元(E1)减去另一个图元(E2),其结果可能有两种情况:一种情况是生成一个新图元 E3(E1−E2=E3),E3 和 E1 有同样的维数,且与 E2 无搭接部分;另一种情况是 E1 与 E2 的搭接部分是个低维的实体,其结果是将 E1 分成两个或多个新的实体(E1−E2=E3,E4)。布尔相减运算的命令及 GUI 菜单路径如表 3-22 所示。

表 3-22　相减运算

用法	命令	GUI 菜单路径
线减去线	LSBL	Main Menu → Preprocessor → Modeling → Operate → Booleans → Subtract→Lines Main Menu→Preprocessor→Modeling→Operate→Booleans→Subtract→With Options→Lines Main Menu→Preprocessor→Modeling→Operate→Booleans→Divide→Line by Line Main Menu→Preprocessor→Modeling→Operate→Booleans→Divide→With Options→Line by Line
面减去面	ASBA	Main Menu→Preprocessor→Modeling→Operate→Booleans→Subtract→Areas Main Menu→Preprocessor→Modeling→Operate→Booleans→Subtract→With Options→Areas Main Menu→Preprocessor→Modeling→Operate→Booleans→Divide→Area by Area Main Menu→Preprocessor→Modeling→Operate→Booleans→Divide→With Options→Area by Area

Note

用法	命令	GUI 菜单路径
体减去体	VSBV	Main Menu→Preprocessor→Modeling→Operate→Booleans→Subtract→Volumes Main Menu→Preprocessor→Modeling→Operate→Booleans→Subtract→With Options→Volumes
线减去面	LSBA	Main Menu→Preprocessor→Modeling→Operate→Booleans→Divide→Line by Area Main Menu→Preprocessor→Modeling→Operate→Booleans→Divide→With Options→Line by Area
线减去体	LSBV	Main Menu→Preprocessor→Modeling→Operate→Booleans→Divide→Line by Volume Main Menu→Preprocessor→Modeling→Operate→Booleans→Divide→With Options→Line by Volume
体减去面	ASBV	Main Menu→Preprocessor→Modeling→Operate→Booleans→Divide→Area by Volume Main Menu→Preprocessor→Modeling→Operate→Booleans→Divide→With Options→Area by Volume
面减去线	ASBL[1]	Main Menu→Preprocessor→Modeling→Operate→Booleans→Divide→Area by Line Main Menu→Preprocessor→Modeling→Operate→Booleans→Divide→With Options→Area by Line
体减去面	VSBA	Main Menu→Preprocessor→Modeling→Operate→Booleans→Divide→Volume by Area Main Menu→Preprocessor→Modeling→Operate→Booleans→Divide→With Options→Volume by Area

图 3-27、图 3-28 所示为一些相减的实例。

图 3-27　ASBV 面减去体

图 3-28　ASBV 多个面减去一个体

3.6.7　利用工作平面作减运算

工作平面可以用来作减运算将一个图元分成两个或多个图元。可以将线、面或体利用命令或相应的 GUI 路径用工作平面去减。对于以下的每个减命令，"SEPO"用来确定生成的图元有公共边界或者独立但恰好重合的边界，"KEEP"用来确定保留或者删除图元，而不管"BOPTN"命令（GUI：Main Menu → Preprocessor → Modeling → Operate→Booleans→Settings)的设置如何。

利用工作平面进行减运算的命令及 GUI 菜单路径如表 3-23 所示。

表 3-23　减运算

用　　法	命　　令	GUI 菜单路径
利用工作平面减去线	LSBW	Main Menu→Preprocessor→Modeling→Operate→Booleans→Divide→Line by WrkPlane Main Menu→Preprocessor→Modeling→Operate→Booleans→Divide→With Options→Line by WrkPlane
利用工作平面减去面	ASBW	Main Menu → Preprocessor → Operate → Divide → Area by WrkPlane Main Menu→Preprocessor→Modeling→Operate→Booleans→Divide→With Options→Area by WrkPlane
利用工作平面减去体	VSBW	Main Menu→Preprocessor→Modeling→Operate→Booleans→Divide→Volu by WrkPlane Main Menu→Preprocessor→Modeling→Operate→Booleans→Divide→With Options→Volu by WrkPlane

3.6.8　搭接

搭接命令用于连接两个或多个图元,以生成 3 个或更多新的图元的集合。搭接命令除了在搭接域周围生成了多个边界外,与加运算非常类似。也就是说,搭接操作生成的是多个相对简单的区域,加运算生成一个相对复杂的区域。因而,搭接生成的图元比加运算生成的图元更容易划分网格。

搭接区域必须与原始图元有相同的维数。

布尔搭接运算的命令及 GUI 菜单路径如表 3-24 所示。

表 3-24　搭接运算

用　　法	命　　令	GUI 菜单路径
线的搭接	LOVLAP	Main Menu→Preprocessor→Modeling→Operate→Booleans→Overlap→Lines
面的搭接	AOVLAP	Main Menu→Preprocessor→Modeling→Operate→Booleans→Overlap→Areas
体的搭接	VOVLAP	Main Menu→Preprocessor→Modeling→Operate→Booleans→Overlap→Volumes

3.6.9　分割

分割命令用于连接两个或多个图元,以生成 3 个或更多的新图元。如果分割区域与原始图元有相同的维数,那么分割结果与搭接结果相同。但是分割操作与搭接操作不同的是,没有参加分割命令的图元将不被删除。

布尔分割运算的命令及 GUI 菜单路径如表 3-25 所示。

表 3-25 分割运算

用 法	命 令	GUI 菜单路径
线分割	LPTN	Main Menu→Preprocessor→Modeling→Operate→Booleans→Partition→Lines
面分割	APTN	Main Menu→Preprocessor→Modeling→Operate→Booleans→Partition→Areas
体分割	VPTN	Main Menu→Preprocessor→Modeling→Operate→Booleans→Partition→Volumes

3.6.10 黏接(或合并)

黏接命令与搭接命令类似,只是图元之间仅在公共边界处相关,且公共边界的维数低于原始图元的维数。这些图元之间在执行黏接操作后仍然相互独立,只是在边界上连接。

布尔黏接运算的命令及 GUI 菜单路径如表 3-26 所示。

表 3-26 黏接运算

用 法	命 令	GUI 菜单路径
线的黏接	LGLUE	Main Menu→Preprocessor→Modeling→Operate→Booleans→Glue→Lines
面的黏接	AGLUE	Main Menu→Preprocessor→Modeling→Operate→Booleans→Glue→Areas
体的黏接	VGLUE	Main Menu→Preprocessor→Modeling→Operate→Booleans→Glue→Volumes

3.7 移动、复制和缩放几何模型

如果模型中的相对复杂的图元重复出现,则仅需对重复部分构造一次,然后在所需的位置按所需的方位复制生成。例如,在一个平板上开几个细长的孔,只需生成一个孔,然后再复制该孔即可完成,如图 3-29 所示。

生成几何体素时,其位置和方向由当前工作平面决定。因为对生成的每一个新体素都重新定义工作平面很不方便,允许体素在错误的位置生成,然后将该体素移动到正确的位置可能使操作更简便。当然,这种操作并不局限于几何体素,任何实体模型图元都可以复制或移动。

对实体图元进行移动和复制的命令有 xGEN、xSYM(M) 和 xTRAN(相应的有 GUI 路径)。其中 xGEN 和

图 3-29 复制面示意图

xTRAN 命令对图元的复制进行移动和旋转可能最为有用。另外需注意,复制一个高级图元将会自动把它所有附带的低级图元一起复制,而且,如果复制图元的单元(NOELEM＝0 或相应的 GUI 路径),则所有的单元及其附属的低级图元都将被复制。在 xGEN、xSYM(M)和 xTRAN 命令中,设置 IMOVE＝1 即可实现移动操作。

3.7.1　按照样本生成图元

（1）从关键点的样本生成另外的关键点:

命令:KGEN

GUI:Main Menu→Preprocessor→Modeling→Copy→Keypoints

（2）从线的样本生成另外的线:

命令:LGEN

GUI:Main Menu→Preprocessor→Modeling→Copy→Lines

　　　Main Menu→Preprocessor→Modeling→Move/Modify→Lines

（3）从面的样本生成另外的面:

命令:AGEN

GUI:Main Menu→Preprocessor→Modeling→Copy→Areas

　　　Main Menu→Preprocessor→Modeling→Move/Modify→Areas→Areas

（4）从体的样本生成另外的体:

命令:VGEN

GUI:Main Menu→Preprocessor→Modeling→Copy→Volumes

　　　Main Menu→Preprocessor→Modeling→Move/Modify→Volumes

3.7.2　由对称映像生成图元

（1）生成关键点的映像集:

命令:KSYMM

GUI:Main Menu→Preprocessor→Modeling→Reflect→Keypoints

（2）样本线通过对称映像生成线:

命令:LSYMM

GUI:Main Menu→Preprocessor→Modeling→Reflect→Lines

（3）样本面通过对称映像生成面:

命令:ARSYM

GUI:Main Menu→Preprocessor→Modeling→Reflect→Areas

（4）样本体通过对称映像生成体：

命令：VSYMM
GUI：Main Menu→Preprocessor→Modeling→Reflect→Volumes

3.7.3　将样本图元转换到坐标系

（1）将样本关键点转到另外一个坐标系：

命令：KTRAN.
GUI：Main Menu→Preprocessor→Modeling→Move/Modify→Transfer Coord→Keypoints

（2）将样本线转到另外一个坐标系：

命令：LTRAN
GUI：Main Menu→Preprocessor→Modeling→Move/Modify→Transfer Coord→Lines

（3）将样本面转到另外一个坐标系：

命令：ATRAN
GUI：Main Menu→Preprocessor→Modeling→Move/Modify→Transfer Coord→Areas

（4）将样本体转到另外一个坐标系：

命令：VTRAN
GUI：Main Menu→Preprocessor→Modeling→Move/Modify→Transfer Coord→Volumes

3.7.4　实体模型图元的缩放

已定义的图元可以进行放大或缩小。xSCALE 命令族可用来将激活的坐标系下的单个或多个图元进行比例缩放，如图 3-30 所示。

KPSCALE　　　　　　LSSCALE　　　　　　ARSCALE　　　　　　VLSCALE

图 3-30　给图元定比例缩放

4 个定比例命令都是将比例因子用到关键点坐标 X、Y、Z 上。如果是柱坐标系，X、Y 和 Z 分别代表 R、θ 和 Z，其中 θ 是偏转角；如果是球坐标系，X、Y 和 Z 分别表示 R、θ 和 ϕ，其中 θ 和 ϕ 都是偏转角。

（1）从样本关键点（也划分网格）生成一定比例的关键点：

命令：KPSCALE
GUI：Main Menu→Preprocessor→Modeling→Operate→Scale→Keypoints

（2）从样本线生成一定比例的线：

命令：LSSCALE
GUI：Main Menu→Preprocessor→Modeling→Operate→Scale→Lines

（3）从样本面生成一定比例的面：

命令：ARSCALE
GUI：Main Menu→Preprocessor→Modeling→Operate→Scale→Areas

（4）从样本体生成一定比例的体：

命令：VLSCALE
GUI：Main Menu→Preprocessor→Modeling→Operate→Scale→Volumes

3.8　实例——悬臂梁的实体建模

3-1

如图 3-31（a）所示，一长度为 l、宽度为 w、高度为 h 的悬臂梁结构自由端受力 F 作用而弯曲，其有限元模型如图 3-31（b）所示，采用壳体单元（SHELL99），共有 4 层，每层有指定的材料特性和厚度。其拉压破坏和剪切破坏应力分别为 $\sigma_x f$，$\sigma_y f$，$\sigma_z f$ 和 $\sigma_{xy} f$。

(a)　　　　　　　　　　　　(b)

图 3-31　悬臂梁示意图

（a）实体模型；（b）有限元模型

悬臂梁尺寸及材料特性如下（采用英制单位）：

$E = 30 \times 10^6 \text{psi}, v = 0, \sigma_x f = 25\ 000 \text{psi}, \sigma_{xy} f = 500 \text{psi}$。

$\sigma_y f = 3000 \text{psi}, \sigma_z f = 5000 \text{psi}$。

$l = 10.0 \text{in}, w = 1.0 \text{in}, h = 2.0 \text{in}, F_1 = 10\ 000 \text{lb}$。

本例将按照建立几何模型、划分网格、加载、求解以及后处理查看结果的顺序在本章和以后的几章中依次介绍，以使读者对 ANSYS 的分析过程有一个初步的认识和了解。本章只介绍建立几何模型部分。

Note

3.8.1 GUI 方式

1. 建立模型

（1）定义工作文件名：执行 Utility Menu→File→Change Jobname 命令,弹出如图 3-32 所示的"Change Jobname"对话框,在"Enter new jobname"文本框中输入"Beam",并将"New log and error files?"复选框选为"Yes",单击"OK"按钮。

（2）定义工作标题：执行 Utility Menu→File→Change Title 命令,在出现的对话框中输入"TRANSVERSE SHEAR STRESSES IN A CANTILEVER BEAM",如图 3-33 所示,单击"OK"按钮。

图 3-32 "Change Jobname"对话框

图 3-33 "Change Title"对话框

（3）关闭三角坐标符号：执行 Utility Menu→PlotCtrls→Window Controls→Window options 命令,弹出如图 3-34 所示的"Window Options"对话框,在"Location of triad"下拉列表框中,选择"Not shown",单击"OK"按钮。

（4）选择单元类型：执行 Main Menu→Preprocessor→Element Type→Add/Edit/Delete 命令,弹出如图 3-35 所示的"Element Types"对话框,单击"Add"按钮,弹出如图 3-36 所示的"Library of Element Types"对话框,在选择框中分别选择"Structural Shell"和"3D 8node 281",单击"OK"按钮。

（5）设置单元属性：单击"Element Type"对话框上的"Options"选项,弹出如图 3-37 所示的"SHELL281 element type options"对话框,单击选择"Storage of layer data K8"下拉列表框中的"All layers＋Middle"选项。单击"OK"按钮。然后单击"Element Type"对话框的"Close"按钮,关闭该对话框。

（6）设置材料属性：执行 Main Menu→Preprocessor→Material Props→Material Models 命令,弹出如图 3-38 所示的"Define Material Model Behavior"对话框,在"Material Models Available"下拉列表框中,单击打开 Structural→Linear→Elastic→Isotropic,又弹出如图 3-39 所示的"Linear Isotropic Properties for Material Number 1"对话框,在"EX"文本框中输入"3e6",在"PRXY"文本框中输入"0",单击"OK"按钮,然后单击菜单栏上的 Material→Exit 选项,完成材料属性的设置。

图 3-34　"Window Options"对话框

图 3-35　"Element Types"对话框

图 3-36　"Library of Element Types"对话框

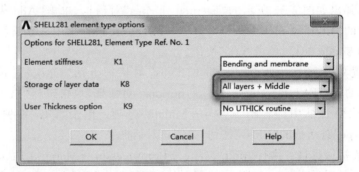

图 3-37　"SHELL281 element type options"对话框

（7）划分层单元：执行 Main Menu→Preprocessor→Sections→Shell→Lay-up→
Add/Edit 命令，弹出如图 3-40 所示的"Create and Modify Shell Sections"对话框，单击
"Add Layer"添加层，分别创建"Thickness"为 0.5、"Integration Pts"为 5 的 4 层，单击

Note

图 3-38　"Define Material Model Behavior"对话框

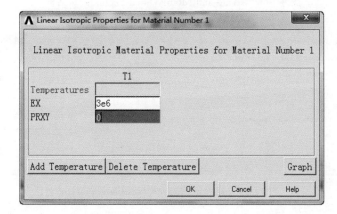

图 3-39　"Linear Isotropic Properties for Material Number 1"对话框

"OK"按钮。

（8）创建两个单元节点：执行 Main Menu→Preprocessor→Modeling→Create→Nodes→In Active CS命令，弹出如图 3-41 所示的"Create Nodes in Active Coordinate System"对话框，在"Node Number"文本框中输入 1，单击"Apply"按钮，又弹出此对话框，在"Node Number"文本框中输入 3，在"X,Y,Z Location in active CS"文本框中分别输入"0,1,0"，单击"OK"按钮。

（9）创建第三个节点：执行 Main Menu→Preprocessor→Modeling→Create→Nodes→Fill between Nds 命令，弹出一个拾取框，在图形上拾取编号为 1 和 3 的节点，单击"OK"按钮，又弹出如图 3-42 所示的"Create Nodes Between 2 Nodes"对话框，单击"OK"按钮。生成的结果如图 3-43 所示。

（10）复制其他节点：执行 Main Menu→Preprocessor→Modeling→Copy→Nodes→Copy命令，弹出一个拾取框，单击"Pick All"按钮，又弹出如图 3-44 所示的"Copy nodes"对话框，在"Total number of copies"文本框中输入 11，在"X-offset in active CS"文本框中输入 1，单击"OK"按钮，生成如图 3-45 所示的图形。

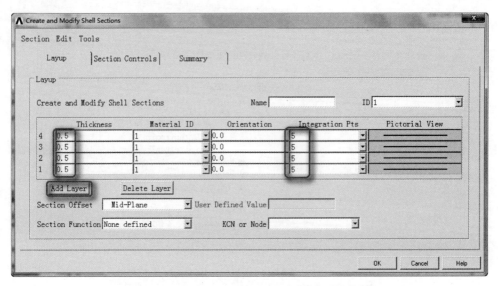

图 3-40　"Create and Modify Shell Sections"对话框

图 3-41　"Create Nodes in Active Coordinate System"对话框

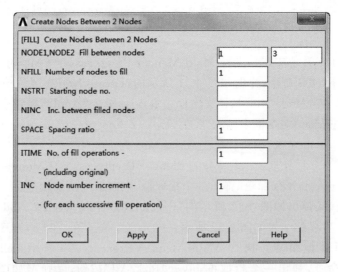

图 3-42　"Create Nodes Between 2 Nodes"对话框

图 3-43 节点生成图形显示

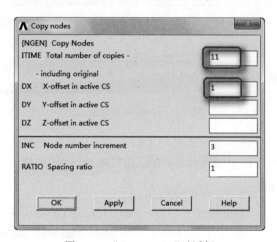

图 3-44 "Copy nodes"对话框

图 3-45 节点生成图形显示

（11）连接节点生成单元：执行 Main Menu→Preprocessor→Modeling→Create→Elements→Auto Numbered→Thru Nodes 命令，弹出一个拾取框，依次拾取图形上编号为 1,7,9,3,4,8,6,2 的节点，单击"OK"按钮。

（12）复制生成其他单元：执行 Main Menu→Preprocessor→Modeling→Copy→Elements→Auto Numbered 命令，弹出一个拾取框，单击拾取图形上刚刚生成的单元，单击"OK"按钮，又弹出如图 3-46 所示的"Copy Elements（Automatically-Numbered）"对话框，在"Total number of copies"文本框中输入 5，在"Node number increment"文本框中输入 6，在"X-offset in active"文本框中输入 2，单击"OK"按钮，生成的结果如图 3-47 所示。

图 3-46 "Copy Elements（Automatically-Numbered）"对话框

图 3-47 有限元模型显示

（13）保存有限元模型：单击菜单栏上的 File→Save as 选项，弹出一个对话框，在"Save database to"文本框中输入"beamfea.db"，单击"OK"按钮。

2. 设置破坏准则

执行 Main Menu→Solution→Load Step Opts→Other→Change Mat Props→Material Models 命令，弹出如图 3-48 所示的"Define Material Model Behavior"对话框，单击选择"Material Models Available"下的"Failure Criteria"选项，弹出如图 3-49 所示的"Failure Criteria Table for Material Number 1"对话框，在"Criteria 3"下拉列表框中选中"Tsai-Wu"选项，在"Temps"文本框中输入 0，在 xTenStrs，yTenStrs，zTenStrs 和 xyShStrs 文本框中分别输入 25 000、3000、5000、500。单击"OK"按钮。

3.8.2 命令流方式

略，见前言二维码中的电子文档。

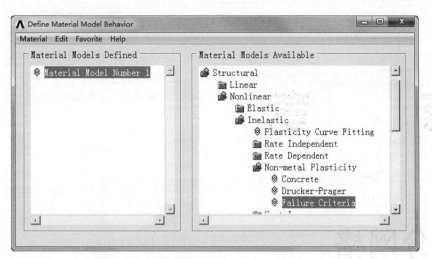

图 3-48 "Define Material Model Behavior"对话框

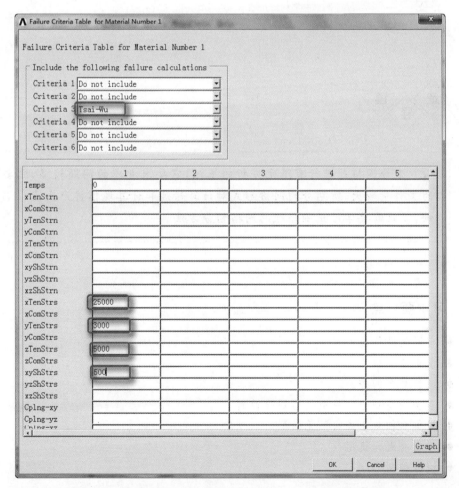

图 3-49 "Failure Criteria Table for Material Number 1"对话框

第 4 章

划分网格

本章导读

　　划分网格是进行有限元分析的基础，它要求考虑的问题较多，需要的工作量较大，所划分的网格形式对计算精度和计算规模将产生直接影响，因此需要学习正确合理的网格划分方法。

学习要点

- ◆ 有限元网格概论
- ◆ 设定单元属性
- ◆ 网格划分的控制
- ◆ 自由网格划分和映射网格划分控制
- ◆ 延伸和扫略生成有限元模型
- ◆ 修正有限元模型
- ◆ 编号控制

4.1　有限元网格概论

生成节点和单元的网格划分过程包括3个步骤：

(1) 定义单元属性。

(2) 定义网格生成控制(非必须，因为默认的网格生成控制对多数模型生成都是合适的。如果没有指定网格生成控制，程序会用 DSIZE 命令使用默认设置生成网格。当然，也可以手动控制生成质量更好的自由网格)，ANSYS 程序提供了大量的网格生成控制，可按需要选择。

(3) 生成网格。在对模型进行网格划分之前，甚至在建立模型之前，要明确是采用自由网格还是采用映射网格来分析。自由网格对单元形状无限制，并且没有特定的准则；映射网格则对包含的单元形状有限制，而且必须满足特定的规则。映射面网格只包含四边形或三角形单元，映射体网格只包含六面体单元。另外，映射网格具有规则的排列形状，如果想要这种网格类型，所生成的几何模型必须具有一系列相当规则的体或面。自由网格和映射网格示意图如图 4-1 所示。

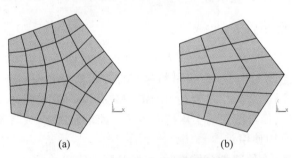

(a)　　　　　　　　　　(b)

图 4-1　自由网格和映射网格示意图

(a) 自由网格；(b) 映射网格

可用 MSHESKEY 命令或相应的 GUI 路径选择自由网格或映射网格。注意，所用网格控制将随自由网格或映射网格划分而不同。

4.2　设定单元属性

在生成节点和单元网格之前，必须定义合适的单元属性，包括如下几项：

◆ 单元类型(例如 BEAM3，SHELL61 等)。

◆ 实常数(例如厚度和横截面积)。

◆ 材料性质(例如杨氏模量、热传导系数等)。

◆ 单元坐标系。

◆ 截面号(只对 BEAM44，BEAM188，BEAM189 单元有效)。

4.2.1　生成单元属性表

为了定义单元属性，首先必须建立一些单元属性表。典型的包括单元类型(命令

ET 或者 GUI 路径：Main Menu→Preprocessor→Element Type→Add/Edit/Delete)、实常数(命令 R 或者 GUI 路径：Main Menu→Preprocessor→Real Constants)、材料性质(命令 MP 和 TB 或者 GUI 路径：Main Menu→Preprocessor→Material Props→material option)。

利用 LOCAL、CLOCAL 等命令可以组成坐标系表(GUI 路径：Utility Menu→WorkPlane→Local Coordinate Systems→Create Local CS→option)。这个表用来给单元分配单元坐标系。

并非所有的单元类型都可用这种方式来分配单元坐标系。

对于用 BEAM44、BEAM188、BEAM189 单元划分的梁网格，可利用命令 SECTYPE 和 SECDATA (GUI 路径：Main Menu→Preprocessor→Sections)创建截面号表格。

方向关键点是线的属性而不是单元的属性，不能创建方向关键点表格。

可以用命令 ETLIST 来显示单元类型，命令 RLIST 来显示实常数，MPLIST 来显示材料属性，上述操作对应的 GUI 路径是：Utility Menu→List→Properties→property type。另外，还可以用命令 CSLIST(GUI 路径：Utility Menu→List→Other→Local Coord Sys)来显示坐标系，命令 SLIST(GUI 路径：Main Menu→Preprocessor→Sections→List Sections)来显示截面号。

4.2.2 分配单元属性

一旦建立了单元属性表，通过指向表中合适的条目即可对模型的不同部分分配单元属性。指针就是参考号码集，包括材料号(MAT)、实常数号(TEAL)、单元类型号(TYPE)、坐标系号(ESYS)，以及使用 BEAM188 和 BEAM189 单元时的截面号(SECNUM)。可以直接给所选的实体模型图元分配单元属性，或者定义默认的属性在生成单元的网格划分中使用。

如前面所提到的，在给梁划分网格时，给线分配的方向关键点是线的属性而不是单元属性，所以必须是直接分配给所选线，而不能定义默认的方向关键点以备后面划分网格时直接使用。

1. 直接给实体模型图元分配单元属性

给实体模型分配单元属性时，允许对模型的每个区域预置单元属性，从而避免在网格划分过程中重置单元属性。清除实体模型的节点和单元不会删除直接分配给图元的属性。

利用表 4-1 中的命令和相应的 GUI 路径可直接给实体模型分配单元属性。

表 4-1 直接给实体模型图元分配单元属性

用　　法	命　　令	GUI 菜单路径
给关键点分配属性	KATT	Main Menu→Preprocessor→Meshing→Mesh Attributes→All Keypoints(Picked KPs)
给线分配属性	LATT	Main Menu→Preprocessor→Meshing→Mesh Attributes→All Lines(Picked Lines)
给面分配属性	AATT	Main Menu→Preprocessor→Meshing→Mesh Attributes→All Areas(Picked Areas)
给体分配属性	VATT	Main Menu→Preprocessor→Meshing→Mesh Attributes→All Volumes(Picked Volumes)

2.分配默认属性

可以通过指向属性表的不同条目来分配默认的属性,在开始划分网格时,ANSYS程序会自动将默认属性分配给模型。直接分配给模型的单元属性将取代上述默认属性,而且,当清除实体模型图元的节点和单元时,其默认的单元属性也将被删除。

可利用如下方式分配默认的单元属性:

```
命令:TYPE, REAL, MAT, ESYS, SECNUM
GUI:Main Menu→Preprocessor→Meshing→Mesh Attributes→Default Attribs
    Main Menu→Preprocessor→Modeling→Create→Elements→Elem Attributes
```

3.自动选择维数正确的单元类型

有些情况下,ANSYS程序能对网格划分或拖拉操作选择正确的单元类型。当选择明显正确时,不必人为地转换单元类型。

特殊地,当未将单元属性(xATT)直接分配给实体模型时,或者默认的单元属性(TYPE)对于要执行的操作维数不对时,而且已定义的单元属性表中只有一个维数正确的单元,ANSYS程序会自动利用该种单元类型执行这个操作。

受此影响的网格划分和拖拉操作命令有:KMESH、LMESH、AMESH、VMESH、FVMESH、VOFFST、VEXT、VDRAG、VROTAT、VSWEEP。

4.在节点处定义不同的厚度

可以利用下列方式对壳单元在节点处定义不同的厚度:

```
命令:RTHICK
GUI:Main Menu→Preprocessor→Real Constants→Thickness Func
```

壳单元可以模拟复杂的厚度分布,以 SHELL63 为例,允许给每个单元的四个角点指定不同的厚度,单元内部的厚度假定是在 4 个角点厚度之间光滑变化。给一群单元指定复杂的厚度变化是有一定难度的,特别是每一个单元都需要单独指定其角点厚度的时候,在这种情况下,利用命令 RTHICH 能大大简化模型定义。

下面用一个实例来详细说明该过程,该实例的模型为 10×10 的矩形板,用 0.5×0.5 的方形 SHELL63 单元划分网格。先在 ANSYS 程序里输入如下命令流:

```
/TITLE, RTHICK Example
/PREP7
ET,1,63
RECT,,10,,10
ESHAPE,2
ESIZE,,20
AMESH,1
EPLO
```

得到初始的网格图如图 4-2 所示。

假定板厚按下述公式变化:$h = 0.5 + 0.2x + 0.02y^2$,为了模拟该厚度变化,创建一组参数给节点设定相应的厚度值。换句话说,数组里面的第 N 个数对应于第 N 个

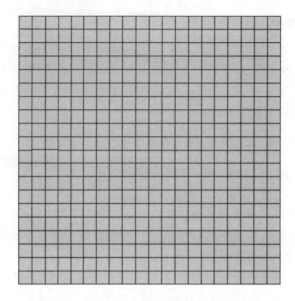

图 4-2　初始的网格图

节点的厚度，命令流如下：

```
MXNODE = NDINQR(0,14)
 * DIM,THICK,,MXNODE
 * DO,NODE,1,MXNODE
    * IF,NSEL(NODE),EQ,1,THEN
      THICK(node) = 0.5 + 0.2 * NX(NODE) + 0.02 * NY(NODE) * * 2
    * ENDIF
 * ENDDO
NODE = $ MXNODE
```

最后，利用 RTHICK 函数将这组表示厚度的参数分配到单元上，结果如图 4-3 所示。

图 4-3　不同厚度的壳单元

```
RTHICK,THICK(1),1,2,3,4
/ESHAPE,1.0 $ /USER,1 $ /DIST,1,7
/VIEW,1,-0.75,-0.28,0.6 $ /ANG,1,-1
/FOC,1,5.3,5.3,0.27 $ EPLO
```

4.3　网格划分的控制

网格划分控制是利用网格划分工具对实体模型划分网格,例如单元形状、中间节点位置、单元大小等。这是整个分析中最重要的步骤之一,因为此阶段得到的有限元网格将对分析的准确性和经济性起决定作用。

4.3.1　ANSYS 网格划分工具

ANSYS网格划分工具(GUI路径:Main Menu → Preprocessor → Meshing → MeshTool)提供了最常用的网格划分控制和最常用的网格划分操作的便捷途径。其功能主要包括:

- ◆ 控制"SmartSizing"水平。
- ◆ 设置单元尺寸控制。
- ◆ 指定单元形状。
- ◆ 指定网格划分类型(自由或映射)。
- ◆ 对实体模型图元划分网格。
- ◆ 清除网格。
- ◆ 细化网格。

1. 单元形状

ANSYS程序允许在同一个划分区域出现多种单元形状,例如同一区域的面单元可以是四边形也可以是三角形,但建议尽量不要在同一个模型中混用六面体和四面体单元。

下面简单介绍单元形状的退化,如图4-4所示。在划分网格时,应该尽量避免使用退化单元。

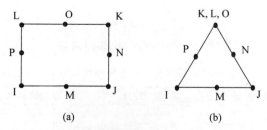

图 4-4　四边形单元形状的退化

(a) 四边形网格(默认);(b) 三角形网格

用下列方法指定单元形状：

如果正在使用 MSHAPE 命令，维数（2D 或 3D）的值表明待划分的网格模型的维数，KEY 值（0 或 1）表示划分网格的形状：

KEY＝0，如果 Dimension＝2D，ANSYS 将用四边形单元划分网格，如果 Dimension＝3D，ANSYS 将用六面体单元划分网格。

KEY＝1，如果 Dimension＝2D，ANSYS 将用三角形单元划分网格，如果 Dimension＝3D，ANSYS 将用四面体单元划分网格。

有些情况下，MSHAPE 命令及合适的网格划分命令（AMESH、YMESH 或相应的 GUI 路径：Main Menu→Preprocessor→Meshing→Mesh→meshing option）就满足对模型划分网格的全部所需。每个单元的大小由指定的默认单元大小（AMRTSIZE 或 DSIZE）确定。例如图 4-5(a)的模型用 VMESH 命令生成图 4-5(b)的网格。

(a)　　　　　　　　　　　　　　　　(b)

图 4-5　默认单元尺寸

2．选择自由或映射网格划分

除了指定单元形状之外，还需指定对模型进行网格划分的类型（自由划分或映射划分），方法如下：

单元形状（MSHAPE）和网格划分类型（MSHEKEY）的设置共同影响网格的生成，表 4-2 列出了 ANSYS 程序支持的单元形状和网格划分类型。

表 4-2　ANSYS 程序支持的单元形状和网格划分类型

单 元 形 状	自 由 划 分	映 射 划 分	既可以映射划分又可以自由划分
四边形	Yes	Yes	Yes
三角形	Yes	Yes	Yes
六面体	No	Yes	No
四面体	Yes	No	No

3. 控制单元边中节点的位置

当使用二次单元划分网格时,可以控制中间节点的位置,有两种选择:

(1)边界区域单元的中间节点遵循边界线或者面的曲率,这是默认设置。

(2)设置所有单元的中间节点且单元边是直的,此选项允许沿曲线进行粗糙的网格划分,但是模型的弯曲并不与之相配。

可用如下方法控制中间节点的位置:

```
命令:MSHMID
GUI:Main Menu→Preprocessor→Meshing→Mesher Opts
```

4. 划分自由网格时的单元尺寸控制(SmartSizing)

默认情况下,DESIZE 在划分自由网格时用于控制单元大小,但一般推荐使用 SmartSizing。为打开 SmartSizing,只要在 SMRTSIZE 命令中指定单元大小即可。

ANSYS 里面有两种 SmartSizing 控制:基本的和高级的。

(1)基本的控制。利用基本的控制,可以简单地指定网格划分的粗细程度,从 1(细网格)到 10(粗网格),程序会自动设置一系列独立的控制值用来生成想要的大小,方法如下:

```
命令:SMRTSIZE,SIZLVL
GUI:Main Menu→Preprocessor→Meshing→MeshTool
```

图 4-6 表示利用几个不同的 SmartSizing 设置生成的网格。

Level=6(默认)　　　　Level=10(粗糙)　　　　Level=2(精细)

图 4-6　对同一模型该面 SmartSizing 的划分结果

(2)高级的控制。ANSYS 还允许使用高级方法专门设置人工控制网格质量,方法如下:

```
命令:SMRTSIZE and ESIZE
GUI:Main Menu→Preprocessor→Meshing→Size Cntrls→SmartSize→Adv Opts
```

4.3.2　映射网格默认尺寸

DESIZE 命令(GUI 路径:Main Menu→Preprocessor→Meshing→Size Cntrls→ManualSize→Global→Other)常用来控制映射网格划分的单元尺寸,同时也用于自由网格划分的默认设置,但是,对于自由网格划分,建议使用 SmartSizing(SMRTSIZE)。

对于较大的模型,通过 DESIZE 命令查看默认的网格尺寸是明智的,可通过显示线的分割来观察将要划分的网格情况。预查看网格划分的步骤如下:

◆ 建立实体模型。

◆ 选择单元类型。

◆ 选择允许的单元形状(MSHAPE)。

◆ 选择网格划分类型(自由或映射)(MSHKEY)。

◆ 输入 LESIZE,ALL(通过 DESIZE 规定调整线的分割数)。

◆ 显示线(LPLOT)。

如果觉得网格太粗糙,可通过改变单元尺寸或者线上的单元份数来加密网格,方法如下:

选 择 GUI 路 径: Main Menu → Preprocessor → Meshing→Size Cntrls→ManualSize→Layers→Picked Lines

弹出"Set Layer Controls"拾取菜单,单击拾取屏幕上的相应线段,如图 4-7 所示。单击"OK"按钮,弹出"Area Layer-Mesh Controls on Picked Lines"对话框,如图 4-8 所示,在"SIZE Element edge length"文本框中输入具体数值(它表示单元的尺寸),或者是在"NDIV No. of line divisions"文本框中输入正整数(它表示所选择的线段上的单元份数),单击"OK"按钮。然后重新划分网格,如图 4-9 所示。

图 4-7　粗糙的网格

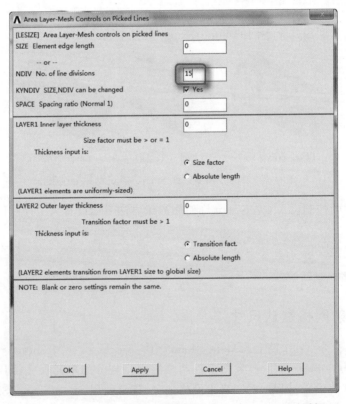

图 4-8　"Area Layer-Mesh Controls on Picked Lines"对话框

图 4-9 预览改进的网格

4.3.3 局部网格划分控制

在许多情况下,用默认单元尺寸生成的网格可能不合适,例如有应力集中或奇异的模型。在这种情况下,需要将网格局部细化,详细说明如表 4-3 所示。

表 4-3 直接给实体模型图元分配单元属性

用　　法	命　令	GUI 菜单路径
控制每条线划分的单元数	ESIZE	Main Menu→Preprocessor→Meshing→Size Cntrls→ManualSize→Global→Size
控制关键点附近的单元尺寸	KESIZE	Main Menu→Preprocessor→Meshing→Size Cntrls→ManualSize→Keypoints→All KPs（Picked KPs/Clr Size）
控制给定线上的单元数	LESIZE	Main Menu→Preprocessor→Meshing→Size Cntrls→ManualSize→Lines→All Lines（Picked Lines/Clr Size）

上述所有定义尺寸的方法都可以一起使用,但遵循一定的优先级别,具体说明如下。

用 DESIZE 定义单元尺寸时,对任何给定线,沿线定义的单元尺寸优先级如下:用 LESIZE 指定的为最高级,KESIZE 次之,ESIZE 再次之,DESIZE 为最低级。

用 SMRTSIZE 定义单元尺寸时,优先级如下:LESIZE 为最高级,KESIZE 次之,SMRTSIZE 为最低级。

4.3.4 内部网格划分控制

前面关于网格尺寸的讨论集中在实体模型边界外部单元尺寸的定义(LESIZE、ESIZE 等),此外,也可以在面的内部(即非边界处)没有可以引导网格划分的尺寸线处控制网格划分,方法如下:

> 命令:MOPT
> GUI:Main Menu→Preprocessor→Meshing→Size Cntrls→ManualSize→Global→Area Cntrls

1. 控制网格的扩展

MOPT 命令中的 Lab=EXPND 选项可以在一个面的边界处将网格划分较细,而内部则较粗,如图 4-10 所示。

在图 4-10 中,左边网格是由 ESIZE 命令(GUI 路径:Main Menu→Preprocessor→Meshing→Size Cntrls→ManualSize→Global→Size)对面进行设定生成的,右边网格是利用 MOPT 命令的扩展功能(Lab＝EXPND)生成的,其区别显而易见。

2. 控制网格过渡

图 4-10 中的网格还可以进一步改善,MOPT 命令中的 Lab＝TRANS 项可以用来控制网格从细到粗的过渡,如图 4-11 所示。

没有扩张网格

扩展网(MOPT,EXPND,2.5)

图 4-10 网格扩展示意图

图 4-11 控制网格过渡
(MOPT,EXPND,1.5)

3. 控制 ANSYS 的网格划分器

可用 MOPT 命令控制表面网格划分器(三角形和四边形)和四面体网格划分器,用 ANSYS 执行网格划分操作(AMESH、VMESH)。

```
命令:MOPT
GUI:Main Menu→Preprocessor→Meshing→Mesher Opts
```

弹出“Mesher Options”对话框如图 4-12 所示。在该对话框中,AMESH 后面的下拉列表对应三角形表面网格划分,包括 Program chooses(默认)、main、Alternate 和 Alternate 24 个选项;QMESH 对应四边形表面网格划分,包括 Program chooses(默认)、main 和 Alternate 3 个选项,其中 main 又称为 Q-Morph(quad-morphing)网格划分器,它多数情况下能得到高质量的单元,如图 4-13 所示。另外,Q-Morph 网格划分器要求面的边界线的分割总数是偶数,否则将产生三角形单元;VMESH 对应四面体网格划分,包括 Program chooses(默认)、Alternate 和 main 3 个选项。

4. 控制四面体单元的改进

ANSYS 程序允许对四面体单元作进一步改进,方法如下:

```
命令:MOPT,TIMP,Value
GUI:Main Menu→Preprocessor→Meshing→Mesher Opts
```

弹出“Mesher Options”对话框如图 4-12 所示。在该对话框中,TIMP Tet Improvement in VMESH 后面的下拉列表表示四面体单元改进的程度,从 1 到 6,1 表示提供最小的改进,5 表示对线性四面体单元提供最大的改进,6 表示对二次四面体单元提供最大的改进。

图 4-12 "Mesher Options"对话框

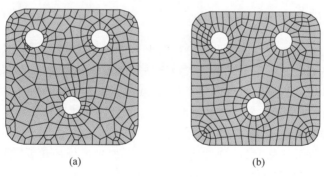

(a)   (b)

图 4-13 网格划分器

（a）Alternate 网格划分器；（b）Q-Morph 网格划分器

4.3.5 生成过渡棱锥单元

ANSYS 程序在下列情况下会生成过渡的棱锥单元：

（1）准备对体用四面体单元划分网格，待划分的体直接与已用六面体单元划分网格的体相连。

（2）准备用四面体单元划分网格，而目标体上至少有一个面已经用四边形网格划分。

图 4-14 所示为一个过渡网格的实例。

当对体用四面体单元进行网格划分时，为生成过渡

图 4-14 过渡网格实例

棱锥单元,应事先满足的条件为:

(1) 设定单元属性时,需确定给体分配的单元类型可以退化为棱锥形状,这种单元包括 SOLID62,VISCO89,SOLID90,SOLID95,SOLID96,SOLID97,SOLID117,HF120,SOLID122,FLUID142 和 SOLID186。ANSYS 对除此以外的任何单元都不支持过渡的棱锥单元。

(2) 设置网格划分时,激活过渡单元表面时需指出要退化的三维单元。激活过渡单元(默认)的方法如下:

命令:MOPT,PYRA,ON
GUI:Main Menu→Preprocessor→Meshing→Mesher Opts

生成退化三维单元的方法如下:

命令:MSHAPE,1,3D
GUI:Main Menu→Preprocessor→Meshing→Mesher Opts

4.4　自由网格划分和映射网格划分控制

前面主要讲述可用的不同网格划分控制,现在集中讨论适合于自由网格划分和映射网格划分的控制。

4.4.1　自由网格划分

自由网格划分操作对实体模型无特殊要求。任何几何模型(尽管是不规则的)都可以进行自由网格划分。所用单元形状依赖于是对面还是对体进行网格划分。对面划分时,自由网格可以是四边形,也可以是三角形,或两者混合;对体划分时,自由网格一般是四面体单元,棱锥单元作为过渡单元也可以加入到四面体网格中。

如果选择的单元类型严格地限定为三角形或四面体(例如 PLANE2 和 SOLID92),程序划分网格时只用这种单元。但是,如果选择的单元类型允许多于一种形状(例如 PLANE82 和 SOLID95),可通过下述方法指定用哪一种(或几种)形状:

命令:MSHAPE
GUI:Main Menu→Preprocessor→Meshing→Mesher Opts

另外,还必须指定对模型用自由网格划分:

命令:MSHKEY,0
GUI:Main Menu→Preprocessor→Meshing→Mesher Opts

对于支持多于一种形状的单元,默认地会生成混合形状(通常是四边形单元占多数)。可用“MSHAPE,1,2D”和“MSHKEY,0”要求全部生成三角形网格。

可能会遇到全部网格都必须为四边形网格的情况。当面边界上总的线分割数为偶数时,面的自由网格划分会全部生成四边形网格,并且四边形单元质量比较好。通过打开 SmartSizing 项并让它来决定合适的单元数,可以增加面边界线的划分总数为偶数的概率(而不是通过 LESIZE 命令人工设置任何边界划分的单元数)。应保证四边形分裂项关闭"MOPT,SPLIT,OFF",以使 ANSYS 不将形状较差的四边形单元分裂成三角形。

使体生成一种自由网格,应当选择只允许一种四面体形状的单元类型,或利用支持多种形状的单元类型并设置一种四面体形状功能,例如"MSHAPE,1,3D"和"MSHKEY,0"。

对自由网格划分操作,生成的单元尺寸依赖于 DESIZ3E、ESIZE、KESIZE 和 LESIZE 的当前设置。如果 SmartSizing 打开,单元尺寸将由 AMRTSIZE 及 ESZIE、DESIZE 和 LESIZE 决定,对自由网格划分推荐使用 SmartSizing。

另外,ANSYS 程序有一种称为扇形网格划分的特殊自由网格划分,适于涉及 TARGE170 单元对三边面进行网格划分的特殊接触分析。当三个边中有两个边只有一个单元分割数,另外一边有任意单元分割数时,其结果为扇形网格,如图 4-15 所示。

记住,使用扇形网格必须满足下列条件:

◆ 必须对三边面进行网格划分,其中两边必须只分一个网格,第三边可分任何数目。

图 4-15　扇形网格划分实例

◆ 必须使用 TARGE170 单元进行网格划分。

◆ 必须使用自由网格划分。

4.4.2　映射网格划分

映射网格划分要求面或体有一定的形状规则,它可以指定程序全部用四边形面单元、三角形面单元或者六面体单元生成网格模型。

对映射网格划分,生成的单元尺寸依赖于 DESIZE、ESIZE、KESZIE、LESIZE 和 AESIZE 的设置(或相应 GUI 路径:Main Menu→Preprocessor→Meshing→Size Cntrls→option)。

SmartSizing(SMRTSIZE)不能用于映射网格划分,硬点不支持映射网格划分。

1. 面映射网格划分

面映射网格只包含四边形或三角形单元,面映射网格须满足以下条件:

(1)该面必须是 3 条边或者 4 条边(有无连接均可)。

(2)如果是 4 条边,面的对边必须划分为相同数目的单元,或者是划分为过渡型网格。如果是 3 条边,则线分割总数必须为偶数且每条边的分割数相同。

(3)网格划分必须设置为映射网格。图 4-16 所示为一面映射网格的实例。

如果一个面多于 4 条边,不能直接用映射网格划分,但可以是某些线合并或者连接时总线数减少到 4 条之后再用映射网格划分,如图 4-17 所示,方法如下。

① 连接线。

命令:LCCAT
GUI:Main Menu→Preprocessor→Meshing→Mesh→Areas→Mapped→Concatenate→Lines

② 合并线。

命令:LCOMB
GUI:Main Menu→Preprocessor→Modeling→Operate→Booleans→Add→Lines

图 4-16 面映射网格

图 4-17 合并和连接线进行映射网格划分

须指出的是,线、面或体上的关键点将生成节点,因此,一条连接线至少有与线上已定义的关键点数同样多的分割数,而且,指定的总体单元尺寸(ESIZE)是针对原始线,而不是针对连接线,如图 4-18 所示。不能直接给连接线指定线分割数,但可以对合并线(LCOMB)指定分割数,所以通常来说,合并线比连接线有一些优势。

图 4-18 ESIZE 针对原始线而不是连接线示意图

命令 AMAP(GUI:Main Menu→Preprocessor→Meshing→Mesh→Areas→Mapped→By Corners)提供了获得映射网格划分的最便捷途径,它使用所指定的关键点作为角点并连接关键点之间的所有线,面自动地全部用三角形或四边形单元进行网格划分。

考察前面连接的例子,现利用 AMAP 方法进行网格划分。注意到在已选定的几个关键点之间有多条线,在选定面之后,已按任意顺序拾取关键点 1、3、4 和 6,则得到映射网格如图 4-19 所示。

选择关键点

选择关键点

图 4-19 用 AMAP 方法得到映射网格

另一种生成映射面网格的途径是指定面的对边的分割数,以生成过渡映射四边形网格,如图 4-20 所示。须指出的是,指定的线分割数必须与如图 4-21 所示和如图 4-22 所示的模型相对应。

图 4-20 过渡映射网格

$N_1=a+c$
$N_2=b+c$
$N_3=a$
$N_4=b$

$N_1=a+2b$
$N_2=c$
$N_3=a$
$N_4=c$

图 4-21 过渡四边形映射网格线分割模型(1)　图 4-22 过渡四边形映射网格线分割模型(2)

除了过渡映射四边形网格之外,还可以生成过渡映射三角形网格。为生成过渡映射三角形网格,必须使用支持三角形的单元类型,且须设定为映射划分(MSHKEY,1),并指定形状为容许三角形(MSHAPE,1,2D)。实际上,过渡映射三角形网格的划分是在过渡映射四边形网格划分的基础上自动地将四边形网格分割成三角形,所以,各边的线分割数目依然必须满足如图 4-21 和图 4-22 所示的模型。

2. 体映射网格划分

要将体全部划分为六面体单元,必须满足以下条件:

(1) 该体的外形应为块状(6 个面)、楔形或棱柱(5 个面)、四面体(4 个面)。

(2) 对边上必须划分相同的单元数,或分割符合过渡网格形式,适合六面体网格划分。

图 4-23　过渡映射三角形网格示意图

（3）如果是棱柱或者四面体，三角形面上的单元分割数必须是偶数。

如图 4-24 所示为映射体网格划分示例。

图 4-24　映射体网格划分示例

与面网格划分的连接线一样，当需要减少围成体的面数以进行映射网格划分时，可以对面进行加（AADD）或者连接（ACCAT）。如果连接面有边界线，线也必须连接在一起，必须线连接面，再连接线，举例如下（命令流格式）：

```
! first, concatenate areas for mapped volume meshing:
ACCAT,...
! next, concatenate lines for mapped meshing of bounding areas:
LCCAT,...
LCCAT,...
VMESH,...
```

说明：一般 AADD（面为平面或者共面时）的连接效果优于 ACCAT。

如上所述，在连接面（ACCAT）之后一般需要连接线（LCCAT），但是，如果相连接的两个面都是由 4 条线组成（无连接线），则连接线操作会自动进行，如果 4-25 所示。另外须注意，删除连接面并不会自动删除相关的连接线。

连接面的方法：

> 命令：ACCAT
> GUI：Main Menu→Preprocessor→Meshing→Concatenate→Areas
>   Main Menu→Preprocessor→Meshing→Mesh→Areas→Mapped

将面相加的方法：

> 命令：AADD
> GUI：Main Menu→Preprocessor→Modeling→Operate→Booleans→Add→Areas

ACCAT 命令不支持用 IGES 功能输入的模型，但是，可用 ARMERGE 命令合并由 CAD 文件输入模型的两个或更多面。而且，当以此方法使用 ARMERGE 命令时，在合并线之间删除了关键点的位置而不会有节点。

连接面

图 4-25 该情况下，连接线操作自动进行

与生成过渡映射面网格类似，ANSYS 程序允许生成过渡映射体网格。过渡映射体网格的划分只适合于 6 个面的体（有无连接面均可），如 4-26 所示。

图 4-26 过渡映射体网格示例

4.5 延伸和扫略生成有限元模型

下面介绍一些比上述方法更为简便的划分网格模式——延伸和扫略生成有限元网格模型。其中延伸方法主要利用二维模型和二维单元生成三维模型和三维单元，如果

不指定单元,那么就只会生成三维几何模型,有时候可以成为布尔操作的替代方法,而且通常更简便。扫略方法是利用二维单元在已有的三维几何模型上生成三维单元,该方法通常对于从CAD中输入的实体模型特别有用。显然,延伸方法与扫略方法最大的区别在于:前者能在二维几何模型的基础上生成新的三维模型,同时划分好网格,而后者必须是在完整的几何模型基础上来划分网格。

4.5.1 延伸生成网格

应先指定延伸(Extrude)的单元属性,否则,后面的延伸操作都只会产生相应的几何模型而不会划分网格。另外值得注意的是:如果想生成网格模型,则在源面(或者线)上必须划分相应的面网格(或者线网格):

> 命令:EXTOPT
> GUI:Main Menu→Preprocessor→Modeling→Operate→Extrude→Elem Ext Opts

如图4-27所示,在"Element Extrusion Options"对话框中指定想要生成的单元类型(TYPE)、材料号(MAT)、实常数(REAL)、单元坐标系(ESYS)、单元数(VAL1)、单元比率(VAL2),以及指定是否要删除源面(ACLEAR)。

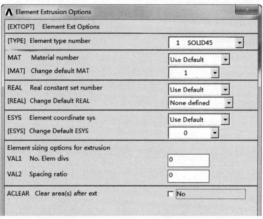

图4-27 "Element Extrusion Options"对话框

用表4-4所示命令可以执行具体的延伸操作。

表4-4 延伸生成网格

用 法	命 令	GUI菜单路径
面沿指定轴线旋转生成体	VROTATE	Main Menu→Preprocessor→Modeling→Operate→Extrude→Areas→About Axis
面沿指定方向延伸生成体	VEXT	Main Menu→Preprocessor→Modeling→Operate→Extrude→Areas→By XYZ Offset
面沿其法线生成体	VOFFST	Main Menu→Preprocessor→Modeling→Operate→Extrude→Areas→Along Normal
面沿指定路径延伸生成体	VDRAG	Main Menu→Preprocessor→Modeling→Operate→Extrude→Areas→Along Lines

续表

用　　法	命　　令	GUI 菜单路径
线沿指定轴线旋转生成面	AROTATE	Main Menu→Preprocessor→Modeling→Operate→Extrude→Lines→About Axis
线沿指定路径延伸生成面	ADRAG	Main Menu→Preprocessor→Modeling→Operate→Extrude→Lines→Along Lines
关键点沿指定轴线旋转生成线	LROTATE	Main Menu→Preprocessor→Modeling→Operate→Extrude→Keypoints→About Axis
关键点沿指定路径延伸生成线	LDRAG	Main Menu→Preprocessor→Modeling→Operate→Extrude→Keypoints→Along Lines

另外须提醒,当使用 VEXT 或者相应 GUI 时,弹出"Extrude Areas by XYZ Offset"对话框,如图 4-28 所示,其中"DX,DY,DZ"表示延伸的方向和长度,而"RX,RY,RZ"表示延伸时的放大倍数,如图 4-29 所示。

图 4-28　"Extrude Areas by XYZ Offset"对话框

如果不在 EXTOPT 中指定单元属性,那么上述方法只会生成相应的几何模型,有时候可以将它们作为布尔操作的替代方法,如图 4-30 所示,可以将空心球截面绕直径旋转一定角度直接生成。

图 4-29　将网格面延伸生成网格体　　　　图 4-30　用延伸方法生成空心圆球

4.5.2　扫略生成网格

(1) 确定体的拓扑模型能够进行扫略,如果是下列情况之一则不能扫略:体的一个或多个侧面包含多于一个环;体包含多于一个壳;体的拓扑源面与目标面不是相对的。

(2) 确定已定义合适的二维和三维单元类型,例如,如果对源面进行预网格划分,并想扫略成包含二次六面体的单元,应当先用二次二维面单元对源面划分网格。

(3) 确定在扫略操作中如何控制生成单元层数,即沿扫略方向生成的单元数。可用如下方法控制:

```
命令：EXTOPT,ESIZE,Val1,Val2
GUI：Main Menu→Preprocessor→Meshing→Mesh→Volume Sweep→Sweep Opts
```

执行上述命令弹出"Sweep Options"对话框,如图 4-31 所示。框中各项的意义依次如下:是否清除源面的面网格,在无法扫略处是否用四面体单元划分网格,程序自动选择源面和目标面还是手动选择,在扫略方向生成多少单元数,在扫略方向生成的单元尺寸比率。其中关于源面、目标面、扫略方向和生成单元数的含义如图 4-32 所示。

图 4-31 "Sweep Options"对话框   图 4-32 扫略的示意图

(4) 确定体的源面和目标面。ANSYS 在源面上使用的是面单元模式(三角形或者四边形),用六面体或者楔形单元填充体。目标面是仅与源面相对的面。

(5) 有选择地对源面、目标面和边界面划分网格。

体扫略操作的结果会因扫略前是否对模型的任何面(源面、目标面和边界面)划分网格而不同。典型情况是在扫略之前对源面划分网格,如果不划分,则 ANSYS 程序会自动生成临时面单元,在确定了体扫略模式之后就会自动清除。

在扫略前确定是否预划分网格应当考虑以下因素:

◆ 如果想让源面用四边形或者三角形映射网格划分,那么应当预划分网格。

◆ 如果想让源面用初始单元尺寸划分网格,那么应当预划分。

◆ 如果不预划分网格,ANSYS 通常用自由网格划分。

◆ 如果不预划分网格,ANSYS 使用由 MSHAPE 设置的单元形状来确定对源面的网格划分:MSHAPE,0,2D 生成四边形单元,MSHAPE,1,2D 生成三角形单元。

◆ 如果与体关联的面或者线上出现硬点则扫略操作失败,除非对包含硬点的面或者线预划分网格。

◆ 如果源面和目标面都进行预划分网格,那么面网格必须相匹配。不过,源面和目标面并不要求一定都划分成映射网格。

在扫略之前,体的所有侧面(可以有连接线)必须是映射网格划分或者四边形网格划分,如果侧面为划分网格,则必须有一条线在源面上,还有一条线在目标面上。

有时候,尽管源面和目标面的拓扑结构不同,但扫略操作依然可以成功,只需采用适当的方法即可。如图 4-33 所示,将模型分解成两个模型,分别从不同方向扫略就可生成合适的网格。

图 4-33 扫略相邻体

可用如下方法激活体扫略：

命令：VSWEEP,VNUM,SRCA,TRGA,LSMO
GUI：Main Menu→Preprocessor→Meshing→Mesh→Volume Sweep→Sweep

如果用 VSWEEP 命令扫略体，须指定下列变量值：待扫略体（VNUM）、源面（SRCA）、目标面（TRGA）。另外，可选用 LSMO 变量指定 ANSYS 在扫略体操作中是否执行线的光滑处理。如果采用 GUI 途径，则按下列步骤操作：

◆ 选择菜单途径，Main Menu → Preprocessor → Meshing → Mesh → Volume Sweep→Sweep，弹出体扫略选择框。

◆ 选择待扫略的体并单击"Apply"按钮。

◆ 选择源面并单击"Apply"按钮。

◆ 选择目标面，单击"OK"按钮。

图 4-34 所示是一个体扫略网格的实例，图 4-34(a)、(c)表示没有预网格直接执行体扫略的结果，图 4-34(b)、(d)表示在源面上划分映射预网格然后执行体扫略的结果。如果觉得这两种网格结果都不满意，则可以考虑图 4-34(e)、(f)、(g)的形式，步骤如下：

图 4-34 体扫略网格示意图

- 清除网格(VCLEAR)。
- 通过在想要分割的位置创建关键点来对源面的线和目标面的线进行分割(LDIV),如图4-34所示。
- 按图4-34将源面上增线的线分割复制到目标面的相应新增线上(新增线是上一步产生的)。该步骤可以通过网格划分工具实现,菜单途径:Main Menu→Preprocessor→Meshing→MeshTool。
- 手工对修改过的边界面划分映射网格,如图4-34(f)所示。
- 重新激活和执行体扫略,结果如图4-34(g)所示。

4.6　修正有限元模型

本节主要叙述一些修改有限元模型的常用方法,主要包括:

- 局部细化网格。
- 移动和复制节点和单元。
- 控制面、线和单元的法向。
- 修改单元属性。

4.6.1　局部细化网格

通常碰到下面两种情况时,需要考虑对局部区域进行网格细化:

(1)已经将一个模型划分了网格,但想在模型的指定区域内得到更好的网格。

(2)已经完成分析,同时根据结果想在感兴趣的区域得到更精确的解。

对于由四面体组成的体网格,ANSYS程序允许在指定的节点、单元、关键点、线或者面的周围进行局部细化网格,但非四面体单元(例如六面体、楔形、棱锥等)不能进行局部细化网格。

表4-5所示为利用命令或者相应GUI菜单途径来进行网格细化并设置细化控制。

表4-5　局部细化网格

用　法	命　令	GUI 菜单路径
围绕节点细化网格	NREFINE	Main Menu→Preprocessor→Meshing→Modify Mesh→Refine At→Nodes
围绕单元细化网格	EREFINE	Main Menu→Preprocessor→Meshing→Modify Mesh→Refine At→Elements(All)
围绕关键点细化网格	KREFINE	Main Menu→Preprocessor→Meshing→Modify Mesh→Refine At→Keypoints
围绕线细化网格	LREFINE	Main Menu→Preprocessor→Meshing→Modify Mesh→Refine At→Lines
围绕面细化网格	AREFINE	Main Menu→Preprocessor→Meshing→Modify Mesh→Refine At→Areas

图 4-35～图 4-38 所示为一些网格细化的范例。从图中可以看出,控制网格细化时常用的 3 个变量为:LEVEL、DEPTH 和 POST。下面对 3 个变量分别进行介绍,在此之前,先介绍在何处定义这 3 个变量值。

在节点处细化网格(NREFINE)　　　　　在单元处细化网格(EREFINE)

图 4-35　网格细化范例(1)

在关键点处细化网格(KREFINE)　　　　　在线附近细化网格(LREFINE)

图 4-36　网格细化范例(2)

图 4-37　网格细化范例(3)

原始网格　　细化(不清除)(POST=OFF)　　原始网格　　细化(清除)(POST=CLEAN)

图 4-38　网格细化范例(4)

以用菜单路径围绕节点细化网格为例:

GUI:Main Menu→Preprocessor→Meshing→Modify Mesh→Refine At→Nodes

弹出拾取节点对话框,在模型上拾取相应节点,弹出"Refine Mesh at Node"对话框,如图 4-39 所示。在 LEVEL 后面的下拉列表中选择合适的数值作为 LEVEL 值,单击"Advanced options"后面使其显示为"Yes",单击"OK"按钮,弹出"Refine mesh at nodes advanced options"对话框,如图 4-40 所示。在"DEPTH"文本框中输入相应数值,在 POST 后面选择相应选项,其余默认,单击"OK"按钮即可执行网格细化操作。

图 4-39　局部细化网格对话框(1)

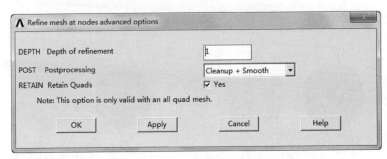

图 4-40　局部细化网格对话框(2)

　　下面对 3 个变量分别进行解释。LEVEL 变量用来指定网格细化的程度,它必须是从 1~5 的整数,1 表示最小程度的细化,其细化区域单元边界的长度大约为原单元边界长度的 1/2,5 表示最大程度的细化,其细化区域单元边界的长度大约为原单元边界长度的 1/9,其余值的细化程度如表 4-6 所示。

表 4-6　细化程度

LEVEL 值	细化后单元与原单元边长的比值
1	1/2
2	1/3
3	1/4
4	1/8
5	1/9

　　DEPTH 变量表示网格细化的范围,默认 DEPTH=0,表示只细化选择点(或者单元、线、面等)处一层网格,当然,DEPTH=0 时也可能细化一层之外的网格,那只是因为网格过渡的要求所致。

　　POST 变量表示是否对网格细化区域进行光滑和清理处理。光滑处理表示调整细化区域的节点位置以改善单元形状,清理处理表示 ANSYS 程序对那些细化区域或者直接与细化区域相连的单元执行清理命令,通常可以改善单元质量。默认情况是进行光滑和清理处理。

4.6.2　移动和复制节点和单元

　　当一个已经划分了网格的实体模型图元被复制时,可以选择是否连同单元和节点一起复制。以复制面为例,在选择菜单路径 Main Menu→Preprocessor→Modeling→

Copy→Areas 之后,将弹出"Copy Areas"对话框,如图 4-41 所示,可以在"NOELEM"后面的下拉列表中选择是否复制单元和节点。

图 4-41 "Copy Areas"对话框

可以移动和复制节点和单元,方法如表 4-7 所示。

表 4-7 移动和复制节点和单元

用 法	命 令	GUI 菜单路径
移动和复制面	AGEN	Main Menu→Preprocessor→Modeling→Copy→Areas Main Menu→Preprocessor→Modeling→Move/Modify→Areas→Areas
移动和复制体	VGEN	Main Menu→Preprocessor→Modeling→Copy→Volumes Main Menu→Preprocessor→Modeling→Move/Modify→Volumes
对称映像生成面	ARSYM	Main Menu→Preprocessor→Modeling→Reflect→Areas
对称映像生成体	VSYMM	Main Menu→Preprocessor→Modeling→Reflect→Volumes
转换面的坐标系	ATRAN	Main Menu → Preprocessor → Modeling → Move/Modify → Transfer Coord→Areas
转换体的坐标系	VTRAN	Main Menu → Preprocessor → Modeling → Move/Modify → Transfer Coord→Volumes

4.6.3 控制面、线和单元的法向

如果模型中包含壳单元,并且加的是面载荷,那么就需要了解单元面以便能对载荷定义正确的方向。通常,壳的表面载荷将加在单元的某一个面上,并根据右手法则(I,J,K,L 表示节点序号方向,如图 4-42 所示)确定正向。如果是用实体模型面进行网格划分的方法生成壳单元,那么单元的正方向将与面的正方向相一致。

图 4-42 面的正方向

有几种方法可用来进行图形检查:

(1) 壳执行/NORMAL 命令(GUI:Utility Menu → PlotCtrls → Style → Shell Normals),接着再执行 EPLOT 命令(GUI:Utility Menu→Plot→Elements),该方法可以对壳单元的正法线方向进行一次快速的图形检查。

(2) 利用命令/GRAPHICS,POWER(GUI:Utility Menu→PlotCtrls→Style→

Hidden-Line Options,如图 4-43 所示)打开"PowerGraphics"的选项(通常该选项是默认打开的),"PowerGraphics"将用不同颜色来显示壳单元的底面和顶面。

图 4-43 打开"PowerGraphics"选项

可以控制面、线和单元的法向,方法如表 4-8 所示。

表 4-8 控制面、线和单元的法向

用 法	命 令	GUI 菜单路径
重新设定壳单元的法向	ENORM	Main Menu→Preprocessor→Modeling→Move/Modify→Elements→Shell Normals
重新设定面的法向	ANORM	Main Menu→Preprocessor→Modeling→Move/Modify→Areas→Area Normals
将壳单元的法向反向	ENSYM	Main Menu→Preprocessor→Modeling→Move/Modify→Reverse Normals→of Shell Elems
将线的法向反向	LREVERSE	Main Menu→Preprocessor→Modeling→Move/Modify→Reverse Normals→of Lines
将面的法向反向	AREVERSE	Main Menu→Preprocessor→Modeling→Move/Modify→Reverse Normals→of Areas

4.6.4 修改单元属性

通常,要修改单元属性时,可以直接删除单元,重新设定单元属性后再执行网格划分操作,这个方法最直观,但通常也最费时、最不方便。下面提供另外一种不必删除网格的简便方法。

命令:EMODIFY
GUI:Main Menu→Preprocessor→Modeling→Move/Modify→Elements→Modify Attrib

弹出拾取单元对话框,用鼠标在模型上拾取相应单元之后即弹出"Modify Elem Attributes"对话框,如图 4-44 所示,在 STLOC 后面的下拉列表中选择适当选项(例如单元类型、材料号、实常数等),然后在 I1 文本框中填入新的序号(表示修改后的单元类型号、材料号或者实常数等)。

图 4-44　修改单元属性对话框

4.7　编号控制

本节主要叙述用于编号控制（包括关键点、线、面、体、单元、节点、单元类型、实常数、材料号、耦合自由度、约束方程、坐标系等）的命令和 GUI 途径。这种编号控制对于将模型的各个独立部分组合起来是相当有用和必要的。

布尔运算输出图元的编号并非完全可以预估，在不同的计算机系统中，执行同样的布尔运算，其生成图元的编号可能会不同。

4.7.1　合并重复项

如果两个独立的图元在相同或者非常相近的位置，可用下列方法将它们合并成一个图元：

> 命令：NUMMRG
> GUI：Main Menu→Preprocessor→Numbering Ctrls→Merge Items

弹出"Merge Coincident or Equivalently Defined Items"对话框，如图 4-45 所示。在 Label 后面选择合适的项（例如关键点、线、面、体、单元、节点、单元类型、时常数、材料号等）；TOLER 后面的输入值表示条件公差（相对公差），GTOLER 后面的输入值表示总体公差（绝对公差），通常采用默认值（即不输入具体数值），图 4-46 和图 4-47 给出了两个合并的实例；ACTION 变量表示是直接合并选择项还是先提示再合并（默认是直接合并）；SWITCH 变量表示保留合并图元中较高的编号还是较低的编号（默认是较低的编号）。

图 4-45　"Merge Coincident or Equivalently Defined Items"对话框

图 4-46　默认的合并公差　　　　　　图 4-47　合并示例

4.7.2　编号压缩

再构造模型时,由于删除、清除、合并或者其他操作可能在编号中产生许多空号,可采用如下方法清除空号以保证编号的连续性:

命令:NUMCMP
GUI:Main Menu→Preprocessor→Numbering Ctrls→Compress Numbers

弹出"Compress Numbers"对话框,如图 4-48 所示,在 Label 下拉列表中选择适当的项(例如关键点、线、面、体、单元、节点、单元类型、时常数、材料号等)即可执行编号压缩操作。

图 4-48　"Compress Numbers"对话框

4.7.3　设定起始编号

在生成新的编号项时,可以让新生成系列项的起始编号大于已有图元的最大编号。这样做可以保证新生成图元的连续编号,且不会占用已有编号序列中的空号。这样做还可以使生成的模型的某个区域在编号上与其他区域保持独立,从而避免将这些区域连接到一起而使编号产生冲突。设定起始编号的方法如下:

命令:NUMSTR
GUI:Main Menu→Preprocessor→Numbering Ctrls→Set Start Number

弹出"Starting Number Specifications"对话框,如图 4-49 所示,在节点、单元、关键点、线、面后面指定相应的起始编号即可。

如果想恢复默认的起始编号,可用如下方法:

Note

图 4-49 "Starting Number Specifications"对话框

命令：NUMSTR,DEFA
GUI：Main Menu→Preprocessor→Numbering Ctrls→Reset Start Number

弹出"Reset Starting Number Specifications"对话框，如图 4-50 所示，单击"OK"按钮即可。

图 4-50 "Reset Starting Number Specifications"对话框

4.7.4 编号偏差

在连接模型中两个独立区域时，为避免编号冲突，可对当前已选取的编号加一个偏差值来重新编号，方法如下：

命令：NUMOFF
GUI：Main Menu→Preprocessor→Numbering Ctrls→Add Num Offset

弹出"Add an Offset to Item Numbers"对话框，如图 4-51 所示，在 Label 下拉列表框中选择想要执行编号偏差的项（例如关键点、线、面、体、单元、节点、单元类型、时常数、材料号等），在 VALUE 后面输入具体数值即可。

图 4-51 "Add an Offset to Item Numbers"对话框

第 5 章

施加载荷

本章导读

　　建立有限元分析模型之后,就需要在模型上施加载荷,以此来检查结构或构件对一定载荷条件的响应。

学 习 要 点

◆ 载荷概论
◆ 施加载荷
◆ 设定载荷步选项

5.1　载　荷　概　论

有限元分析的主要目的是检查结构或构件对一定载荷条件的响应,因此,在分析中指定合适的载荷条件是关键的一步。在 ANSYS 程序中,可以用各种方式对模型施加载荷,而且借助于载荷步选项,可以控制在求解中使用载荷的方式。

5.1.1　什么是载荷

在 ANSYS 术语中,载荷包括边界条件和外部或内部作用力函数,如图 5-1 所示。不同学科中的载荷实例为:

◆ 结构分析:位移、力、压力、温度(热应力)和重力。
◆ 热力分析:温度、热流速率、对流、内部热生成、无限表面。
◆ 磁场分析:磁势、磁通量、磁场段、源流密度、无限表面。
◆ 电场分析:电势(电压)、电流、电荷、电荷密度、无限表面。
◆ 流体分析:速度、压力。

图 5-1　"载荷"包括边界条件以及其他类型的载荷

载荷分为 6 类:DOF(约束自由度)、力(集中载荷)、表面载荷、体积载荷、惯性力及耦合场载荷。

◆ DOF(约束自由度):某些自由度为给定的已知值。例如,结构分析中指定节点位移或者对称边界条件等,热分析中指定节点温度等。
◆ 力(集中载荷):施加于模型节点上的集中载荷。例如,结构分析中的力和力矩,热分析中的热流率,磁场分析中的电流。
◆ 表面载荷:施加于某个表面上的分布载荷。例如,结构分析中的压力,热力分析中的对流量和热通量。
◆ 体积载荷:施加在体积上的载荷或者场载荷。例如,结构分析中的温度,热力分析中的内部热源密度,磁场分析中为磁场通量。
◆ 惯性载荷:由物体惯性引起的载荷,如重力加速度引起的重力,角速度引起的离心力等,主要在结构分析中使用。
◆ 耦合场载荷:可以认为是以上载荷的一种特殊情况,从一种分析中得到的结果用作另一种分析的载荷。例如,可施加磁场分析中计算所得的磁力作为结构分析中的载荷,也可以将热分析中的温度结果作为结构分析的载荷。

5.1.2 载荷步、子步和平衡迭代

载荷步仅仅是为了获得解答的载荷配置。在线性静态或稳态分析中,可以使用不同的载荷步施加不同的载荷组合:在第一个载荷步中施加风载荷,在第二个载荷步中施加重力载荷,在第三个载荷步中施加风和重力载荷以及一个不同的支承条件,等等。在瞬态分析中,多个载荷步应加到载荷历程曲线的不同区段。

ANSYS 程序将为第一个载荷步选择的单元组用于随后的载荷步,而不论用户为随后的载荷步指定哪个单元组。要选择一个单元组,可使用下列两种方法之一:

命令:ESEL
GUI:Utility Menu→Select→Entities

图 5-2 显示了一个需要 3 个载荷步的载荷历程曲线:第一个载荷步用于线性载荷,第二个载荷步用于不变载荷,第三个载荷步用于卸载。

子步为执行求解载荷步中的点。由于载荷的变化,要使用子步。

在非线性静态或稳态分析中,使用子步逐渐施加载荷以便能获得精确解。

在线性或非线性瞬态分析中,使用子步满足瞬态时间累积法则(为获得精确解通常规定一个最小累积时间步长)。

在谐波分析中,使用子步获得谐波频率范围内多个频率处的解。

图 5-2 使用多个载荷步表示瞬态载荷历程

平衡迭代是在给定子步下为了收敛而计算的附加解,仅用于非线性分析中的迭代修正。例如,对二维非线性静态磁场分析,为获得精确解,通常使用两个载荷步(图 5-3)。

◆ 第一个载荷步,将载荷逐渐加到 5~10 个子步以上,每个子步仅用一个平衡迭代。

◆ 第二个载荷步,得到最终收敛解,且仅有一个使用 15~25 次平衡迭代的子步。

图 5-3 载荷步、子步和平衡迭代

5.1.3　时间参数

在所有静态和瞬态分析中,ANSYS使用时间作为跟踪参数,而不论分析是否依赖于时间。其好处是:在所有情况下可以使用一个不变的"计数器"或"跟踪器",不需要依赖于分析的术语。此外,时间总是单调增加的,且自然界中大多数事情的发生都经历一段时间,而不论该时间多么短暂。

显然,在瞬态分析或与速率有关的静态分析(蠕变或者黏塑性)中,时间代表实际的、按年月顺序的时间,用秒、分钟或小时表示。在指定载荷历程曲线的同时(使用TIME命令),在每个载荷步的结束点赋予时间值。使用如下方法之一赋予时间值:

> 命令:TIME
> GUI:Main Menu→Preprocessor→Load→Load Step Opts→Time/Frequenc→Time and Substps
> 　　(Time－Time Step)
> GUI:Main Menu→Solution→Load Step Opts→Time/Frequenc→Time and Substps(Time－Time
> 　　Step)

然而,在不依赖于速率的分析中,时间仅仅成为一个识别载荷步和子步的计数器。默认情况下,程序自动对time赋值:在载荷步1结束时,赋time＝1;在载荷步2结束时,赋time＝2;以此类推。载荷步中的任何子步将被赋给合适的、用线性插值得到的时间值。在这样的分析中,通过赋给自定义的时间值,就可建立自己的跟踪参数。例如,若要将1000个单位的载荷增加到某一载荷步上,可以在该载荷步结束时将时间指定为1000,以使载荷和时间值完全同步。

那么,在后处理器中,如果得到一个变形-时间关系图,其含义与变形-载荷关系相同。这种技术非常有用,例如,在大变形分析以及屈曲分析中,其任务是跟踪结构载荷增加时结构的变形。

当求解中使用弧长方法时,时间还表示另一含义。在这种情况下,时间等于载荷步开始时的时间值加上弧长载荷系数(当前所施加载荷的放大系数)的数值。ALLF不必单调增加(即它可以增加、减少或甚至为负),且在每个载荷步的开始时被重新设置为0。因此,在弧长求解中,时间不作为"计数器"。

载荷步为作用在给定时间间隔内的一系列载荷。子步为载荷步中的时间点,在这些时间点可求得中间解。两个连续的子步之间的时间差称为时间步长或时间增量。平衡迭代是为了收敛而在给定时间点进行计算的迭代求解。

5.1.4　阶跃载荷与坡道载荷

当在一个载荷步中指定一个以上的子步时,就出现了载荷应为阶跃载荷还是线性载荷的问题。

如果载荷是阶跃的,那么全部载荷施加于第一个载荷子步,且在载荷步的其余部分载荷保持不变,如图5-4(a)所示。

如果载荷是逐渐递增的,那么在每个载荷子步的载荷值逐渐增加,且全部载荷出现在载荷步结束时,如图5-4(b)所示。

可以通过如下方法表示载荷为坡道载荷还是阶跃载荷：

命令：KBC
GUI：Main Menu→Solution→Load Step Opts→Time/Frequenc→Freq & Substeps(Time and Substps / Time & Time Step)

图 5-4　阶跃载荷与坡道载荷

"KBC,0"表示载荷为坡道载荷；"KBC,1"表示载荷为阶跃载荷。默认值取决于学科和分析类型以及 SOLCONTROL 处于 ON 或 OFF 状态。

载荷步选项是用于表示控制载荷应用的各选项(如时间、子步数、时间步、载荷为阶跃或逐渐递增)的总称。其他类型的载荷步选项包括收敛公差(用于非线性分析)、结构分析中的阻尼规范以及输出控制。

5.2　施加载荷

可以将大多数载荷施加于实体模型(如关键点、线和面)或有限元模型(节点和单元)上。例如，可在关键点或节点施加指定集中力。同样地，可以在线和面或在节点和单元面上指定对流(和其他表面载荷)。无论怎样指定载荷，求解器期望所有载荷应依据有限元模型。因此，如果将载荷施加于实体模型，在开始求解时，程序自动将这些载荷转换到节点和单元上。

5.2.1　实体模型载荷与有限单元载荷

施加于实体模型上的载荷称为实体模型载荷，而直接施加于有限元模型上的载荷称为有限单元载荷。

1. 实体模型载荷的优缺点

◆ 优点

(1) 实体模型载荷独立于有限元网格，即可以改变单元网格而不影响施加的载荷。这就允许更改网格并进行网格敏感性研究而不必每次重新施加载荷。

(2) 与有限元模型相比，实体模型通常包括较少的实体，因此，选择实体模型的实体并在这些实体上施加载荷要容易得多，尤其是通过图形拾取时。

◆ 缺点

(1) ANSYS 网格划分命令生成的单元处于当前激活的单元坐标系中。网格划分命令生成的节点使用整体笛卡儿坐标系,因此,实体模型和有限元模型可能具有不同的坐标系和加载方向。

（2）在简化分析中,使用实体模型不很方便。此时,载荷施加于主自由度（仅能在节点而不能在关键点定义主自由度）。

（3）施加关键点约束很棘手,尤其是当约束扩展选项被使用时（扩展选项允许将一约束特性扩展到通过一条直线连接的两关键点之间的所有节点上）。

如前所述,在开始求解时,实体模型载荷将自动转换到有限元模型。ANSYS 程序改写任何已存在于对应的有限单元实体上的载荷。删除实体模型载荷将删除所有对应的有限元载荷。

2．有限单元载荷的优缺点

◆ 优点

（1）在简化分析中不会产生问题,因为可将载荷直接施加在主节点。

（2）不必担心约束扩展,可简单地选择所有所需节点,并指定适当的约束。

◆ 缺点

（1）任何有限元网格的修改都使载荷无效,需要删除先前的载荷并在新网格上重新施加载荷。

（2）不便使用图形拾取施加载荷,除非仅包含几个节点或单元。

5.2.2 施加载荷

本节主要讨论如何施加 DOF 约束、集中力、表面载荷、体积载荷、惯性载荷和耦合场载荷。

1．DOF 约束

表 5-1 显示了每个学科中可被约束的自由度和相应的 ANSYS 标识符。标识符（如 UX、ROTZ、AY 等）所包含的任何方向都在节点坐标系中。

表 5-2 显示了施加、列表显示和删除 DOF 约束的命令。需要注意的是,可以将约束施加于节点、关键点、线和面上。

下面是一些可用于施加 DOF 约束的 GUI 路径的例子:

```
GUI:Main Menu→Preprocessor→Loads→Define Loads→Apply→load type→On Nodes
GUI:Utility Menu→List→Loads→DOF Constraints→On All Keypoints
GUI:Main Menu→Solution→Define Loads→Apply→load type→On Lines
```

表 5-1 每个学科中可用的 DOF 约束和相应的 ANSYS 标识符

学　　科	自　由　度	ANSYS 标识符
结构分析	平移 旋转	UX、UY、UZ ROTX、ROTY、ROTZ
热力分析	温度	TEMP
磁场分析	矢量势 标量势	AX、AY、AZ MAG
电场分析	电压	VOLT

学　　科	自　由　度	ANSYS 标识符
流体分析	速度	VX、VY、VZ
	压力	PRES
	紊流动能	ENKE
	紊流扩散速率	ENDS

表 5-2　DOF 约束的命令

位　　置	基　本　命　令	附　加　命　令
节点	D、DLIST、DDELE	DSYM、DSCALE、DCUM
关键点	DK、DKLIST、DKDELE	
线	DL、DLLIST、DLDELE	
面	DA、DALIST、DADELE	
转换	SBCTRAN	DTRAN

2．集中力

表 5-3 显示了每个学科中可用的集中载荷和相应的 ANSYS 标识符。标识符（如 FX、MZ、CSGY 等）所包含的任何方向都在节点坐标系中。

表 5-3　每个学科中的集中力和相应的 ANSYS 标识符

学　　科	力	ANSYS 标识符
结构分析	力	FX、FY、FZ
	力矩	MX、MY、MZ
热力分析	热流速率	HEAT
磁场分析	电磁	CSGX、CSGY、CSGZ
	磁通量	FLUX
电场分析	电流	AMPS
	电荷	CHRG
流体分析	流体流动速率	FLOW

表 5-4 显示了施加、列表显示和删除集中载荷的命令。需要注意的是，可以将集中载荷施加于节点和关键点上。

下面是一些用于施加集中力载荷的 GUI 路径的例子：

```
GUI:Main Menu→Preprocessor→Loads→Define Loads→Apply→load type→On Nodes
GUI:Utility Menu→List→Loads→Forces→On Keypoints
GUI:Main Menu→Solution→Define Loads→Apply→load type→On Lines
```

表 5-4　用于施加集中力载荷的命令

位　　置	基　本　命　令	附　加　命　令
节点	F、FLIST、FDELE	FSCALE、FCUM
关键点	FK、FKLIST、FKDELE	
转换	SBCTRAN	FTRAN

3. 面载荷

表5-5显示了每个学科中可用的表面载荷和相应的ANSYS标识符。

表 5-5　每个学科中可用的表面载荷和相应的 ANSYS 标识符

学　科	表面载荷	ANSYS 标识符
结构分析	压力	PRES
热力分析	对流	CONV
	热流量	HFLUX
	无限表面	INF
磁场分析	麦克斯韦表面	MXWF
	无限表面	INF
电场分析	麦克斯韦表面	MXWF
	表面电荷密度	CHRGS
	无限表面	INF
流体分析	流体结构界面	FSI
	阻抗	IMPD
所有学科	超级单元载荷矢	SELV

表5-6显示了施加、列表显示和删除表面载荷的命令。需要注意的是,不仅可以将表面载荷施加在线和面上,还可以施加于节点和单元上。

表 5-6　用于施加表面载荷的命令

位　置	基本命令	附加命令
节点	SF,SFLIST,SFDELE	SFSCALE,SFCUM,SFFUN
单元	SFE,SFELIST,SFEDELE	SEBEAM,SFFUN,SFGRAD
线	SFL,SFLLIST,SFLDELE	SFGRAD
面	SFA,SFALIST,SFADELE	SFGRAD
转换	SFTRAN	

下面是一些用于施加表面载荷的GUI路径的例子:

```
GUI:Main Menu→Preprocessor→Loads→Define Loads→Apply→load type→On Nodes
GUI:Utility Menu→List→Loads→Surface Loads→On Elements
GUI:Main Menu→Solution→Loads→Define Loads→Apply→load type→On Lines
```

ANSYS程序根据单元和单元面在存储节点上指定表面载荷。因此,如果对同一表面使用节点面载荷命令和单元面载荷命令,则执行最后的指定。

4. 体积载荷

表5-7显示了每个学科中可用的体积载荷和相应的ANSYS标识符。

表 5-7　每个学科中可用的体积载荷和相应的 ANSYS 标识符

学　科	体积载荷	ANSYS 标识符
结构分析	温度	TEMP
	热流量	FLUE

续表

学　科	体 积 载 荷	ANSYS标识符
热力分析	热生成速率	HGEN
磁场分析	温度 磁场密度 虚位移 电压降	TEMP JS MVDI VLTG
电场分析	温度 体积电荷密度	TEMP CHRGD
流体分析	热生成速率 力速率	HGEN FORC

表5-8显示了施加、列表显示和删除表面载荷的命令。需要注意的是，可以将体积载荷施加在节点、单元、关键点、线、面和体上。

表5-8　用于施加体积载荷的命令

位　置	基 本 命 令	附 加 命 令
节点	BF,BFLIST,BFDELE	BFSCALE,BFCUM,BFUNIF
单元	BFE,BFELIST,BFEDELE	BEESCAL,BFECUM
关键点	BFK,BFKLIST,BFKDELE	
线	BFL,BFLLIST,BFLDELE	
面	BFA,BFALIST,BFADELE	
体	BFV,BFVLIST,BFVDELE	
转换	BFTRAN	

下面是一些用于施加体积载荷的GUI路径的例子：

```
GUI:Main Menu→Preprocessor→Loads→Define Loads→Apply→load type→On Nodes(On
    Keypoints)
GUI:Utility Menu→List→Loads→Body Loads→On Picked Elems(On Picked Lines)
GUI:Main Menu→Solution→Load→Apply→load type→On Volumes
```

在节点指定的体积载荷独立于单元上的载荷。对于一给定的单元，ANSYS程序按下列方法决定使用哪一载荷。

（1）ANSYS程序检查是否对单元指定体积载荷。

（2）如果不是，则使用指定给节点的体积载荷。

（3）如果单元或节点上没有体积载荷，则通过BFUNIF命令指定的体积载荷生效。

5．惯性载荷

施加惯性载荷的命令如表5-9所示。

表 5-9　惯性载荷命令

命令	GUI 菜单路径
ACEL	Main Menu→Preprocessor→FLOTRAN Set Up→Flow Environment→Gravity Main Menu→Preprocessor→Loads→Define Loads→Define Loads→Apply→Structural→Inertia→Gravity Main Menu→Preprocessor→Loads→Define Loads→Delete→Structural→Inertia→Gravity Main Menu→Solution→Define Loads→Define Loads→Apply→Structural→Inertia→Gravity Main Menu→Solution→Define Loads→Delete→Structural→Inertia→Gravity
CGLOC	Main Menu → Preprocessor → FLOTRAN Set Up → Flow Environment → Rotating Coords Main Menu→Preprocessor→Loads→Define Loads→Define Loads→Apply→Structural→Inertia→Coriolis Effects Main Menu→Preprocessor→Loads→Define Loads→Delete→Structural→Inertia→Coriolis Effects Main Menu→Preprocessor→LS-DYNA Options→Loading Options→Acceleration CS→Delete Accel CS Main Menu→Preprocessor→LS-DYNA Options→Loading Options→Acceleration CS→Set Accel CS Main Menu→Solution→Define Loads→Define Loads→Apply→Structural→Inertia→Coriolis Effects Main Menu → Solution → Define Loads → Delete → Structural → Inertia → Coriolis Effects Main Menu→Solution→Loading Options→Acceleration CS→Delete Accel CS Main Menu→Solution→Loading Options→Acceleration CS→Set Accel CS
CGOMGA	Main Menu → Preprocessor → FLOTRAN Set Up → Flow Environment → Rotating Coords Main Menu→Preprocessor→Loads→Define Loads→Define Loads→Apply→Structural→Inertia→Coriolis Effects Main Menu→Preprocessor→Loads→Define Loads→Delete→Structural→Inertia→Coriolis Effects Main Menu→Solution→Define Loads→Define Loads→Apply→Structural→Inertia→Coriolis Effects Main Menu → Solution → Define Loads → Delete → Structural → Inertia → Coriolis Effects
DCGOMG	Main Menu→Preprocessor→Loads→Define Loads→Define Loads→Apply→Structural→Inertia→Coriolis Effects Main Menu→Preprocessor→Loads→Define Loads→Delete→Structural→Inertia→Coriolis Effects Main Menu→Solution→Define Loads→Define Loads→Apply→Structural→Inertia→Coriolis Effects Main Menu → Solution → Define Loads → Delete → Structural → Inertia → Coriolis Effects

命令	GUI 菜单路径
DOMEGA	Main Menu→Preprocessor→Loads→Define Loads→Define Loads→Apply→Structural→Inertia→Angular Accel→Global Main Menu→Preprocessor→Loads→Define Loads→Delete→Structural→Inertia→Angular Accel→Global Main Menu→Solution→Define Loads→Define Loads→Apply→Structural→Inertia→Angular Accel→Global Main Menu→Solution→Define Loads→Delete→Structural→Inertia→Angular Accel→Global
IRLF	Main Menu→Preprocessor→Loads→Define Loads→Define Loads→Apply→Structural→Inertia→Inertia Relief Main Menu→Preprocessor→Loads→Load Step Opts→Output Ctrls→Incl Mass Summry Main Menu→Solution→Define Loads→Define Loads→Apply→Structural→Inertia→Inertia Relief Main Menu→Solution→Load Step Opts→Output Ctrls→Incl Mass Summry
OMEGA	MainMenu→Preprocessor→Loads→Define Loads→Define Loads→Apply→Structural→Inertia→Angular Velocity→Global Main Menu→Preprocessor→Loads→DefineLoads→Delete→Structural→Inertia→Angular Veloc→Global Main Menu→Solution→Define Loads→Define Loads→Apply→Structural→Inertia→Angular Velocity→Global Main Menu→Solution→Define Loads→Delete→Structural→Inertia→Angular Veloc→Global

ACEL,OMEGA 和 DOMEGA 命令分别用于指定在整体笛卡儿坐标系中的加速度、角速度和角加速度。

ACEL 命令用于对物体施加一加速场(非重力场),要施加作用于$-Y$方向的重力,应指定一个$+Y$方向的加速度。

使用 CGOMGA 和 DCGOMG 命令指定一旋转物体的角速度和角加速度,该物体本身正相对于另一个参考坐标系旋转。CGLOC 命令用于指定参照系相对于整体笛卡儿坐标系的位置。例如在静态分析中,为了考虑 Coriolis 效果,可以使用这些命令。

当模型具有质量时惯性载荷有效。惯性载荷通常是通过指定密度来施加的(还可以通过使用质量单元,如 MASS21,对模型施加质量,但通过密度的方法施加惯性载荷更常用、更有效)。对所有的其他数据,ANSYS 程序要求质量为恒定单位。如果习惯于英制单位,为了方便起见,有时希望使用重量密度(lb/in^3)来代替质量密度($lb \cdot s^2/in^4$)。

只有在下列情况下可以使用重量密度来代替质量密度:

(1) 模型仅用于静态分析。

（2）没有施加角速度或角加速度。

（3）重力加速度为单位值（$g=1.0$）。

为了能够以"方便的"重力密度形式或以"一致的"质量密度形式使用密度，指定密度的一种简便方法是将重力加速度 g 定义为参数，如表 5-10 所示。

表 5-10　指定密度的方式

方　便　形　式	一　致　形　式	说　　明
$g=1.0$	$g=386.0$	参数定义
MP,DENS,1,0.283/g	MP,DENS,1,0.283/g	钢的密度
ACEL,,g	ACEL,,g	重力载荷

6. 耦合场载荷

在耦合场分析中，通常包含将一个分析中的结果数据施加于第二个分析作为其载荷。例如，可以将热力分析中计算的节点温度施加于结构分析（热应力分析）中，作为体积载荷。同样地，可以将磁场分析中计算的磁力施加于结构分析中，作为节点力。要施加这样的耦合场载荷，用下列方法之一：

```
命令:LDREAD
GUI:Main Menu→Preprocessor→Loads→Define Loads→Define Loads→Apply→load type→
    From source
GUI:Main Menu→Solution→Define Loads→Define Loads→Apply→load type→From source
```

5.2.3　利用表格来施加载荷

通过一定的命令和菜单路径，能够利用表格参数来施加载荷，即：通过指定列表参数名来代替指定特殊载荷的实际值。然而，并不是所有的边界条件都支持这种施加载荷方式，因此，在使用表格来施加载荷时一般先参考一定的文件来确定指定的载荷是否支持表格参数。

当经由命令来定义载荷时，必须使用符号%:%表格名%。例如：当确定一描述对流值表格时，有如下命令表达式：

```
SF, all, conv, % sycnv %, tbulk
```

在施加载荷的同时，可以通过选择"new table"选项定义新的表格。同样地，在施加载荷之前还可以通过如下方式之一来定义表格：

```
命令:*DIM
GUI:Utility Menu→Parameters→Array Parameters→Define/Edit
```

1. 定义初始变量

当定义一个列表参数表格时，根据不同的分析类型，可以定义各种各样的初始参数。表 5-11 显示了不同分析类型的边界条件、初始变量及对应的命令。

表 5-11　边界条件类型及其相应的初始变量

边界条件	初 始 变 量	命　　令
热分析		
固定温度	TIME,X,Y,Z	D,,(TEMP,TBOT,TE2,TE3,…,TTOP)
热流	TIME,X,Y,Z,TEMP	F,,(HEAT,HBOT,HE2,HE3,…,HTOP)
对流	TIME,X,Y,Z,TEMP,VELOCITY	SF,,CONV
体积温度	TIME,X,Y,Z	SF,,,TBULK
热通量	TIME,X,Y,Z,TEMP	SF,,HFLU
热源	TIME,X,Y,Z,TEMP	BFE,,HGEN
结构分析		
位移	TIME,X,Y,Z,TEMP	D,(UX,UY,UZ,ROTX,ROTY,ROTZ)
力和力矩	TIME,X,Y,Z,TEMP,SECTOR	F,(FX,FY,FZ,MX,MY,MZ)
压力	TIME,X,Y,Z,TEMP,SECTOR	SF,,PRES
温度	TIME	BF,,TEMP
电场分析		
电压	TIME,X,Y,Z	D,,VOLT
电流	TIME,X,Y,Z	F,,AMPS
流体分析		
压力	TIME,X,Y,Z	D,,PRES
流速	TIME,X,Y,Z	F,,FLOW

单元 SURF151、SURF152 和单元 FLUID116 的实常数与初始变量相关联，如表 5-12 所示。

表 5-12　实常数与相应的初始变量

实　常　数	初 始 变 量
SURF151、SURF152	
旋转速率	TIME,X,Y,Z
FLUID116	
旋转速率	TIME,X,Y,Z
滑动因子	TIME,X,Y,Z

2. 定义独立变量

当需要指定不同于列表显示的初始变量时，可以定义一个独立的参数变量，同时定义一个附加表格来表示独立参数。这一表格必须与独立参数变量同名，并且同时是一个初始变量或者另外一个独立参数变量的函数。能够定义许多必需的独立参数，但是所有的独立参数必须与初始变量有一定的关系。

例如：考虑一对流系数（HF），其变化为旋转速率（RPM）和温度（TEMP）的函数。此时，初始变量为 TEMP，独立参数变量为 RPM（随着时间的变化而变化），因此需要两个表格：一个关联 RPM 与 TIME，另一个关联 HF 与 RPM 和 TEMP，其命令流如下：

```
*DIM,SYCNV,TABLE,3,3,,RPM,TEMP
SYCNV(1,0) = 0.0,20.0,40.0
SYCNV(0,1) = 0.0,10.0,20.0,40.0
SYCNV(0,2) = 0.5,15.0,30.0,60.0
SYCNV(0,3) = 1.0,20.0,40.0,80.0
*DIM,RPM,TABLE,4,1,1,TIME
RPM(1,0) = 0.0,10.0,40.0,60.0
RPM(1,1) = 0.0,5.0,20.0,30.0
SF,ALL,CONV, % SYCNV %
```

3. 表格参数操作

可以通过如下方式对表格进行数学运算，如加法、减法与乘法：

命令：*TOPER
GUI:Utility Menu→Parameters→Array Operations→Table Operations

两个参与运算的表格必须具有相同的尺寸，每行、每列的变量名必须相同。

4. 确定边界条件

当利用列表参数来定义边界条件时，可以通过如下5种方式检验其是否正确。

（1）检查输出窗口。当使用制表边界条件于有限单元或实体模型时，输出窗口显示的是表格名称而不是一定的数值。

（2）列表显示边界条件。在前处理过程中列表显示边界条件时，列表显示表格名称；而在求解或后处理过程中列表显示边界条件时，显示的却是位置或时间。

（3）检查图形显示。在制表边界条件运用的地方，可以通过标准的 ANSYS 图形显示功能（/PBC，/PSF 等）显示出表格名称和一些符号（箭头），当然前提是表格编号显示处于工作状态（/PNUM,TABNAM,ON）。

（4）在通用后处理中检查表格的代替数值。

（5）通过命令 *STATUS 或者 GUI 菜单路径（Utility Menu→List→Other→Parameters）可以重新获得任意变量结合的表格参数值。

5.2.4　轴对称载荷与反作用力

对约束、表面载荷、体积载荷和 Y 方向加速度，可以像对任何非轴对称模型上定义这些载荷一样来精确地定义它们。然而，对集中载荷的定义过程有所不同。因为这些载荷大小、输入的力、力矩等数值是在360°范围内进行的，即：根据沿周边的总载荷输入载荷值。例如，如果 1500lb/in 的轴对称轴向载荷被施加到直径为 10in 的管上（如图 5-5 所示），47124lb（1500×2π×5＝47124）的总载荷将按下列方法被施加到节点 N 上：

F,N,FY,47124

轴对称结果也按对应的输入载荷相同的方式解释，即：输出的反作用力、力矩等按总载荷（360°）计。轴对称协调单元要求其载荷表示成傅里叶级数的形式来施加。对这些单元，要求用 MODE 命令（Main Menu→Preprocessor→Loads→Load Step Opts→

图 5-5　在 360°范围内定义集中轴对称载荷

(a) 三维结构；(b) 二维模型

Other→For Harmonic Ele 或 Main Menu→Solution→Load Step Opts→Other→For Harmonic Ele)及其他载荷命令(D,F,SF 等)。一定要指定足够数量的约束以防止产生不期望的刚体运动、不连续或奇异性。例如,对实心杆这类实体结构的轴对称模型,沿对称轴缺少 UX 约束,在结构分析中就可能形成虚位移(不真实的位移),如图 5-6 所示。

图 5-6　实体轴对称结构的中心约束

5.2.5　利用函数来施加载荷和边界条件

可以通过一些函数工具对模型施加复杂的边界条件。函数工具包括两个部分:

(1) 函数编辑器:创建任意的方程或者多重函数。

(2) 函数装载器:获取创建的函数并制成表格。

可以分别通过两种方式进入函数编辑器和函数装载器:

> GUI:Utility Menu→Parameters→Functions→Define/Edit,或者 GUI:Main Menu→Solution→Define Loads→Define Loads→Apply→Functions→Define/Edit
>
> GUI:Utility Menu→Parameters→Functions→Read from file,或者 GUI:Main Menu→Solution→Define Loads→Apply→Functions→Read file

当然,在使用函数边界条件之前,应该了解以下要点:

(1) 当数据能够方便地用一表格表示时,推荐使用表格边界条件。

(2) 在表格中,函数呈现等式的形式而不是一系列的离散数值。

（3）不能够通过函数边界条件来避免一些限制性边界条件，并且这些函数对应的初始变量是被表格边界条件支持的。

同样地，当使用函数工具时，还必须熟悉如下几个特定的情况：

◆ 函数：一系列方程定义了高级边界条件。

◆ 初始变量：在求解过程中被使用和评估的独立变量。

◆ 域：以单个域变量为特征的操作范围或设计空间的一部分。域变量在整个域中是连续的，每个域包含一个唯一的方程来评估函数。

◆ 状态变量：控制哪个方程组用于函数的评估而定义的变量。

◆ 方程变量：在方程中指定的一个变量，此变量在函数装载过程中被赋值。

1．函数编辑器的使用

函数编辑器定义了域和方程。通过一系列的初始变量、方程变量和数学函数来建立方程。能够创建一个单一的等式，也可以创建包含一系列方程等式的函数，而这些方程等式对应于不同的域。

使用函数编辑器的步骤如下：

（1）打开函数编辑器：GUI：Utility Menu→Parameters→Functions→Define/Edit 或者 Main Menu→Solution→Define Loads→Apply→Functions→Define/Edit。

（2）选择函数类型。选择单一方程或者一个复合函数。如果选择后者，则必须输入域变量的名称。当选择复合函数时，6 个域标签被激活。

（3）选择 degrees 或者 radians。这一选择仅仅决定了方程如何被评估，对命令＊AFUN 没有任何影响。

（4）定义结果方程或者使用初始变量和方程变量来描述域变量的方程。如果定义一个单一方程的函数，则跳到第（10）步。

（5）单击第一个域标签，输入域变量的最小和最大值。

（6）在此域中定义方程。

（7）单击第二个域标签，输入域变量的最大值。注意，第二个域变量的最小值已被赋值了，且不能被改变，这就保证了整个域的连续性。

（8）在此域中定义方程。

（9）重复这一过程直到最后一个域。

（10）对函数进行注释。单击编辑器菜单栏 Editor→Comment，输入对函数的注释。

（11）保存函数。单击编辑器菜单栏 Editor→Save 并输入文件名。文件名必须以 func 为后缀。

一旦函数被定义且保存了，可以在任何一个 ANSYS 中分析使用它们。为了使用这些函数，必须装载它们并对方程变量进行赋值，同时赋予其表格参数名称以使在特定的分析中使用。

2．函数装载器的使用

当在分析中准备对方程变量进行赋值、对表格参数指定名称和使用函数时，需要把函数装入函数装载器中，其步骤如下：

（1）打开函数装载器：GUI：Utility Menu→Parameters→Functions→Read from file。

（2）打开保存函数的目录，选择正确的文件并打开。

（3）在函数装载对话框中，输入表格参数名。

（4）在对话框的底部，将看到一个函数标签和构成函数的所有域标签及每个指定方程变量的数据输入区，输入合适的数值。

在函数装载对话框中，仅数值数据可以作为常数值，而字符数据和表达式不能被作为常数值。

（5）重复每个域的过程。

（6）单击保存。直到已经为函数中每个域中的所有变量赋值后，才能以表格参数的形式来保存。

函数作为一个代码方程被制成表格，在 ANSYS 中，当表格被评估时，这种代码方程才起作用。

3. 图形或列表显示边界条件函数

可以通过图形显示定义的函数，可视化当前的边界条件函数，还可以列表显示方程的结果。通过这种方式，可以检验定义的方程是否和所期待的一样。无论图形显示还是列表显示，都需要首先选择要图形显示或列表显示其结果的变量，并且必须设置其显示的范围和显示点的数量。

5.3 设定载荷步选项

载荷步选项（load step options）是各选项的总称，这些选项用于在求解选项中及其他选项（如输出控制、阻尼特性和响应频谱数据）中控制如何使用载荷。载荷步选项随载荷步的不同而异，有 6 种类型的载荷步选项：

- ◆ 通用选项。
- ◆ 动态选项。
- ◆ 非线性选项。
- ◆ 输出控制。
- ◆ Biot-Savart 选项。
- ◆ 谱选项。

5.3.1 通用选项

通用选项包括：瞬态或静态分析中载荷步结束的时间，子步数或时间步大小，载荷阶跃或递增，以及热应力计算的参考温度。以下是对每个选项的简要说明。

1. 时间选项

TIME 命令用于指定在瞬态或静态分析中载荷步结束的时间。在瞬态或其他与速率有关的分析中，TIME 命令指定实际的、按年月顺序的时间，且要求指定一时间值。

在与速率无关的分析中,时间作为跟踪参数。在 ANSYS 分析中,决不能将时间设置为 0。如果执行 TIME,0 或 TIME,<空>命令,或者根本就没有发出 TIME 命令,ANSYS 使用默认时间值:第一个载荷步为 1.0,其他载荷步为 1.0+前一个时间。要在“0”时间开始分析,如在瞬态分析中,应指定一个非常小的值,如:TIME,1E-6。

2. 子步数与时间步大小

对于非线性或瞬态分析,要指定一个载荷步中需要的子步数。指定子步的方法如下:

```
GUI:Main Menu→Preprocessor→Loads→Load Step Opts→Time/Frequenc→Time & Time Step
GUI:Main Menu→Solution→Load Step Opts→Sol'n Control
GUI:Main Menu→Solution→Load Step Opts→Time/Frequenc→Time & Time Step
命令:DELTIM
GUI:Main Menu→Preprocessor→Loads→Load Step Opts→Time/Frequenc→Freq & Substeps
GUI:Main Menu→Solution→Load Step Opts→Sol'n Control
GUI:Main Menu→Solution→Load Step Opts→Time/Frequenc→Freq & Substeps
GUI:Main Menu→Solution→Unabridged Menu→Time/Frequenc→Freq & Substeps
命令:NSUBST
```

NSUBST 命令指定子步数,DELTIM 命令指定时间步的大小。在默认情况下,ANSYS 程序在每个载荷步中使用一个子步。

3. 时间步自动阶跃

AUTOTS 命令激活时间步自动阶跃。等价的 GUI 路径为:

```
GUI:Main Menu→Preprocessor→Loads→Load Step Opts→Time/Frequenc→Time & Time Step
GUI:Main Menu→Solution→Load Step Opts→Sol'n Control
GUI:Main Menu→Solution→Load Step Opts→Time/Frequenc→Time & Time Step
```

在时间步自动阶跃时,根据结构或构件对施加载荷的响应,程序计算每个子步结束时最优的时间步。在非线性静态或稳态分析中使用时,AUTOTS 命令确定了子步之间载荷增量的大小。

4. 阶跃或递增载荷

在一个载荷步中指定多个子步时,需要指明载荷是逐渐递增还是阶跃形式。KBC 命令用于此目的:“KBC,0”指明载荷是逐渐递增;“KBC,1”指明载荷是阶跃载荷。默认值取决于分析的学科和分析类型(与 KBC 命令等价的 GUI 路径和与 DELTIM 和 NSUBST 命令等价的 GUI 路径相同)。

关于阶跃载荷和逐渐递增载荷的几点说明:

(1) 如果指定阶跃载荷,程序按相同的方式处理所有载荷(约束、集中载荷、表面载荷、体积载荷和惯性载荷)。根据情况,阶跃施加、阶跃改变或阶跃移去这些载荷。

(2) 如果指定逐渐递增载荷,那么,在第一个载荷步施加的所有载荷,除了薄膜系数是阶跃施加的外,其余的都是逐渐递增的(根据载荷的类型,从 0 或从 BFUNIF 命令或其等价的 GUI 路径所指定的值逐渐变化,参见表 5-13)。

表 5-13 不同条件下逐渐变化载荷（KBC＝0）的处理

载荷类型	施加于第一个载荷步	输入随后的载荷步
DOF（约束自由度）		
温度	从 TUNIF2 逐渐变化	从 TUNIF3 逐渐变化
其他	从 0 逐渐变化	从 0 逐渐变化
力	从 0 逐渐变化	从 0 逐渐变化
表面载荷		
TBULK	从 TUNIF2 逐渐变化	从 TUNIF 逐渐变化
HCOEF	跳跃变化	从 0 逐渐变化 4
其他	从 0 逐渐变化	从 0 逐渐变化
体积载荷		
温度	从 TUNIF2 逐渐变化	从 TUNIF3 逐渐变化
其他	从 BFUNIF3 逐渐变化	从 BFUNIF3 逐渐变化
惯性载荷 1	从 0 逐渐变化	从 0 逐渐变化

阶跃与线性加载不适用于温度相关的薄膜系数（在对流命令中，作为 N 输入），这些值始终应用于由其温度函数决定的值。

在随后的载荷步中，所有载荷的变化都是从先前的值开始逐渐变化。

在全谐波（ANTYPE，HARM 和 HROPT，FULL）分析中，表面载荷和体积载荷的逐渐变化与在第一个载荷步中的变化相同，且不是从先前的值开始逐渐变化。只有 PLANE2，SOLID45，SOLID92 和 SOLID95，是从先前的值开始逐渐变化。

在随后的载荷步中新引入的所有载荷是逐渐变化的（根据载荷的类型，从 0 或从 BFUNIF 命令所指定的值递增，参见表 5-13）。

在随后的载荷步中被删除的所有载荷，除了体积载荷和惯性载荷外，都是阶跃移去的。体积载荷逐渐递增到 BFUNIF，不能被删除而只能被设置为 0 的惯性载荷，则逐渐变化到 0。

在相同的载荷步中，不应删除或重新指定载荷。在这种情况下，逐渐变化不会按所期望的方式作用。

（1）对惯性载荷，其本身为线性变化的，因此，产生的力在该载荷步上是二次变化。

（2）TUNIF 命令在所有节点指定一均布温度。

（3）在这种情况下，使用的 TUNIF 或 BFUNIF 值是先前载荷步的，而不是当前值。

（4）总是以温度函数所确定的值的大小施加温度相关的膜层散热系数，而不论 KBC 的设置如何。

（5）BFUNIF 命令仅是 TUNIF 命令的一个同类形式，用于在所有节点指定一均布体积载荷。

5．其他通用选项

（1）热应力计算的参考温度，其默认值为 0。指定该温度的方法如下：

```
GUI:Main Menu→Preprocessor→Loads→Load Step Opts→Other→Reference Temp
GUI:Main Menu→Preprocessor→Loads→Define Loads→Settings→Reference Temp
```

GUI:Main Menu→Solution→Load Step Opts→Other→Reference Temp
GUI:Main Menu→Solution→Define Loads→Settings→Reference Temp
命令:TREF.

（2）对每个解（即：每个平衡迭代）是否需要一个新的三角矩阵。仅在静态（稳态）分析或瞬态分析中，使用下列方法之一，可用一个新的三角矩阵：

GUI:Main Menu→Preprocessor→Loads→Load Step Opts→Other→Reuse Tri Matrix
GUI:Main Menu→Solution→Load Step Opts→Other→Reuse Tri Matrix
命令:KUSE

默认情况下，程序根据 DOF 约束的变化、温度相关材料的特性以及 New-Raphson 选项确定是否需要一个新的三角矩阵。如果 KUSE 设置为1，程序再次使用先前的三角矩阵。在重新开始过程中，该设置非常有用：对附加的载荷步，如果要重新进行分析，而且知道所存在的三角矩阵（在文件 Jobname.TRI 中）可再次使用，通过将 KUSE 设置为1，可节省大量的计算时机。KUSE,-1 命令迫使在每个平衡迭代中三角矩阵再次用公式表示。该命令在分析中很少使用，主要用于调试中。

（3）模式数（沿周边谐波数）和谐波分量是关于全局 X 坐标轴对称还是反对称。当使用反对称协调单元（反对称单元采用非反对称加载）时，载荷被指定为一系列谐波分量（傅里叶级数）。使用下列方法之一指定模式数：

GUI:Main Menu→Preprocessor→Loads→Load Step Opts→Other→For Harmonic Ele
GUI:Main Menu→Solution→Load Step Opts→Other→For Harmonic Ele Main Menu→Solution→
     Load Step Opts→Other→For Harmonic Ele
命令:MODE

（4）在 3-D 磁场分析中所使用的标量磁势公式的类型，通过下列方法之一指定：

GUI: Main Menu → Preprocessor → Loads → Load Step Opts → Magnetics → potential
     formulation method
GUI:Main Menu→Solution→Load Step Opts→Magnetics→potential formulation method
命令:MAGOPT

（5）在缩减分析的扩展过程中，扩展的求解类型通过下列方法之一指定：

GUI:Main Menu→Preprocessor→Loads→Load Step Opts→ExpansionPass→Single Expand→
     Range of Solu's
GUI:Main Menu→Solution→Load Step Opts→ExpansionPass→Single Expand
GUI:Main Menu→Preprocessor→Loads→Load Step Opts→ExpansionPass→Single Expand→By
     Load Step(By Time/Freq)
GUI:Main Menu→Solution→Load Step Opts→ExpansionPass→Single Expand→By Load Step(By
     Time/Freq)
命令:NUMEXP,EXPSOL

5.3.2 非线性选项

表5-14 所示主要是用于非线性分析的选项。

表 5-14　非线性分析命令

命令	GUI 菜单路径	用　途
NEQIT	Main Menu→Preprocessor→Loads→Load Step Opts→Nonlinear→Equilibrium Iter Main Menu→Solution→Load Step Opts→Sol'n Control Main Menu→Solution→Load Step Opts→Nonlinear→Equilibrium Iter Main Menu→Solution→Unabridged Menu→Nonlinear→Equilibrium Iter	指定每个子步最大平衡迭代的次数（默认＝25）
CNVTOL	Main Menu→Preprocessor→Loads→Load Step Opts→Nonlinear→Convergence Crit Main Menu→Solution→Load Step Opts→Sol'n Control Main Menu→Solution→Load Step Opts→Nonlinear→Convergence Crit Main Menu→Solution→Unabridged Menu→Nonlinear→Convergence Crit	指定收敛公差
NCNV	Main Menu→Preprocessor→Loads→Load Step Opts→Nonlinear→Criteria to Stop Main Menu→Solution→Sol'n Control Main Menu→Solution→Load Step Opts→Nonlinear→Criteria to Stop Main Menu→Solution→Unabridged Menu→Nonlinear→Criteria to Stop	为终止分析提供选项

5.3.3　动力学分析选项

主要用于动态和其他瞬态分析的选项如表 5-15 所示。

表 5-15　动态和其他瞬态分析命令

命令	GUI 菜单路径	用　途
TIMINT	Main Menu→Preprocessor→Loads→Load Step Opts→Time/Frequenc→Time Integration Main Menu→Solution→Load Step Opts→Sol'n Control Main Menu→Solution→Load Step Opts→Time/Frequenc→Time Integration Main Menu→Solution→Unabridged Menu→Time/Frequenc→Time Integration	激活或取消时间积分
HARFRQ	Main Menu→Preprocessor→Loads→Load Step Opts→Time/Frequenc→Freq & Substeps Main Menu→Solution→Load Step Opts→Time/Frequenc→Freq & Substeps	在谐波响应分析中指定载荷的频率范围
ALPHAD	Main Menu→Preprocessor→Loads→Load Step Opts→Time/Frequenc→Damping Main Menu→Solution→Load Step Opts→Sol'n Control Main Menu→Solution→Load Step Opts→Time/Frequenc→Damping Main Menu→Solution→Unabridged Menu→Time/Frequenc→Damping	指定结构动态分析的阻尼
BETAD	Main Menu→Preprocessor→Loads→Load Step Opts→Time/Frequenc→Damping Main Menu→Solution→Load Step Opts→Sol'n Control Main Menu→Solution→Load Step Opts→Time/Frequenc→Damping Main Menu→Solution→Unabridged Menu→Time/Frequenc→Damping	

命令	GUI 菜单路径	用　途
DMPRAT	Main Menu→Preprocessor→Loads→Load Step Opts→Time/Frequenc→Damping Main Menu→Solution→Time/Frequenc→Damping	指定结构动态分析的阻尼
MDAMP	Main Menu→Preprocessor→Loads→Load Step Opts→Time/Frequenc→Damping Main Menu→Solution→Load Step Opts→Time/Frequenc→Damping	

5.3.4　输出控制

输出控制用于控制分析输出的数量和特性，表 5-16 所示有两个基本输出控制。

表 5-16　输出控制命令

命令	GUI 菜单路径	用　途
OUTRES	Main Menu→Preprocessor→Loads→Load Step Opts→Output Ctrls→DB/Results File Main Menu→Solution→Load Step Opts→Sol'n Control Main Menu→Solution→Load Step Opts→Output Ctrls→DB/Results File	控制 ANSYS 写入数据库和结果文件的内容以及写入的频率
OUTPR	Main Menu→Preprocessor→Loads→Load Step Opts→Output Ctrls→Solu Printout Main Menu→Solution→Load Step Opts→Output Ctrls→Solu Printout Main Menu→Solution→Load Step Opts→Output Ctrls→Solu Printout	控制打印(写入解输出文件 Jobname.OUT)的内容以及写入的频率

下例说明了 OUTERS 和 OUTPR 命令的使用方法：

```
OUTRES,ALL,5            !写入所有数据:每到第 5 子步写入数据
OUTPR,NSOL,LAST         !仅打印最后子步的节点解
```

可以发出一系列 OUTER 和 OUTERS 命令(达 50 个命令组合)以精确控制解的输出。但必须注意：命令发出的顺序很重要。例如，下列所示的命令把每到第 10 子步的所有数据和第 5 子步的节点解数据写入数据库和结果文件。

```
OUTRES,ALL,10
OUTRES,NSOL,5
```

然而，如果颠倒命令的顺序(如下所示)，那么第二个命令优先于第一个命令，使每到第 10 子步的所有数据被写入数据库和结果文件，而每到第 5 子步的节点解数据则未被写入数据库和结果文件中。

```
OUTRES,NSOL,5
OUTRES,ALL,10
```

程序在默认情况下输出的单元解数据取决于分析类型。要限制输出的解数据,使用 OUTRES 有选择地抑制(FREQ＝NONE)解数据的输出,或首先抑制所有解数据(OUTRES,ALL,NONE)的输出,然后通过随后的 OUTRES 命令有选择地打开数据的输出。

第三个输出控制命令 ERESX 允许在后处理中观察单元积分点的值。

> GUI:Main Menu→Preprocessor→Loads→Load Step Opts→Output Ctrls→Integration Pt
> GUI:Main Menu→Solution→Load Step Opts→Output Ctrls→Integration Pt
> 命令:ERESX

默认情况下,对材料非线性(例如,非 0 塑性变形)以外的所有单元,ANSYS 程序使用外推法并根据积分点的数值计算在后处理中观察的节点结果。通过执行"ERESX,NO"命令,可以关闭外推法,相反,将积分点的值复制到节点,使这些值在后处理中可用。另一个选项"ERESX,YES",迫使所有单元都使用外推法,而不论单元是否具有材料非线性。

5.3.5 毕-萨选项

用于磁场分析的选项有两个命令,如表 5-17 所示。

表 5-17 Biot-Savart 命令

命令	GUI 菜单路径	用 途
BIOT	Main Menu→Preprocessor→Loads→Load Step Opts→Magnetics→Options Only→Biot-Savart　Main Menu→Solution→Load Step Opts→Magnetics→Options Only→Biot-Savart	计算由于所选择的源电流场引起的磁场密度
EMSYM	Main Menu→Preprocessor→Loads→Load Step Opts→Magnetics→Options Only→Copy Sources　Main Menu→Solution→Load Step Opts→Magnetics→Options Only→Copy Sources。	复制呈周向对称的源电流场

5.3.6 谱分析选项

这类选项中有许多命令,所有命令都用于指定响应谱数据和功率谱密度(PSD)数据。在频谱分析中,使用这些命令时,可以参考帮助文件中的"ANSYS Structural Analysis Guide"说明。

5.3.7 创建多载荷步文件

所有载荷和载荷步选项一起构成了一个载荷步,程序用其计算该载荷步的解。如果有多个载荷步,可将每个载荷步存入一个文件,调入该载荷步文件,并从文件中读取数据求解。

LSWRITE 命令写载荷步文件(每个载荷步一个文件,以 Jobname.S01,Jobname.

S02,Jobname.S03 等识别),使用以下方法之一:

GUI:Main Menu→Preprocessor→Loads→Load Step Opts→Write LS File
GUI:Main Menu→Solution→Load Step Opts→Write LS File
命令:LSWRITE

　　所有载荷步文件写入后,可以使用命令在文件中顺序读取数据,并求得每个载荷步的解。下例所示的命令组定义多个载荷步:

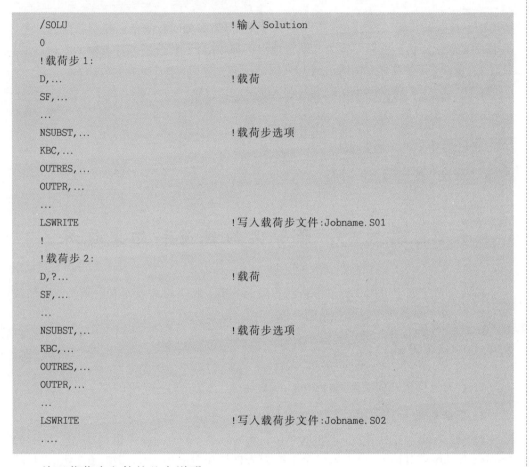

```
/SOLU                          !输入 Solution
0
!载荷步 1:
D,...                          !载荷
SF,...
...
NSUBST,...                     !载荷步选项
KBC,...
OUTRES,...
OUTPR,...
...
LSWRITE                        !写入载荷步文件:Jobname.S01
!
!载荷步 2:
D,?...                         !载荷
SF,...
...
NSUBST,...                     !载荷步选项
KBC,...
OUTRES,...
OUTPR,...
...
LSWRITE                        !写入载荷步文件:Jobname.S02
....
```

关于载荷步文件的几点说明:

(1) 载荷步数据根据 ANSYS 命令被写入文件。

(2) LSWRITE 命令不捕捉实常数(R)或材料特性(MP)的变化。

(3) LSWRITE 命令自动地将实体模型载荷转换到有限元模型,因此所有载荷按有限元载荷命令的形式被写入文件。特别地,表面载荷总是按 SFE(或 SFBEAM)命令的形式被写入文件,而不论载荷是如何施加的。

(4) 要修改载荷步文件序号为 N 的数据,执行命令“LSREAD,n”在文件中读取数据,作所需的改动,然后执行“LSWRITE,n”命令(将覆盖序号为 N 的旧文件)。还可以使用系统编辑器直接编辑载荷步文件,但这种方法一般不推荐使用。与 LSREAD 命令等价的 GUI 菜单路径为:

```
GUI:Main Menu→Preprocessor→Loads→Load Step Opts→Read LS File
GUI:Main Menu→Solution→Load Step Opts→Read LS File
```

（5）LSDELE 命令允许从 ANSYS 程序中删除载荷步文件。与 LSDELE 命令等价的 GUI 菜单路径为：

```
GUI:Main Menu→Preprocessor→Loads→Define Loads→Operate→Delete LS Files
GUI:Main Menu→Solution→Define Loads→Operate→Delete LS Files
```

（6）与载荷步相关的另一个有用的命令是 LSCLEAR，该命令允许删除所有载荷，并将所有载荷步选项重新设置为其默认值。例如，在读取载荷步文件进行修改前，可以使用它"清除"所有载荷步数据。与 LSCLEAR 命令等价的 GUI 菜单路径为：

```
GUI:Main Menu→Preprocessor→Loads→Define Loads→Delete→All Load Data→data type
GUI:Main Menu→Preprocessor→Loads→Reset Options
GUI:Main Menu→Preprocessor→Loads→Define Loads→Settings→Replace vs Add
GUI:Main Menu→Solution→Reset Options
GUI:Main Menu→Solution→Define Loads→Settings→Replace vs Add→Reset Factors
```

5.4 实例——悬臂梁的载荷和约束施加

前面章节生成了可用于计算分析的有限元模型。接下来需要对有限元模型施加载荷和约束，以考察其对于载荷作用的响应。

5.4.1 GUI 方式

1. 打开悬臂梁几何模型 beamfea.db 文件

2. 施加载荷

（1）选择固定端的节点：Utility Menu→Select→Entities，弹出如图 5-7 所示的"Select Entities"对话框，单击第二个下拉列表框选中"By Location"项，在"Min,Max"文本框中输入 0，单击"OK"按钮。

（2）施加位移约束：Main Menu→Solution→Define Loads→Apply→Structural→Displacement→On Nodes，弹出一个拾取框，单击"Pick All"按钮，又弹出如图 5-8 所示的"Apply U,ROT on Nodes"对话框，在"DOFs to be constrained"下拉列表框中选中"All DOF"选项，单击"OK"按钮，结果如图 5-9 所示。

（3）选择自由端的节点：Utility Menu→Select→Entities，弹出如图 5-7 所示的"Select Entities"对话框，单击第二个下拉列表框选中"By Location"项，在"Min,Max"文本框中输入 10，单击"OK"按钮。

（4）定义自由端节点的耦合程度：Main Menu→Preprocessor→Coupling / Ceqn→Couple DOFs，弹出一个拾取框，单击"Pick All"按钮，又弹出如图 5-10 所示的"Define

Coupled DOFs"对话框，在"Set reference number"文本框中输入 1，在"Degree-of-freedom label"下拉列表框中选中"UZ"，单击"OK"按钮。

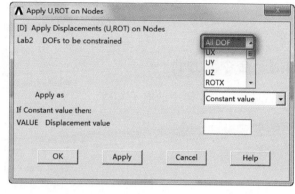

图 5-7　"Select Entities"对话框　　　图 5-8　"Apply U，ROT on Nodes"对话框

图 5-9　施加位移约束图形显示

图 5-10　"Define Coupled DOFs"对话框

（5）施加集中载荷：执行 Main Menu → Solution → Define Loads → Apply → Structural→Force/Moment →On Nodes 命令，弹出一个拾取框，在图形上拾取编号为 31 的节点，单击"OK"按钮，弹出如图 5-11 所示的"Apply F/M on Nodes"对话框，在 "Direction of force/mom"下拉列表框中选中"FZ"，在"Force/moment value"文本框中输入 10000。单击"OK"按钮。

（6）选择所有节点：执行 Utility Menu→Select→Everything 命令。

（7）保存数据：单击菜单栏上的"SAVE_DB"按钮。

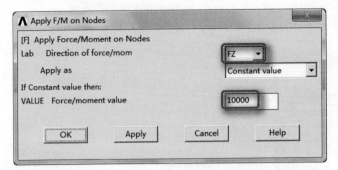

图 5-11 "Apply F/M on Nodes"对话框

5.4.2 命令流方式

略,见前言二维码中的电子文档。

第 6 章

求解

本章导读

　　求解与求解控制是 ANSYS 分析中又一重要的步骤,正确地控制求解过程将直接影响到求解的精度和计算时间。

　　本章将着重讨论求解基本参数的设定。

学习要点

- 求解概论
- 利用特定的求解控制器来指定求解类型
- 多载荷步求解
- 重新启动分析
- 预测求解时间和估计文件大小

6.1 求解概论

ANSYS 能够求解由有限元方法建立的联立方程,求解的结果为:

(1) 节点的自由度值,为基本解。

(2) 原始解的导出值,为单元解。

单元解通常是在单元的公共点上计算出来的,ANSYS 程序将结果写入数据库和结果文件(Jobname. RST,RTH,RMG,RFL)。

ANSYS 程序中有几种解联立方程的方法:直接解法、稀疏矩阵直接解法、雅可比共轭梯度法(JCG)、不完全分解共轭梯度法(ICCG)、预条件共轭梯度法(PCG)、自动迭代法(ITER),以及分块解法(DDS)。默认为直接解法,可用以下方法选择求解器:

```
GUI:Main Menu→Preprocessor→Loads→Analysis Type→Analysis Options
GUI:Main Menu→Solution→Load Step Options→Sol'n Control
GUI:Main Menu→Solution→Analysis Options
命令:EQSLV
```

如果没有 Analysis Options 选项,则需要完整的菜单选项,调出完整的菜单选项方法为 GUI:Main Menu→Solution→Unabridged Menu。

表 6-1 提供了一般的准则,可能有助于针对给定的问题选择合适的求解器。

表 6-1 求解器选择准则

解　法	典型应用场合	模型尺寸(自由度)	内存使用	硬盘使用
直接解法	要求稳定性(非线性分析)或内存受限制时	<50000	低	高
稀疏矩阵直接解法	要求稳定性和求解速度(非线性分析);线性分析时迭代收敛很慢时(尤其对病态矩阵,如形状不好的单元)	10000~500000	中	高
雅可比共轭梯度法	在单场问题(如热、磁、声,多物理问题)中求解速度很重要时	50000~1000000	中	低
不完全分解共轭梯度法	在多物理模型应用中求解速度很重要时,处理其他迭代法很难收敛的模型(几乎是无穷矩阵)	50000~1000000	高	低
预条件共轭梯度法	求解速度很重要时(大型模型的线性分析)尤其适合实体单元的大型模型	50000~1000000	高	低
自动迭代法	类似于预条件共轭梯度法(PCG),不同的是,它支持 8 台处理器并行计算	50000~1000000	高	低
分块解法	该解法支持数十台处理器通过网络连接来完成并行计算	1000000~10000000	高	低

6.1.1 使用直接求解法

ANSYS 直接求解法不组集整个矩阵,而是在求解器处理每个单元时,同时进行整体矩阵的组集和求解,其方法如下:

(1)每个单元矩阵计算出后,求解器读入第一个单元的自由度信息。

(2)程序通过写入一个方程到 TRI 文件,消去任何可以由其他自由度表达的自由度,该过程对所有单元重复进行,直到所有的自由度都被消去,只剩下一个三角矩阵在TRIN 文件中。

(3)程序通过回代法计算节点的自由度解,用单元矩阵计算单元解。

在直接求解法中经常提到"波前"这一术语,它是在三角化过程中因不能从求解器消去而保留的自由度数。随着求解器处理每个单元及其自由度时,波前就会膨胀和收缩,最后,当所有的自由度都处理过以后,波前变为零。波前的最高值称为最大波前,而平均值、均方根值称为 RMS 波前。

一个模型的 RMS 波前值直接影响求解时间:其值越小,CPU 所用的时间越少,因此在求解前可能希望能重新排列单元号以获得最小的波前值。ANSYS 程序在开始求解时会自动进行单元排序,除非已对模型重新排列过或者已经选择了不需要重新排列。最大波前值直接影响内存的需要,尤其是临时数据申请的内存量。

6.1.2 使用稀疏矩阵直接解法求解器

稀疏矩阵直接解法是建立在与迭代法相对应的直接消元法基础上的。迭代法通过间接的方法(也就是通过迭代法)获得方程的解。稀疏矩阵直接解法是以直接消元为基础的,不良矩阵不会构成求解困难。

稀疏矩阵直接解法不适用于 PSD 光谱分析。

6.1.3 使用雅可比共轭梯度法求解器

雅可比共轭梯度法求解器也是从单元矩阵公式出发,但是接下来的步骤有所不同:雅可比共轭梯度法不是将整体矩阵三角化而是对整体矩阵进行组集,求解器于是通过迭代收敛法计算自由度的解(开始时假设所有的自由度值全为 0)。雅可比共轭梯度法求解器最适合于包含大型的稀疏矩阵三维标量场的分析,如三维磁场分析。

有些场合,1.0E-8 的公差默认值(通过命令 EQSLV,JCG 设置)可能太严格,会增加不必要的运算时间,大多数场合 1.0E-5 的公差默认值就可满足要求。

雅可比共轭梯度法求解器只适用于静态分析、全谐波分析或全瞬态分析(可分别使用 ANTYPE,STATIC;HROPT,FULL;TRNOPT,FULL 命令指定分析类型)。

对所有的共轭梯度法,必须非常仔细地检查模型的约束是否恰当,如果存在任何刚体运动的话,将计算不出最小主元,求解器会不断迭代。

6.1.4 使用不完全分解共轭梯度法求解器

不完全分解共轭梯度法与雅可比共轭梯度法在操作上相似,除了以下几方面不同:

(1)不完全分解共轭梯度法比雅可比共轭梯度对病态矩阵更具有稳固性,其性能因矩阵调整状况而不同,但总的来说不完全分解共轭梯度法的性能比得上雅可比共轭梯度法的性能。

（2）不完全分解共轭梯度法比雅可比共轭梯度法使用更复杂的先决条件,使用不完全分解共轭梯度法需要大约两倍于雅可比共轭梯度法的内存。

不完全分解共轭梯度法只适用于静态分析、全谐波分析或全瞬态分析(可分别使用ANTYPE,STATIC；HROPT,FULL；TRNOPT,FULL命令指定分析类型),不完全分解共轭梯度法对具有稀疏矩阵的模型很适用,对对称矩阵及非对称矩阵同样有效。不完全分解共轭梯度法比直接解法速度更快。

6.1.5　使用预条件共轭梯度法求解器

预条件共轭梯度法与雅可比共轭梯度法在操作上相似,除了以下几方面不同：

（1）用预条件共轭梯度法解实体单元模型比雅可比共轭梯度法快 $4\sim10$ 倍,对壳体构件模型大约快 10 倍,存储量随着问题规模的增大而增大。

（2）预条件共轭梯度法使用 EMAT 文件,而不是 FULL 文件。

（3）雅可比共轭梯度法使用整体装配矩阵的对角线作为预条件矩阵,预条件共轭梯度法使用更复杂的预条件矩阵。

（4）预条件共轭梯度法通常需要大约 2 倍于雅可比共轭梯度法的内存,因为在内存中保留了两个矩阵(预条件矩阵,它几乎与刚度矩阵大小相同；对称的、刚度矩阵的非零部分)。

可以使用/RUNST 命令或 GUI 菜单路径(Main Menu→Run-Time Stas)来决定所需要的空间或波前的大小,需分配专门的内存。

预条件共轭梯度法所需的空间通常少于直接求解法的 1/4,存储量随着问题规模大小而变化。

预条件共轭梯度法通常解大型模型(波前值大于 1000)时比直接解法要快。

预条件共轭梯度法最适用于结构分析。它对具有对称、稀疏、有界和无界矩阵的单元有效,适用于静态或稳态分析和瞬态分析或子空间特征值分析(振动力学)。

预条件共轭梯度法主要解决位移/转动(在结构分析中)、温度(在热分析中)等问题,其他导出变量的准确度(如应力、压力、磁通量等)取决于原变量的预测精度。

直接求解的方法(如直接求解法、稀疏直接求解法)可获得非常精确的矢量解,而间接求解的方法(如预条件共轭梯度法)主要依赖于指定的收敛准则,因此放松默认公差将对精度产生重要影响,尤其对导出量的精度。

对具有大量的约束方程的问题或具有 SHELL150 单元的模型,建议不要采用预条件共轭梯度法,对这些类型的模型可以采用直接求解法。同样,预条件共轭梯度法不支持 SOLID63 和 MATRIX50 单元。

所有的共轭梯度法,必须仔细检查模型的约束是否合理,如果有任何刚体运动,将计算不出最小主元,求解器会不断迭代。

当预条件共轭梯度法遇到一个无限矩阵,求解器会调用一种处理无限矩阵的算法,如果预条件共轭梯度法的无限矩阵算法也失败(这种情况出现在当方程系统是病态的,如子步失去联系或塑性链的发展),将会触发一个外部的 Newton-Raphson 循环,执行一个二等分操作。通常,刚度矩阵在二等分后将会变成良性矩阵,而且预条件共轭梯度法能够最终求解所有的非线性步。

6.1.6 使用自动迭代解法选项

自动迭代解法选项(通过命令 EQSLV,ITER)将选择一种合适的迭代法(PCG,JCG 等),它基于正在求解的问题的物理特性。使用自动迭代法时,必须输入精度水平,该精度必须是 1～5 之间的整数,用于选择迭代法的公差来检验收敛情况。精度水平 1 对应最快的设置(迭代次数少),而精度水平 5 对应最慢的设置(精度高,迭代次数多),ANSYS 选择公差是以选择精度水平为基础的。例如:

- 线性静态或线性全瞬态结构分析时,精度水平 1 相当于公差为 1.0E-4,精度水平 5 相当于公差为 1.0E-8。
- 稳态线性或非线性热分析时,精度水平 1 相当于公差为 1.0E-5,精度水平 5 相当于公差为 1.0E-9。
- 瞬态线性或非线性热分析时,精度水平 1 相当于公差为 1.0E-6,精度水平 5 相当于公差为 1.0E-10。

该求解器选项只适用于线性静态或线性全瞬态的瞬态结构分析和稳态/瞬态线性或非线性热分析。

因解法和公差以待求解问题的物理特性和条件为基础进行选择,建议在求解前执行该命令。

当选择了自动迭代选项,且满足适当条件时,在结构分析和热分析过程中将不会产生"Jobname.EMAT"文件和"Jobname.EROT"文件,对包含相变的热分析不建议使用该选项。当选择了该选项,但不满足条件时,ANSYS 将会使用直接求解的方法,并产生一个注释信息:告知求解时所用的求解器和公差。

6.1.7 使用分块解法

分块解法将大模型分解为小域,然后将这些小域送到多处理器中求解。要使用这个求解器,必须有 ANSYS 高级任务并行认证。

分块解法是面向大型静态分析与全瞬态分析(包含对称矩阵,但不含惯性消解或使用概率设计系统(PDS)的问题)可以升级的求解器。对于纯梁/壳问题,不推荐使用这一求法,因为那样会引发收敛困难。本求解法适合由实体、梁与壳组合而成的模型。通过使用多处理器这一解法可显著改善运算时间。

6.1.8 获得解答

开始求解,进行以下操作:

命令:SOLVE
GUI:Main Menu→Solution→Current LS or Run FLOTRAN

因为求解阶段与其他阶段相比,一般需要更多的计算机资源,所以批处理(后台)模式要比交互式模式更适宜。

求解器将输出写入输出文件(Jobname. OUT)和结果文件中,以交互模式运行求解时的输出文件就是屏幕。执行"SOLVE"命令前使用下述操作,可以将输出送入一个文件而不是屏幕。

> 命令:/OUTPUT
> GUI:Utility Menu→File→Switch Output to→File or Output Window

写入输出文件的数据由如下内容组成:

◆ 载荷概要信息。

◆ 模型的质量及惯性矩。

◆ 求解概要信息。

最后的结束标题给出总的 CPU 时间和各过程所用的时间。

由 OUTPR 命令指定的输出内容以及绘制云纹图所需的数据。

在交互模式中,大多数输出是被压缩的,结果文件(RST,RTH,RMG 或 RFL)包含所有的二进制方式的文件,可在后处理程序中进行浏览。

在求解过程中产生的另一有用文件是"Jobname. STAT"文件,它给出了解答情况。程序运行时可用该文件来监视分析过程,对非线性和瞬态分析的迭代分析尤其有用。

SOLVE 命令还能对当前数据库中的载荷步数据进行计算求解。

6.2 利用特定的求解控制器来指定求解类型

当在求解某些结构分析类型时,可以利用如下两种特定的求解工具:

◆ 简化求解菜单选项:只适用于静态、全瞬态、模态和屈曲分析类型。

◆ 求解控制对话框:只适用于静态和全瞬态分析类型。

6.2.1 使用简化求解菜单选项

当使用图形界面方式进行一结构静态、瞬态、模态或者屈曲分析时,将选择是否使用简化或者未简化求解菜单选项。

(1) 未简化求解菜单选项列出了在当前分析中可能使用的所有求解选项,无论其是被推荐的还是可能的(如果是在当前分析中不可能使用的选项,那么其将呈现灰色)。

(2) 简化求解菜单选项较为简易,仅仅列出了分析类型所必需的求解选项。例如,当进行静态分析时,选项 Modal Cyclic Sym 将不会出现在简化求解菜单选项中,只有那些有效且被推荐的求解选项才出现。

在结构分析中,当进入 Solution 模块(GUI 菜单路径:Main Menu→Solution)时,简化求解菜单选项为默认值。

当进行的分析类型是静态或全瞬态时,可以通过这种菜单完成求解选项的设置。

然而,如果选择了不同的分析类型,简化求解菜单选项的默认值将被一个不同的
Solution 菜单选项所代替,而相应的菜单选项将符合新的分析类型。

分析后又选择一个新的分析类型时,将(默认地)得到和第一次分析相同的
Solution 菜单选项类型。例如,当选择使用未简化求解菜单选项来进行一个静态分析
后,又选择进行一个新的屈曲分析,此时将得到(默认)适用于屈曲分析未简化求解菜单
选项。但是,在分析求解阶段的任何时候,通过选择合适的菜单选项,都可以在未简化
求解菜单选项和简化求解菜单选项之间切换(GUI 菜单路径:Main Menu→Solution→
Unabridged Menu 或 Main Menu→Solution→Abridged Menu)。

6.2.2 使用求解控制对话框

进行结构静态或全瞬态分析时,可以使用求解控制对话框来设置分析选项。求解
控制对话框包括 5 个选项,每个选项包含一系列的求解控制。对于指定多载荷步分析
中每个载荷步的设置,求解控制对话框是非常有用的。

只要进行结构静态或全瞬态分析,那求解菜单必然包含求解控制对话框选项。单
击 Sol'n Control 菜单项,弹出如图 6-1 所示的求解控制对话框。这一对话框可用来设
置分析和载荷步选项。

一旦打开求解控制对话框,Basic 选项卡被激活,如图 6-1 所示。完整的选项卡按
顺序从左到右依次是:Basic,Transient,Sol'n Options,Nonlinear,Advanced NL。

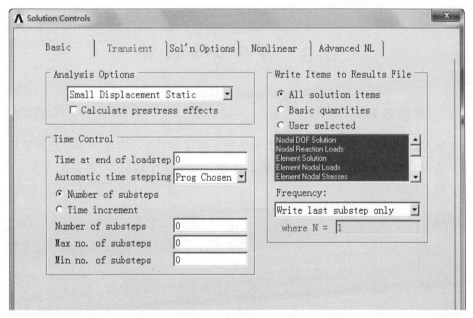

图 6-1 求解控制对话框

每一个选项卡中包含一套控制逻辑,最基本的控制都在第一个选项卡里,而后续的
选项卡里提供了更高级的求解控制选项。Transient 选项卡包含瞬态分析求解控制,仅
当分析类型为瞬态分析时才可用,否则呈现灰色。

每个求解控制对话框中的选项对应一个 ANSYS 命令,如表 6-2 所示。

表 6-2　求解控制对话框

求解控制对话框选项卡	用　途	对应的命令
Basic	指定分析类型、控制时间设置、指定写入 ANSYS 数据库中的结果数据	ANTYPE, NLGEOM, TIME, AUTOTS, NSUBST, DELTIM, OUTRES
Transient	指定瞬态选项、指定阻尼选项、定义积分参数	TIMINT, KBC, ALPHAD, BETAD, TINTP
Sol'n Options	指定方程求解类型、指定执行多帧重新启动的参数	EQSLV, RESCONTROL
Nonlinear	控制非线性选项、指定每个子步迭代的最大次数、指明是否在分析中进行蠕变计算、控制二分法、设置收敛准则	LNSRCH, PRED, NEQIT, RATE, CUTCONTROL, CNVTOL
Advanced NL	指定分析终止准则、控制弧长法的激活与中止	NCNV, ARCLEN, ARCTRM

一旦对 Basic 选项卡的设置满意,那么就不需要对其余的选项卡进行处理,除非想要改变某些高级设置。

无论对一个还是对多个选项卡进行改变,仅当单击 OK 按钮关闭对话框后,这些改变才被写入 ANSYS 数据库。

6.3　多载荷步求解

6.3.1　多重求解法

这种方法最简单,它在每个载荷步定义好后执行 SOLVE 命令。其主要的缺点是,在交互使用时必须等到每一步求解结束后才能定义下一个载荷步,典型的多重求解法命令流如下所示:

```
/SOLU                              !进入 SOLUTION 模块
...
! Load step 1:                    !载荷步 1
D, ...
SF, ...
0
SOLVE                             !求解载荷步 1
! Load step 2                     !载荷步 2
F, ...
SF, ...
...
SOLVE                             !求解载荷步 2
Etc.
```

6.3.2 使用载荷步文件法

当想求解问题而又远离终端或 PC 时（如整个晚上），可以很方便地使用载荷步文件法。该方法包括写入每一载荷步到载荷步文件中（通过 LSWRITE 命令或相应的 GUI 方式），通过一条命令就可以读入每个文件并获得解答（参见第 3 章了解产生载荷步文件的详细内容）。

要求解多载荷步，有如下两种方式：

```
命令:LSSOLVE
GUI:Main Menu→Solution→From Ls Files
```

LSSOLVE 命令其实是一条宏指令，它按顺序读取载荷步文件，并开始每一载荷步的求解。载荷步文件法的示例命令输入如下：

```
/SOLU                              !进入求解模块
...
! Load Step 1:                     !载荷步 1
D,...                              !施加载荷
SF,...
...
NSUBST,...                         !载荷步选项
KBC,...
OUTRES,...
OUTPR,...
...
LSWRITE                            !写载荷步文件:Jobname.S01
! Load Step 2:
D,...
SF,...
...
NSUBST,...                         !载荷步选项
KBC,...
OUTRES,...
OUTPR,...
...
LSWRITE                            !写载荷步文件:Jobname.S02
...
0
LSSOLVE,1,2                        !开始求解载荷步文件 1 和 2
```

6.3.3 使用数组参数法（矩阵参数法）

数组参数法主要用于瞬态或非线性静态（稳态）分析，读者需要了解有关数组参数和 DO 循环的知识，这是 APDL（ANSYS 参数设计语言）中的部分内容，详细内容可以参考 ANSYS 帮助文件中的"APDL PROGRAMMER'S GUIDE"了解 APDL。数组参数法包括用数组参数法建立载荷-时间关系表。

假定有一组随时间变化的载荷，如图 6-2 所示。有 3 个载荷函数，需要定义 3 个数

组参数，3 个数组参数必须是表格形式，力函数有 5 个点，所以需要一个 5×1 的数组，压力函数需要一个 6×1 的数组，而温度函数需要一个 2×1 的数组，注意到三个数组都是一维的，载荷值放在第一列，时间值放在第 0 列(第 0 列、0 行，一般包含索引号，如果把数组参数定义为一张表格，则第 0 列、0 行必须改变，且填上单调递增的编号组)。

力			压力			温度	
时间	值		时间	值		时间	值
0.0	100		0.0	1000		0.0	1500
21.5	2000		35.0	1000		145.0	75
62.5	2000		35.8	500			
125.0	800		82.5	500			
145.0	100		82.6	1000			
			150.0	1000			

图 6-2 随时间变化的载荷示例

要定义 3 个数组参数，必须声明其类型和维数，可以使用以下两种方式：

```
命令：＊DIM
GUI：Utility Menu→Parameters→Array Parameters→Define/Edit
```

例如：

```
＊DIM,FORCE,TABLE,5,1
＊DIM,PRESSURE,TABLE,6,1
＊DIM,TEMP,TABLE,2,1
```

可用数组参数编辑器(GUI：Utility Menu→Parameters→Array Parameters→Define/Edit)或者一系列"＝"命令填充这些数组，后一种方法如下：

```
FORCE(1,1) = 100,2000,2000,800,100        !第 1 列力的数值
FORCE(1,0) = 0,21.5,50.9,98.7,112          !第 0 列对应的时间
FORCE(0,1) = 1                              !第 0 行
PRESSURE(1,1) = 1000,1000,500,500,1000,1000
PRESSURE(1,0) = 0,35,35.8,74.4,76,112
PRESSURE(0,1) = 1
TEMP(1,1) = 800,75
TEMP(1,0) = 0,112
TEMP(0,1) = 1
```

现在已经定义了载荷历程,要加载并获得解答,需要构造一个如下所示的 DO 循环(通过使用命令 ∗ DO 和 ∗ ENDDO):

```
TM_START = 1E - 6              !开始时间(必须大于 0)
TM_END = 112                   !瞬态结束时间
TM_INCR = 1.5                  !时间增量
!从 TM_START 开始到 TM_END 结束,步长 TM_INCR
∗ DO,TM,TM_START,TM_END,TM_INCR
TIME,TM                        !时间值
F,272,FY,FORCE(TM)             !随时间变化的力(节点 272 处,方向 FY)
NSEL, ...                      !在压力表面上选择节点
SF,ALL,PRES,PRESSURE(TM)       !随时间变化的压力
NSEL,ALL                       !激活全部节点
NSEL, ...                      !选择有温度指定的节点
BF,ALL,TEMP,TEMP(TM)           !随时间变化的温度
NSEL,ALL                       !激活全部节点
SOLVE                          !开始求解
∗ ENDDO
```

用这种方法,可以非常容易地改变时间增量(TM_INCR 参数),用其他方法改变如此复杂的载荷历程的时间增量将是很麻烦的。

6.4　重新启动分析

有时,在第一次运行完成后也许要重新启动分析过程,例如想将更多的载荷步加到分析中来,在线性分析中也许要加入别的加载条件,或在瞬态分析中加入另外的时间历程加载曲线,或者在非线性分析收敛失败时需要恢复。

在重新开始求解之前,有必要知道如何中断正在运行的作业。可以通过系统的帮助函数(如系统中断)发出一个删除信号,或在批处理文件队列中删除项目。然而,对于非线性分析,这不是好的方法,因为以这种方式中断的作业将不能重新启动。

在一个多任务操作系统中完全中断一个非线性分析时,会产生一个放弃文件,命名为 Jobname.ABT(在一些区分大小的系统上,文件名为 Jobname.abt)。第一行的第一列开始含有单词"非线性"。在平衡方程迭代的开始,如果 ANSYS 程序发现在工作目录中有这样一个文件,分析过程将会停止,并能在以后重新启动。

若通过指定的文件来读取命令(/INPUT)(GUI 路径:Main Menu→Preprocessor→Material Props→Material Library,或 Utility Menu→File→Read Input from),那么放弃文件将会中断求解,但程序依然继续从这个指定的输入文件中读取命令。于是,任何包含在这个输入文件中的后处理命令都会被执行。

要重新启动分析,模型必须满足如下条件:

(1) 分析类型必须是静态(稳态)、谐波(二维磁场)或瞬态(只能是全瞬态),其他的

分析不能被重新启动。

（2）在初始运算中，至少已完成了一次迭代。

（3）初始运算不能因"删除"作业、系统中断或系统崩溃被中断。

（4）初始运算和重启动必须在相同的 ANSYS 版本下进行。

6.4.1 重新启动一个分析

通常一个分析的重新启动要求初始运行作业的某些文件，并要求在 SOLVE 命令前没有进行任何改变。

1. 重启动一个分析的要求

在初始运算时必须得到以下文件：

（1）Jobname. DB 文件：在求解以后保存这个文件，因为许多求解变量是在求解程序开始以后设置的，在进入 POST1 前保存该文件，因为在后处理过程中，SET 命令（或功能相同的 GUI 菜单路径）将用这些结果文件中的边界条件改写存储器中的已经存在的边界条件。接下来的 SAVE 命令将会存储这些边界条件（对于非收敛解，数据库文件是自动保存的）。

（2）Jobname. EMAT 文件：单元矩阵。

（3）Jobname. ESAV 或 Jobname. OSAV 文件：Jobname. ESAV 文件保存单元数据，Jobname. OSAV 文件保存旧的单元数据。Jobname. OSAV 文件只有当 Jobname. ESAV 文件丢失、不完整或由于解答发散，或因位移超出了极限，或因主元为负引起 Jobname. ESAV 文件不完整或出错时才用到（如表 6-2 所示）。在 NCNV 命令中，如果 KSTOP 被设为 1（默认值）或 2，或自动时间步长被激活，数据将写入 Jobname. OSAV 文件中。如果需要 Jobname. OSAV 文件，必须在重新启动时把它改名为 Jobname. ESAV 文件。

（4）结果文件：不是必需的，但如果有，重新启动运行得出的结果将通过适当有序的载荷步和子步号追加到这个文件中去。如果因初始运算结果文件的结果设置数超出而导致中断，则需在重新启动前将初始结果文件名改为另一个不同文件名。这可以通过执行 ASSIGN 命令（或 GUI 菜单路径：Utility Menu→File→ANSYS File Options）实现。

如果由于不收敛、时间限制、中止执行文件（Jobname. ABT）或其他程序诊断错误引起程序中断，数据库会自动保存，求解输出文件（Jobname. OUT 文件）会列出这些文件和其他一些在重新启动时所需的信息。中断原因和重新启动所需的保存的单元数据文件如表 6-3 所示。

如果在先前运算中产生 *. RDB，*. LDHI 或 *. Rnnn 文件，那么必须在重新启动前删除它们。

在交互模式中，已存在的数据库文件会首先写入备份文件（Jobname. DBB）中。在批处理模式中，已存在的数据库文件会被当前的数据库信息所替代，不会进行备份。

表6-3　非线性分析重新启动信息

中断原因	保存的单元数据库文件	所需的正确操作
正常	Jobname. ESAV	在作业的末尾添加更多载荷步
不收敛	Jobname. OSAV	定义较小的时间步长,改变自适应衰减选项或采取其他措施加强收敛,在重新启动前把 Jobname. OSAV 文件名改为 Jobname. ESAV 文件
因平衡迭代次数不够引起的不收敛	Jobname. ESAV	如果解正在收敛,允许更多的平衡方程式(ENQIT 命令)
超出累积迭代极限(NCNV 命令)	Jobname. ESAV	在 NCNV 命令中增加 ITLIM
超出时间限制(NCNV 命令)	Jobname. ESAV	无(仅需要重新启动分析)
超出位移限制(NCNV 命令)	Jobname. OSAV	与不收敛情况相同
主元为负	Jobname. OSAV	与不收敛情况相同
Jobname. ABT 文件 解是收敛的 解是分散的	Jobname. EMAV, Jobname. OSAV	做任何必要的改变,以便能访问引起主动中断分析的行为
结果文件"满"(超过 1000 子步),时间步长输出	Jobname. ESAV	检查 CNVTOL, DELTIM 和 NSUBST 或 KEYOPT(7)中的接触单元的设置,或在求解前在结果文件(/CONFIG,NRES)中指定允许的较大的结果数,或减少输出的结果数,还要为结果文件改名(/ASSIGN)
"删除"操作(系统中断),系统崩溃,或系统超时	不可用	不能重新启动

2. 重启动一个分析的过程

(1) 进入 ANSYS 程序,给定与第一次运行时相同的文件名(执行/FILNAME 命令或 GUI 菜单路径:Utility Menu→File→Change Jobname)。

(2) 进入求解模块(执行命令/SOLU 或 GUI 菜单路径:Main Menu→Solution),然后恢复数据库文件(执行命令 RESUME 或 GUI 菜单路径:Utility Menu→File→Resume Jobname. db)。

(3) 说明这是重新启动分析(执行命令 ANTYPE,,REST 或 GUI 菜单路径:Main Menu→Solution→Restart)。

(4) 按需要规定修正载荷或附加载荷,从前面的载荷值调整坡道载荷的起始点,新加的坡道载荷从零开始增加,新施加的体积载荷从初始值开始。加载之前删除的载荷可视为新施加的负载,而不用调整。待删除的表面载荷和体积载荷,必须减小至零或到初始值,以保持 Jobname. ESAV 文件和 Jobname. OSAV 文件的数据库一样。

如果是从收敛失败重新启动,则务必采取所需的正确操作。

(5) 指定是否要重新使用三角化矩阵(Jobname. TRI 文件),可用以下操作:

```
GUI:Main Menu→Preprocessor→Loads→Other→Reuse Tri Matrix
GUI:Main Menu→Solution→Other→Reuse Tri Matrix
命令:KUSE
```

默认情况下,ANSYS 为重启动第一载荷步计算新的三角化矩阵,通过执行"KUSE,1"命令,可以迫使允许再使用已有的矩阵,这样可节省大量的计算时间。然而,仅在某些条件下才能使用 Jobname.TRI 文件,尤其当规定的自由度约束没有发生改变,且为线性分析时。

通过执行"KUSE,−1",可以使 ANSYS 重新形成单元矩阵,这样对调试和处理错误是有用的。

有时,可能需根据不同的约束条件来分析同一模型,如一个 1/4 对称的模型(具有对称−对称(SS),对称−反对称(SA),反对称−对称(AS)和反对称−反对称(AA)条件)。在这种情况下,必须牢记以下几点:

- 4 种情况(SS, SA, AS, AA)都需要新的三角化矩阵。
- 可以保留 Jobname.TRI 文件的副本用于各种不同工况,在适当时候使用。
- 可以使用子结构(将约束节点作为主自由度)以减少计算时间。

(6) 发出 SOLVE 命令初始化重新启动求解。

(7) 对附加的载荷步(若有的话)重复步骤(4)(5)(6),或使用载荷步文件法产生和求解多载荷步,使用下述命令:

```
GUI:Main Menu→Preprocessor→Loads→Write LS File
GUI:Main Menu→Solution→Write LS File
命令:LSWRITE
GUI:Main Menu→Solution→From LS Files
命令:LSSOLVE
```

(8) 按需要进行后处理,然后退出 ANSYS。

重新启动输入列表示例如下所示:

```
! Restart run:
/FILNAME,...                          !工作名
RESUME
/SOLU
ANTYPE,,REST                          !指定为前述分析的重新启动
!
!指定新载荷、新载荷步选项等
!对非线性分析,采用适当的正确操作
!
SOLVE                                 !开始重新求解
SAVE                                  !SAVE 选项供后续可能进行的重新启动使用
FINISH
!
!按需要进行后处理
!
/EXIT,NOSAV
```

3. 从不兼容的数据库重新启动非线性分析

有时，后处理过程先于重新启动，如果在后处理期间执行 SET 命令或 SAVE 命令，数据库中的边界条件会发生改变，变成与重新启动分析所需的边界条件不一致。默认条件下，程序在退出前会自动保存文件。在求解结束时，数据库存储器中存储的是最后载荷步的边界条件（数据库只包含一组边界条件）。

POST1 中的 SET 命令（不同于"SET，LAST"）将边界条件作为指定的结果读入数据库，并改写存储器中的数据库。如果接下来保存或推出文件，ANSYS 会从当前的结果文件开始，通过 D'S 和 F'S 改写数据库中的边界条件。然而，要从上一求解子步开始执行边界条件变化的重启动分析，需有求解成功的上一求解子步边界条件。

要为重新启动重建正确的边界条件，首先要运行"虚拟"载荷步，过程如下：

（1）将 Jobname. OSAV 文件改名为"Jobname. ESAV"文件。

（2）进入 ANSYS 程序，指定使用与初始运行相同的文件名（可执行命令/FILNAME 或 GUI 菜单路径：Utility Menu→File→Change Jobname）。

（3）进入求解模块（执行命令/SOLU 或 GUI 菜单路径：Main Menu→Solution），然后恢复数据库文件（执行命令 RESUME 或 GUI 菜单路径：Utility Menu→File→Resume Jobname. db）。

（4）说明这是重新启动分析（执行命令 ANTYPE,,REST 或 GUI 菜单路径：Main Menu→Solution→Restart）。

（5）从上一次已成功求解过的子步开始重新规定边界条件，因解答能够立即收敛，故一个子步就够了。

（6）执行 SOLVE 命令。GUI 菜单路径：Main Menu→Solution→Current LS 或 Main Menu→Solution→Run FLOTRAN。

（7）按需要施加最终载荷及加载步选项。如加载步为前面（在虚拟前）加载步的延续，需调整子步的数量（或时间步长），时间步长编号可能会发生变化，与初始意图不同。如需要保持时间步长编号（如瞬态分析），可在步骤（6）中使用一个小的时间增量。

（8）重新开始一个分析的过程。

6.4.2 多载荷步文件的重启动分析

进行一个非线性静态或全瞬态结构分析时，ANSYS 程序在默认情况下为多载荷步文件的重启动分析建立参数。多载荷步文件的重启动分析允许在计算过程中的任一子步保存分析信息，然后在这些子步中重新启动。在初始分析之前，应该执行命令 RESCONTROL 来指定在每个运行载荷子步中重新启动文件的保存频率。

当需要重启动一个作业时，使用 ANTYPE 命令来指定重新启动分析的点及其分析类型。可以在重启动点继续工作（做好必需的修正工作）或者可以在重启动点终止一个载荷步（改变加载比例），然后继续下一个载荷步。

如果想要终止这种多载荷步文件的重新启动分析特性而改用一个文件的重新启动分析，执行"RESCONTROL,DEFINE,NONE"命令，接着如上所述进行单个文件重新启动分析（命令：ANTYPE,,REST），当然保证 ∗. LDHI，∗. RDB 和 ∗. Rnnn 文件已经从当前目录中被删除。

如果使用求解控制对话框进行静态或全瞬态分析,那么就能够在求解对话框相应选项卡中指定基本的多载荷重新启动分析选项。

1. 多载荷步文件重启动分析的要求

(1) Jobname.RDB：ANSYS 程序数据库文件,在第一载荷步,第一工作子步的第一次迭代中被保存。此文件提供了对于给定初始条件的完全求解描述,无论对作业重新启动分析多少次,其都不会改变。当运行一作业时,在执行 SOLVE 命令前应该输入所有需要求解的信息,包括参数语言设计(APDL)、组分及求解设置信息。在执行第一个 SOLVE 命令前,如果没有指定参数,那么参数将被保存在 *.RDB 文件中。这种情况下,必须在开始求解前执行 PARSAV 命令,并且在重新启动分析时执行 PARRES 命令,以便保存并恢复参数。

(2) Jobname.LDHI：此文件为指定作业的载荷历程文件,是一个 ASCII 文件,类似于用命令 LSWRITE 创建的文件,并存储每个载荷步所有的载荷和边界条件。载荷和边界条件以有限单元载荷的形式被存储。如果载荷和边界条件是施加在实体模型上的,载荷和边界条件将先被转化为有限单元载荷,然后存入 Jobname.LDHI 文件。当进行多载荷重启动分析时,ANSYS 程序从此文件读取载荷和边界条件(类似于 LSREAD 命令)。此文件在每个载荷步结束时或遇到 ANTYPE,REST,LDSTEP,SUBSTEP,ENDSTEP 等命令时被修正。

(3) Jobname.Rnnn：与 *.ESAV 或 *.OSAV 文件相似,也是保存单元矩阵的信息。这一文件包含了载荷步中特定子步的所有求解命令及状态。所有的 *.Rnnn 文件都是在子步运算收敛时被保存,因此所有的单元信息记录都是有效的。如果一个子步运算不收敛,那么对应于这个子步,没有 *.Rnnn 文件被保存,代替的是先前一子步运算的 *.Rnnn 文件。

多载荷步文件的重启动分析有以下几个限制：

(1) 它不支持 KUSE 命令。一个新的硬度矩阵及其相关的 TRI 文件产生。

(2) 在 *.Rnnn 文件中没有保存 EKILL 和 EALIVE 命令,如果 EKILL 或 EALIVE 命令在重启动过程中需要执行,那么必须手动执行这些命令。

(3) *.RDB 文件仅仅保存在第一载荷步的第一个子步中可用的数据库信息。

(4) 不能够在求解水平下重启作业(例如,PCG 迭代水平)。作业能够被重启动分析在更低的水平(例如,瞬时或 Newton-Raphson 循环)。

(5) 当使用弧长法时,多载荷文件重新启动分析不支持命令 ANTYPE 的 ENDSTEP 选项。

(6) 所有的载荷和边界条件存储在 Jobname.LDHI 文件中,因此,删除实体模型的载荷和边界条件将不会影响从有限单元中删除这些载荷和边界条件,必须直接从单元或节点中删除这些条件。

2. 多载荷步文件重启动分析的过程

(1) 进入 ANSYS 程序,指定与初始运行相同的工作名(执行/FILNAME 命令或 GUI 菜单路径：Utility Menu→File→Change Jobname),进入求解模块(执行/SOLU 命令或 GUI 菜单路径：Main Menu→Solution)。

Note

（2）通过执行 RESCONTROL,FILE_SUMMARY 命令决定从哪个载荷步和子步重新启动分析。这一命令将在 *.Rnnn 文件中记录载荷步和子步的信息。

（3）恢复数据库文件并表明这是重新启动分析（执行 ANTYPE,,REST,LDSTEP,SUBSTEP,Action 命令或 GUI 菜单路径 Main Menu→Solution→Restart）。

（4）指定修正或附加的载荷。

（5）开始重新求解分析（执行 SOLVE 命令）。必须执行 SOLVE 命令,当进行任一次重新启动时,包括 ENDSTEP 或 RSTCREATE 命令。

（6）进行需要的后处理,然后退出 ANSYS 程序。

在分析中对特定的子步创建结果文件示例如下所示：

```
!Restart run:
/solu
antype,,rest,1,3,rstcreate        !创建.RST文件
!step 1, substep 3
outres,all,all                    !存储所有的信息到.RST文件中
outpr,all,all                     !选择打印输出
solve                             !执行.RST文件生成
finish
/post1
set,,1,3                          !从载荷步1获得结果
!substep 3
prnsol
finish
```

6.5 预测求解时间和估计文件大小

对不太复杂的、小规模到中等规模的 ANSYS 分析,大多数会按本章前面所述简单地开始求解。然而,对大模型或有复杂的非线性选项的 ANSYS 分析,应该了解在开始求解前需要些什么。例如：分析求解需要多长时间？在运行之前需要多少磁盘空间？该分析需要多少内存？尽管没有准确的方法预计这些量,ANSYS 程序可在 RUNSTAT 模块中进行估算。RUNSTAT 模块根据数据库中的信息估计运行时间和其他统计量。因此,必须在输入/RUNSTAT 命令前定义模型几何量（节点、单元等）、载荷以及载荷选项、分析选项。在开始求解前使用 RUNSTAT 命令。

6.5.1 估计运算时间

要估算运行时间,ANSYS 程序需要计算机的性能信息：MIPS（每秒钟执行的指令数,以百万计）,MELOPS（每秒钟进行的浮点运算,以百万计）等。可执行 RSPEED 命令（或 GUI 菜单路径：Main Menu→Run-Time Stats→System Settings）获得该信息。

如果不清楚计算机这些细节,可用宏操作 SETSPEED,它会代替执行 RSPEED 命令。

估算分析过程总运行时间所需的其他信息有迭次数(或线性、静态分析中的载荷步数),要获得这些信息,可用下述两种方法中的任一种:

命令:RITER

GUI:Main Menu→Run-Time Stats→Iter Setting

要获得运行时间估计,可用下述两种方法中的任一种:

命令:RTIMST

GUI:Main Menu→Run-Time Stats→Individual Stats

根据由 RSPEED 和 RITER 命令所提供的信息和数据库中的模型信息,RTIMST命令会提供运行时间估计值。

6.5.2 估计文件的大小

RFILSZ 命令可以估计以下文件的大小:＊.ESAV,＊.EMAT,＊.EROT,＊.TRI,.FULL,＊.RST,＊.RTH,＊.RMG 和＊.RFL 文件。RFILSZ 与 RTIMST命令的图形界面方式相同。结果文件估计值是由一组结果(一个子步)乘以实际结果文件规模总数得出。

6.5.3 估计内存需求

执行 RWFRNT 命令(或通过 GUI 菜单路径:Main Menu→Run-Time Stats→Individual Stats)可以估计求解所需的内存,可通过 ANSYS 工作空间的入口选项申请内存量。如果以前没有重新排列过单元,执行 RWFRNT 命令可以自动重新排列单元。RSTAT 命令将给出模型节点和单元信息的统计量,RMEMRY 命令将给出内存统计量。RALL 命令是同时执行"RSTAT""RWFRNT""RTIMST""RMEMRY"4 条命令的一条简便命令(GUI 菜单路径:Main Menu→Run-Time Stats→All Statistics)。除了"RALL"命令,其他几条命令的 GUI 菜单路径都为:Main Menu→Run-Time Stats→Individual Stats。

6.6 实例——悬臂梁模型求解

在对悬臂梁模型施加完约束和载荷后,就可以进行求解计算。本节主要对求解选项进行相关设定,并进行求解。

1. 打开悬臂梁几何模型 beamfea.db 文件

2. 求解

(1) 设置分析类型:执行 Main Menu→Solution→Analysis Type→New Analysis命令,弹出如图 6-3 所示的"New Analysis"对话框,单击"Static"前面的单选按钮,单击"OK"按钮。

(2) 求解:执行 Main Menu→Solution→Solve→Current LS 命令,弹出一个信息

提示框和对话框,浏览完毕后单击 File→Close,单击对话框上的"OK"按钮,开始求解
运算,当出现一个 Solution is done 的信息框时,单击"Close"按钮,完成求解运算。

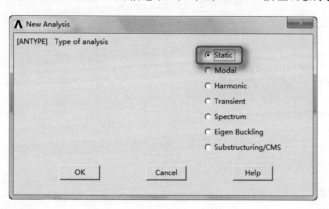

图 6-3 "New Analysis"对话框

第 7 章

后处理

本章导读

后处理指检阅 ANSYS 分析的结果，这是 ANSYS 分析中最重要的一个模块。通过后处理的相关操作，可以针对性地得到分析过程所感兴趣的参数和结果，更好地为实际工作服务。

学习要点

◆ 后处理概述
◆ 通用后处理器
◆ 时间历程后处理器

7.1　后处理概述

建立有限元模型并求解后,你将想要得到一些关键问题答案:该设计投入使用时,是否真的可行? 某个区域的应力有多大? 零件的温度如何随时间变化? 通过表面的热损失有多少? 磁力线是如何通过该装置的? 物体的位置是如何影响流体的流动的? ANSYS软件的后处理会帮助回答这些问题和其他相关的问题。

7.1.1　检查分析结果

后处理是指检查分析的结果。这可能是分析中最重要的一环,因为读者总是试图搞清楚作用载荷如何影响设计及单元划分好坏等。

检查分析结果可使用两个后处理器:通用后处理器 POST1 和时间历程后处理器 POST26。POST1 允许检查整个模型在某一载荷步和子步(或对某一特定时间点或频率)的结果。例如:在静态结构分析中,可显示载荷步 3 的应力分布;在热力分析中,可显示 time＝100s 时的温度分布。图 7-1 所示的等值线图是一种典型的 POST1 图。

图 7-1　一个典型的 POST1 等值线显示

POST26 可以检查模型指定点的特定结果相对于时间、频率或其他结果项的变化。例如,在瞬态磁场分析中,可以用图形表示某一特定单元涡流与时间的关系;或在非线性结构分析中,可以用图形表示某一特定节点受力与变形的关系。图 7-2 中的曲线图是一典型的 POST26 图。

ANSYS 的后处理器仅是用于检查分析结果的工具,仍然需要使用你的工程判断能力来分析解释结果。例如,一等值线显示可能表明:模型的最高应力为 37800Pa,必须由设计者确定这一应力水平对设计是否允许。

图 7-2　一个典型的 POST26 图

7.1.2　结果文件

在求解中,ANSYS 运算器将分析的结果写入结果文件中,结果文件的名称取决于分析类型:

- ◆ Jobname. RST:结果分析。
- ◆ Jobname. RTH:热力分析。
- ◆ Jobname. EMG:电磁场分析。
- ◆ Jobname. RFL:FLOTRAN 分析。

对于 FLOTRAN 分析,文件的扩展名为 RFL;对于其他流体分析,文件扩展名为 RST 或 RTH,取决于是否给出结构自由度。对不同的分析使用不同的文件标识有助于在耦合场分析中将一个分析的结果作为另一分析的载荷。

7.1.3　可用数据类型

求解阶段计算两种类型的结果数据:

(1) 基本数据包含每个节点计算自由度解:结构分析的位移、热力分析的温度、磁场分析的磁势等(参见表 7-1)。这些被称为节点解数据。

表 7-1　不同分析的基本数据和派生数据

学　　科	基 本 数 据	派 生 数 据
结果分析	位移	应力、应变、反作用力
热力分析	温度	热流量、热梯度等
磁场分析	磁势	磁通量、磁流密度等
电场分析	标量电势	电场、电流密度等
流体分析	速度、压力	压力梯度、热流量等

（2）派生数据为由基本数据计算得到的数据：如结构分析中的应力和应变，热力分析中的热梯度和热流量，磁场分析中的磁通量等。派生数据又称为单元数据，它通常出现在单元节点、单元积分点以及单元质心等位置。

7.2 通用后处理器

使用通用后处理器(POST1)可观察整个模型或模型的一部分在某一个时间(或频率)上针对特定载荷组合时的结果。POST1有许多功能，包括从简单的图像显示到针对更为复杂数据操作的列表，如载荷工况的组合。

要进入 ANSYS 通用后处理器，输入/POST1 命令或 GUI 菜单路径：Main Menu→General Postproc。

7.2.1 读入结果数据库

POST1 中第一步是将数据从结果文件读入数据库。要这样做，数据库中首先要有模型数据（节点、单元等）。若数据库中没有模型数据，输入 RESUME 命令（或 GUI 菜单路径：Utility Menu→File→Resume Jobname.db)读入数据文件"Jobname.db"。数据库包含的模型数据应该与计算模型相同，包括单元类型、节点、单元、单元实常数、材料特性和节点坐标系等。

数据库中被选来进行计算的节点和单元应属同一组，否则会出现数据不匹配。

一旦模型数据存在数据库中，输入"SET,SUBSET"和"APPEND"命令均可从结果文件中读入结果数据。

1. 读入结果数据

输入 SET 命令(Main Menu→General PostProc→Read Results)，可在一特定的载荷条件下将整个模型的结果数据从结果文件中读入数据库，覆盖掉数据库中以前存在的数据。边界条件信息（约束和集中力）也被读入，但这仅发生在存在单元节点载荷和反作用力的情况下。若不存在边界条件信息，则不列出或显示边界条件。加载条件靠载荷步和子步或靠时间(或频率)来识别。命令或路径方式指定的变元可以识别读入数据库的数据。

例如：SET,2,5 读入结果，表示读取载荷步 2、子步 5 的结果。同理，SET,,,,3.89 表示读取时间为 3.89 时的结果(或频率为 3.89，取决于所进行的分析类型)。若指定了尚无结果的时刻，程序将使用线性插值计算出该时刻的结果。

结果文件(Jobname.RST)中默认的最大子步数为 1000，超出该界限时，需要输入"SET,Lstep,LAST"引入第 1000 个载荷步，使用/CONFIG 命令增加界限。

对于非线性分析，在时间点间进行插值常常会降低精度。因此，要使解答可用，务必在可求时间值处进行后处理。

对于 SET 命令有一些便捷标号：

♦ "SET,FIRST"读入第一子步，等价的 GUI 方式为 First Set。

♦ "SET,NEXT"读入第二子步，等价的 GUI 方式为 NextSet。

- "SET,LAST"读入最后一子步,等价的 GUI 方式为 LastSet。
- SET 命令中的 NSET 字段(等价的 GUI 方式为 SetNumber)可恢复对应于特定数据组号的数据,而不是载荷步号和子步号。当有载荷步号和子步号相同的多组结果数据时,对 FLOTRAN 的结果非常有用。因此,可用其特定的数据组号来恢复 FLOTRAN 的计算结果。
- SET 命令的 LIST(或 GUI 中的 List Results)选项列出了其对应的载荷步和子步数,可在接下来的 SET 命令的 NSET 字段输入该数据组号,以请求正确的一组结果。
- SET 命令中的 ANGLE 字段规定了谐调元的周边位置(结构分析——PLANE25,PLANE83 和 SHELL61;温度场分析——PLANE75 和 PLANE78)。

2. 其他恢复数据的选项

其他 GUI 菜单路径和命令也可以恢复结果数据。

(1) 定义待恢复的数据。POST1 处理器中的命令 INRES(Main Menu→General Postproc→Data & File Opts)与 PREP7 和 SOLUTION 处理器中的 OUTRES 命令是姐妹命令,OUTRES 命令控制写入数据库和结果文件的数据,而 INRES 命令定义要从结果文件中恢复的数据类型,通过 SET,SUBSET 和 APPEND 等命令写入数据库。尽管不需对数据进行后处理,但 INRES 命令限制了恢复写入数据库的数据量,因此,对数据进行后处理也许占用的时间更少。

(2) 读入所选择的结果信息。为了只将所选模型部分的一组数据从结果文件读入数据库,可用 SUBSET 命令(或 GUI 菜单路径: Main Menu→General Postproc→By characteristic)。结果文件中未用 INRES 命令指定恢复的数据,将以零值列出。

SUBSET 命令与 SET 命令大致相同,差别在于 SUBSET 只恢复所选模型部分的数据。用 SUBSET 命令可方便地看到模型的一部分结果数据。例如:若只对表层的结果感兴趣,可以轻易地选择外部节点和单元,然后用 SUBSET 命令恢复所选部分的结果数据。

(3) 向数据库追加数据。每次使用 SET,SUBSET 命令或等价的 GUI 方式时,ANSYS 就会在数据库中写入一组新数据并覆盖当前的数据。APPEND 命令(Main Menu→General Postproc→By characteristic)从结果文件中读入数据组并将其与数据库中已有的数据合并(这只针对所选的模型而言)。当已有的数据库非零(或全部被重写)时,允许将被查询的结果数据并入数据库。

3. 创建单元表

ANSYS 程序中单元表有两个功能:第一,它是在结果数据中进行数学运算的工具。第二,它能够访问其他方法无法直接访问的单元结果。例如:从结构一维单元派生的数据(尽管 SET,SUBSET 和 APPEND 命令将所有申请的结果项读入数据库中,但并非所有的数据均可直接用 PRNSOL 命令和 PLESON 等命令访问)。

将单元表作为扩展表,每行代表一单元,每列则代表单元的特定数据项。例如:一列可能包含单元的平均应力 SX,而另一列则代表单元的体积,第三列则包含各单元质心的 Y 坐标。

使用下列任一命令创建或删除单元表:

命令:ETABLE

GUI:Main Menu→General Postproc→Element Table→Define Table or Erase Table

（1）填上按名字来识别变量的单元表。为识别单元表的每列,在 GUI 方式下使用 Lab 字段或在 ETABLE 命令中使用 Lab 变元给每列分配一个标识,该标识将作为以后所有包括该变量的 POST1 命令的识别器。进入列中的数据靠 Item 名和 Comp 名以及 ETABLE 命令中的其他两个变元来识别。例如:对上面提及的 SX 应力,SX 是标识,S 将是 Item 变元,X 将是 Comp 变元。

（2）填充按序号识别变量的单元表。可对每个单元加上不平均的或非单值载荷,将其填入单元表中。该数据类型包括积分点的数据、从结构一维单元(如杆、梁、管单元等)和接触单元派生的数据、从一维温度单元派生的数据、从层状单元派生的数据等。这些数据将列在"单元对于 ETABLE 和 ESOL 命令的项目和序号"表中,而在 ANSYS 帮助文件中,对于每一单元类型都有详细的描述。

（3）定义单元表的注释。

ETABLE 命令仅对选择的单元起作用,即只将所选单元的数据送入单元表中,在 ETABLE 命令中改变所选单元,可以有选择地填写单元表的行。

相同序号的组合表示对不同单元类型有不同数据。例如:组合"SMISC,1"对梁单元表示 MFOR(X)(单元 X 向的力),对 SOLID45 单元表示 P1(面 1 上的压力),对 CONTACT48 单元表示 FNTOT(总的法向力)。因此,若模型中有几种单元类型的组合,务必要在使用 ETABLE 命令前选择一种类型的单元(用 ESEL 命令或 GUI 菜单路径:Utility Menu→Select→Entities)。

4. 对主应力的专门研究

在 POST1 中,SHELL61 单元的主应力不能直接得到,默认情况下,可得到其他单元的主应力,以下两种情况除外:

（1）在 SET 命令中要求进行时间插值或定义了某一角度。

（2）执行了载荷工况操作。

在上述任意一种情况下,必须用 GUI 菜单路径:Main Menu→General Postproc→Load Case→Line Elem Stress 或执行"LCOPER,LPRIN"命令以计算主应力,然后通过 ETABLE 命令或用其他适当的打印或绘图命令访问该数据。

5. 读入 FLOTRAN 的计算结果

使用命令 FLREAD(GUI 菜单路径:Main Menu→General Postproc→Read Results→FLOTRAN2.1A)可以将结果从 FLOTRAN 的剩余文件读入数据库。FLOTRAN 的计算结果(Jobname.RFL)可以用普通的后处理函数或命令(例如:SET 命令,相应的 GUI 菜单路径:Utility Menu→List→Results→Load Step Summary)读入。

6. 数据库复位

RESET 命令(或 GUI 菜单路径:Main Menu→General Postproc→Reset)可在不脱离 POST1 情况下初始化 POST1 命令的数据库默认部分,该命令在离开或重新进入 ANSYS 程序时的效果相同。

Note

7.2.2 列表显示结果

将结果存档的有效方法(例如:报告、呈文等)是在 PosT1 中制表。列表选项对节点、单元、反作用力等求解数据可用。

下面给出一个样表(对应于命令"PRESOL,ELEM"):

```
PRINT ELEM ELEMENT SOLUTION PER ELEMENT
 ***** POST1 ELEMENT SOLUTION LISTING *****
LOAD STEP 1      SUBSTEP =     1
TIME =    1.0000 LOAD CASE =     0
EL =     1      NODES = 1 3 MAT = 1
BEAM3
TEMP =     0.00    0.00    0.00  0.00
LOCATION  SDIR     SBYT     SBYB
1 (I)       0.00000E + 00      130.00      - 130.00
2 (J)       0.00000E + 00      104.00      - 104.00
LOCATION   SMAX     SMIN
1 (I)      130.00   - 130.00
2 (J)      104.00   - 104.00
LOCATION   EPELDIR    EPELBYT     EPELBYB
1 (I)      0.000000   0.000004   - 0.000004
2 (J)      0.000000   0.000003   - 0.000003
LOCATION   EPTHDIR    EPTHBYT     EPTHBYB
1 (I)      0.000000   0.000000   0.000000
2 (J)      0.000000   0.000000   0.000000
EPINAXL =     0.000000
EL =     2   NODES =     3      4    MAT = 1
BEAM3
TEMP =  0.00 0.00 0.00 0.00
LOCATION    SDIR       SBYT       SBYB
1 (I)       0.00000E + 00   104.00     - 104.00
2 (J)       0.00000E + 00   78.000     - 78.000
LOCATION    SMAX      SMIN
1 (I)       104.00    - 104.00
2 (J)       78.000    - 78.000
LOCATION    EPELDIR     EPELBYT     EPELBYB
1 (I)       0.000000    0.000003   - 0.000003
2 (J)       0.000000    0.000003   - 0.000003
LOCATION    EPTHDIR     EPTHBYT     EPTHBYB
1 (I)       0.000000    0.000000   0.000000
2 (J)       0.000000    0.000000   0.000000
EPINAXL =   0.000000
```

1. 列出节点、单元求解数据

◆ 用下列方式可以列出指定的节点求解数据(原始解及派生解):

命令:PRNSOL
GUI:Main Menu→General Postproc→List Results→Nodal Solution

Note

◆ 用下列方式可以列出所选单元的指定结果:

命令:PRNSEL.
GUI:Main Menu→General Postproc→List Results→Element Solution

要获得一维单元的求解输出,在 PRNSOL 命令中指定 ELEM 选项,程序将列出所选单元的所有可行的单元结果。

下面给出一个样表(对应于命令"PRNSOL,S"):

```
PRINT S    NODAL SOLUTION PER NODE
***** POST1 NODAL STRESS LISTING *****
LOAD STEP =    5      SUBSTEP =    2
TIME =        1.0000  LOAD CASE =   0
THE FOLLOWING X,Y,Z VALUES ARE IN GLOBAL COORDINATES
NODE   SX         SY         SZ           SXY          SYZ          SXZ
1        148.01   - 294.54   .00000E + 00   - 57.256    .00000E + 00  .00000E + 00
2        144.89   - 294.83   .00000E + 00     56.841    .00000E + 00  .00000E + 00
3        241.84     73.743   .00000E + 00   - 47.365    .00000E + 00  .00000E + 00
4        401.98   - 18.212   .00000E + 00   - 34.299    .00000E + 00  .00000E + 00
5        468.15   - 27.171   .00000E + 00    .48669E - 01 .00000E + 00 .00000E + 00
6        401.46   - 18.183   .00000E + 00     34.393    .00000E + 00  .00000E + 00
7        239.90     73.614   .00000E + 00     46.704    .00000E + 00  .00000E + 00
8      - 84.741   - 39.533   .00000E + 00     39.089    .00000E + 00  .00000E + 00
9        3.2868   - 227.26   .00000E + 00     68.563    .00000E + 00  .00000E + 00
10     - 33.232   - 99.614   .00000E + 00     59.686    .00000E + 00  .00000E + 00
11     - 520.81   - 251.12   .00000E + 00    .65232E - 01 .00000E + 00 .00000E + 00
12     - 160.58   - 11.236   .00000E + 00     40.463    .00000E + 00  .00000E + 00
13     - 378.55     55.443   .00000E + 00     57.741    .00000E + 00  .00000E + 00
14     - 85.022   - 39.635   .00000E + 00   - 39.143    .00000E + 00  .00000E + 00
15     - 378.87     55.460   .00000E + 00   - 57.637    .00000E + 00  .00000E + 00
16     - 160.91   - 11.141   .00000E + 00   - 40.452    .00000E + 00  .00000E + 00
17     - 33.188   - 99.790   .00000E + 00   - 59.722    .00000E + 00  .00000E + 00
18       3.1090   - 227.24   .00000E + 00   - 68.279    .00000E + 00  .00000E + 00
19       41.811     51.777   .00000E + 00   - 66.760    .00000E + 00  .00000E + 00
20     - 81.004     9.3348   .00000E + 00   - 63.803    .00000E + 00  .00000E + 00
21       117.64   - 5.8500   .00000E + 00   - 57.351    .00000E + 00  .00000E + 00
22     - 128.21     30.986   .00000E + 00   - 68.019    .00000E + 00  .00000E + 00
23       154.69   - 73.136   .00000E + 00    .71142E - 01 .00000E + 00 .00000E + 00
24     - 127.64   - 185.11   .00000E + 00    .79422E - 01 .00000E + 00 .00000E + 00
25       117.22   - 5.7904   .00000E + 00     56.517    .00000E + 00  .00000E + 00
26     - 128.20     31.023   .00000E + 00     68.191    .00000E + 00  .00000E + 00
27       41.558     51.533   .00000E + 00     66.997    .00000E + 00  .00000E + 00
28     - 80.975     9.1077   .00000E + 00     63.877    .00000E + 00  .00000E + 00
MINIMUM VALUES
NODE      11         2          1            18           1            1
VALUE  - 520.81   - 294.83   .00000E + 00   - 68.279    .00000E + 00  .00000E + 00
MAXIMUM VALUES
NODE      5          3          1            9            1            1
VALUE    468.15     73.743   .00000E + 00     68.563    .00000E + 00  .00000E
```

2．列出反作用载荷及作用载荷

（1）在 POST1 中有几个选项用于列出反作用载荷（反作用力）及作用载荷（外力）。PRRSOL 命令（GUI：Menu→General Postproc→List Results→Reaction Solu）列出了所选节点的反作用力。命令 FORCE 可以指定哪一种反作用载荷（包括：合力、静力、阻尼力或惯性力）数据被列出。PRNLD 命令（GUI：Main Menu→General Postproc→List→Nodal Loads）列出所选节点处的合力，值为零的除外。

列出反作用载荷及作用载荷是检查平衡的一种好方法。也就是说，在给定方向上所加的作用力应总等于该方向上的反作用力（若检查结果跟预想的不一样，那么就应该检查加载情况，看加载是否恰当）。

耦合自由度和约束方程通常会造成载荷不平衡，但是，由命令 CPINTF 生成的耦合自由度（组）和由命令 CEINTF 或命令 CERIG 生成的约束方程几乎在所有情况下都能保持实际的平衡。

如前所述，如果对给定位移约束的自由度建立了约束方程，那么该自由度的反作用力不包括该约束方程的外力，所以最好不要对给定位移约束的自由度建立约束方程。同样，对属于某个约束方程的节点，其节点力的合力也不应该包含该处的反作用力。在批处理求解中（用 OUTPR 命令请求），可得到约束方程反作用力的单独列表，但这些反作用力不能在 POST1 中进行访问。对大多数适当的约束方程，X、Y、Z 方向的合力应为零，但合力矩可能不为零，因为合力矩本身必须包含力的作用效果。

可能出现载荷不平衡的其他情况有：

① 四节点壳单元，其 4 个节点不是位于同一平面内。

② 有弹性基础的单元。

③ 发散的非线性求解。

（2）另外几个常用的命令是"FSUM""NFORCE""SPOINT"，下面分别说明。

① FSUM 对所选的节点进行力、力矩求和运算和列表显示。

```
命令:FSUM
GUI:Main Menu→General Postproc→Nodal Calcs→Total Force Sum
```

下面给出一个关于命令 FSUM 的输出样本：

```
 *** NOTE ***
Summations based on final geometry and will not agree with solution reactions.
 ***** SUMMATION OF TOTAL FORCES AND MOMENTS IN GLOBAL COORDINATES *****
FX =      .1147202
FY =      .7857315
FZ =      .0000000E + 00
MX =      .0000000E + 00
MY =      .0000000E + 00
MZ =      39.82639
SUMMATION POINT = .00000E + 00 .00000E + 00 .00000E + 00
```

② NFORCE 命令除了总体求和外，还对每一个所选的节点进行力、力矩求和。

命令:NFORCE

GUI:Main Menu→General Postproc→Nodal Calcs→Sum @ Each Node

下面给出一个关于命令 NFORCE 的输出样本:

```
***** POST1 NODAL TOTAL FORCE SUMMATION *****
LOAD STEP =     3   SUBSTEP =     43
THE FOLLOWING X,Y,Z FORCES ARE IN GLOBAL COORDINATES
NODE    FX                FY                FZ
    1   -.4281E-01        .4212            .0000E+00
    2    .3624E-03        .2349E-01        .0000E+00
    3    .6695E-01        .2116            .0000E+00
    4    .4522E-01        .3308E-01        .0000E+00
    5    .2705E-01        .4722E-01        .0000E+00
    6    .1458E-01        .2880E-01        .0000E+00
    7    .5507E-02        .2660E-01        .0000E+00
    8   -.2080E-02        .1055E-01        .0000E+00
    9   -.5551E-03       -.7278E-02        .0000E+00
   10    .4906E-03       -.9516E-02        .0000E+00
*** NOTE ***
Summations based on final geometry and will not agree with solution reactions.
***** SUMMATION OF TOTAL FORCES AND MOMENTS IN GLOBAL COORDINATES *****
FX =     .1147202
FY =     .7857315
FZ =     .0000000E+00
MX =     .0000000E+00
MY =     .0000000E+00
MZ =     39.82639
SUMMATION POINT =  .00000E+00 .00000E+00 .00000E+00
```

③ SPOINT 命令定义在哪些点(除原点外)求力矩和。

GUI:Main Menu→General Postproc→Nodal Calcs→Summation Pt→At Node(At XYZ Loc)

3. 列出单元表数据

用下列命令可列出存储在单元表中的指定数据:

命令:PRETAB

GUI:Main Menu→General Postproc→Element Table→List Elem Table

GUI:Main Menu→General Postproc→List Results→Elem Table Data

为列出单元表中每一列的和,可用命令 SSUM(GUI: Main Menu → General Postproc→Element Table→Sum of Each Item)。

下面给出一个关于命令"PRETAB"和"SSUM"的输出示例:

```
     ***** POST1 单元数据列表 *****
STAT     CURRENT       CURRENT          CURRENT
ELEM     SBYTI         SBYBI            MFORYI
1        .95478E-10   -.95478E-10      -2500.0
```

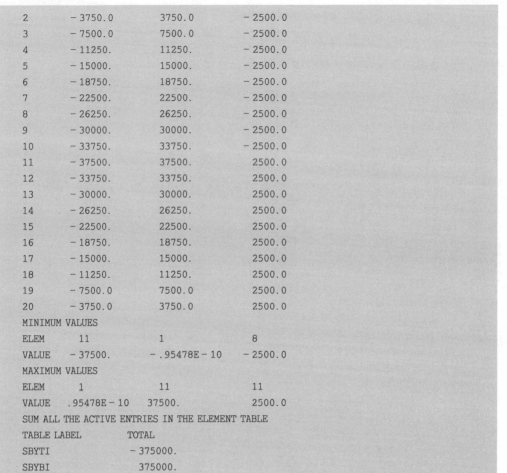

```
2           - 3750.0        3750.        - 2500.0
3           - 7500.0        7500.        - 2500.0
4           - 11250.        11250.       - 2500.0
5           - 15000.        15000.       - 2500.0
6           - 18750.        18750.       - 2500.0
7           - 22500.        22500.       - 2500.0
8           - 26250.        26250.       - 2500.0
9           - 30000.        30000.       - 2500.0
10          - 33750.        33750.       - 2500.0
11          - 37500.        37500.         2500.0
12          - 33750.        33750.         2500.0
13          - 30000.        30000.         2500.0
14          - 26250.        26250.         2500.0
15          - 22500.        22500.         2500.0
16          - 18750.        18750.         2500.0
17          - 15000.        15000.         2500.0
18          - 11250.        11250.         2500.0
19          - 7500.0        7500.          2500.0
20          - 3750.0        3750.          2500.0
MINIMUM VALUES
ELEM      11             1              8
VALUE   - 37500.       - .95478E - 10   - 2500.0
MAXIMUM VALUES
ELEM      1             11             11
VALUE   .95478E - 10   37500.         2500.0
SUM ALL THE ACTIVE ENTRIES IN THE ELEMENT TABLE
TABLE LABEL        TOTAL
SBYTI             - 375000.
SBYBI               375000.
MFORYI            .552063E - 09
```

4. 其他列表

用下列命令可列出其他类型的结果：

（1）"PREVECT"命令（GUI：Main Menu→General Postproc→List Results→Vector Data）：列出所有被选单元指定的矢量大小及其方向余弦。

（2）"PRPATH"命令（GUI：Main Menu→General Postproc→List Results→Path Items）：计算然后列出在模型中沿预先定义的几何路径的数据。注意：必须事先定义一路径并将数据映射到该路径上。

（3）"PRSECT"命令（GUI：Main Menu→General Postproc→List Results→Linearized Strs）：计算然后列出沿预定的路径线性变化的应力。

（4）"PRERR"命令（GUI：Main Menu→General Postproc→List Results→Percent Error）：列出所选单元的能量级的百分比误差。

（5）"PRITER"命令（GUI：Main Menu→General Postproc→List Results→Iteration Summary）：列出迭代次数概要数据。

5. 对单元、节点排序

默认情况下,所有列表通常按节点号或单元号的升序来进行排序。可根据指定的结果项先对节点、单元进行排序来更改此列表。NSORT 命令(GUI:Main Menu→General Postproc→List Results→Sorted Listing→Sort Nodes)基于指定的节点求解项进行节点排序,ESORT 命令(GUI:Main Menu→General Postproc→List Results→Sorted Listing→Sort Elems)基于单元表内存入的指定项进行单元排序。例如:

```
NSEL, …                         !选节点
NSORT,S,X                       !基于 SX 进行节点排序
PRNSOL,S,COMP                   !列出排序后的应力分量
```

下面给出执行命令"NSORT"及"PRNSOL,S"之后的列表示例:

```
    PRINT S NODAL SOLUTION PER NODE
     ***** POST1 NODAL STRESS LISTING *****
LOAD STEP =      3 SUBSTEP =       43
TIME =     6.0000     LOAD CASE =       0
THE FOLLOWING X,Y,Z VALUES ARE IN GLOBAL COORDINATES
NODE    SX         SY         SZ         SXY          SYZ          SXZ
  111  -.90547   -1.0339   -.96928   -.51186E-01   .00000E+00   .00000E+00
   81  -.93657   -1.1249   -1.0256   -.19898E-01   .00000E+00   .00000E+00
   51  -1.0147    -.97795   -.98530    .17839E-01   .00000E+00   .00000E+00
   41  -1.0379   -1.0677   -1.0418   -.50042E-01   .00000E+00   .00000E+00
   31  -1.0406    -.99430  -1.0110    .10425E-01   .00000E+00   .00000E+00
   11  -1.0604    -.97167  -1.0093    .46465E-03   .00000E+00   .00000E+00
   71  -1.0613    -.95595  -1.0017    .93113E-02   .00000E+00   .00000E+00
   21  -1.0652    -.98799  -1.0267    .31703E-01   .00000E+00   .00000E+00
   61  -1.0829    -.94972  -1.0170    .22630E-03   .00000E+00   .00000E+00
  101  -1.0898    -.86700  -1.0009   -.25154E-01   .00000E+00   .00000E+00
    1  -1.1450   -1.0258   -1.0741    .69372E-01   .00000E+00   .00000E+00
MINIMUM VALUES
NODE    1          81         1          111          111          111
VALUE  -1.1450   -1.1249   -1.0741   -.51186E-01   .00000E+00   .00000E+00
MAXIMUM VALUES
NODE    111        101        111        1            111          111
VALUE  -.90547    -.86700   -.96928    .69372E-01   .00000E+00   .00000E+00
```

使用下述命令恢复到原来的节点或单元顺序。

```
命令:NUSORT
GUI:Main Menu→General Postproc→List Results→Sorted Listing→Unsort Nodes
命令:EUSORT
GUI:Main Menu→General Postproc→List Results→Sorted Listing→Unsort Elems
```

6. 用户化列表

有些场合,需要根据要求来定制结果列表。/STITLE 命令(无对应的 GUI 方式)可定义多达四个子标题,与主标题一起在输出列表中显示。输出用户可用的其他命令为:"/FORMAT","/HEADER"和"/PAGA"(同样无对应的 GUI 方式)。

这些命令控制下述事情：重要数字的编号；列表顶部的表头输出；打印页中的行数等。这些控制仅适用于"PRRSOL""PRNSOL""PRESOL""PRETAB""PRPATH"命令。

7.2.3 图像显示结果

一旦所需结果存入数据库，可通过图像显示和表格方式观察。另外，可映射沿某一路径的结果数据。图像显示可能是观察结果的最有效方法。POST1可显示下列类型图像：

- ◆ 梯度线。
- ◆ 变形后的形状。
- ◆ 矢量。
- ◆ 路径图。
- ◆ 反作用力。
- ◆ 粒子流和带电粒子轨迹。

1．梯度线显示

梯度线显示表现了结果项（如应力、温度、磁场磁通密度等）在模型上的变化。梯度线显示中有4个可用命令，如表7-2所示。

表7-2　梯度线显示命令

命令	GUI 菜单路径	功　能
PLNSOL	Main Menu→General Postproc→Plot Results→Nodal Solu	生成连续的整个模型的梯度线
PLESOL	Main Menu→General Postproc→Plot Results→Element Solu	在单元边界上生成不连续的梯度线
PLETAB	Main Menu→General Postproc→Plot Results→Elem Table	显示单元表中数据的梯度线图
PLLS	Main Menu→General Postproc→Plot Results→Line Elem Res	用梯度线的形式显示一维单元的结果

（1）PLNSOL命令生成连续的整个模型的梯度线。该命令或GUI方式可用于原始解或派生解。对典型的单元间不连续的派生解，在节点处进行平均，以便可显示连续的梯度线。下面将举出原始解（TEMP）（如图7-3所示）和派生解（TGX）（如图7-4所示）梯度显示的示例。

```
PLNSOL,TEMP                    !原始解：自由度 TEMP
```

若有PowerGraphics（性能优化的增强型RISC体系图形），可用下面任一命令对派生数据求平均值。

```
命令:AVRES
GUI:Main Menu→General Postproc→Options for Outp
GUI:Utility Menu→List→Results→Options
```

图 7-3　使用 PLNSOL 得到的原始解的梯度线

图 7-4　PLNSOL 命令对派生数据进行梯度显示

上述任一命令均可确定在材料及(或)实常数不连续的单元边界上是否对结果进行平均。

若 PowerGraphics 无效(对大多数单元类型而言,这是默认值),不能用 AVRES 命令去控制平均计算。平均算法则不管连接单元的节点属性如何,均会在所选单元上的所有节点处进行平均操作。这对材料和几何形状不连续处是不合适的。当对派生数据进行梯度线显示时(这些数据在节点处已做过平均),务必选择相同材料、相同厚度(对板单元)、相同坐标系等。

```
PLNSOL,TG,X                                !派生数据:温度梯度函数 TGX
```

(2) PLESOL 命令在单元边界上生成不连续的梯度线(图 7-5),该命令用于派生的解数据。命令流示例如下:

```
PLESOL, TG, X
```

图 7-5　显示不连续梯度线的 PLESOL 图样

（3）PLETAB命令可以显示单元表中数据的梯度线图（也可称云纹图或者云图）。在 PLETAB 命令中的 AVGLAB 字段，提供了是否对节点处数据进行平均的选择项（默认状态下，对连续梯度线进行平均，对不连续梯度线不进行平均）。下例假设采用 SHELL99 单元（层状壳）模型，分别对结果进行平均和不平均，如图 7-6 和图 7-7 所示，相应的命令流如下：

```
ETABLE,SHEARXZ,SMISC,9              !在第二层底部存在层内剪切 (ILSXZ)
PLETAB,SHEARXZ,AVG                  !SHEARXZ 的平均梯度线图
PLETAB,SHEARXZ,NOAVG               !SHEARXZ 的未平均(默认值)的梯度线
```

图 7-6　平均的 PLETAB 梯度线

（4）PLLS命令用梯度线的形式显示一维单元的结果，该命令也要求数据存储在单元表中，该命令常用于梁分析中显示剪力图和力矩图。下面给出一个梁模型（BEAM3单元，KEYOPT（9）=1）的示例，结果显示如图 7-8 所示，命令流如下：

图 7-7 未平均的 PLETAB 梯度线

图 7-8 用 PLLS 命令显示的弯矩图

```
ETABLE,IMOMENT,SMISC,6        ! I 端的弯矩,命名为 IMOMENT
ETABLE,JMOMENT,SMISC,18       ! J 端的弯矩,命名为 JMOMENT
PLLS,IMOMENT,JMOMENT          ! 显示 IMOMENT,JMOMENT 结果
```

PLLS 命令将线性显示单元的结果,即:用直线将单元 I 节点和 J 节点的结果数值连起来,而不管结果沿单元长度是否是线性变化。另外,可用负的比例因子将图形倒过来。

需要注意如下几个方面:

(1) 可用/CTYPE 命令(GUI:Utility Menu→Plot Ctrls→Style→Contours→Contour Style)首先设置 KEY 为 1 来生成等轴测的梯度线显示。

(2) 平均主应力:默认情况下,各节点处的主应力根据平均分应力计算。也可反过来做,首先计算每个单元的主应力,然后在各节点处平均。其命令和 GUI 路径如下:

```
命令:AVPRIN
GUI:Main Menu→General Postproc→Options for Outp
GUI:Utility Menu→List→Results→Options
```

该法不常用,但在特定情况下很有用。需注意的是,在不同材料的结合面处不应采用平均算法。

(3) 矢量求和:与主应力的做法相同。默认情况下,在每个节点处的矢量和的模(平方和的开方)是按平均后的分量来求的。用 AVPRIN 命令,可反过来计算,先计算每单元矢量和的模,然后在节点处进行平均。

(4) 壳单元或分层壳单元:默认情况下,壳单元和分层壳单元得到的计算结果是单元上表面的结果。要显示上表面、中部或下表面的结果,用 SHELL 命令(GUI:Main Menu→General Postproc→Options for Outp)。对于分层单元,使用 LAYER 命令(GUI:Main Menu→General Postproc→Options for Outp)指明需显示的层号。

(5) Von Mises 当量应力(EQV):使用命令 AVPRIN 可以改变用来计算当量应力的有效泊松比。

```
命令:AVPRIN
GUI:Main Menu→General Postproc→Plot Results→Contour Plot→Nodal Solu(Element Solu)
GUI:Utility Menu→Plot→Results→Contour Plot→Elem Solution
```

典型情况下,对弹性当量应变(EPEL,EQV),可将有效泊松比设为输入泊松比,对非弹性应变(EPPL,EQV 或 EPCR,EQV),设为 0.5。对于整个当量应变(EPTOT,EQV),应在输入的泊松比和 0.5 之间选用一有效泊松比。另一种方法是,用命令 ETABLE 存储当量弹性应变,使有效泊松比等于输入泊松比,在另一张表中用 0.5 作为有效泊松比存储当量塑性应变,然后用 SADD 命令将两张表合并,得到整个当量应变。

2. 变形后的形状显示

在结构分析中可用这些显示命令观察结构在施加载荷后的变形情况。其命令及相应的 GUI 路径如下:

```
命令:PLDISP
GUI:Utility Menu→Plot→Results→Deformed Shape
GUI:Main Menu→General Postproc→Plot Results→Deformed Shape
```

例如,输入如下命令:

```
PLDISP,1                              !变形后的形状与原始形状叠加在一起
```

界面显示如图 7-9 所示。

另外,可用命令/DSCALE 来改变位移比例因子,对变形图进行缩小或放大显示。

需提醒的是,在用户进入 POST1 时,通常所有载荷符号被自动关闭,以后再次进入 PREP7 或 SLUTION 处理器时仍不会见到这些载荷符号。若在 POST1 中打开所有载荷符号,那么将会在变形图上显示载荷。

图 7-9　变形后的形状与原始形状一起显示

3. 矢量显示

矢量显示是指用箭头显示模型中某个矢量大小和方向的变化,通常所说的矢量包括:平移(U)、转动(ROT)、磁力矢量势(A)、磁通密度(B)、热通量(TF)、温度梯度(TG)、液流速度(V)和主应力(S)等。

用下列方法可产生矢量显示:

```
命令:PLVECT
GUI:Main Menu→General Postproc→Plot Results→Vector Plot→Predefined Or User－Defined
```

可用下列方法改变矢量箭头长度比例:

```
命令:/VSCALE
GUI:Utility Menu→PlotCtrls→Style→Vector Arrow Scaling
```

例如:输入下列命令,图形界面将显示如图 7-10 所示。

```
PLVECT,B                                    !磁场强度(B)的矢量显示
```

说明:在 PLVECT 命令中定义两个或两个以上分量,可以生成自己所需的矢量值。

4. 路径图

路径图是显示某个变量(比如位移、应力,温度等)沿模型上指定路径的变化图。要产生路径图,执行下述步骤:

(1) 执行命令 PATH 定义路径属性(GUI:Main Menu→General Postproc→Path Operations→Define Path→Path Status→Defined Paths)。

Note

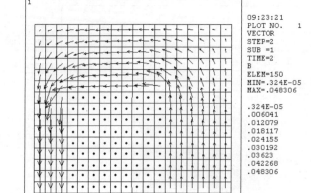

图 7-10　磁场强度的 PLVECT 矢量图

（2）执行命令 PPATH 定义路径点（GUI：Main Menu→General Postproc→Path Operations→Define Path）。

（3）执行命令 PDEF 将所需的量映射到路径上（GUI：Main Menu→General Postproc→Path Operations→Map Onto Path）。

（4）执行命令 PLPATH 和 PLPAGM 显示结果（GUI：Main Menu→General Postproc→Path Operations→Plot Path Items）。

5．反作用力显示

用命令/PBC 下的 RFOR 或 RMOM 来激活反作用力显示。以后的任何显示（由"NPLOT"，"EPLOT"或"PLDISP"命令生成）将在定义了 DOF 约束的点处显示反作用力。约束方程中某一自由度节点力之和不应包含过该节点的外力。

如反作用力一样，也可用命令/PBC（GUI：Utility Menu→PlotCtrls→Symbols）中的 NFOR 或 NMOM 项显示节点力，这是单元在其节点上施加的外力。每一节点处这些力之和通常为 0，约束点处或加载点除外。

默认情况下，打印出的或显示出的力（或力矩的）的数值代表合力（静力、阻尼力和惯性力的总和）。FORCE 命令（GUI：Main Menu→General Postproc→Options For Outp）可将合力分解成各分力。

6．粒子流和带电粒子轨迹

粒子流轨迹是一种特殊的图像显示形式，用于描述流动流体中粒子的运动情况。带电粒子轨迹是显示带电粒子在电、磁场中如何运动的图像。

显示粒子流或带电粒子轨迹常用以下两组命令及相应的 GUI 路径：

（1）TRPOIN 命令（GUI：Main Menu→General Postproc→Plot Results→Defi Trace Pt）：在路径轨迹上定义一个点（起点、终点或者两点中间的任意一点）。

（2）PLTRAC 命令（GUI：Main Menu→General Postproc→Plot Results→Plot Flow Tra）：在单元上显示流动轨迹，能同时定义和显示多达 50 点。

PLTRAC 图样如图 7-11 所示。

图 7-11　粒子流轨迹示例

PLTRAC 命令中的 Item 字段和 comp 字段能使用户看到某一特定项的变化情况（如：对于粒子流动而言，其轨迹为速度、压力和温度；对于带电粒子而言，其轨迹为电荷）。项目的变化情况沿路径用彩色的梯度线显示出来。

另外，与粒子流或带电粒子轨迹相关的还有如下命令：

◆ TRPLIS 命令（GUI：Main Menu→General Postproc→Plot Results→List Trace Pt）：列出轨迹点。

◆ TRPDEL 命令（GUI：Main Menu→General Postproc→Plot Results→Dele Trace Pt）：删除轨迹点。

◆ TRTIME 命令（GUI：Main Menu→General Postproc→Plot Results→Time Interval）：定义流动轨迹时间间隔。

◆ ANFLOW 命令（GUI：Main Menu→General Postproc→Plot Results→Particle Flow）：生成粒子流的动画序列。

需要注意以下 3 个方面：

（1）粒子流轨迹偶尔会无明显原因地停止。在靠近管壁处的静止流体区域，或当粒子沿单元边界运动时，会出现这种情况。为解决这个问题，在流线交叉方向轻微调整粒子初始点。

（2）对于带电粒子轨迹，用 TRPON 命令（GUI：Main Menu→General Postproc→Plot Results→Defi Trace Pt）输入的变量 Chrg 和 Mass 在米-千克-秒单位制中具有相应的单位"库仑"和"千克"。

（3）粒子轨迹跟踪算法会导致死循环，例如某一带电粒子轨迹会导致无限循环。要避免出现死循环，可用 PLTRAC 命令的 MXLOOP 变元设置极限值。

7. 破碎图

若在模型中有 SOLID65 单元，则可用 PLCRACK 命令（GUI：Main Menu→General Postproc→Plot Results→Crack/Crash)确定哪些单元已断裂或碎开。以小圆圈标出已断裂，以八边形表示混凝土已碎开（图 7-12）。在使用不隐藏矢量显示的模式下，可见断裂和压碎的符号，为指定这一设备，用命令"/DEVICE，VECTOR，ON"（GUI：Utility Menu→Plotctrls→Device Options）。

图 7-12　具有裂缝的混凝土梁

7.2.4 在路径上映射结果

POST1后处理器一个最实用的功能是将结果数据映射到模型的任意路径上。这样一来,就可沿该路径执行许多数学运算(比如微积分运算),从而得到有意义的计算结果,例如:开裂处的应力强度因子和J-积分,通过该路径的热量、磁场力等。另外一个好处是,能以图形或列表方式观察结果项沿路径的变化情况。

只能在包含实体单元(二维或三维)或板壳单元的模型中定义路径,一维单元不支持该功能。

通过路径观察结果包含以下3个步骤:

- ◆ 定义路径属性(PATH命令)。
- ◆ 定义路径点(PPATH命令)。
- ◆ 沿路径插值(映射)结果数据(PDEF命令)。

一旦进行了数据插值,可用图像显示(PLPATH或PLPAGM命令)和列表方式观察,或执行算术运算,如加、减、乘、除、积分等。PMAP命令(在PDEF命令前发出该命令)中提供了处理材料不连续及精确计算的高级映射技术,详情可参考ANSYS在线帮助文档。

另外,图像也可以将路径结果存入文档文件或数组参数中,以便调用。下面详细介绍利用路径观察结果的方法和步骤。

1. 定义路径

要定义路径,首先要定义路径环境,然后定义单个路径点。通过在工作平面上拾取节点、位置或填写特定坐标位置表来决定是否定义路径,然后通过拾取或使用下列命令、菜单路径中的任一种方式生成路径:

> 命令:PATH PPATH
> GUI:Main Menu→General Postproc→Path Operations→Define Path
> GUI:Main Menu→ General Postproc → Path Operations → Define Path → By Nodes (On Working
>   Plane /By Location)

关于PATH命令有下列信息:

- ◆ 路径名(不多于8个字符)。
- ◆ 路径点数(2～1000)仅在批处理模式或用"By Location"选项定义路径点时需要;如果使用图形拾取时,路径点数等于拾取点数。
- ◆ 映射到该路径上的数据组数(最小为4,默认值为30,无最大值)。
- ◆ 路径上相邻点的分段数(默认值为20,无最大值)。

用"By Location"选项时,出现一个单独的对话框,用于定义路径点(PPATH命令),输入路径点的整体坐标值,路径的几何形状基于激活的CSYS坐标系。另外,也可定义一坐标系用于几何插值(用PPATH命令中的CS变元)。

利用命令"PATH,STATUS"可以观察路径设置的状态。

PATH和PPATH命令可以在激活的CSYS坐标系中定义路径的几何形状。若路径是直线或圆弧,只需两个端点(除非想高精度插值,那将需要更多的路径点或子分点)。必要时,图像可以在定义路径前,利用 CSCIR 命令(GUI:Utility Menu→Work plane→Local Coordinate Systems→Move Singularity)移动奇异坐标点。

要显示已定义的路径,需首先沿路径插值数据,然后输入命令"/PBC,PATH,,1"(GUI:Utility Menu→Plotctrls→Symbols),接着输入命令"EPLOT"或"NPLOT"(GUI:Utility Menu→Plot→Elements 或 Utility Menu→Plot→Nodes),ANSYS 将沿路径用云纹图的形式显示结果数值。图 7-13 表示一条定义在柱坐标系中的路径。

图 7-13　显示路径的节点图

2. 使用多路径

一个模型中并不限制路径数目,但是一次只有一条路径为当前路径(即只有一条路径是激活的),图像可以利用"PATH,NAME"命令改变当前激活的路径,在 PATH 命令中不用定义其他变元,已命名的路径将成为新的当前路径。

3. 沿路径插值数据

用下列命令可达到该目的:

命令:PDEF
GUI:Main Menu→General Postproc→Path Operations→Map onto Path
命令:PVECT
GUI:Main Menu→General Postproc→Path Operations→Unit Vector

这些命令要求路径被预先定义好。

用 PDEF 命令,可在激活的结果坐标系中沿着路径插值任何结果数据:原始数据(节点自由度解)、派生数据(应力、通量、梯度等)、单元表数据、FLOTRAN 节点结果数据等。本次讨论的余下部分(及其他文档中)将插值项称为路径项。

例如:沿着 X 路径方向插值热通量,命令如下:

```
PDEF,XFLUX,TF,X
```

XFLUX 值是图像定义的分配给路径项的任意名字,TF 和 X 放在一起识别该项为
X 方向的热通量。

图像可以利用下列命令,使结果坐标系与激活的坐标系(用于定义路径)相配。

```
*GET,ACTSYS,ACTIVE,CSYS
RSYS,ACTSYS
```

第一条命令创建了一个用户定义参数(ACTSYS),该参数定义当前激活的坐标系
的值。第二条命令则设置结果坐标系到由 ACTSYS 指定的坐标系上。

4.映射路径数据

POST1 用{nDiv(nPts-1) + 1}个插值点将数据映射到路径上,这里 nPts 是路径
上的点数,nDiv 是在点间的子分数(或者说分段数)[EPATH]。创建第一条路径项时,
程序自动插值下列几项:XG,YG,ZG 和 S,前 3 个是插值点的 3 个整体坐标值,S 是距
起始节点的路径长度。在用路径项执行数学运算时这些项是有用的。例如:S 可用于
计算线积分。若要在材料不连续处精确映射数据,可在 PMAP 命令中使用 DISCON=
MAT 选项(GUI:Main Menu→General Postproc→Path Operations→Define Path→
Path Options)。

从路径上删除路径项(除 XG,YG,ZG 和 S)用"PDEF,CLEAR"命令,而命令
PCALC(GUI:Main Menu→General Postproc→Path Operations→Operations)则可以
从一个路径存储路径项、定义一平行路径及计算两路径间路径项之差。

PVECT 命令可以定义沿路径的法矢量、切矢量或正向矢量。如果要使用该命令,
需激活笛卡儿坐标系。下面给出一个 PVECT 命令的应用实例——定义在每个插值点
处与路径相切的单位矢量:

```
PVECT,TANG,TXX,TTY,TTZ
```

TTX,TTY 和 TTZ 是用户定义的分配给矢量 X,Y,Z 分量的名字。在数学上的 J
积分、点积和叉积等运算中可使用这些矢量。为精确映射法矢量和切矢量,在 PMAP
命令中使用 ACCURATE 选项,在映射数据之前用命令 PMAP。

5.观察路径项

要得到指定路径项与路径距离的关系图,可使用下述方法之一:

```
命令:PLPATH
GUI:Main Menu→General Postproc→Path Operations→Plot Path Items
```

要得到指定路径项的列表,可使用下述方法之一:

```
命令:PRPATH
GUI:Main Menu→General Postproc→List Results→Path Items
```

可用命令"PLPATH""PRPATH"或"PRANGE"控制路径距离范围(GUI:Main

Menu→General Postproc→Path Operations→Path Range)。在路径显示的横坐标项中路径定义变量也能用来取代路径距离。

图像也可以用另外两个命令 PLSECT(GUI:Mian Menu→General Postproc→Path Operations→Linearized Strs)和 PRSECT(GUI:Main Menu→General Postproc→List Results→Linearized Strs)来计算和观察在 PPATH 命令中由最初两个节点定义的沿某一路径的线性应力,尤其在分析压力容器时,可用该命令将应力分解成几种应力分量:膜应力、剪应力和弯曲应力等。另外,还需说明的一点是,路径必须在激活的显示坐标系中定义。

可用下列命令(GUI)沿路径用彩色梯度线显示数据项,从而使路径上的数据项可以直观清晰地度量。

> 命令:PLPAGM
> GUI:Main Menu→General Postproc→Plot Results→Plot Path Items→On Geometry

6. 在路径项中执行算术运算

下列 3 个命令可用于在路径项中执行算术运算:

(1) PCALC 命令(GUI:Main Menu→General Postproc→Path Operations→Operations):对路径进行加、乘、除、求幂、微分、积分运算。

(2) PDOT 命令(GUI:Main Menu→General Postproc→Path Operations→Dot Product):计算两路径矢量的点积。

(3) PCROSS 命令(GUI:Main Menu→General Postproc→Path Operations→Cross Product):计算两路径矢量的叉积。

7. 将路径数据从一文件中存档或恢复

若想在离开 POST1 时保留路径数据,必须将其存入文件或数组参数中,以便于以后恢复。首先可选一条或多条路径,然后将当前路径写入一文件中:

> 命令:PSEL
> GUI:Utility Menu→Select→Paths
> 命令:PASAVE
> GUI:Main Menu→General Postproc→Path Operations→Archive Path→Store→Paths in file

要从一个文件中取出路径信息及将该数据存为当前激活的路径数据,可用下列方法:

> 命令:PARESU
> GUI:Main Menu→General Postproc→Path Operations→Archive Path→Retrieve→Paths
>   from file

可选择仅存档或取出路径数据(用 PDEF 命令映射到路径上的数据)或路径点(用 PPATH 命令定义的点)。恢复路径数据时,它变为当前激活的路径数据(已存在的激活路径数据被取代)。若用命令 PHRESH 并有多路径时,列表中的第一条路径成为当前激活路径。

输入/输出示例如下:

```
/post1
path,radial,2,30,35                    !定义路径名,点号,组号,分组号
ppath,1,,.2                            !由位置来定义路径
ppath,2,,.6
pmap,,mat                              !在材料不连续处进行映射数据
pdef,sx,s,x                            !描述径向应力
pdef,sz,s,z                            !描述周向应力
plpath,sx,sz                           !绘应力图
pasave                                 !在文件中存储所定义的路径
finish
/post1
paresu                                 !从文件中恢复路径数据
plpagm,sx,,node                        !绘制路径上的径向应力
finish
```

8. 将路径数据存档或从数组参数中恢复

若想把粒子流或带电粒子轨迹映射到某一路径(用 PLTRAC 命令)上,将路径数据写入数组是有用的,若想把路径数据保存在一数组参数内,用下列命令或等价的 GUI 方式:

```
命令:PAGET,PARRAY,POPT
GUI:Main Menu→General Postproc→Path Operations→Archive Path→Retrieve→Path Points
    (Path Data)
```

要从一数组变量中恢复路径信息并将数据存储为当前激活的路径数据,用下列方式:

```
命令:PAPUT,PARRAY,POPT
GUI:Main Menu→General Postproc→Path Operations→Archive Path→Store→Path Points(Path
    Data)
```

可选择仅存档或取出路径数据(用 PDEF 命令映射到路径上的数据)或路径点(用 PPATH 命令定义)。PAGET 命令和 PAPUT 命令中 POPT 变元的设置决定了存储或恢复什么数据,图像必须在恢复路径数据和标识前恢复路径点(详情可参考 ANSYS 在线帮助文档)。恢复路径数据时,它会变成当前激活的路径数据(已存在的路径数据被取代)。输入/输出示例如下,对应的屏幕输出如图 7-14 和图 7-15 所示。

```
/post1
path,radial,2,30,35                    !定义路径名,点号,组号,分组号
ppath,1,,.2                            !按位置定义路径
ppath,2,,.6
pmap,,mat                              !在材料不连续处进行映射数据
pdef,sx,s,x                            !描述径向应力
pdef,sz,s,z                            !描述周向应力
plpath,sx,sz                           !绘应力图
paget,radpts,points                    !将路径点存档于 radpts 数组中
paget,raddat,table                     !将路径数据存档于 raddat 数组中
paget,radlab,label                     !将路径标识存档于 radlab 数组中
```

```
finish
/post1
*get,npts,parm,radpts,dim,x          !从 radpts 数组中取出点号
*get,ndat,parm,raddat,dim,x          !从 raddat 数组中取出路径数据点号
*get,nset,parm,radlab,dim,x          !从 radlab 数组中取出数据标识号
ndiv=(ndat-1)/(npts-1)               !计算子分数
path,radial,npts,ns1,ndiv            !用组号 ns1→nset 生成路径 radial
paput,radpts,points                  !取出路径点
paput,raddat,table                   !取出路径数据
paput,radlab,labels                  !取出路径列表
plpagm,sx,,node                      !绘制路径上的径向图
finish
```

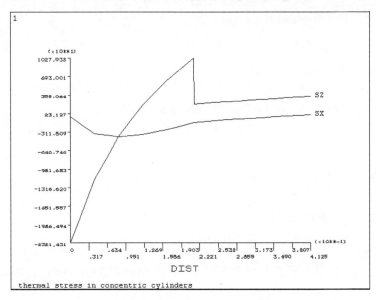

图 7-14　不同材料结合面处显示应力不连续的 PLPATH 示例

图 7-15　PLPAGM 显示的例子

9.删除路径

删除一个或多个路径时,用下列方式之一:

命令:PADELE,DELOPT
GUI:Main Menu→General Postproc→Path Operations→Delete Path
GUI:Main Menu→General Postproc→Elec&Mag Calc→Delete Path

可按名字选择删除所有路径或某一路径,用"PATH,STATUS"命令可浏览当前路径名列表。

7.3 时间历程后处理器

时间历程后处理器(POST26)可用于检查模型中指定点的分析结果与时间、频率等的函数关系。它有许多分析能力:从简单的图形显示和列表到诸如微分和响应频谱生成的复杂操作。POST26的一个典型用途是在瞬态分析中以图形表示结果项与时间的关系或在非线性分析中以图形表示作用力与变形的关系。

使用下列方法之一进入 ANSYS 时间历程后处理器:

命令:POST26
GUI:Main Menu→TimeHist Postproc

7.3.1 定义和储存变量

POST26 的所有操作都是对变量而言的,是结果项与时间(或频率)的简表。结果项可以是节点处的位移、单元的热流量、节点处产生的力、单元的应力、单元的磁通量等。图像对每个 POST26 变量任意指定大于或等于 2 的参考号,参考号 1 用于时间(或频率)。因此,POST26 的第一步是定义所需的变量,第二步是存储变量。

1. 定义变量

可以使用下列命令定义 POST26 变量:

(1) FORCE 命令指定节点力(合力、分力、阻尼力或惯性力)。

(2) SHELL 命令指定壳单元(分层壳)中的位置(TOP、MID、BOT),ESOL 命令将定义该位置的结果输出(节点应力、应变等)。

(3) LAYERP26L 指定结果待储存的分层壳单元的层号,然后,SHELL 命令对该指定层操作。

(4) NSOL 命令定义节点解数据(仅对自由度结果)。

(5) ESOI 命令定义单元解数据(派生的单元结果)。

(6) RFORCER 命令定义节点反作用数据。

(7) GAPF 命令用于定义存储在变量中的间隙力数据。

(8) SOLU 命令定义解的总体数据(如时间步长、平衡迭代数和收敛值)。

这些命令与下列 GUI 路径等价:

GUI:Main Menu→TimeHist Postproc→Define Variables
GUI:Main Menu→TimeHist Postproc→Elec&Mag→Circuit→Define Variables

例如：下列命令定义两个 POST26 变量：

NSOL,2,358,U,X
ESOL,3,219,47,EPEL,X

变量 2 为节点 358 的 UX 位移(针对第一条命令)，变量 3 为 219 单元 47 节点弹性约束的 X 分力(针对第二条命令)。然后，对于这些结果项，系统将给它们分配参考号，如果用相同的参考号定义一个新的变量，则原有的变量将被替换。

2．存储变量

定义了 POST26 变量和参数，就相当于在结果文件的相应数据建立了指针。存储变量就是将结果文件中的数据读入数据库。当发出显示命令或 POST26 数据操作命令(包括表 7-3 所列命令)或选择与这些命令等价的 GUI 路径时，程序自动存储数据。

表 7-3 存储变量的命令

命令	GUI 菜单路径	功 能
PLVAR	Main Menu→TimeHist Postproc→Graph Variables	可在一个图框中显示变量的图形
PRVAR	Main Menu→TimeHist Postproc→List Variable	表格中列出多个变量值
ADD	Main Menu→TimeHist Postproc→Math Operations→Add	计算两值的和
DERIV	Main Menu→TimeHist Postproc→Math Operations→Derivate	求导数
QUOT	Main Menu→TimeHist Postproc→Math Operations→Divide	进行除计算
VGET	Main Menu → TimeHist Postproc → Table Operations → Variable to Par	将变量移入数组参数
VPUT	Main Menu → TimeHist Postproc → Table Operations → Parameter to Var	数组参数移入一变量

在某些场合，需要使用 STORE 命令(GUI：Main Menu→TimeHist Postproc→Store Data)直接请求变量存储。这些情况将在下面的命令描述中解释。如果在发出 TIMERANGE 命令或 NSTORE 命令(这两个命令等价的 GUI 路径为 Main Menu→TimeHist Postproc → Settings → Data)之后使用 STORE 命令，那么默认情况为"STORE，NEW"。由于 TIMERANGE 命令和 NSTORE 命令为存储数据重新定义了时间或频率点或时间增量，因而需要改变命令的默认值。

可以使用下列命令操作存储数据：

(1) MERGE 将新定义的变量增加到先前的时间点变量中，即：更多的数据列被加入数据库。在某些变量已经存储(默认)后，如果希望定义和存储新变量，这是十分有用的。

(2) NEW 替代先前存储的变量，删除先前计算的变量，并存储新定义的变量及当前参数。

（3）APPEND 添加数据到先前定义的变量中，即：如果将每个变量看作一数据列，APPEND 操作就为每一列增加行数。当要将两个文件（如瞬态分析中两个独立的结果文件）中相同变量集在一起时，这是很有用的。使用 FILE 命令（GUI：Main Menu→TimeHist Postproc→Settings→File)指定结果文件名。

（4）"ALLOC,N"为顺序存储操作分配 N 个点（N 行）空间，此时先前定义的变量将被自动清零。由于程序会根据结果文件自动确定所需的点数，所以正常情况下不需用该选项。

使用 STORE 命令的一个实例如下：

```
/POST26
NSOL,2,23,U,Y              !变量2 = 节点23处的 UY 值
SHELL,TOP                  !指定壳的顶面结果
ESOL,3,20,23,S,X           !变量3 = 单元20的节点23的顶部 SX
PRVAR,2,3                  !存储并打印变量2和3
SHELL,BOT                  !指定壳的底面为结果
ESOL,4,20,23,S,X           !变量4 = 单元20的节点23的底部 SX
STORE                      !使用命令默认形式，将变量4和变量2、3置于内存
PLESOL,2,3,4               !打印变量2,3,4
```

图像应该注意以下几个方面：

（1）默认情况下，可以定义的变量数为 10 个。使用命令 NUMVAR（GUI：Main Menu→TimeHist Postproc→Settings→File)可增加该限值（最大值为 200）。

（2）默认情况下，POST26 在结果文件中寻找其中的一个文件。可使用 FILE 命令（GUI：Main Menu→TimeHist Postproc→Settings→File)指定不同的文件名（RST、RTH、RDSP 等）。

（3）默认情况下，力（或力矩）值表示合力（静态力、阻尼力和惯性力的合力）。FORCE 命令允许对各个分力操作。

壳单元和分层壳单元的结果数据假定为壳或层的顶面。SHELL 命令允许指定是顶面、中面或底面。对于分层单元可通过 LAYERP26 命令指定层号。

（4）定义变量的其他有用命令：

① NSTORE（GUI：Main Menu→TimeHist Postproc→Settings→Data)，定义待存储的时间点或频率点的数量。

② TIMERANGE（GUI：Main Menu→TimeHist Postproc→Settings→Data)，定义待读取数据的时间或频率范围。

③ TVAR（GUI：Main Menu→TimeHist Postproc→Settings→Data)，将变量1（默认是表示时间）改变为表示累积迭代号。

④ VARNAM（GUI：Main Menu→TimeHist Postproc→Settings→Graph 或 Main Menu→TimeHist Postproc→List)，给变量赋名称。

⑤ RESET（GUI：Main Menu→TimeHist Postproc→Reset Postproc)，所有变量清零，并将所有参数重新设置为默认值。

（5）使用 FINISH 命令（GUI：Main Menu→Finish)退出 POST26，删除 POST26 变量和参数，如"FILE""PRTIME""NPRINT"等，由于它们不是数据库的内容，故不能

存储,但这些命令均存储在 LOG 文件中。

7.3.2　检查变量

一旦定义了变量,可通过图形或列表的方式检查这些变量。

1.产生图形输出

PLVAR 命令(GUI:Main Menu→TimeHist Postproc→Graph Variables)可在一个图框中显示多达 9 个变量的图形。默认的横坐标(X 轴)为变量 1(静态或瞬态分析时表示时间,谐波分析时表示频率)。使用 XVAR 命令(GUI:Main Menu→TimeHist Postproc→Setting→Graph)可指定不同的变量号(比如应力、变形等)作为横坐标。图 7-16 和图 7-17 所示是图形输出的两个实例。

图 7-16　使用 XVAR＝1(时间)作为横坐标的 POST26 输出

图 7-17　使用 XVAR≠1 指定不同的变量号作为横坐标时的 POST26 输出

如果横坐标不是时间,可显示三维图形(用时间或频率作为 Z 坐标),使用下列方法之一改变默认的 X-Y 视图:

命令:/VIEW
GUI:Utility Menu→PlotCtrls→Pan,Zoom,Rotate
GUI:Utility Menu→PlotCtrls→View Setting→Viewing Direction

在非线性静态分析或稳态热力分析中,子步为时间,也可采用这种图形显示。

当变量包含由实部和虚部组成的复数数据时,默认情况下,PLVAR 命令显示的为幅值。使用 PLCPLX 命令(GUI:Main Menu→TimeHist Postproc→Setting→Graph)切换到显示相位、实部和虚部。

图形输出可使用许多图形格式参数。通过选择 GUI:Utility Menu→PlotCtrls→Style→Graphs 或下列命令实现该功能:

- 激活背景网格(/GRID 命令)。
- 曲线下面区域的填充颜色(/GROPT 命令)。
- 限定 X、Y 轴的范围(/XRANGE 及/YRANGE 命令)。
- 定义坐标轴标签(/AXLAB 命令)。
- 使用多个 Y 轴的刻度比例(/GRTYP 命令)。

2. 计算结果列表

图像可以通过 PRVAR 命令(GUI:Main Menu→TimeHist Postproc→List Variables)在表格中列出多达 6 个变量,同时还可以获得某一时刻或频率处结果项的值,也可以控制打印输出的时间或频率段。操作如下:

命令:NPRINT,PRTIME
GUI:Main Menu→TimeHist Postproc→Settings→List

通过 LINES 命令(GUI:Main Menu→TimeHist Postproc→Settings→List)可对列表输出的格式做微小调整。下面是 PRVAR 的一个输出示例:

```
      ***** ANSYS time-history VARIABLE LISTING *****
      TIME              51 UX            30 UY
                        UX               UY
      .10000E-09     .000000E+00        .000000E+00
      .32000         .106832            .371753E-01
      .42667         .146785            .620728E-01
      .74667         .263833            .144850
      .87333         .310339            .178505
      1.0000         .356938            .212601
      1.3493         .352122            .473230E-01
      1.6847         .349681          -.608717E-01
time-history SUMMARY OF VARIABLE EXTREME VALUES
VARI TYPE IDENTIFIERS NAME MINIMUM AT TIME MAXIMUM AT TIME
1 TIME   1 TIME    TIME    .1000E-09      .1000E-09      6.000      6.000
2 NSOL  51 UX      UX      .0000E+00      .1000E-09      .3569      1.000
3 NSOL  30 UY      UY    -.3701          6.000          .2126      1.000
```

对于由实部和虚部组成的复变量,PRVAR 命令的默认列表是实部和虚部。可通过命令 PRCPLX 选择实部、虚部、幅值、相位中的任何一个。

另一个有用的列表命令是 EXTREM(GUI:Main Menu→TimeHist Postproc→List Extremes),可用于打印设定的 X 轴和 Y 轴范围内的 Y 变量的最大和最小值。也可通过命令 ∗GET(GUI:Utility Menu→Parameters→Get Scalar Data)将极限值指定给参数。下面是 EXTREM 命令的一个输出示例:

```
Time-History SUMMARY OF VARIABLE EXTREME VALUES
VARI TYPE IDENTIFIERS NAME MINIMUM AT TIME MAXIMUM AT TIME
1 TIME    1 TIME     TIME    .1000E-09       .1000E-09       6.000    6.000
2 NSOL    50 UX      UX      .0000E+00       .1000E-09       .4170    6.000
3 NSOL    30 UY      UY      -.3930          6.000           .2146    1.000
```

7.3.3　其他功能

1.进行变量运算

POST26 可对原先定义的变量进行数学运算,下面给出两个应用实例。

实例 1:在瞬态分析时定义了位移变量,可让该位移变量对时间求导,得到速度和加速度,命令流如下:

```
NSOL,2,441,U,Y,UY441        !定义变量 2 为节点 441 的 UY,名称=UY441
DERIV,3,2,1,,BEL441         !变量 3 为变量 2 对变量 1(时间)的一阶导数,名称为 BEL441
DERIV,4,3,1,,ACCL441        !变量 4 为变量 3 对变量 1(时间)的一阶导数,名称为 ACCL441
```

实例 2:将谐响应分析中的复变量$(a+ib)$分成实部和虚部,再计算它的幅值$(\sqrt{a^2+b^2})$和相位角,命令流如下:

```
REALVAR,3,2,,,REAL2         !变量 3 为变量 2 的实部,名称为 REAL2
IMAGIN,4,2,,IMAG2           !变量 4 为变量 2 的虚部,名称为 IMAG2
PROD,5,3,3                  !变量 5 为变量 3 的平方
PROD,6,4,4                  !变量 6 为变量 4 的平方
ADD,5,5,6                   !变量 5(重新使用)为变量 5 和变量 6 的和
SQRT,6,5,,,AMPL2            !变量 6(重新使用)为幅值
QUOT,5,3,4                  !变量 5(重新使用)为(b/a)
ATAN,7,5,,,PHASE2           !变量 7 为相位角
```

可通过下列方法之一创建自己的 POST26 变量。

FILLDATA 命令(GUI:Main Menu→TimeHist Postproc→Table Operations→Fill Data):用多项式函数将数据填入变量。

DATA 命令将数据从文件中读出。该命令无对应的 GUI,被读文件必须在第一行中含有 DATA 命令,第二行括号内是格式说明,数据从接下去的几行读取。然后通过/INPUT 命令(GUI:Utility Menu→File→Read Input from)读入。

另一个创建 POST26 变量的方法是使用 VPUT 命令,它允许将数组参数移入一变量。逆操作命令为 VGET,它将 POST26 变量移入数组参数。

2．产生响应谱

该方法允许在给定的时间历程中生成位移、速度、加速度响应谱，频谱分析中的响应谱可用于计算结构的整个响应。

POST26 的 RESP 命令用来产生响应谱：

命令：RESP
GUI：Main Menu→TimeHist Postproc→Generate Spectrum

RESP 命令需要先定义两个变量：一个含有响应谱的频率值（LFTAB 字段）；另一个含有位移的时间历程（LDTAB 字段）。LFTAB 的频率值不仅代表响应谱曲线的横坐标，而且也是用于产生响应谱的单自由度激励的频率。可通过 FILLDATA 或 DATA 命令产生 LFTAB 变量。

LDTAB 中的位移时间历程值常产生于单自由度系统的瞬态动力学分析。通过 DATA 命令（位移时间历程在文件中时）和 NSOL 命令（GUI：Main Menu→TimeHist Postproc→Define Variables）创建 LDTAB 变量。系统采用数据时间积分法计算响应谱。

7.4　实例——悬臂梁计算结果后处理

为了使读者对 ANSYS 的后处理操作有比较清楚的认识，以下实例将对前面的有限元计算结果进行后处理，以此分析悬臂梁在载荷作用下的受力情况，从而分析研究其剪切应力校核和评定。

7.4.1　GUI 方式

1．打开悬臂梁几何模型 beamfea.db 文件

2．检查结果

（1）定义最大切应力表格参数：Main Menu → General Postproc → Element Table→Define Table，弹出如图 7-18 所示的"Element Table Data"对话框，单击"Add"按钮，又弹出如图 7-19 所示的"Define Additional Element Table Items"对话框，在"User label for item"文本框中输入"ILSXZ"，单击选择"Item，Comp Results data item"下拉列表框中的"By sequence num"和"SMISC"，在下面的文本框中输入"SMISC，68"，单击"Apply"按钮。

（2）定义其他表格参数：系统弹出如图 7-19 所示的"Define Additional Element Table Items"对话框，在其中定义"SXZ"和"ILMX"这些参数。单击"OK"按钮，结果如图 7-20 所示。

（3）获取定义的 SXZ 表格参数：Utility Menu→Parameters→Get Scalar Data，弹出如图 7-21 所示的"Get Scalar Data"对话框，在下拉列表框中分别选择"Results data"

图 7-18 "Element Table Data"对话框

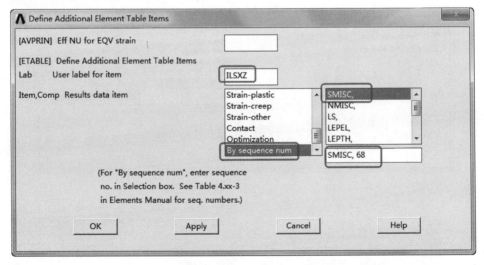

图 7-19 "Define Additional Element Table Items"对话框

和"Elem table data",单击"OK"按钮,弹出如图 7-22 所示的"Get Element Table Data"对话框,在"Name of parameter to be defined"文本框中输入"SIGXZ1",在"Element number N"文本框中输入 4,在"Elem table data to be retrieved"下拉列表框中选中"SXZ",单击"Apply"按钮。

（4）获取其他定义表格参数：重复第（3）步,获取"ILSXZ,ILMX"这些定义的表格参数。

（5）定义参数数组：Utility Menu→Parameters→Array Parameters→Define/Edit,弹出"Array Parameter"对话框,单击"Add"按钮,弹出如图 7-23 所示的"Add

图 7-20 "Element Table Data"对话框

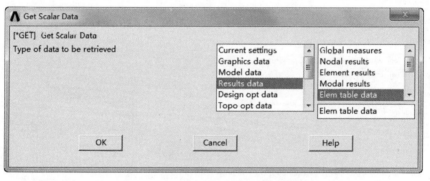

图 7-21 "Get Scalar Data"对话框

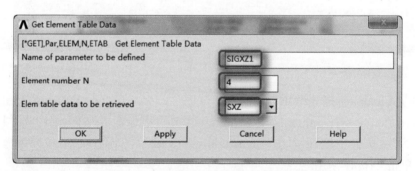

图 7-22 "Get Element Table Data"对话框

New Array Parameter"对话框,在"Parameter name"文本框中输入"VALUE",在"I,J,K No. of rows,cols,planes"文本框中分别输入"4,3,0"。单击"OK"按钮,关闭"Add New Array Parameter"对话框,单击"Close"按钮关闭"Element Table Data"对话框。

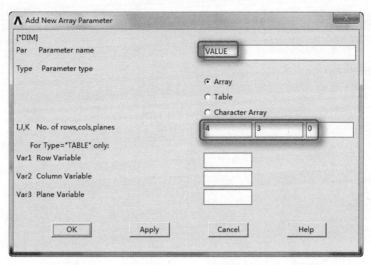

图 7-23 "Add New Array Parameter"对话框

（6）对定义数组的第一列赋值：Utility Menu→Parameters→Array Parameters→Fill，弹出如图 7-24 所示的"Fill Array Parameter"对话框，单击选择"Specified values"选项，单击"OK"按钮，弹出如图 7-25 所示的"Fill Array Parameter with Specified Values"对话框，在"Result array parameter"文本框中输入"VALUE(1,2)"，在后面的数值栏中依次输入"0,5625,7500,225"，单击"Apply"按钮。

（7）对定义数组的第二列赋值：继续在图 7-24 所示对话框中选择"Specified values"选项，单击"OK"按钮，在图 7-25 所示对话框的"Result array parameter"文本框中输入"VALUE(1,2)"，在后面的数值栏中依次输入"SIGXZ1,SIGXZ2,SIGXZ3,FC3"，单击"Apply"按钮。

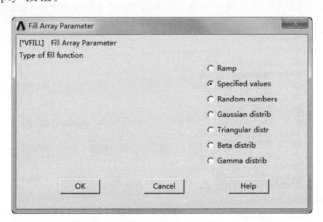

图 7-24 "Fill Array Parameter"对话框

（8）对定义数组的第三列赋值：在图 7-24 所示对话框中选择"Specified values"选项，单击"OK"按钮，在图 7-25 所示对话框的"Result array parameter"文本框中输入"VALUE(1,3)"，在后面的数值栏中依次输入"0,ABS(SIGXZ2/5625),ABS(SIGXZ3/7500),ABS(FC3/225)"，单击"OK"按钮。

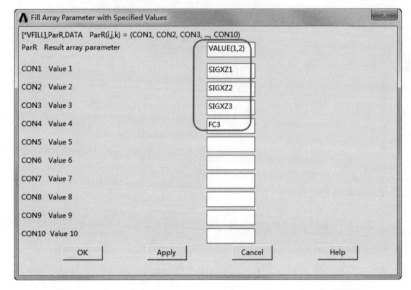

图 7-25 "Fill Array Parameter with Specified Values"对话框

（9）结果输出到文件：Utility Menu→File→Switch Output to→File，在输入栏中输入"beam. vrt"，单击"OK"按钮。

（10）Von-mises 应力云图显示：Main Menu→General Postproc→Plot Results→Contour Plot→Element Solu，弹出如图 7-26 所示的"Contour Nodal Solution Data"对话框，在"Item to be contoured"下拉列表框中分别选中 Stress→von Mises stress，单击"OK"按钮，结果如图 7-27 所示。

图 7-26 "Contour Nodal Solution Data"对话框

图 7-27　"von-Mises"应力云图显示

3. 退出 ANSYS

单击工具栏上的"QUIT",在出现的对话框上选择"QUIT-No Save",单击"OK"按钮。

7.4.2　命令流方式

略,见前言二维码中的电子文档。

第 **8** 章

APDL及土木工程中常用单元简介

本章先简单介绍 ANSYS 的参数化设计语言 APDL,接着用一个 APDL 语言实例来说明其实现过程,随后介绍了一些在土木工程中常用到的 ANSYS 单元。

学 习 要 点

◆ APDL 简介
◆ 土木工程常用 ANSYS 单元介绍

Note

8.1 APDL 简 介

8.1.1 APDL 概述

APDL 是 ANSYS 参数化设计语言(ANSYS Parametric Language)的简称,它类似于 FORTRAN 程序语言,是 ANSYS 的二次开发工具之一。利用 APDL 可以实现参数化建模、施加参数化载荷与求解,以及参数化后处理结构显示,实现参数化有限元分析的全过程。例如,若求解结果表明有必要对程序进行修改设计,就必须改变模型的几何形状并重复定义模型及施加载荷操作等,当模型较复杂或修改较多时,则需要花很多时间,严重影响了工程应用效率。此时,就可利用 ANSYS 程序中的 APDL 建立的智能分析手段实现这些循环功能,避免许多重复操作,大大提高了分析效率。

8.1.2 参数定义

APDL 允许用户通过指定或程序设计给变量或参数赋值,在 ANSYS 运行的任意时刻都可以定义参数。也可以将参数保存在一个文件中,供以后的 ANSYS 运行过程或其他运行和报告使用。参数特性提供了对程序进行控制和简化数据输入的有效方法。参数指 APDL 的变量,与 FORTRAN 语言的变量类似,有标量参数和数组参数。

参数的名称必须符合以下规则:

◆ 必须以字母开头且长度不能超过 8 个字符。
◆ 只能由字母、数字和下划线组成。
◆ 不能使用 * abbr 缩写。
◆ 避免使用 ANSYS 程序的标记符号或命令作为参数名。

ANSYS 中有两种方法定义参数:命令方式和 GUI 方式。

ANSYS 提供了参数定义的 APDL 命令,见表 8-1。

表 8-1 参数定义的 APDL 命令

APDL 命令	命 令 功 能
* Afun	指定参数表达式单位(一般指三角函数和反三角函数的角度单位)
* Ask	提示用户输入一个参数值
* Del	删除一个参数
* Dim	定义数组
* Get	从模型数据库中提取模型参数及计算结果值
* Set	给参数赋值
* Status	列出当前所有参数的状态
* Tread	从外部数据文件读取数据并存储到一个表中或数组参数中
* Vget	从数据库中提取数据并存储到一个数组中
* Vread	从数据库中读取数据到一个参数中
* Vedit	填充数组向量

GUI 方式定义参数：Utility Menu → Parameters→Scalar Parameters。

执行以上命令后会弹出如图 8-1 所示的参数定义对话框，可通过这个对话框实现对参数的定义、删除和修改。

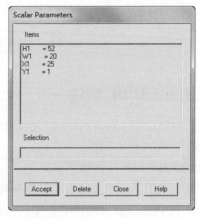

8.1.3 流程控制

ANSYSY 程序逐行执行指令，有时需要改变程序执行顺序或重复执行语句，此时，可利用 APDL 来实现类似 FORTRAN 的流程控制。

1. 分支

图 8-1　参数定义对话框

分支命令能引导程序根据实际模型或分析做出决定。APDL 可以有选择地执行多个语句，通过比较两个数值来确定当前满足的条件值，利用 FORTRAN 中的 IF 和 GO 语句引导程序顺序读取命令来实现分支。

最常用的分支结构为 IF-THEN-ELSE-ENDIF。一般流程如下：

```
* IF a, eq, 1, then
! Block1
...
* ELSEIF, a, eq, 0
! Block2
...
* ELSEIF, a, eq, - 2
! Block3
...
* ELSE
! Block4
...
* ENDIF
```

2. 循环

对于循环控制，同 FORTRAN 类似，可使用 DO 循环指令来实现。这个指令引导程序重复一串操作命令，循环次数由计数器或其他循环的控制器来控制。

常用 * DO… * ENDDO 语句来显示循环控制，其格式如下：

```
* DO, par, ival, fval, inc
...
* ENDDO
```

式中 par 是循环控制变量，ival、fval 和 inc 分别是循环控制变量的初值、终值和步长，inc 默认是 1。

也可以结合分支语句 * IF- * THEN- * ELSE- * ENDIF，利用 * EXIT 和 * CYCLE 命令实现跳出循环和跳到下一循环，流程如下：

```
* DO
...
* IF…THEN
...
* ELSEIF…
* CYCLE        !结束当前循环,进入下一个循环
* ELSE
* EXIT         !跳出循环体,执行 * ENDDO 命令行的下一个命令
...
* ENDDO
```

3. 重复

常用的重复命令是 * REPEAT,在输入序列中输入重复命令 * REPEAT 后,程序会立即将前面的命令,重复执行指定的次数,每重复一次,命令变量就会增加。这个功能可在模型构建中得到充分利用,如用重复功能来生成节点、关键点、线段、边界条件或其他模型属性。

重复命令 * REPEAT 格式如下:

```
* REPEAT, ntot, vinc1, vinc2, vinc3, vinc4, vinc5, vinc6, vinc7, vinc8, vinc9, vinc10,
vinc11
```

其中,ntot 是命令重复执行的次数,因为该次数包括要重复的原始命令,因此必须是大于 2 的整数;vinc1~vinc11 是命令的第 1~11 个参数在每次循环的增量,即每次循环命令参数会按指定数值增加。

例如:

```
E,1,2
* REPEAT,4,0,1
```

E 命令通过节点 1 和 2 生成一个单元,然后用 * REPEAT 使 E 命令语句重复执行4 次,每次节点号码增加 1,最后生成 4 个单元(对应节点分为 1-2,1-3,1-4,1-5)。

8.1.4 宏

宏是一系列保存在一个文件中并能在任何时候在 ANSYS 中执行的 ANSYS 命令流文件。宏的文件名不能与已存在的 ANSYS 命令同名,否则 ANSYS 执行的将是内部命令而不是宏,且只有扩展名为 mac 的用户创建的宏才能被 ANSYS 程序执行。宏可以通过系统编辑器或从 ANSYS 程序内部进行创建,可以包括 APDL 特性的任何内容,如参数、重复功能和分支等。

宏可以作为自定义的 ANSYS 命令使用,可以带有宏输入参数和内部变量,也可以在宏内部直接引用总体变量。在分支中,宏可以被重复任意次并可以嵌套达 20 层之多。宏可以简化重复数据输入,大大提高了建模效率。

1. 宏的创建

常用命令方式和 GUI 菜单方式来创建宏。

（1）命令方式。

```
＊CREATE
…
＊END
```

（2）GUI 菜单方式。

Utility Menu→Macro→Create Macro

执行以上命令后出现如图 8-2 所示的创建宏对话框，在对话框中输入语句来创建宏。

图 8-2   创建宏对话框

2．宏的调用

ANSYS19.0 提供了 317 个预先写好的宏，它们默认位于"C：\Program Files\ANSYS Inc\v 190\ansys\apdl"下面，可以直接调用或复制到工作目录进行调用。

宏的调用一般也有命令方式和菜单 GUI 方式两种。

（1）命令方式：＊use。

（2）GUI 菜单方式。

Utility Menu→Macro→Execute Macro

在使用宏命令中，还可以用 ＊ASK 命令定义参数，这个命令可定义并赋值参量。
＊ASK 命令在自动分析方面特别适用，自动分析中的一些基本变量，如尺寸、材料特性

等在不同设计中往往是不相同的。

此外,在宏内部普遍使用的一个 APDL 特性是 * MSG 命令。这个命令允许将参数和用户提供的信息写入用户可控制的、有一定格式的输出文件中,这些信息可以是一个简单的注释、一个警告或一个错误信息等,这就允许用户在 ANSYS 内部创建特定报告或生成可用于外部程序格式的输出文件。

8.1.5 函数和表达式

1. 函数

ANSYS 中有效的运算包括算术运算、比较、取整和标准 FORTRAN 的三角函数、指数函数、对数函数和双曲函数等。在表 8-2 中列出了 ANSYS 常用的函数。

表 8-2 ANSYS 常用函数

函 数 类 型	功 能
$ABS(x)$	取 x 的绝对值
$SIGN(x,y)$	当 $y=0$ 时,结果取正号;当 y 取有符号的数值结果时,取 x 的绝对值
$EXP(x)$	取 x 的指数值,即 e^x
$LOG(x)$	取 x 的自然对数值,即 $\ln x$
$LOG10(x)$	取 x 的常用对数值,即 $\lg x$
$SQRT(x)$	取 x 的平方根
$NINT(x)$	取 x 的整数部分
$MOD(x,y)$	取 x/y 的余数部分,如 $y=0$ 时,则值为 0
$RAND(x,y)$	取 $x \sim y$ 之间的随机数
$SIN(x)$	取 x 的正弦值,x 为弧度
$COS(x)$	取 x 的余弦值,x 为弧度
$TAN(x)$	取 x 的正切值,x 为弧度
$SINH(x)$	取 x 的双曲正弦值,x 为弧度
$COSH(x)$	取 x 的双曲余弦值,x 为弧度
$TANH(x)$	取 x 的双曲正切值,x 为弧度
$ASIN(x)$	取 x 的反正弦值,x 为弧度
$ACOS(x)$	取 x 的反余弦值,x 为弧度
$ATAN(x)$	取 x 的反正切值,x 为弧度

2. 表达式

ANSYS 中的 APDL 提供了基本的数学运算符号:+(加)、-(减)、*(乘)、/(除)、**(乘方)、<(小于)、>(大于)。可以利用这些运算符号创建复杂表达式,其运算优先级与 FORTRAN 语言相同。

8.1.6 APDL 应用实例

如图 8-3 所示平面二力杆网架,各杆件之间为铰接,图中的编号是铰接位置上的关键点号。

已知条件:

各杆件的截面积为 $2.0\text{E-}4\text{m}^2$;材料弹性模量为 1.96E11Pa,泊松比为 0.25;关键

点 3 施加 200N 的集中力。

　　计算受力后网架的变形、支座的反作用力和各杆件的轴力，如图 8-4 所示。列表显示结果如图 8-5 所示。

图 8-3　平面二力杆网架

图 8-4　杆网架变形云图

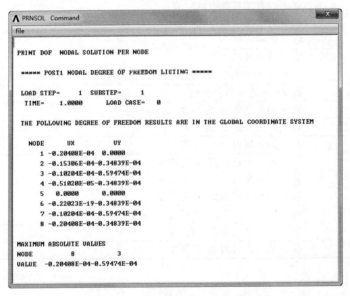

图 8-5　杆网架变形列表结果

求解过程利用 APDL 来实现，其命令流如下：

```
!初始化环境
FINISH
/CLEAR
/UNITS,SI                        !国际单位制
/FILNAME,truss                   !定义文件名
/TITLE,Analysis of truss         !定义分析标题名
!建立有限元模型
/prep7
```

```
ET,1,LINK1                      !定义杆单元1
R,1,2E-4                        !定义杆单元1实常数
MP,EX,1,1.96E11                 !定义杆单元1的弹性模量
MP,PRXY,1,0.25                  !定义杆单元1的泊松比
K,1,,,,                         !生成8个关键点
K,2,2,,,
K,3,4,,,
K,4,6,,,
K,5,8,,,
K,6,2,2,,
K,7,4,2,,
K,8,6,2,,
LSTR,1,2                        !生成13条线
LSTR,2,3
LSTR,3,4
LSTR,4,5
LSTR,6,7
LSTR,7,8
LSTR,1,6
LSTR,2,6
LSTR,3,6
LSTR,3,7
LSTR,3,8
LSTR,4,8
LSTR,5,8
LATT,1,1,1                      !定义杆单元1属性
LESIZE,ALL,...1,...1            !设置网格份数
LMESH,ALL                       !划分网格
/ESHAPE,1.0
EPLOT
SAVE
FINISH
!加载求解
/SOLU
ANTYPE,0                        !选择静态分析类型
DK,5,,,...0,all                 !施加约束
DK,1,,,...0,UY
FK,3,FY,-200                    !施加载荷
SOLVE                           !求解计算
FINISH
!后处理
/POST1
SET,LAST                        !读入最后时间步数据
PLNSOL,U,SUM                    !绘制出变形云图
PRNSOL,DOF                      !列出各节点的位移
ETABLE,S-AXIS,LS,1              !定义轴向应力单元表
SMULT,N-AXIS,S-AXIS,,2E-4,1,    !用乘法得到轴力单元表
PRETAN,N-AXIS                   !列出各单元的轴力
PLLS,N-AXIS,N-AXIS,1,0          !绘制出单元轴力
```

以上执行"PRNSOL,DOF"命令后得到受力后杆网架 8 个节点的位移值,如图 8-6 所示。

如图 8-7 所示为执行"PRETAN,N-AXIS"命令后得到的各单元轴力。

图 8-6　杆网架杆件受力图

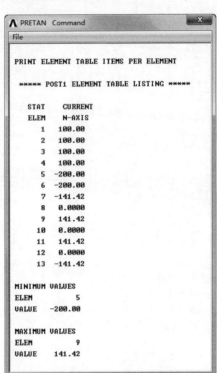

图 8-7　各单元轴力

8.2　土木工程常用 ANSYS 单元介绍

在 ANSYS 单元库中,有 100 多种单元。本章主要介绍一些在土木工程中经常用到的单元,如杆(LINK)单元、弹簧(COMBIN)单元、梁(BEAM)单元、平面(PLANE)单元、壳(SHELL)单元、质量(MASS)单元等。

8.2.1　杆(LINK)单元

杆单元主要有 LINK1、LINK8、LINK10 和 LINK180 等,LINK1 为二维杆单元,LINK8、LINK10、LINK180 为三维杆单元,其中 LINK1、LINK8、LINK10 在新的版本中已不支持图形界面操作,APDL 语言中可以继续使用。在图形界面操作中如需用到上面三个杆单元尽量采用 LINK180 来替代。

1. LINK1 单元

LINK1 单元在土木工程中有十分广泛的应用,经常用于模拟桁架、连杆、弹簧等构件。LINK1 单元是二维平面单元,只能承受单向拉伸或压缩,共有两个节点,每个节点上具有两个自由度。

需要注意的是,对于 LINK1 单元,其后处理应当采用单元表方式提取轴向应力、轴力等单元结果信息,节点位移和支座反力则可以直接列表显示。

LINK1 单元的几何形状、节点位置和坐标系取向如图 8-8 所示。

图 8-8 LINK1 单元

(1)输入数据。LINK1 单元通过节点、横截面积、初始应变和材料性质定义。单元的 X 轴方向是沿着杆长从节点 I 指向节点 J。该单元输入数据见表 8-3。

表 8-3 LINK1 单元输入数据

单 元 名 称	LINK1
节点	I,J
自由度	UX,UY
实常数	AREA,ISTRN
材料特性	EX,ALPX,DENS,DAMP
表面载荷	无
体载荷	TEMPERATURES:T(I),T(J);FLUENCES:FL(I),FL(J)
特性	塑性,蠕变,膨胀,应力刚化,大变形,单元生死

(2)输出数据。该单元的输出数据包括节点位移输出和附加单元输出两种形式。

LINK1 单元输出数据见表 8-4,表中"O"和"R"两栏中表明在文件 Jobname.OUT(O)和结果文件(R)的可用性:"Y"表示结果完全可用;数字代表脚注,用来说明该项在什么条件下可用;"—"表示该项不可用,本节以后都用此标记方法。

表 8-4 LINK1 单元输出数据

名 称	定 义	O	R
EL	单元号	Y	Y
NODES	单元节点号码 I,J	Y	Y
MAT	材料号	Y	Y
VOLU	体积	—	Y
XC,YC	输出中心的坐标	Y	2
TEMP	2 节点温度 T(I)和 T(J)	Y	Y
FLUEM	2 节点热流量 FL(I)和 FL(J)	Y	Y
MFORX	单元坐标系下 X 方向的受力	Y	Y
SAXL	单元轴向应力	Y	Y
EPELAXL	单元轴向弹性应变	Y	Y
EPTHAXL	单元轴向热应变	Y	Y
EPINAXL	单元轴向初始应变	Y	Y
SEPL	由应力-应变曲线所得等效应力	1	1
SRAT	三轴应力与屈服应力之比	1	1
EPEQ	等效塑性应变	1	1

续表

名　称	定　义	O	R
HPRES	静水压力	1	1
EPPLAXL	轴向塑性应变	1	1
EPCRAXL	轴向蠕应变	1	1
EPSWAXL	轴向膨胀应变	1	1

（3）假设与限制。

① 假设杆两端承受轴向载荷、材料为均质的直杆。

② 杆的长度必须大于 0，即节点 I 和 J 不能重合。

③ 杆必须在 X-Y 平面内且面积大于 0。

④ 假设温度沿杆的长度方向线性变化。

⑤ 位移函数表明杆内部应力为均匀分布的。

⑥ 如果可能，应该在初始迭代时，将初始应变计入应力刚化矩阵。

⑦ 流体载荷和阻尼材料特性不能使用。

⑧ 只允许使用应力刚化和大变形这两种特殊性能。

2．LINK8 单元

LINK8 单元是具有 2 节点的三维杆单元，能承受单向拉伸或压缩，每个节点上具有 3 个自由度。该单元在土木工程中也广泛应用，可以用来模拟三维空间桁架、松弛状绳索、铰链及弹簧单元等。在销钉联结结构中，可以不考虑单元的弯曲。可进行包括塑性、蠕变、膨胀、应力刚化和大变形特性的分析。

（1）输入数据。LINK8 单元和输入数据分别如图 8-9 和表 8-5 所示。

图 8-9　LINK8 单元

表 8-5　LINK8 单元输入数据

单元名称	LINK8
节点	I,J
自由度	UX,UY,UZ
实常数	AREA,ISTRN
材料特性	EX,ALPX,DENS,DAMP
表面载荷	无
体载荷	TEMPERATURES：T(I)，T(J)；FLUENCES：FL(I)，FL(J)
特性	塑性，蠕变，膨胀，应力刚化，大变形，单元生死

（2）输出数据。该单元输出数据包括节点位移输出和附加单元输出。单元输出数据见表 8-6。

表 8-6 LINK8 单元输出数据

名　　称	定　　义	O	R
EL	单元号	Y	Y
NODES	单元节点号码 I,J	Y	Y
MAT	材料号	Y	Y
VOLU	体积	—	Y
XC,YC,ZC	输出中心的坐标	Y	2
TEMP	2 节点温度 T(I) 和 T(J)	Y	Y
FLUEM	2 节点热流量 FL(I) 和 FL(J)	Y	Y
MFORX	单元坐标系下 X 方向的受力	Y	Y
SAXL	单元轴向应力	Y	Y
EPELAXL	单元轴向弹性应变	Y	Y
EPTHAXL	单元轴向热应变	Y	Y
EPINAXL	单元轴向初始应变	Y	Y
SEPL	由应力-应变曲线所得等效应力	1	1
SRAT	三轴应力与屈服应力之比	1	1
EPEQ	等效塑性应变	1	1
HPRES	静水压力	1	1
EPPLAXL	轴向塑性应变	1	1
EPCRAXL	轴向蠕应变	1	1
EPSWAXL	轴向膨胀应变	1	1

3. LINK10 单元

LINK10 单元也是三维杆单元,其特有的双线性刚度矩阵导致该单元只能承受单向拉伸或单向压缩。选择单向拉伸时,一旦单元受压,刚度矩阵将自动被删除(可用以模拟松弛的绳索或链条)。这个特性在模拟静态的钢索受力情况时非常有用,特别是在整个钢索使用一个单元来分析时。LINK10 也可用于动态分析(考虑阻尼或阻尼效应),此时只认为单元具有松弛特性而忽略单元的移动。

(1) 输入数据。LINK10 单元如图 8-10 所示。对于电缆分析,负的应变值表示松弛效应;在裂纹分析中,正的应变值表示断裂效应。输入数据见表 8-7。

仅拉伸(电缆)选项　　　　　　仅压缩(裂纹)选项

图 8-10 LINK10 单元

表 8-7   LINK10 单元输入数据

单 元 名 称	LINK10
节点	I,J
自由度	UX,UY,UZ
实常数	AREA,ISTRN
材料特性	EX,ALPX,DENS,DAMP
表面载荷	无
体载荷	TEMPERATURES：T(I),T(J)；FLUENCES：FL(I),FL(J)
特性	塑性,蠕变,膨胀,应力刚化,大变形,单元生死
KEYOPT(2)	松弛钢索：0—无刚度 1—沿长度方向有较小刚度 2—沿长度方向及其垂直方向皆有较小的刚度
KEYOPT(3)	拉/压选项：0—单向拉 1—单向受压

（2）输出数据。LINK10 单元输出数据见表 8-8。

表 8-8   LINK10 单元输出数据

名　　称	定　　义	O	R
EL	单元号	Y	Y
NODES	单元节点号码 I,J	Y	Y
MAT	材料号	Y	Y
VOLU	体积	—	Y
XC,YC,ZC	输出中心的坐标	Y	2
TEMP	2 节点温度 T(I) 和 T(J)	Y	Y
STAT	单元状态	1	1
MFORX	单元坐标系下 X 方向的受力	Y	Y
SAXL	单元轴向应力	Y	Y
EPELAXL	单元轴向弹性应变	Y	Y
EPTHAXL	单元轴向热应变	Y	Y
EPINAXL	单元轴向初始应变	Y	Y

4. LINK180 单元

LINK180 单元是可以应用到多种工程应用中的杆单元。此单元可以用于桁架、钢索、连杆和弹簧等。此三维杆单元能承受单向拉伸或压缩,每个节点上具有 3 个自由度,分别为 X、Y 和 Z 三个方向的平移自由度。可支持仅受拉力（线缆）和仅受压力（缺口）的情况。在销钉连接结构中,可以不考虑单元的弯曲。可进行塑性、蠕变、旋转、大变形和大应变等分析。

LINK180 单元允许通过改变横截面积来实现轴向伸长的功能。默认情况下,甚至在变形后,横截面积的改变将可以使单元的数量得到保留,默认情况下将适合弹塑性应用。也可以使用 KEYOPT(2)选择是否保持截面不变或是刚性截面。

（1）输入数据。LINK180 单元和输入数据分别如图 8-11 和表 8-9 所示。LINK180 单元的几何形状、节点位置和坐标系取向如图 8-11 所示。单元通过两个节点、截面面积(AREA)、每单元长度附加质量(ADDMAS)和材料性能所定义。单元 X 轴的方向为沿着杆长由节点 I 指向节点 J。

图 8-11　LINK180 单元

表 8-9　LINK180 单元输入数据

单元名称	LINK180
节点	I,J
自由度	UX,UY,UZ
实常数	AREA,ADDMAS,TENSKEY
材料特性	EX,(PRXY 或 NUXY),ALPX(或 CTEX 或 THSX),DENS,GXY,DAMP
表面载荷	无
体载荷	TEMPERATURES：T(I),T(J)
特性	可塑性、黏弹性、黏塑性/蠕变、其他材料(用户)、应力刚化、大变形、大应变、初始状态非线性稳定、单元生死、线性扰动

(2) 输出数据。该单元输出数据包括节点位移输出和附加单元输出。单元输出数据见表 8-10。

表 8-10　LINK180 单元输出数据

名　　称	定　　义	O	R
EL	单元号码	Y	Y
NODES	单元节点号码 I,J	Y	Y
MAT	材料号	Y	Y
REAL	实常数号	Y	Y
XC,YC,ZC	输出中心的坐标	Y	1
TEMP	两节点温度 T(I),T(J)	Y	Y
AREA	横截面面积	Y	Y
FORCE	单元坐标系中每个节点 X,Y,Z 方向力	Y	Y
Sxx	轴向应变	Y	Y
EPELxx	轴向弹性应变	Y	Y
EPTOxx	总应力	Y	Y
EPEQ	等效塑性应变	2	2
Cur. Yld. Flag	当前屈服标记	2	2
Plwk	塑性应变能量密度	2	2
Pressure	静水压力	2	2
Creq	等效蠕应变	2	2
Crwk_Creep	蠕应变能量密度	2	2
EPPLxx	轴向塑性应变	2	2
EPCRxx	轴向蠕应变	2	2
EPTHxx	轴向热应变	3	3

8.2.2 弹簧(COMBIN)单元

ANSYS 单元中弹簧单元有 COMBIN14、COMBIN39、COMBIN40 等,其中 COMBIN14单元在土木工程中应用很广泛。如图 8-12 所示的弹簧-阻尼单元 COMBIN14,允许在一维、二维或三维状态下 使用,具有承受单向拉压或扭转的工作能力。 当纵向弹簧-阻尼单元承受单向拉压时,每个 节点有 3 个自由度,即沿节点坐标系 X、Y、Z 方向的位移,不考虑弯曲或扭转;当扭转弹簧 阻尼单元承受弯曲时,在每个节点上有 3 个自 由度,即绕节点坐标系 X、Y、Z 轴的转动,不 考虑横向弯曲和轴向拉压。

图 8-12 弹簧-阻尼单元 COMBIN14

此外,弹簧-阻尼单元 COMBIN14 没有质量,如果需要考虑质量,则需与 MASS21 联合使用,也可用 COMBIN40 单元来代替它们的组合。

1. 输入数据

COMBIN14 单元的输入数据见表 8-11。

表 8-11 COMBIN14 单元的输入数据

单 元 名 称	COMBIN14
节点	I,J
自由度	UX,UY,UZ—KEYOPT(3)=0 ROTX,ROTY,ROTZ—KEYOPT(3)=1 ROTX,ROTY—KEYOPT(3)=2
实常数	K,CV1,CV2
材料特性	无
表面载荷	无
特殊特性	无
KEYOPT(1)	求解类型:0—线性求解 　　　　　　1—非线性求解(要求 CV2≠0)
KEYOPT(2)	一维时自由度选择:0—使用 KEYOPT(3)选项 　　　　　　　　　1—1-D 纵向弹簧阻尼单元(自由度是 UX) 　　　　　　　　　2—1-D 纵向弹簧阻尼单元(自由度是 UY) 　　　　　　　　　3—1-D 纵向弹簧阻尼单元(自由度是 UZ) 　　　　　　　　　8—1-D 扭转弹簧阻尼单元(自由度是 ROTX) 　　　　　　　　　5—1-D 扭转弹簧阻尼单元(自由度是 ROTY) 　　　　　　　　　6—1-D 扭转弹簧阻尼单元(自由度是 ROTZ) 　　　　　　　　　7—自由单元压力自由度 　　　　　　　　　8—自由单元温度自由度
KEYOPT(2)	二维或三维时自由度选择:0—3-D 纵向弹簧—阻尼 　　　　　　　　　　　1—3-D 扭转弹簧—阻尼 　　　　　　　　　　　2—2-D 纵向弹簧—阻尼(二维单元必须在 X-Y 平面)

2．输出数据

COMBIN14 单元输出数据见表 8-12、表 8-13。

表 8-12 COMBIN14 单元输出数据

名　　称	定　　义	O	R
EL	单元号	Y	Y
NODES	节点 I，J	Y	Y
XC、YC、ZC	输出中心的坐标	Y	1
FORC or TORQ	弹簧力或力矩	Y	Y
STRETCH or TWIST	弹簧伸长量或扭转量（径向）	Y	Y
RATE	弹簧系数	Y	Y
VELOCTY	速度	—	Y
DAMPING FORCE or TORQUE	阻尼力或力矩（为 0，除非为瞬态或阻尼求解时）	Y	Y

表 8-13 COMBIN14 单元输出项目和序列号

输出名称	单元表和单元求解命令输出	
	项　　目	序　列　号
FORC	SMISC	1
STRETCH	NMISC	1
VELOCITY	NMISC	2
DAMPING FORCE	NMISC	3

3．假设和限制

（1）如果 KEYOPT(2)＝0，则弹簧-阻尼单元的长度不能为 0，即节点 I 和 J 不能重合，因为节点位置决定弹簧的方向。

（2）假设纵向弹簧单元刚度只沿其长度方向起作用，扭转弹簧单元刚度只在绕转方向起作用，类似扭转杆件。

（3）弹簧单元中应力假设是均匀分布的。

（4）热分析中，假设温度或压力自由度的作用方式同位移类似。

（5）假设 KEYOPT(2)＝0 时，单元可适用于应力硬化或大变形；KEYOPT(3)＝1 时，单元可适用于大变形扭转，但坐标系不会更新。

（6）通过分别设置 K 或 CV 值为 0 来删除单元的弹性或阻尼性能。

（7）如 CV2≠0，则认为单元是非线性，需要进行迭代求解（KEYOPT(1)＝1）。

（8）若 KEYOPT(2)→0，则单元只有一个自由度。

（9）对于不重合节点且 KEYOPT(2)＝1,2，或 3 时，不包括力矩效应，即当节点偏移作用线时，不能满足力矩平衡。

（10）如节点 J 和 I 相互交换，节点 J 相对于节点 I 弹簧压缩时产生的位移是正的。

8.2.3 梁（BEAM）单元

ANSYS 程序中的梁单元有 BEAM3、BEAM4、BEAM161、BEAM188、BEAM189

Note

等,本节主要介绍在土木工程经常使用的 BEAM3、BEAM4、BEAM188 单元。其中 BEAM3、BEAM4 在新的版本中已不支持图形界面操作,APDL 语言中可以继续使用。

1. BEAM3——二维弹性梁单元

BEAM3 是只能承受单向拉压和弯曲的二维弹性梁单元。该单元有 2 个节点,每个节点上有 X 与 Y 方向位移和绕 Z 轴旋转的 3 个自由度。

BEAM3 单元在土木工程中应用非常广泛,经常用于模拟铁路隧道、公路隧道、水工隧道或地铁隧道中的衬砌单元、圆筒以及简支梁等。

(1)输入数。BEAM3 单元的几何形状、节点位置和坐标系取向如图 8-13 所示。该单元由节点、横截面积、转动惯量和材料特性来定义。

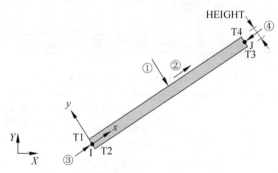

图 8-13　BEAM3——二维弹性梁单元

BEAM3 单元的输入数据见表 8-14。

表 8-14　BEAM3 单元的输入数据

单 元 名 称	BEAM3
节点	I,J
自由度	UX,UY,ROTZ
实常数	AREA,IZZ,HEIGHT,SHEARZ,ISTRN,ADDMAS
材料特性	EX,ALPX,DENS,GXY,DAMP
表面载荷	压力:面 1(I-J)($-Y$ 法线方向) 　　　面 2(I-J)($+X$ 切线方向) 　　　面 3(I)($+X$ 轴方向) 　　　面 4(J)($-Y$ 轴方向)
体载荷	温度:T1,T2,T3,T4
特殊特性	应力硬化,大变形,单元生死
KEYOPT(6)	力和力矩输出:0—不输出力和力矩 　　　　　　　1—在单元坐标系中输出力和力矩
KEYOPT(9)	输出节点 I 与 J 之间的点结果:N—输出 N 个点的结果($N=0,1,3,5,7$)
KEYOPT(10)	用于 SFNEAM 命令施加线性变化的表面载荷: 0—加载偏移量(以长度为单位) 1—加载偏移量(以长度比率为单位)

(2)输出数据。BEAM3 单元的输出数据包含所有节点解的节点位移和附加单元输出,如表 8-15 及图 8-14 所示。

Note

表 8-15　BEAM3 单元输出数据

名　称	定　义	O	R
EL	单元号	Y	Y
NODES	单元节点 I,J	Y	Y
MAT	材料号	Y	Y
VOLU	体积	Y	Y
XC,YC	单元中心坐标	Y	3
TEMP	温度	Y	Y
PRES	压力	Y	Y
SDIR	轴向主应力	1	1
SBYT	梁单元 +Y 边弯曲应力	1	1
SBYB	梁单元 -Y 边弯曲应力	1	1
SMAX	最大应力(轴向主应力+弯曲应力)	1	1
SMIN	最小应力(轴向主应力-弯曲应力)	1	1
EPELDIR	端点轴向弹性应变	1	1
EPELBYT	梁单元 +Y 边弯曲弹性应变	1	1
EPELBYB	梁单元 -Y 边弯曲弹性应变	1	1
EPTHDIR	端点轴向热应变	1	1
EPTHBYT	梁单元 +Y 边弯曲热应变	1	1
EPTHBYB	梁单元 -Y 边弯曲热应变	1	1
EPINAXL	单元初始轴向应变	1	1
MFOR(X,Y)	单元坐标系 X、Y 方向的受力	2	Y
MMOMZ	单元坐标系 Z 方向的力矩	2	Y

图 8-14　BEAM3 应力输出

（3）假设与限制。

① 梁单元必须位于 X-Y 平面且长度和面积必须大于 0。

② 梁单元可以用于任何形状的截面,但应力计算时由中性轴至最外边距离为高度一半来计算。

③ 单元高度仅用于弯曲和热应力计算。

④ 假设施加的热力梯度沿高度和长度方向是线性变化的。

⑤ 假设不使用大变形时,惯性力矩可为 0。

⑥ 不能计算阻尼材料。

⑦ 只允许使用应力刚化和大变形这两种特殊性能。

2．BEAM4——三维弹性梁单元

BEAM4 是可以承受单向拉压、扭转和弯曲的三维弹性梁单元。该单元有 3 个节点，每个节点上有 6 个自由度：沿 X,Y,Z 方向的位移自由度和绕 X,Y,Z 轴的旋转自由度。还具有应力刚化和大变形性质。大变形分析中，可以使用一致的切向刚度矩阵。

（1）输入数据。BEAM4 单元输入数据见图 8-15 及表 8-16 所示。

图 8-15　BEAM4——三维弹性梁单元

表 8-16　BEAM4 单元输入数据

单 元 名 称	BEAM4
节点	节点 I,J,K(K 是方向节点，为可选项)
自由度	UX,UY,UZ,ROTX,ROTY,ROTZ
实常数	AREA,IZZ,IYY,TKZ,TKY,THETA,ISTRN,IXX,SHEARZ,SHEARY, SPIN,ADDMAS
材料特性	EX,ALPX,DENS,GXY,DAMP
表面载荷	压力
体载荷	温度
特殊特性	应力刚化，大变形，单元生死
KEYOPT(2)	应力刚化选项： 　　0—NLGEOM 打开时，使用主切向刚度矩阵 　　1—NLGEOM 和 SOLCONTROL 打开时，使用一致切向刚度矩阵 　　2—SOLCONTROL 关闭时，不使用一致切向刚度矩阵

续表

单元名称	BEAM4
KEYOPT(6)	力和力矩输出： 0—不输出力和力矩 1—在单元坐标系中输出力和力矩
KEYOPT(7)	扭转阻尼矩阵： 0—忽略扭转阻尼矩阵 1—计算扭转阻尼矩阵
KEYOPT(9)	N—输出计算点数（$N=1,3,5,7,9$）
KEYOPT(10)	用于 SFNEAM 命令施加表面载荷： 0—加载偏移量（以长度为单位） 1—加载偏移量（以长度比率为单位）

（2）输出数据。BEAM4 单元的输出数据包含所有节点解的节点位移和附加单元，见表 8-17。

表 8-17　BEAM4 单元输出数据

名称	定义	O	R
EL	单元号	Y	Y
NODES	单元节点 I,J	Y	Y
MAT	材料号	Y	Y
VOLU	体积	Y	Y
XC,YC	单元结果输出中心坐标	Y	3
TEMP	温度	Y	Y
PRES	压力	Y	Y
SDIR	轴向主应力	1	1
SBYT	梁单元$+Y$边弯曲应力	1	1
SBYB	梁单元$-Y$边弯曲应力	1	1
SBZT	梁单元$+Z$边弯曲应力	1	1
SBZB	梁单元$-Z$边弯曲应力	1	1
SMAX	最大应力（轴向主应力$+$弯曲应力）	1	1
SMIN	最小应力（轴向主应力$-$弯曲应力）	1	1
EPELDIR	端点轴向弹性应变	1	1
EPELBYT	梁单元$+Y$边弯曲弹性应变	1	1
EPELBYB	梁单元$-Y$边弯曲弹性应变	1	1
EPELBZT	梁单元$+Z$边弯曲弹性应变	1	1
EPELBZB	梁单元$-Z$边弯曲弹性应变	1	1
EPTHDIR	端点轴向热应变	1	1
EPTHBYT	梁单元$+Y$边弯曲热应变	1	1
EPTHBYB	梁单元$-Y$边弯曲热应变	1	1
EPTHBZT	梁单元$+Z$边弯曲热应变	1	1
EPTHBZB	梁单元$-Z$边弯曲热应变	1	1
EPINAXL	单元初始轴向应变	1	1
MFOR(X,Y,Z)	单元坐标系 X,Y,Z 方向的受力	2	Y
MMOM(X,Y,Z)	单元坐标系 X,Y,Z 方向的力矩	2	Y

（3）假设与限制。

① 梁单元长度和面积必须大于0,但若没用大变形则惯性矩可以为0。

② 梁的横截面可以是任意形状,但应力计算时由中性轴至最外边距离为对应厚度一半来计算。

③ 单元厚度只在弯曲和热应力计算时使用。

④ 假设施加的热力梯度沿厚度方向及长度方向是线性变化的。

⑤ 使用一致切向刚度矩阵(KEYOPT(2)=1),应注意实际单元的实常数。

除了上述 BEAM3 和 BEAM4 在土木工程常用外,还有 BEAM23、BEAM24、BEAM44、BEAM189 等单元也常用到。

3. BEAM188——三维线性有限应变梁单元

BEAM188 单元适合于分析从细长到中等粗短的梁结构,该单元基于铁木辛哥梁结构理论,并考虑了剪切变形的影响。

BEAM188 是三维线性(2 节点)或者二次梁单元。每个节点有 6 个或者 7 个自由度,自由度的个数取决于 KEYOPT(1)的值。当 KEYOPT(1)=0(默认)时,每个节点有 6 个自由度,即沿节点坐标系的 X、Y、Z 方向的平动和绕 X、Y、Z 轴的转动。当 KEYOPT(1)=1 时,每个节点有 7 个自由度,这时引入了第 7 个自由度(横截面的翘曲)。这个单元非常适合线性、大角度转动和大应变的非线性问题。

当 NLGEOM 打开的时候,BEAM188 的应力刚度在任何分析中都是默认项。应力强度选项使本单元能分析弯曲、横向及扭转稳定问题(用弧长法),分析特征值屈曲和塌陷。

BEAM188/BEAM189 可以采用 SECTYPE、SECDATA 、SECOFFSET、SECWRITE 及 SECREAD 定义横截面。本单元支持弹性、蠕变及塑性模型(不考虑横截面子模型)。这种单元类型的截面可以是不同材料组成的组合截面。

（1）输入数据。BEAM188 单元输入数据见图 8-16 及表 8-18 所示。

图 8-16　BEAM188 应力输出

表 8-18　BEAM188 单元输入数据

单 元 名 称	BEAM188
节点	节点 I,J,K(K 是方向节点,为可选项)
自由度	如果 KEYOPT(1)=0,则 UX,UY,UZ,ROTX,ROTY,ROTZ 可控制 如果 KEYOPT(1)=1,则 UX,UY,UZ,ROTX,ROTY,ROTZ,WARP 可控制
截面控制	TXZ,TXY,ADDMAS TXZ 和 TXY 默认分别是 A×GXZ 和 A×GXY,这里 A 是截面面积
材料特性	EX,(PRXY 或 NUXY),ALPX,DENS,GXY,GYZ,GXZ,DAMP
体载荷	温度
特殊特性	塑性、黏弹性、蠕变、应力刚化、大挠曲、大应变、初始应力引入、单元生死
KEYOPT(1)	扭转自由度 　　0—默认;6 个自由度,不限制扭转 　　1—7 个自由度(包括扭转),双力矩和双曲线被输出

单元名称	BEAM188
KEYOPT(2)	截面缩放比例 0—默认：截面因为轴线拉伸效应被缩放；当大变形开关打开的时候被调用 1—截面被认为是刚性的(经典梁理论)
KEYOPT(3)	插值数据 0—默认；线性多项式。要求划分细致 2—二次型(对于铁木辛哥梁单元有效)运用中间节点(中间节点用户无法修改)来提高单元的精度,能够精确地表示线性变化的弯矩
KEYOPT(4)	剪应力输出 0—默认；仅输出扭转相关的剪应力 1—仅输出弯曲相关的横向剪应力 2—仅输出前两种方式的组合状态
KEYOPT(6)	在单元积分点输出控制 0—默认；输出截面力、应变和弯矩 1—和 keyopt(6)=0 相同,加上当前的截面单元 2—和 keyopt(6)=1 相同,加上单元基本方向(X、Y、Z) 3—输出截面力、弯矩和应力,曲率,外推到单元节点
KEYOPT(7)	截面积分点输出控制(截面压尺寸=ASEC 时无效) 0—默认；无 1—最大和最小应力、应变 2—和 keyopt(7)=1 相同,加上每个截面节点的应力和应变
KEYOPT(8)	截面节点输出控制(截面压尺寸=ASEC 时无效) 0—默认；无 1—最大和最小应力、应变 2—和 keyopt(8)=1 相同,加上沿着截面外表面的应力和应变 3—和 keyopt(8)=1 相同,加上每个截面节点的应力和应变
KEYOPT(9)	在单元节点和截面节点外推数值用的输出控制(截面压尺寸=ASEC 时无效) 0—默认；无 1—最大和最小应力、应变 2—和 keyopt(9)=1 相同,加上沿着截面外边缘的应力应变 3—和 keyopt(9)=1 相同,加上所有截面节点的应力和应变
KEYOPT(10)	用户定义初始应力 0—无用户子程序来提供初始应力(默认) 1—从用户子程序 ustress 来读取初始应力
KEYOPT(11)	设置截面属性 0—自动计算是否能够使用积分截面属性(默认) 1—用户单元数值积分
KEYOPT(12)	锥形截面处理 0—线性变化的锥形截面分析；截面属性在每个积分点计算(默认),这种方法更加精确,但是计算量大 1—平均截面分析；对于锥形截面单元,截面属性仅仅在中点计算。这是划分网格的阶数的估计,但是,速度快

（2）输出数据。BEAM188 单元的输出数据包含所有节点解的节点位移和附加单元，见表 8-19。

表 8-19　BEAM188 单元输出定义

名　称	定　义	O	R
EL	单元号	Y	Y
NODES	单元节点	Y	Y
MAT	材料号	Y	Y
C.G.：X,Y,Z	重力中心元素	Y	1
Area	横截面积	2	Y
SF：y,z	截面剪力	2	Y
SE：y,z	截面剪切应变	2	Y
S：xx,xy,xz	分割点压力	3	Y
EPEL：xx,xy,xz	弹性应变	3	Y
EPTO：xx,xy,xz	节点的机械应变（EPEL+EPPL+EPCR）	3	Y
EPTT：xx,xy,xz	节点的总应变（EPEL+EPPL+EPCR EPTH）	3	Y
EPPL：xx,xy,xz	分割点塑性应变	3	Y
EPCR：xx,xy,xz	分割点蠕变	3	Y
EPTH：xx	分割点热应变	3	Y
NL：EPEQ	累计等效塑性应变	—	5
NL：CREQ	累积等效蠕变	—	5
NL：SRAT	塑性屈服（1＝屈服,0＝不屈服）	—	5
NL：PLWK	塑性功	—	5
NL：EPEQ	累计等效塑性应变	—	5
SEND：ELASTIC,PLASTIC,CREEP	应变能量密度	—	5
TQ	扭矩	Y	Y
TE	扭转应变	Y	Y
Ky,Kz	曲率	Y	Y
Ex	轴向应变	Y	Y
Fx	轴向力	Y	Y
My,Mz	弯矩	Y	Y
BM	翘曲力矩	4	4
BK	翘曲曲率	4	4
SDIR	轴向应力	—	2
SByT	梁单元+Y 方向的弯曲应力	—	Y
SByB	梁单元-Y 方向的弯曲应力	—	Y
SBzT	梁单元+Z 方向的弯曲应力	—	Y
SBzB	梁单元-Z 方向的弯曲应力	—	Y
EPELDIR	末端轴向应变	—	Y
EPELByT	梁单元+Y 方向的弯曲应变	—	Y
EPELByB	梁单元-Y 方向的弯曲应变	—	Y
EPELBzT	梁单元+Z 方向的弯曲应变	—	Y
EPELBzB	梁单元-Z 方向的弯曲应变	—	Y
TEMP	所有截面节点的温度	—	Y

名　称	定　义	O	R
LOCI：X,Y,Z	集成点位置	—	6
SVAR：1,2,…,N	状态变量	—	7

除了 BEAM3、BEAM4 和 BEAM188，BEAM23、BEAM24、BEAM44、BEAM189 等单元也常在土木工程中用到。

8.2.4　平面(PLANE)单元

ANSYS 中可作为平面单元的有 PLANE13、PLANE25、PLANE35、PLANE42、PLANE55、PLANE182、PLANE183 等。其中 PLANE42 经常用于土木工程中,它主要用来模拟隧道围岩、混凝土等单元,PLANE182 用于实体结构建模,在新版中尽量使用 PLANE182 单元。

1. PLANE42 二维实体结构单元

PLANE42 可作为平面单元(平面应力或平面应变)或轴对称单元。该单元有 4 个节点,每个节点上有 X,Y 方向位移的两个自由度。单元还有塑性、蠕变、膨胀、应力硬化、大变形和大应变的特性。

(1) 输入数据。PLANE42 单元的输入数据见表 8-20,其几何形状、节点位置和坐标系取向如图 8-17 所示。

表 8-20　PLANE42 单元的输入数据

单元名称	PLANE42
节点	I,J,K,L
自由度	UX,UY
实常数	KEYOPT(3)=0,1,2 时,无实常数 KEYOPT(3)=3 时,实常数为单元厚度
材料特性	EX,EY,EZ,(PRXY,PRYZ,PRXZ 或 NUXY,NUYZ) ALPX,ALPY,ALPZ,DENS,DAMP
表面载荷	压力:面 1(I-J),面 2(I-J),面 3(I),面 4(J)
体载荷	温度:T(I),T(J),T(K),T(L) 热流量:FL(I),FL(J),FL(K),FL(L)
特殊特性	塑性、蠕变、膨胀、应力硬化、大变形、单元生死、自适应下降
KEYOPT(1)	单元坐标系定义: 　0—单元坐标系与整体坐标系平行 　1—单元坐标系以单元 I-J 边为基准
KEYOPT(2)	大位移形状: 　0—包含大位移形状 　1—抑制大位移形状
KEYOPT(3)	单元特性: 　0—平面应力 　1—轴对称 　2—平面应变(Z 向应变为 0) 　3—考虑单元厚度的平面应力

8>8>8>8>8>8>

Note

单元名称	PLANE42
KEYOPT(5)	单元应力解输出： 0—基本单元解 1—所有积分点的基本解 2—节点应力解
KEYOPT(6)	单元表面解输出： 0—基本单元解 1—I-J 面解 2—面 I-J 与面 K-L 的表面解 3—所有积分点的非线性解 4—所有非 0 压力面解
KEYOPT(9)	0—无用户子程序提供初始应力；1—从用户子程序读入初始应力数据

图 8-17　PLANE42 单元

（2）输出数据。PLANE42 单元的输出数据包含所有节点解的节点位移输出和附加单元输出，如图 8-18 所示。单元的输出数据见表 8-21。

显示的应力方向适用于KEYOPT(1)=0

图 8-18　PLANE42 单元应力输出

表 8-21　PLANE42 单元输出数据

名　称	定　义	O	R
EL	单元号	Y	Y
NODES	单元节点 I,J,K,L	Y	Y
MAT	材料号	Y	Y
THICK	平均厚度	Y	Y
VOLU	体积	Y	Y
XC,YC	单元结果输出中心坐标	Y	3

续表

名　　称	定　　义	O	R
TEMP	温度：T(I),T(J),T(K),T(L)	Y	Y
PRES	压力	Y	Y
FLUEN	热流量	Y	Y
S：INT	应力强度	Y	Y
S：EQV	等效应力	Y	Y
EPEL：X,Y,Z,XY	弹性应变	Y	Y
EPEL；：1,2,3	主弹性应变	Y	Y
EPEL：EQV	等效塑性应变	—	1
EPCR：X,Y,X,XY	蠕变应变	1	1
EPSW：	膨胀应变	1	1
NL：SRAT	轴向应力与预应力之比	1	1
NL：SEPL	由应力-应变曲线得到的等效应力	1	1
NL：HPRES	静水压力	—	1
FACE	面标记	2	2
EPEL(PAR,PER,Z)	表面弹性应变(平行表面,垂直表面,Z)	2	2
S(PAR,PER,Z)	表面应力(平行表面,垂直表面,Z)	2	2
SINT	表面应力强度	2	2
SEQV	表面等效应力	2	2
LOCI：X,Y,Z	积分点坐标	—	Y

如果单元包含非线性材料,则进行非线性求解并输出。

如果 KEYOPT(6)=1,2,4,则有表面解输出。

(3) 假设与限制。

① 单元必须位于 X-Y 平面且面积不能为 0。

② 轴对称分析时,必须取 Y 轴为对称轴,且其结构必须建在 $+X$ 方向的象限内。

③ 将 PLANE42 单元的节点 K,J 定义为一个点,便成为三角形单元。

④ 阻尼材料特性不能使用。

⑤ 单元特性中只有应力硬化有效。

2. PLANE182 用于二维实体结构建模

本单元既可用作平面单元(平面应力、平面应变或广义平面应变),也可作为轴对称单元。本单元有 4 个节点,每个节点两个自由度:节点 X 和 Y 方向的平移。本单元具有塑性、超弹性、应力刚度、大变形和大应变能力,可以模拟接近不可压缩的弹塑性材料和完全不可压缩超弹性材料的变形。

(1) 输入数据。PLANE182 单元的几何形状、节点位置和坐标系取向如图 8-19 所示,其输入数据见表 8-22。

图 8-19　PLANE182 单元

表 8-22　PLANE182 单元输入数据

单元名称	PLANE182
节点	I,J,K,L
自由度	UX,UY
实常数	THK—厚度(仅用于 KEYOPT(3)=3) HGSTF—沙漏刚度比例因子(仅用于 KEYOPT(1)=1);默认为 1.0(如果输入 0.0,使用默认值)
材料特性	EX,EY,EZ,PRXY,PRYZ,PRXZ(或 NUXY,NUYZ,NUXZ), ALPX,ALPY,ALPZ(或 CTEX,CTEY,CTEZ 或 THSX,THSY,THSZ) DENS,GXY,GYZ,GXZ,DAMP
表面载荷	压力—边 1(J-I),边 2(K-J),边 3(L-K),边 4(I-L)
体载荷	温度—T(I),T(J),T(K),T(L)
特殊特性	塑性、超弹性、黏弹性、黏塑性、蠕变、应力刚化、大变形、大应变、初应力输入、自动选择单元、生死单元
KEYOPT(1)	单元技术 　0—使用 B-bar 方法的全积分 　1—由沙漏控制的均匀减缩积分 　2—增强的应变公式 　3—简化的增强应变公式
KEYOPT(3)	单元特性 　0—平面应力 　1—轴对称 　2—平面应变(Z 向应变为 0.0) 　3—有厚度输入的平面应力 　4—广义平面应变
KEYOPT(6)	单元公式 　0—纯位移公式(默认) 　1—使用位移/力(U/P)混合公式(对平面应力无效)
KEYOPT(10)	用户定义初始应力 　0—不使用子程序提供初始应力(默认) 　1—由 USTRESS 子程序读入初始应力

（2）输出数据。PLANE182 单元的输出数据包含所有节点解的节点位移输出和附加单元输出,如图 8-20 所示。单元的输出数据见表 8-23。

应力方向显示为全局

图 8-20　PLANE182 单元应力输出

表 8-23 PLANE182 单元输出数据

名　称	定　义	O	R
EL	元素号	—	Y
NODES	节点—I,J,K,L	—	Y
MAT	物料编号	—	Y
THICK	厚度	—	Y
VOLU:	体积	—	Y
XC,YC	位置,结果报告	Y	3
PRES	在节点 J,I 的压力 P1,在节点 K,J 的压力 P2,在节点 L,K 的压力 P3,在节点 I,L 的压力 P4	—	Y
TEMP	温度 T(I),T(J),T(K),T(L)	—	Y
S:X,Y,Z,XY	应力(SZ 平面应力元素为 0.0)	Y	Y
S:1,2,3	主应力	—	Y
S:INT	应力强度	—	Y
S:EQV	等效压力	Y	Y
EPEL:X,Y,Z,XY	弹性应变	Y	Y
EPEL:EQV	等效弹性应变	Y	Y
EPTH:X,Y,Z,XY	热应变	2	2
EPTH:EQV	等效热应变	2	2
EPPL:X,Y,Z,XY	塑性应变	1	1
EPPL:EQV	等效塑性应变	1	1
EPCR:X,Y,Z,XY	蠕变应变	1	1
EPCR:EQV	等效蠕变应变	1	1
EPTO:X,Y,Z,XY	总力学应变(EPEL+ EPPL+ EPCR)	Y	—
EPTO:EQV	总的等效力学应变(EPEL+ EPPL+ EPCR)	Y	—
NL:EPEQ	累计等效塑性应变	1	1
NL:CREQ	累计等效塑性应变	1	1
NL:SRAT	塑性屈服(1=屈服,0=不屈服)	1	1
NL:PLWK	液体静压力	1	1
NL:HPRES	应变能密度	1	1
SEND:ELASTIC,PLASTIC,CREEP	点位置	—	1
LOCI:X,Y,Z	状态变量	—	4
SVAR:1,2,…,N	塑性功	—	5

（3）假设与限制。

① 单元的面积必须大于零。

② 本单元必须位于总体坐标的 X-Y 平面中,对于轴对称分析,Y 轴必须是对称轴,轴对称结构建模必须满足 $X \geqslant 0$。

③ 如果定义节点号 K 和 L 相同,可以形成三角形单元,对于三角形单元,可以指定方法或增强应变公式,并使用退化的形状函数和常规的积分模式。

④ 如果使用混合公式（KEYOPT(6)=1）,必须使用稀疏矩阵求解器（默认）或波前法求解器。

⑤ 对于循环对称结构模型,ANSYS 推荐使用增强应变公式。

⑥ 几何非线性分析（NLGEOM,ON）总是包含应力刚度。在几何线性分析（NLGEOM,OFF）中,如果指定 SSTIF,ON,预应力影响总是被忽略,可以用 PSTRES 命令激活。

8.2.5 壳(SHELL)单元

ANSYS 程序中的壳单元有 SHELL51、SHELL61、SHELL63、SHELL131、SHELL132 等,本节主要介绍在土木工程中经常使用的 SHELL51、SHELL63 单元。但 SHELL51、SHELL63 在新的版本中已不支持图形界面操作,APDL 语言中可以继续使用。

1. SHELL51(轴对称结构壳体单元)

SHELL51 是有两个节点的轴对称结构壳体单元,每个节点上有 X,Y,Z 方向位移自由度和绕 Z 轴旋转的自由度。

SHELL51 单元的几何形状、节点方向和坐标系取向如图 8-21 所示。该单元通过 2 个节点、两端厚度及各向异性材料性质来定义。单元厚度是线性变化的。此外,单元具有塑性、蠕变、膨胀、应力硬化、大变形、扭转等性质。

图 8-21　SHELL51 单元

（1）输入数据。SHELL51 输入数据见表 8-24。

表 8-24　SHELL51 单元输入数据

单 元 名 称	SHELL51
节点	I,J
自由度	UX,UY,UZ,ROTZ
实常数	TK(I)—节点 I 端厚度 TK(J)—节点 J 端厚度
材料特性	EX, EY, EZ, PRXY, PRYZ, PRXZ(or NUXY, NUYZ, NUXZ), ALPX, ALPZ(or CTEX,CTEZ or THSX,THSZ),DENS,GXZ,DAMP
表面载荷	压力：面 1(I-J)(顶部－Y 方向) 面 2(I-J)(底部＋Y 方向)
体载荷	温度：T1,T2,T3,T4 热流量：FL1,FL2,FL3,FL4
特殊特性	塑性、蠕变、膨胀、应力硬化、大变形
KEYOPT(3)	大位移形状： 　　0—包含大位移形状 　　1—抑制大位移形状
KEYOPT(4)	力和力矩输出： 　　0—不输出力和力矩 　　1—在单元坐标系中输出力和力矩

（2）输出数据。SHELL51 输出数据见表 8-25。

表 8-25 SHELL51 单元输出定义

名 称	定 义	O	R
EL	单元号	Y	Y
NODES	单元节点 I,J	Y	Y
MAT	材料号	Y	Y
LEN	节点 I 和节点 J 之间的距离	Y	Y
XC,YC	单元结果输出中心坐标	Y	3
TEMP	温度：T1,T2,T3,T4	Y	Y
PRES	压力：P1(顶部),P2(底部)	Y	Y
FLUEN	热流量：FL1,FL2,FL3,FL4	Y	Y
T(X,Z,XZ)	单元平面应力	Y	Y
M(X,Z,XZ)	单元力矩	Y	Y
MFOR(X,Z,XZ)	单元坐标系中每个节点 X,Y,Z 方向力	1	1
MMOMZ	单元坐标系中每个节点力矩	1	1
S(M,THK,H,MH)	应力	2	2
EPEL(M,THK,H,MH)	弹性应变	2	2
EPTH(M,THK,H,MH)	热应变	2	2
EPPL(M,THK,H,MH)	塑性应变	2	2
EPCR(M,THK,H,MH)	蠕应变	2	2
EPSW	膨胀应变	2	2
SEPL	从应力-应变曲线得等效应力	2	2
SRAT	轴向应力与表面应力之比	2	2
HPRES	静水压力	2	2
EPEQ	等效塑性应力	2	2
SINT	表面应力强度	2	2
SEQV	表面等效应力	2	2
S(1,2,3)	主应力	2	2

（3）假设与限制。

① 轴对称壳体单元必须定义在 X-Y 平面且将 Y 轴作为对称轴。

② 单元长度和节点 I 厚度都不能为 0 且单元两端有非负的坐标值。

③ 即使单元有允许空间位移函数，单元也应该认为是常曲率单元。

④ 若单元是常厚度，则只需定义节点 I 的厚度。

⑤ 单元厚度从节点 I 到节点 J 之间线性变化。

⑥ 该单元不能用 EKILL 命令杀死。

⑦ 组合多个壳体单元可产生一个近似曲面的壳体，但每个单元翘曲弧度应 $<5°$。

⑧ 阻尼材料特性不能使用。

⑨ 单元特性中只有应力硬化和大变形可以使用。

2. SHELL63（弹性壳体单元）

SHELL63 是 4 节点具有弯曲和薄膜特性的弹性壳单元。平面内和法向都可以施加载荷。每个节点上有 6 个自由度：X,Y,Z 方向位移自由度和绕 X,Y,Z 轴的旋转自由度。单元有应力硬化和大变形性能。

　　SHELL63 单元的几何形状、节点方向和坐标系取向如图 8-22 所示。该单元通过
4 个节点、4 个厚度、一个弹性地基刚度及各向同性材料性质来定义。单元厚度是线性
变化的。此外,单元具有塑性、蠕变、膨胀、应力硬化、大变形、扭转等性质。

图 8-22　SHELL63 单元

　　(1) 输入数据。SHELL63 输入数据见表 8-26。

表 8-26　SHELL63 单元输入数据

单元名称	SHELL63
节点	I,J,K,L
自由度	UX,UY,UZ,ROTY,ROTZ
实常数	TK(I),TK(J),TK(K),TK(L),EFS,THETA,RMI,CTOP,CBOT
材料特性	EX,EY,EZ,PRXY,PRYZ,PRXZ(或 NUXY,NUYZ,NUXZ),ALPX,ALPZ(或 CTEX,CTEZ 或 THSX,THSZ),DENS,GXZ,DAMP
表面载荷	压力:面1(I-J-K-L)(底部+Z方向),面2(I-J-K-L)(顶部$-Z$方向) 面3(J-I),面4(K-J),面5(L-K),面6(I-J)
体载荷	温度:T1,T2,T3,T4,T5,T6,T7,T8
特殊特性	应力刚化,大变形,单元生死
KEYOPT(1)	单元刚度: 0—弯曲刚度和薄膜刚度;1—薄膜刚度;2—弯曲刚度
KEYOPT(2)	应力硬化选项: 0—用主切刚度矩阵(NLGEON 为 ON 时) 1—用不变刚度矩阵(NLGEON 为 ON 和 KEYOPT(1)=0 时) 2—关闭不变向刚度矩阵(SOLCOMTROL 为 ON 时)
KEYOPT(3)	大位移形状: 0—包含大位移形状;1—抑制大位移形状
KEYOPT(5)	大应力结果输出: 0—输出基本单元;1—输出节点应力
KEYOPT(6)	施加载荷:0—施加递减载荷;1—施加不变载荷
KEYOPT(7)	质量矩阵:0—不变质量矩阵;1—递减质量矩阵
KEYOPT(8)	应力刚化矩阵:0—几乎不变应力刚化矩阵;1—递减应力刚化矩阵

续表

单元名称	SHELL63
KEYOPT(9)	单元坐标系定义：0—不用用户子程序定义单元坐标系 4—用用户子程序定义单元 X 轴
KEYOPT(11)	确定数据存储方式：0—只存储顶部面和底部面数据 2—存储顶部面、底部面、中间面数据

（2）输出数据。SHELL63 输出数据见表 8-27。

表 8-27 SHELL63 单元输出数据

名　称	定　义	O	R
EL	单元号	Y	Y
NODES	单元节点 I，J，K，L	Y	Y
MAT	材料号	Y	Y
AREA	面积	Y	Y
XC，YC，ZC	单元结果输出中心坐标	Y	1
TEMP	温度：T1,T2,T3,T4,T5,T6,T7,T8	Y	Y
PRES	压力：P1(I-J-K-L),P2(I-J-K-L),P3(J,I), P4(K,J),P5(L,K),P6(I,L)	Y	Y
T(X,Y,XY)	单元平面应力	Y	Y
M(X,Y,XY)	单元力矩	Y	Y
MFOR(X,Z,XZ)	单元坐标系中每个节点 X,Y,Z 方向力	Y	Y
FOUND PRESS	基础压力	Y	—
LOC	顶部，中间，底部	Y	Y
S：X,Y,Z,XY	组合薄膜和弯曲应力	Y	Y
S：1,2,3	主应力	Y	Y
S：INT	应力强度	Y	Y
S：EQV	等效强度	Y	Y
EPEL：X,Y,Z,XY	平均弹性应变	Y	Y
EPEL：EQV	等效弹性应变	—	Y

若每个平面单元的翘曲弧度不大于 15°，则组合多个平面壳体单元可以生成一个很近似曲面的壳体。若输入一个弹性地基刚度，则每个节点承担 1/4 的总刚度。这个薄壳单元不考虑剪切变形。

（3）假设与限制。

① 单元面积和厚度都不能为 0。

② 假设横向热梯度随厚度线性变化，而在壳体表面是双线性的。

③ 把节点 K 和 L 定义为重合点，壳单元就变成了三角形单元。

④ 阻尼材料特性不能使用。

⑤ 单元特性中只有应力硬化和大变形可用。

⑥ KEYOPT(2)和 KEYOPT(9)只能设置为 0。

上述轴对称结构壳单元 SHELL51 和弹性壳单元 SHELL63 经常应用于土木工程中，如模拟隧道的衬砌。此外还有 SHELL181、SHELL91、SHELL93 等壳体单元也常使用。

8.2.6 质量（MASS21）单元

MASS21是1节点质量单元。节点上具有6个自由度：X,Y,Z方向的位移自由度和绕X,Y,Z轴的旋转自由度。可以给该单元的每个坐标方向施加不同的质量和转动惯量。

MASS21单元由一个节点、单元坐标系方向的集中质量系数和单元坐标轴的转动惯量来定义。MASS21单元的几何形状和输入数据分如图8-23和表8-28所示。

图 8-23　MASS21 单元

表 8-28　MASS21 单元输入数据

单 元 名 称	MASS21
节点	I
自由度	UX,UY,UZ,ROTX,ROTY,ROTZ(KEYOPT(3)=0)； UX,UY,UZ(KEYOPT(3)=2)； UX,UY,ROTZ(KEYOPT(3)=3)； UX,UY(KEYOPT(3)=4)
实常数	MASSX,MASSY,MASSZ,IXX,IYY,IZZ(KEYOPT(3)=0)； MASS(KEYOPT(3)=2)； MASS,IZZ(KEYOPT(3)=3)； MASS(KEYOPT(3)=4)
材料性质	DENS(KEYOPT(1)=1)
表面载荷	无
体载荷	无
特殊特性	大变形，单元生死
KEYOPT(1)	0—质量和旋转惯量作为实常数 1—体积和旋转惯量或密度作为实常数
KEYOPT(2)	0—单元坐标系最初平行于整体坐标系 1—单元坐标系最初平行于节点坐标系
KEYOPT(3)	0—带旋转惯量三维质量单元；2—不带旋转惯量三维质量单元； 3—带旋转惯量二维质量单元；8—不带旋转惯量二维质量单元

8.2.7 实体（SOLID）单元

ANSYS程序中的实体单元有SOLID5、SOLID45、SOLID70、SOLID266等，本节主要介绍在土木工程中经常使用的SOLID45单元。

SOLID45是一个具有8个节点的三维实体结构单元。每个节点上有3个自由度：X,Y,Z方向的位移自由度。该单元具有塑性、蠕边、膨胀、应力硬化、大变形和大应变性质。其几何形状、节点方向和坐标系如图8-24所示。

1. 输入数据

SOLID45单元的输入数据见表8-29。

图 8-24 SOLID45 单元

表 8-29 SOLID45 单元输入数据

单 元 名 称	SOLID45
节点	I,J,K,L,M,N,O,P
自由度	UX,UY,UZ
实常数	默认是 1,建议取 1~10 之间的数
材料特性	EX,EY,EZ,PRXY,PRYZ,PRXZ(或 NUXY,NUYZ,NUXZ),ALPX,ALPZ(或 CTEX,CTEZ 或 THSX,THSZ),DENS,GXZ,DAMP
表面载荷	压力:面 1(J-I-L-K),面 2(I-J-N-M),面 3(J-K-O-N),面 4(K-L-P-O),面 5(L-I-M-P),面 6(M-N-O-P)
体载荷	温度:T(I),T(J),T(K),T(L),T(M),T(N),T(O),T(P) 热流量:FL(I),FL(J),FL(K),FL(L),FL(M),FL(N),FL(O),FL(P)
特殊特性	塑性,蠕变,膨胀,应力刚化,大变形,单元生死,输入初始应力
KEYOPT(1)	0—包含大位移形状;1—抑制大位移形状
KEYOPT(2)	0—完全积分;2—递减积分
KEYOPT(4)	0—单元坐标系平行于整体坐标系 1—单元坐标系以 I-J 边为基准
KEYOPT(5)	0—输出基本单元解 1—重复所有积分点的基本解 2—节点应力解
KEYOPT(6)	0—输出基本单元解 1—面 I-N-N-M 的解 2—面 I-N-N-M 和面 K-L-P-O 的解 3—每个积分点的非线性解 3—所有非 0 压力面的解
KEYOPT(9)	0—无用户子程序提供初始应力 4—从用户子程序读取初始应力

2. 输出数据

SOLID45 单元的输出数据见表 8-30。

表 8-30　SOLID45 单元输出数据

名　称	定　义	O	R
EL	单元号	Y	Y
NODES	单元节点 I,J,K,L,M,N,O,P	Y	Y
MAT	材料号	Y	Y
VOLU	体积	Y	Y
XC,YC,ZC	单元结果输出中心坐标	Y	3
TEMP	温度	Y	Y
PRES	节点压力	Y	Y
FLUEN	热流量	Y	Y
EPPL：X,Y,Z,XY,YZ,XZ	平均塑性应变	1	1
T(X,Y,XY)	单元平面应力	Y	Y
M(X,Y,XY)	单元力矩	Y	Y
MFOR(X,Z,XZ)	单元坐标系中每个节点 X,Y,Z 方向力	Y	Y
FOUND PRESS	基础压力	Y	—
LOC	顶部,中间,底部	Y	Y
S：X,Y,Z,XY,YZ,XZ	应力	Y	Y
S：1,2,3	主应力	Y	Y
S：INT	应力强度	Y	Y
S：EQV	等效应力	Y	Y
EPEL：X,Y,Z,XY,YZ,XZ	弹性应变	Y	Y
EPEL：1,2,3	主弹性应变	Y	—
NL：EPEQ	平均等效塑性应变	1	1
AREA	表面积	2	2
FACE	面标记	2	2
EPEL	表面弹性应变	2	2
PRESS	表面压力	2	2
S(1,2,3)	表面主应力	2	2
SINT	表面应力强度	2	2
SEQV	表面等效应力	2	2

3. 假设与限制

（1）单元体积不能为 0。

（2）单元不可以扭曲而造成两块体积分离。

（3）阻尼材料特性不能使用。

（4）单元特性只有应力硬化可以使用。

以上介绍了在土木工程中经常使用的 ANSYS 单元及其特性,还有一些单元在实际工程中也常常用到,读者可以参照 ANSYS 的帮助手册。

第**9**章

ANSYS隧道工程应用实例分析

本章首先介绍了隧道工程的相关概念；然后介绍了 ANSYS 的生死单元及 DP 材料模型；最后用两个实例分别详细描述了用 ANYS 实现隧道结构设计和隧道施工模拟的全过程。

学 习 要 点

◆ 隧道工程相关概念
◆ 隧道施工过程 ANSYS 模拟的实现
◆ ANSYS 隧道结构受力实例分析
◆ ANSYS 隧道开挖模拟实例分析

9.1 隧道工程相关概念

9.1.1 隧道工程设计模型

为达到各种不同的使用目的,在山体或地面下修建的建筑物统称为"地下工程"。由于地层开挖后容易变形、塌落或是有水涌入,所以除了在极为稳固地层且没有地下水的地方以外,大都要在坑道的周围修建支护结构,称之为"衬砌"。隧道工程建筑物是埋于地层中的结构物,它的受力和变形与围岩密切相关,支护结构与围岩作为一个统一的受力体系相互约束,共同作用。隧道工程所处的环境条件与地面工程是全然不同的,但长期以来都沿用适应地面的工程理论和方法来解决地下工程中所遇到的各类问题,因而常常不能正确地阐明地下工程中出现的各种力学现象和过程,使地下工程长期处于"经验设计"和"经验施工"的局面。这种局面与迅速发展的地下工程现实极不相称,促使人们努力寻找新的理论和方法来解决地下工程遇到的各种问题。

国际隧道学会认为,目前采用的隧道设计模型主要有以下几种:

(1) 以工程类比为主的经验设计方法。

(2) 以现场测试和实验室试验为主的实用设计方法(如现场和实验室的岩土力学试验、以洞周围测量值为基础的收敛-约束法以及实验室模型试验等)。

(3) 作用-反作用设计模型,即日前隧道设计常用的载荷-结构模型,包括弹性地基梁、弹性地基圆环等。

(4) 连续介质模型,包括解析法(封闭解和近似解)和数值法(以 FEM 为主)。

国际隧道学会于 1978 年成立了隧道结构设计模型研究小组,收集和汇总了各会员国目前采用的隧道工程设计模型,详见表 9-1。

表 9-1 隧道工程设计模型

国　家	盾　构　法	NATM 法	矿　山　法	明　挖　法
中国	弹性地基圆环、经验法	初期支护:FEM、收敛-约束法 二次支护:弹性地基圆环	初期支护:经验法 二次支护:作用与反作用法 大型洞室:FEM	结构力学弯矩分配法
澳大利亚	弹性支撑全圆环法、Muir Wood 法或假定隧道变形法	初期支护:Proctor-White 法 二次支护:弹性支撑全圆环法、Muir Wood 法或假定隧道变形法	初期支护:Proctor-White 法 二次支护:弹性支撑全圆环法、Muir Wood 法或假定隧道变形法	结构力学弯矩分配法
奥地利	弹性地基圆环	弹性地基圆环、FEM、收敛-约束法	经验法	弹性地基框架
日本	局部支撑弹性地基圆环	局部支撑弹性地基圆环、经验法加测试、FEM	弹性地基框架、FEM、特征曲线法	弹性地基框架、FEM

续表

国　家	盾　构　法	NATM 法	矿　山　法	明　挖　法
德国	埋深＜2D：顶部无支撑的弹性地基圆环 埋深＞3D：全周支撑的弹性地基圆环或 FEM	埋深＜2D：顶部无支撑的弹性地基圆环 埋深＞3D：全周支撑的弹性地基圆环或 FEM	全周支撑的弹性地基圆环或 FEM	弹性地基框架
法国	弹性地基圆环或 FEM	FEM、经验法、作用与反作用法	连续介质模型、收敛-约束法、经验法	—
英国	弹性地基圆环法、Muir Wood 法	收敛-约束法、经验法	FEM、收敛-约束法、经验法	矩形框架
瑞士	—	作用与反作用法	FEM、收敛-约束法、经验法	—
美国	弹性地基圆环	弹性地基圆环、FEM、Proctor-White法、经验法	—	弹性地基连续框架
比利时	Schulze-Duddek 法	—	—	钢架结构

注：NATM 指新奥法，是 NEW AUSTRIA TUNNELING METHOD 的简称；FEM 指有限元法，是 FINITE ELEMENT METHOD 的简称。

　　各种隧道设计模型各有其适合的场合，也各有自身的局限性。由于隧道结构设计受到各种复杂因素的影响，因此在世界各国隧道设计中，多采用以工程类比为主的经验设计法，特别是在支护结构预设计中应用最多。即使内力分析采用比较严格的理论，其计算结果往往也需要用经验类比加以判断和补充。如常见公路或铁路隧道，都是选取以工程类比为主的经验设计法来进行结构参数的拟定，可参见公路或铁路隧道设计规范。但是，采用此法设计的隧道结构是不安全和不经济的。因为隧道的地质勘探不可能做到对每一段都进行钻探，因而会出现地质条件错误判断现象，有可能实际围岩类别比设计采用的要低，这样按高类别围岩设计出的隧道结构是不安全的。相反，若实际围岩类别比设计采用的高，则采用的设计是不经济的。

　　随着 NATM 的出现，以测试为主的实用设计法为现场人员所欢迎，因为它能提供直观的材料感觉，以更准确地估计地层和地下结构的稳定性和安全程度。其中应用最多的是收敛-约束法，其主要思想是：一边施工，一边进行洞周围量测，随着位移变化情况，来选用合适的隧道支护参数，这样就可以按实际地质条件来设计隧道支护，避免了工程类比不安全或不经济的缺点。收敛-约束法将支护和围岩视为一体，作为共同承载的隧道结构体系，通过调整支护来控制变形，从而最大限度地发挥围岩自身的承载能力。采用此模型，有些问题可以使用解析法求解，但大部分问题因数学上的困难必须依赖数值方法。

　　理论计算法可用于进行无经验可循的新型隧道工程设计，因此基于作用与反作用模型和连续介质模型的计算理论成为一种特定的计算手段日益为人们重视。由于隧道工程所处环境的复杂性,以及各种隧道设计模型各有优缺点,因此工程技术人员在设计隧道结构时,往往需要同时进行多种设计模型的比较,以作出既经济又安全的合理设计。

从各国地下结构设计实践看,目前隧道设计主要采用两种模型。

第一种模型即为传统的结构力学模型。它是将支护结构和围岩分开来考虑,支护结构是承载主体,围岩作为载荷的来源和支护结构的弹性支撑,故又称为载荷-结构模型。采用这种模型时,认为隧道支护结构与围岩的相互作用是通过弹性支撑对结构施加约束来体现的,而围岩的承载能力则在确定围岩压力与弹性支撑的约束能力时间接地考虑。围岩承载能力越高,它给予支护结构的压力越小,弹性支撑的约束支护结构变形的抗力越大。这种模型主要适用于围岩因过分变形而发生松弛和崩塌,支护结构主动承担围岩"松动"压力的情形。利用这种模型进行隧道设计的关键问题是如何确定作用在支护结构上的主动载荷,其中最重要的是围岩松动压力和弹性支撑作用于支护结构的弹性抗力。一旦解决了这两个问题,就可以运用结构力学方法求出超静定体系的内力和位移。因为这种模型概念清晰,计算简便,便于被工程师接受,所以至今很通用,特别是在模筑衬砌阶段。

属于这种模型的计算方法有弹性连续框架(含拱形)法、假定抗力法和弹性地基梁(含曲梁和圆环)法等。当软弱地层对结构变形的约束能力较差时(或衬砌与地层间的空隙回填、灌浆不密实时),隧道结构内力计算常用弹性连续框架法;反之,采用假定抗力法或弹性地基法。

第二种模型是现代岩体力学模型。它将支护结构和围岩视为一体,作为共同承载的隧道结构体系,故又称为围岩-结构共同作用模型。这种模型中,围岩是直接的承载单元,支护结构只是用来约束和限制围岩的变形,这一点刚好与第一种模型相反。这种模型主要用于由于围岩变形而引起的压力(压力值必须通过支护结构与围岩共同作用而求得)。这是反映当前现代支护结构原理的一种设计方法,需采用岩石力学方法进行计算。应当指出,支护体系不仅是指衬砌与喷层等结构物,而且还包括锚杆、钢筋及钢拱架等支护在内。

围岩-结构共同作用模型是目前隧道结构体系设计中力求采用的或正在发展的模型,因为它符合当前施工技术水平,采用快速和超强的支护技术可以限制围岩的变形,从而阻止围岩松动压力的产生。这种模型还可以考虑各种几何形状、围岩特性和支护材料的非线性特性、开挖面空间效应所形成的三维状态以及地质中不连续面等。利用此模型进行隧道设计的关键问题是,如何确定围岩初始应力场和表示材料非线性特性的各种参数及其变化情况。一旦这些问题解决了,原则上任何场合都可用有限单元法求出围岩与支护结构的应力及位移状态。

这种模型中只有一些特殊隧道可以用解析法或收敛-约束法图解,绝大部分隧道求解时因数学上的困难必须依赖数值方法,借助计算机来进行分析求解。

9.1.2 隧道结构的数值计算方法

通常,隧道支护结构计算需要考虑地层和支护结构的共同作用,一般都是非线性的二维或三维问题,并且计算还与开挖方法、支护过程有关。对于这类复杂问题,必须采用数值方法。目前用于隧道开挖、支护过程的数值方法有:有限元法、边界元法、有限元-边界元耦合法。

其中有限元法是发展最快的一种数值方法,已经成为分析隧道及地下工程围岩稳定和支护结构强度计算的有力工具。有限元法可以考虑岩土介质的非均匀性、各向异性、非连续性以及几何非线性等,适用于各种实际的边界条件。但该法需要将整个结构系统离散化,进行相应的插值计算,导致数据量大,精度相对低。大型通用有限元软件ANSYS就可用于隧道结构的数值计算,还可以实现隧道开挖与支护以及连续开挖的模拟。

边界元法在一定程度上改进了有限元法的精度,它的基本未知量只在所关心问题的边界上,如在隧道计算时,只要对分析对象的边界作离散处理,而外围的无限域则视为无边界。但该法要求分析区域的几何、物理必须是连续的。

有限元-边界元耦合法则是采用两种方法的长处,从而可取得良好的效果。如计算隧道结构,对主要区域(隧道周围区域)采用有限元法,对于隧道外部区域可按均质、线弹性模拟,这样计算出来的结果精度一般较高。

9.1.3　隧道载荷

参照相关隧道设计规范,隧道设计主要考虑载荷,包括永久载荷、可变载荷和偶然载荷,详见表9-2。其中最重要的是围岩的松动压力,支护结构的自重可按预先拟定的结构尺寸和材料重度计算确定。在含水地层中,静水压力可按最低水位考虑。在没有仰拱结构时,车辆载荷直接传给地层。

表 9-2　隧道载荷

载 荷 分 类	载 荷 名 称	说　明	
永久载荷	结构自重	恒载	主要载荷
	结构附加恒载		
	围岩压力		
	土压力		
	混凝土收缩和徐变的影响		
可变载荷	车辆载荷	活载	
	车辆载荷引起的土压力		
	冲击力		
	公路活载	附加载荷	
	冻胀力		
	灌浆力		
	温差应力		
	施工载荷		
偶然载荷	落石冲击力	附加载荷	
	地震力	特殊载荷	

9.2 隧道施工过程 ANSYS 模拟的实现

9.2.1 单元生死

1. 单元生死的定义

如果模型中加入或删除材料,对应模型中的单元就存在或消失,把这种单元存在与消失的情形定义为单元生死。单元的生死选项就用于在这种情况下杀死或重新激活所选择单元。单元生死功能主要用于开挖分析(如煤矿开挖和隧道开挖等)、建筑物施工过程(如近海架桥过程)、顺序组装(如分层计算机的组装)以及许多其他方面(如用户可以根据已知单元位置来方便地激活或杀死它们)。

需要注意的是,ANSYS 单元的生死功能只适用于 ANSYS/Multiphysics,ANSYS/Mechanical 和 ANSYS/Structure 产品。此外,并非所有 ANSYS 单元具有生死功能,具有此生死功能的单元如表 9-3 所示。

表 9-3 ANSYS 中具有生死功能的单元

LINK1	BEAM24	SHELL57	PLANE83	SURF152	SOLID185
PLANE2	PLANE25	PIPE59	SOLID87	SURF153	SOLID186
BEAM3	MATRIX27	PIPE60	SOLID90	SURF154	SOLID187
BEAM4	LINK31	SOLID62	SOLID92	SHELL157	BEAM188
SOLID5	LINK32	SHELL63	SHELL93	TARGE169	BEAM189
LINK8	LINK33	SOLID64	SOLID95	TARGE170	SOLSH190
LINK10	LINK34	SOLID65	SOLID96	CONTA171	FOLLW201
LINK11	PLANE35	PLANE67	SOLID97	CONTA172	SHELL208
PLANE13	SHELL41	LINK68	SOLID98	CONTA173	SHELL209
COMBIN14	PLANE42	SOLID69	PLANE121	CONTA174	PLANE230
PIPE16	SHELL43	SOLID70	SOLID122	CONTA175	SOLID231
PIPE17	BEAM44	MASS71	SOLID123	CONTA176	SOLID232
PIPE18	SOLID45	PLANE75	SHELL131	LINK180	
MASS21	BEAM54	PLANE78	SHELL143	PLANE182	
BEAM23	PLANE55	PLANE82	SURF151	PLANE183	
PIPE20	PLANE53	PLANE77	SHELL132	SHELL181	

在一些情况下,单元生死状态可以根据 ANSYS 计算所得数值来决定,如温度值、应力值等。可以利用 ETABLE 命令和 ESEL 命令来确定选择单元的相关数据,也可以改变单元的状态(如熔解、固结、破裂等)。这个特性对因相变引起的模型效应(如焊接过程中,结构上的可熔材料的固结状态因焊接从不生效变成生效,从而使模型增加了原不生效部分)、失效面扩展以及其他相关分析的单元变化是很有效的。

2. 单元生死的原理

要实现单元生死效果,ANSYS 程序并不是将"杀死"的单元从模型中删除,而是将其刚度(或传导或其他分析特性)矩阵乘以一个很小的因子 ESTIF。因子的默认值为

10E-6,也可以赋予其他数值。死单元的单元载荷将为0,从而不对载荷向量生效(但仍然在单元载荷列表中出现)。同样,死单元的质量、阻尼、比热容和其他类似参数也设置为0。死单元的质量和能量将不包括在模型求解结果中。一旦单元被杀死,单元应变也就设为0。

同理,当单元"出生",并不是将其添加到模型中去,而是重新激活它们。用户必须在前处理器PREP7中创建所有单元,包括后面将要被激活的单元。在求解阶中不能生成新的单元,要添加"一个单元,必须先杀死它,然后在合适的载荷步中重新激活它"。

当一个单元被重新激活时,其刚度、质量、单元载荷等将恢复其原始数值。重新激活的单元没有应变记录,也无热量存储。然而,初始应变以实参数形式输入(如LINK180单元)却不受单元生死操作的影响。此外,除非打开大变形选项(NLGEOM,ON),一些单元类型将恢复它们以前的几何特性(大变形效果有时用来得到合理的结果)。如果其承受热体载荷,单元在被激活后第一个求解过程中同样可以有热应变。根据其当前载荷步温度和参考温度计算刚被激活单元的热应变。因此,承受热载荷的刚被激活单元是有应力的。

3. 单元生死的使用

用户可以在大多数静态和非线性瞬态分析中使用单元生死功能,其在各种分析操作中的基本过程是相同的。这个过程可包括以下3个步骤:

(1)建立模型。在前处理器PREP7中生成所有的单元,包括那些只有在以后载荷步中激活的单元,因为在求解器中不能生成新单元。

(2)施加载荷并求解。在求解器SOLUTION中执行下列操作:

① 定义第一个载荷步:在第一个载荷步中,必须选择分析类型和所有的分析选项。可以利用命令或GUI方法来指定分析类型:

> 命令:ANTYPE
> GUI:Main Menu→Solution→Analysis Type→New Analysis

对于所有单元生死应用,在第一个载荷步中应设置,因为ANSYS程序不能预知EKILL命令出现在后面的载荷步中。可以利用命令或GUI方法来完成此项设置:

> 命令:NLGEOM,ON
> GUI:Main Menu→Solution→Analysis Options

杀死所有要加入到后续载荷步中的单元,可以利用命令或GUI方法来杀死单元:

> 命令:EKILL
> GUI:Main Menu→Solution→Load Step Opts→Other→Birth&Death→Kill Elements

单元在第一个子步被杀死或激活,然后在整个载荷步中保持这种状态。默认刚度矩阵的缩减因子在一些情况下不能满足要求,此时可以采用更严格的缩减因子。可以利用命令或GUI方法来完成此操作:

> 命令:ESTIF
> GUI:Main Menu→Solution→Load Step Opts→Other→Birth&Death→StiffnessMult

不与任何激活单元相连的节点将"漂移",或具有浮动的自由度数值。在以下情况下,用户可能要约束不被激活的自由度(D,CP等)以减少要求解的方程数目,并防止出现错误条件。当激活具有特定形状(或温度)的单元时,约束没有激活的自由度显得更为重要。因为在重新激活单元时要删除这些人工约束,同时要删除没有激活自由度的节点载荷(也就是不与任何激活单元相连的节点)。同样,重新激活的自由度上必须施加节点载荷。

定义第一个载荷步命令输入示例如下:

```
!第一个载荷步
TIME, ...                !设定载荷步时间(静态分析选项)
NLGEOM, ON               !打开大变形效果
NROPT, FULL              !设定牛顿－拉夫森选项
ESTIF, ...               !设定非默认缩减因子
ESEL, ...                !选择在本载荷步将被杀死的单元
EKILL, ...               !杀死所选择的单元
ESEL, S, LIVE            !选择所有活动单元
NSEL, S                  !选择所有活动节点
NSEL, INVE               !选择所有不活动节点(不与活动单元相连的节点)
D, ALL, ALL, 0           !约束所有不活动节点的自由度
NSEL, ALL                !选择所有节点
ESEL, ALL                !选择所有单元
D, ..                    !施加合适约束
F, ...                   !施加合适的活动节点自由度载荷
SF, ...                  !施加合适的单元载荷
BF, ...                  !施加合适的体载荷
SAVE
SOLVE
```

② 定义后续载荷步:在后续载荷步中,用户可以根据需要随意杀死或激活单元。但必须要正确地施加或删除约束与节点载荷。

用下列命令来杀死单元:

```
命令:EKILL
GUI:Main Menu→Solution→Load Step Opts→Other→Birth&Death→Kill Elements
```

用下列命令来激活单元:

```
命令:ELIVEL
GUI:Main Menu→Solution→Load Step Opts→Other→Birth&Death→Active Elements
```

第二步或后续载荷步:

```
TIME, ...
ESEL, ...
EKILL, ...               !杀死所选择的单元
ESEL, ...
EALIVE, ...              !重新激活所选择单元
...
```

```
FDELE, ...             !删除不活动自由度的节点载荷
D, ...                 !约束不活动自由度
...
F, ...                 !给活动自由度施加合适的节点载荷
DDELE, ...             !删除重新激活自由度上的约束
SAVE
SOLVE
```

（3）查看结果。在大多数情况下，用户对包含生死的单元进行后处理分析时应该按照标准步骤来进行操作。必须清楚的是，尽管对刚度（传导等）矩阵的贡献可以忽略，但杀死的单元仍然在模型中，因此，它们将包括在单元显示、输出列表等操作中。例如，由于节点结果包含死单元，因此会"污染"结果。可以忽略整个死单元的输出。建议在单元显示和其他后处理操作前用选择功能将死单元选出来。

4．单元生死的控制

利用 ANSYS 结果可控制单元生死。在许多时候，不能清楚知道要杀死和激活单元的确切位置。如在热分析中要杀死熔融的单元（即在模型中移去的熔化材料），事先不知道这些单元的位置，这时，就可以根据 ANSYS 计算出的温度来确定这些单元。当用户根据 ANSYS 计算结果（如温度、应力、应变）来决定杀死或激活单元时，可以使用命令来识别并选择关键单元。

用下列方法识别单元：

```
命令：ETABLE
GUI：Main Menu→General Postproc→Element Table→Define Table
```

用下列方法来选择关键单元：

```
命令：ESEL
GUI：Utility Menu→Select→Entities
```

可以用 EKILL/EALIVE 命令杀死/激活所选择的单元，也可以用 ANSYS 的 APDL 语言编写宏来执行这些操作。

下面的例子是杀死总应变超过允许应变的单元：

```
/SOLU                          !进入求解器
...                            !标准求解过程
SOLVE
FINISH
/POST1                         !进入后处理器
SET, ...
ETABLE, STRAIN, EPTO, EQV      !将总应变存入 ETABLE
ESEL, S, ETAB, STRAIN, 0.20    !选择所有总应变大于或等于 0.20 的单元
FINISH
/SOLU                          !重新进去求解器
ANTYPE, , REST                 !重复以前的静态分析
EKILL, ALL                     !杀死所选择(超过允许值)的单元
```

```
ESEL,ALL                        !选择所有单元
...                             !继续求解
```

5．单元生死使用提示

下列提示有助于用户更好地利用 ANSYS 的单元生死功能进行分析：

（1）不活动自由度上不能施加约束方程（CE,CEINTF）。当节点不与活动单元相连时，不活动自由度就会出现。

（2）可以通过先杀死单元，然后再激活单元来模拟应力松弛（如退火）。

（3）在进行非线性分析时，注意不要因杀死或激活单元引起奇异性（如结构分析中的尖角）或刚度突变，否则会使收敛困难。

（4）如果模型是完全线性的，也就是说除了生死单元，模型不存在接触单元或其他非线性单元且材料是线性的，则 ANSYS 就采用线性分析，因此不会采用 ANSYS 默认（SOLCONTROL,ON）非线性求解器。

（5）在进行包含单元生死的分析中，打开全牛顿-拉夫森选项的自适应下降选项将产生很好的效果。用下列方法来完成此操作：

```
命令：NROPT,FULL,ON
GUI：Main Menu→Solution→Analysis Options
```

（6）可以通过一个参数值来指示单元的生死状态。下面命令能得到活单元的相关参数值：

```
*GET,PAR,ELEM,n,ATTR,LIVE
```

该参数值可以用于 APDL 逻辑分支（*IF）或其他用户需要控制单元生死状态的场合。

（7）用载荷步文件求解法（LSWRITE）进行多载荷步求解时不能使用生死功能，因为生死单元状态不会写进载荷步文件。多载荷步生死单元分析必须采用一系列 SOLVE 命令来实现。

此外，可以通过 MPCHG 命令改变材料特性来杀死或激活单元。但这个过程要特别小心，因为软件保护和限制使得被杀死的单元在求解器中改变材料特性时无法生效（单元的集中力、应变、质量和比热容等都不会自动变为0）。不当地使用 MPCHG 命令可能会导致许多问题。例如，如果把一个单元的刚度减小到接近0，但仍保留质量，则在有加速度或惯性效应时就会产生奇异性。

MPCHG 命令的应用之一：模拟系列施工中使"出生"单元的应变历程保持不变。这时使用 MPCHG 命令可以得到单元在变形的节点构造初始应变。

9.2.2 DP 材料模型

岩石、混凝土和土壤等材料都属于颗粒状材料，这类材料受压屈服强度远大于受拉屈服强度，且材料受剪时，颗粒会膨胀，常用的 VonMise 屈服准则不适合此类材料。在土力学中，常用的有 Mohr-Coulomb 屈服准则，另外一个更准确描述此类材料的强度准

则是 Druck-Prager 屈服准则,使用 Druck-Prager 屈服准则的材料简称为 DP 材料。在岩石、土壤的有限元分析中,采用 DP 材料可以得到较精确的结果。

在 ANSYS 程序中,就采用 Druck-Prager 屈服准则,此屈服准则是对 Mohr-Coulomb 准则进行近似,以此来修正 VonMise 屈服准则,即在 VonMise 表达式中包含一个附加项,该附加项是考虑到静水压力可以引起岩土屈服而加入的。其流动准则既可以使用相关流动准则,也可以使用不相关流动准则,其屈服面并不随着材料的逐渐屈服而改变,因此没有强化准则,然而其屈服强度随着侧限压力(静水压力)的增加而相应增加,其塑性行为被假定为理想塑性。并且,它考虑了由于屈服引起的体积膨胀,但不考虑温度变化的影响。

Druck-Prager 屈服面在主应力空间内为一圆锥形空间曲面,在 π 平面上为圆形,如图 9-1 所示。

图 9-1　Druck-Prager 屈服面

Druck-Prager 屈服准则表达式为

$$F = \alpha I_1 = \sqrt{J_2} - k = 0 \tag{9-1}$$

其中:

$$J_2 = \frac{1}{6}\left[(\sigma_1 - \sigma_2)^2 + (\sigma_2 - \sigma_3)^2 + (\sigma_3 - \sigma_1)^2\right]$$

$$= \frac{1}{6}\left[(\sigma_x - \sigma_y)^2 + (\sigma_y - \sigma_z)^2 + (\sigma_z - \sigma_x)^2 + 6(\tau_{xy}^2 + \tau_{yz}^2 + \tau_{zx}^2)\right] \tag{9-2}$$

$$I_1 = \sigma_1 + \sigma_2 + \sigma_3 = \sigma_x + \sigma_y + \sigma_z \tag{9-3}$$

在平面应变状态下:

$$\alpha = \frac{\sin\varphi}{\sqrt{3}\sqrt{3 + \sin^2\varphi}} \tag{9-4}$$

$$k = \frac{\sqrt{3}\, c\cos\varphi}{\sqrt{3}\sqrt{3 + \sin^2\varphi}} \tag{9-5}$$

当 $\varphi > 0$ 时,Druck-Prager 屈服准则在主应力空间内切于 Mohr-Coulomb 屈服面的一个圆锥形空间曲面;当 $\varphi = 0$ 时,Druck-Prager 屈服准则退化为 VonMise 屈服准则。并且 Druck-Prager 屈服准则避免了 Mohr-Coulomb 屈服面在角棱处引起的奇异点。

受拉破坏时:

$$\alpha = \frac{2\sin\varphi}{\sqrt{3}(3 + \sin\varphi)} \tag{9-6}$$

$$k = \frac{6c\cos\varphi}{\sqrt{3}(3 + \sin\varphi)} \tag{9-7}$$

受压破坏时：

$$\alpha = \frac{2\sin\varphi}{\sqrt{3}(3-\sin\varphi)} \qquad (9\text{-}8)$$

$$k = \frac{6c\cos\varphi}{\sqrt{3}(3-\sin\varphi)} \qquad (9\text{-}9)$$

DP 材料模型含有 3 个力学参数：黏聚力 c、内摩擦角 φ 和膨胀角 φ_f。这 3 个参数可通过 ANSYS 中材料数据表输入：

> Main Menu→Preprocessor→Material Props→Material Models

执行完上面操作，弹出材料模型对话框，再执行：

> Material Models Available→Structurer→Nonlinear→Inelastic→Non-metal Plasticity→Drucker-Prager

接着在出现的对话框中输入这 3 个参数便可。

膨胀角 φ_f 用来控制体积膨胀的大小：当膨胀角 $\varphi_f = 0$ 时，则不会发生膨胀；当膨胀角 $\varphi_f = \varphi$ 时，则发生严重的体积膨胀。

DP 材料受压屈服强度大于受拉屈服强度，如果已知单轴受拉屈服应力和单轴受压屈服应力，则可以得到内摩擦角和黏聚力：

$$\varphi = \arcsin\left\|\frac{3\sqrt{3}\beta}{2+\sqrt{3}\beta}\right\| \qquad (9\text{-}10)$$

$$c = \frac{\sigma_y\sqrt{3}(3-\sin\varphi)}{6\cos\varphi} \qquad (9\text{-}11)$$

式中，β 和 σ_y 由受压屈服应力和受拉屈服应力计算得到：

$$\beta = \frac{\sigma_c - \sigma_t}{\sqrt{3}(\sigma_c + \sigma_t)} \qquad (9\text{-}12)$$

$$\sigma_y = \frac{2\sigma_c\sigma_t}{\sqrt{3}(\sigma_c + \sigma_t)} \qquad (9\text{-}13)$$

1. 初始地应力的模拟

在模拟隧道施工过程中，初始地应力模拟是很重要的。在 ANSYS 中，有两种方法可以实现初始地应力模拟。

方法一是只考虑岩体的自重应力，忽略其构造应力，在分析的第一步，首先计算岩体的自重应力场。这种方法简单方便，只需给出岩体的各项参数即可计算。缺点是计算出来的应力场与实际应力场有偏差，并且岩体在自重作用下还会产生初始位移，在继续分析后续施工时，得到的位移结果是累加了初始位移的结果，而现实中初始位移早就结束，对隧道的开挖没有影响，因此在后面的每个施工阶段分析位移场时，必须减去初始位移。

方法二是读取初始应力文件。在进行结构分析时，ANSYS 中可以读入初始应力文件，把初始应力定义为一种载荷。因此，当具有实测初始应力资料时，可将初始应力

Note

写成初始应力载荷文件,然后作为载荷条件读入 ANSYS,随后就可以直接进行第一步的开挖计算。计算得到的应力场和位移场就是开挖后的实际应力场和位移场,不需要进行处理。

2. 开挖与支护及连续施工的实现

根据前面章节中所介绍的单元生死可以实现材料的消除与添加,而隧道的开挖与支护正好可用材料的消除与添加表示,因此可以在 ANSYS 中用单元生死来实现隧道开挖与支护的模拟。隧道开挖时,先直接选择被开挖掉的单元,然后将这些单元杀死,从而实现隧道的开挖模拟。进行隧道支护时,先将相应支护部分在开挖时被杀死的单元激活,单元被激活后,具有零应变状态,并且把这些单元的材料属性改为支护材料的属性,就实现了隧道支护的模拟。

此外,单元的生死状态还可以根据 ANSYS 的计算结果(如应力或应变)来决定。例如,在模拟过程中,可以将超过允许应力或允许应变的单元杀死,模拟围岩或结构的破坏。

利用 ANSYS 程序中的载荷步功能可以实现不同工况间的连续计算,从而实现对隧道连续施工的模拟。具体可参照前面章节中的单元生死使用。首先建立开挖隧道的有限元模型,包括将来要被杀死(挖掉)和激活(支护)的部分,在 ANSYS 中模拟工程时不需要重新划分网格。在前一个施工完成后,便可以直接进行下一道工序的施工,即再杀死单元(开挖)和激活单元(支护),再求解,重复步骤直至施工结束。

9.3　ANSYS 隧道结构受力实例分析

9-1

9.3.1　ANSYS 隧道结构受力分析步骤

为了保证隧道施工和运行时间的安全性,必须对隧道结构进行受力分析。由于隧道结构是在地层中修建的,其工程特性、设计原则及方法与地面结构是不同的,隧道结构的变形受到周围岩土体本身的约束,从某种意义上讲,围岩也是地下结构的载荷,同时也是结构本身的一部分,因此不能完全采用地面结构受力分析方法来对隧道结构进行分析。当前,对隧道支护结构体系一般按照载荷-结构模型进行演算,按照此模型设计的隧道支护结构偏于保守。再借助有限元软件(如 ANSYS)实现对隧道结构的受力分析。

ANSYS 隧道结构受力分析的步骤如下:

1. 载荷-结构模型的建立

本步骤不在 ANSYS 中进行,但该步骤是进行 ANSYS 隧道结构受力分析的前提。只要在施工过程中不能使支护结构与围岩保持紧密接触,不能有效地阻止周围岩体变形而产生松动压力,隧道的支护结构就应该按载荷-结构模型进行验算。隧道支护结构与围岩的相互作用是通过弹性支撑对支护结构施加约束来体现的。

本步骤主要包含两项内容:

(1) 选择载荷-结构模型。载荷-结构模型虽然都是以承受岩体松动、崩塌而产生的竖向和侧向主动压力为主要特征,但对围岩与支护结构相互作用的处理上,大致有 3 种做法。

① 主动载荷模型。此模型不考虑围岩与支护结构的相互作用,因此,支护结构在主动载荷作用下可以自由变形,其计算原理和地面结构一样。此模型主要适用于软弱围岩没有能力去约束衬砌变形的情况,如采用明挖法施工的城市地铁工程及明洞工程。

② 主动载荷加被动载荷(弹性抗力)模型。此模型认为围岩不仅对支护结构施加主动载荷,而且由于围岩与支护结构的相互作用,还会对支护结构施加约束反力。因为在非均匀分布的主动载荷作用下,支护结构的一部分将发生向着围岩方向的变形,只要围岩具有一定的刚度,就会对支护结构产生反作用力来约束它的变形,这种反作用力称为弹性抗力。而支护结构的另一部分则背离围岩向着隧道内变形,不会引起弹性抗力,形成所谓"脱离区"。这种模型适用于各种类型的围岩,只是所产生的弹性抗力不同而已。该模式广泛地应用于我国铁路隧道,基于这种模式修建了好几千千米的铁路隧道,并且在实际使用中,它基本能反映出支护结构的实际受力状况。

③ 实际载荷模型。这种模型采用量测仪器实地量测到的作用在衬砌上的载荷值代替主动载荷模型中的主动载荷。实地量测的载荷值包含围岩的主动压力和弹性抗力,是围岩与支护结构相互作用的综合反映。切向载荷的存在可以减小载荷分布的不均匀程度,从而改善结构的受力情况。但要注意的是,实际量测的载荷值,除与围岩特性有关外,还取决于支护结构刚度及背后回填的质量。

(2) 计算载荷。目前隧道结构设计一般采用主动载荷加被动载荷模型,作用在隧道衬砌上的载荷分为主动载荷和被动载荷。进行 ANSYS 隧道结构受力分析时,一般要计算以下几种隧道载荷:

① 围岩压力:这是隧道最主要的载荷,主要根据相关隧道设计规范进行计算。对于铁路隧道,可以根据《铁路隧道设计规范》(TB 10003—2016)进行计算。

② 支护结构自重:可按预先拟定的结构尺寸和材料重度计算确定。

③ 地下水压力:在含水地层中,静水压力可按照最低水位考虑。

④ 被动载荷:即围岩的弹性抗力,其大小常用以温克列尔假定为基础的局部变形理论来确定。该理论认为围岩弹性抗力与围岩在该点的变形成正比:

$$\sigma_i = K\delta_i \qquad (9\text{-}14)$$

式中,δ_i 为围岩表面上任意一点的压缩变形,单位为 m;σ_i 为围岩在同一点所产生的弹性抗力,单位为 MPa;K 为围岩弹性抗力系数,单位为 MPa/m。

对于列车载荷、地震力等其他载荷,一般情况可以忽略不计算。

2. 创建物理环境

在定义隧道结构受力分析问题的物理环境时,要进入 ANSYS 前处理器,建立这个隧道结构体的数学仿真模型。按照以下几个步骤来建立物理环境:

(1) 设置 GUI 菜单过滤。如果希望通过 GUI 路径来运行 ANSYS,当 ANSYS 被激活后第一件要做的事情就是选择菜单路径:Main Menu→Preferences,执行上述命令后,弹出如图 9-2 所示的对话框后,选择 Structural。这样 ANSYS 会根据所选参数来对 GUI 图形界面进行过滤,选择 Structural 以便在进行隧道结构受力分析时过滤掉一些不必要的菜单及相应图形界面。

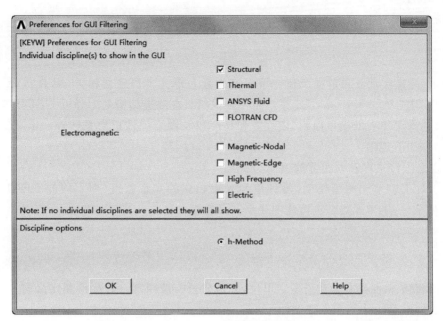

图9-2 GUI图形界面过滤

（2）定义分析标题（/TITLE）。在进行分析前，可以给所要进行的分析起一个能够代表所分析内容的标题，比如"Tunnel Support Structural Analysis"，以便能够从标题上与其他相似物理几何模型区别。用下列方法定义分析标题：

```
命令:/TITLE
GUI:Utility Menu→File→Change Title
```

（3）说明单元类型及其选项（KEYOPT选项）。与ANSYS的其他分析一样，创建物理环境也要进行相应的单元选择。ANSYS软件提供了100种以上的单元类型，可以用来模拟工程中的各种结构和材料，各种不同的单元组合在一起，成为具体物理问题的抽象模型。例如，隧道衬砌用BEAM188梁单元来模拟，用COMBIN14弹簧单元模拟围岩与结构的相互作用性，这两个单元组合起来就可以模拟隧道结构。

大多数单元类型都有关键选项（KEYOPTS），这些选项用以修正单元特性。例如，梁单元BEAM188有如下KEYOPTS：

```
KEYOPT(6)      力和力矩输出设置
KEYOPT(9)      设置输出节点I与J之间的计算结果
KEYOPT(10)     设置SFNEAM命令施加线性变化的表面载荷
```

COMBIN14弹簧单元有如下KEYOPTS：

```
KEYOPT(1)      设置解类型
KEYOPT(2)      设置一维自由度
KEYOPT(3)      设置二维或十二维自由度
```

设置单元及其关键选项的方式如下：

Note

```
命令:ET
    KEYOPT
GUI:Main Menu→Preprocessor→Element Type→Add/Edit/Delete
```

　　(4) 设置实常数和定义单位。单元实常数和单元类型密切相关,用 R 族命令(如 R,RMODIF 等)或其相应 GUI 菜单路径来说明。在隧道结构受力分析中,可用实常数来定义衬砌梁单元的横截面积、惯性矩和高度以及围岩弹性抗力系数等。定义实常数时要遵守如下规则:

　　① 必须按次序输入实常数。

　　② 对于多单元类型模型,每种单元采用独立的实常数组(即不同的 REAL 参考号)。但是,一个单元类型也可注明几个实常数组。

```
命令:R
GUI:Main Menu→Preprocessor→Real Constants→Add/Edit/Delete
```

　　ANSYS 软件没有为系统指定单位,分析时只需按照统一的单位制定义材料属性、几何尺寸、载荷大小等输入数据即可。

　　结构分析只有时间单位、长度单位和质量单位 3 个基本单位,则所有输入的数据都应当是这 3 个单位组成的表达方式。如标准国际单位制下,时间是秒(s),长度是米(m),质量是千克(kg),则导出力的单位是 $kg \cdot m/s^2$(相当于 N),材料的弹性模量单位是 $kg/m \cdot s^2$(相当于 Pa)。

```
命令:/UNITS
```

　　(5) 定义材料属性。大多数单元类型在进行程序分析时都需要指定材料特性,ANSYS 程序可方便地定义各种材料的特性,如结构材料属性参数、热性能参数、流体性能参数和电磁性能参数等。

　　ANSYS 程序可定义的材料特性有以下 3 种:

　　① 线性或非线性。

　　② 各向同性、正交异性或非弹性。

　　③ 随温度变化或不随温度变化。

　　隧道结构受力分析中需要定义隧道混凝土衬砌支护的材料属性:重度、弹性模量、泊松比、凝聚力以及摩擦角。

```
命令:MP
GUI:Main Menu→Preprocessor→Material Props→Material Models
 或 Main Menu→Solution→Load Step Opts→Other→Change Mat Props→Material Models
```

3. 建立模型和划分网格

　　创建好物理环境,就可以建立模型。在进行隧道结构受力分析时,需要建立模拟隧道衬砌结构的梁单元和模拟隧道结构与围岩间相互作用的弹簧单元。在建立好的模型各个区域内指定特性(单元类型、选项、实常数和材料性质等)以后,就可以划分有限元网格了。

通过 GUI 为模型中的各区域赋予特性:

(1) 选择 Main Menu→Preprocessor→Meshing→Mesh Attributes→Picked Areas。

(2) 单击模型中要选定的区域。

(3) 在对话框中为所选定的区域说明材料号、实常数号、单元类型号和单元坐标系号。

重复以上 3 个步骤,直至处理完所有区域。

通过命令为模型中的各区域赋予特性:

◆ ASEL(选择模型区域)。

◆ MAT(说明材料号)。

◆ REAL(说明实常数组号)。

◆ TYPE(指定单元类型号)。

◆ ESYS(说明单元坐标系号)。

在进行隧道结构分析中,只需要给隧道衬砌结构指定材料号、实常数号、单元类型号和单元坐标系号就可以。

4. 施加约束和载荷

既可以给实体模型(关键点、线、面)也可以给有限元模型(节点和单元)施加边界条件和载荷。在求解时,ANSYS 程序会自动将加到实体模型上的边界条件和载荷传递到有限元模型上。

隧道结构分析中,主要是给弹簧施加自由度约束。

> 命令:D

施加载荷包括重力以及隧道结构所受到的力。

5. 求解

ANSYS 程序根据现有选项的设置,从数据库获取模型和载荷信息并进行计算求解,将结果数据写入到结果文件和数据库中。

> 命令:SOLVE
> GUI:Main Menu→Solution→Solve→Current LS

6. 后处理

后处理的目的是以图和表的形式描述计算结果。对于隧道结构受力分析,很重要的一点就是进入后处理器后,观察结构受力变形图,根据弹簧单元只能受压的性质,去掉受拉弹簧,再进行求解,随后再观察结构受力变形图,看有没有受拉弹簧,如此反复,直到结构受力变形图中无受拉弹簧为止。这时就得到隧道结构受力分析的正确结果,进入后处理器,绘出隧道支护结构的变形图、弯矩图、轴力图和剪切力图,列出各单元的内力和位移值,以及输出结构的变形图和内力图。最后按照相关设计规范进行强度和变形验算,如果不满足设计要求,提出相应的参数修改意见,再进行新的分析。

> 命令:/POST1
> GUI:Main Menu→General Postproc

9.3.2 实例描述

选取宜昌(宜)—万州(万)铁路线上的别岩槽隧道某断面,该断面设计单位采用的支护结构如图 9-3 所示。为保证结构的安全性,采用了载荷-结构模型,利用 ANSYS 对其进行计算分析。

主要参数如下:

◆ 隧道腰部和顶部衬砌厚度是 65cm,隧道仰拱衬砌厚度为 85cm。

◆ 采用 C30 钢筋混凝土为衬砌材料。

◆ 隧道围岩是Ⅳ级,洞跨是 5.36m,深埋隧道。

◆ 隧道仰拱下承受水压,水压 0.2MPa。

◆ 隧道围岩级别是Ⅳ级,其物理力学指标及衬砌材料 C30 钢筋混凝土的物理力学指标见表 9-4。

图 9-3 隧道支护结构断面图

表 9-4 物理力学指标

名称	重度 $\gamma/(kN/m^3)$	弹性抗力系数 $K/(MPa/m)$	弹性模量 E/GPa	泊松比 v	内摩擦角 $\varphi/(°)$	黏聚力 c/MPa
Ⅳ级围岩	22	300	1.5	0.32	29	0.35
C30 钢筋混凝土	25	—	30	0.2	54	2.42

根据《铁路隧道设计规范》(TB 10003—2016),可计算出深埋隧道围岩的垂直均布力和水平均布力。对于竖向和水平的分布载荷,其等效节点力分别近似地取节点两相邻单元水平或垂直投影长度的一半衬砌计算宽度这一面积范围内的分布载荷的总和。自重载荷通过 ANSYS 程序直接添加密度施加。隧道仰拱部受到的水压为 0.2MPa,按照径向方向再置换为等效节点力,分解为水平竖直方向加载,见表 9-5。

表 9-5 载荷计算表

围岩压力		结构自重	水压/(N/m³)
垂直均布力/(N/m³)	水平均布力/(N/m³)		
80225	16045	通过 ANSYS 添加	200000

9.3.3 GUI 操作方法

1. 创建物理环境

(1)在"开始"菜单中依次选取"所有程序"→"ANSYS 19.0"→"Mechanical APDL Product Launcher",打开"19.0:ANSYS Mechanical APDL Product Launcher"对话框。

(2)选择"File Management",在"Working Directory"栏输入工作目录"D:\ansys\Support",在"Job Name"栏输入文件名"Support"。

（3）单击"RUN"按钮，进入 ANSYS 19.0 的 GUI 操作界面。

（4）过滤图形界面：执行 Main Menu→Preferences 命令，弹出"Preferences for GUI Filtering"对话框，选择"Structural"对后面的分析进行菜单及相应的图形界面过滤。

（5）定义工作标题：执行 Utility Menu→File→Change Title 命令，在弹出的对话框中输入"Tunnel Support Structural Analysis"，单击"OK"按钮，如图 9-4 所示。

图 9-4　定义工作标题

（6）定义单元类型：执行 Main Menu→Preprocessor→Element Type→Add/Edit/Delete 命令，弹出"Element Types"（单元类型）对话框，如图 9-5 所示，单击"Add"按钮，弹出"Library of Element Types"（单元类型库）对话框，如图 9-6 所示。在该对话框左边的下拉列表框中选择"Beam"，在右边栏中选择"2 node 188"，单击"Apply"按钮，定义了"Beam188"单元。再在左边的下拉列表框中选取"Combination"，右边栏中选择"Spring-damper 14"，如图 9-7 所示。然后单击"OK"按钮，这就定义了"Combin14"单元，在"Element Types"单元类型对话框中选择"BEAM188"单元，单击"Options…"按钮打开"BEAM188 element type options"对话框，将其中的"K3"设置为"Cubic Form"，单击"OK"按钮。最后单击图 9-5 中的"Close"按钮。

图 9-5　单元类型对话框

图 9-6　定义 Beam188 单元对话框

图 9-7 定义 Combin14 单元对话框

（7）定义材料属性：执行 Main Menu→Preprocessor→Material Props→Material Models 命令，弹出"Define Material Model Behavior"对话框，如图 9-8 所示。在右边的栏中连续单击 Structural→Linear→Elastic→Isotropic 后，又弹出如图 9-9 所示的"Linear Isotropic Properties for Material Number 1"对话框，在该对话框中"EX"文本框中输入"3E10"，在"PRXY"文本框中输入 0.2，单击"OK"按钮。再在定义材料本构模型对话框中选择"Density"并单击，弹出如图 9-10 所示的"Density for Material Number 1"对话框，在"DENS"文本框中输入隧道衬砌混凝土材料的密度 2500，再单击"OK"按钮。

图 9-8 定义材料本构模型对话框

图 9-9 线弹性材料模型对话框

图 9-10　材料密度输入对话框

最后单击"Material→Exit"结束，得到结果如图 9-11 所示。

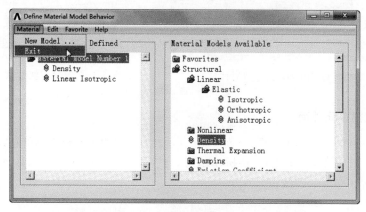

图 9-11　材料属性定义结果

（8）定义实常数：执行 Main Menu→Preprocessor→Real Constants→Add/Edit/Delete 命令，弹出"Real Constants"实常数对话框，如图 9-12 所示。单击"Add"按钮，弹出如图 9-13 所示的选择单元类型对话框，选择"Type 2 COMBIN14"，单击"OK"按钮，弹出如图 9-14 所示的 COMBIN14 实常数对话框，在"Spring constant"文本框中输入 30000000，单击"OK"按钮，弹出如图 9-15 所示对话框，确认后最后单击"Close"按钮。

图 9-12　实常数对话框

图 9-13　选择单元类型对话框

图 9-14　COMBIN14 实常数对话框　　　　图 9-15　定义完实常数后的对话框

2. 定义梁单元截面

执行 Main Menu→Preprocessor→Sections→Beam→Common Sections 命令,弹出 "Beam Tool"工具条,如图 9-16(a)所示填写。然后单击"Apply"按钮,如图 9-16(b)所示填写。最后单击"OK"按钮。

(a)　　　　　　　(b)

图 9-16　定义两种截面

每次定义好截面之后,单击"Preview"可以观察截面特性。在本模型中两种截面特性如图 9-17 所示。

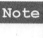

图 9-17 两种截面图及截面特性

3. 建立模型和划分网格

（1）创建隧道衬砌支护关键点：执行 Main Menu→Preprocessor→Modeling→ Create→Keypoints→In Active CS 命令，弹出"Create Keypoints in Active Coordinate System"对话框，如图 9-18 所示。在"NPT Keypoint number"文本框中输入 1，在"X，Y，Z Location in active CS"文本框中输入（0，0，0），单击"Apply"按钮，这样就创建了关键点 1。再依次重复在"NPT Keypoint number"文本框中输入 2、3、4、5、6、7，在对应"X，Y，Z Location in active CS"文本框中输入"0，3.85，0""0.88，5.5，0""2.45，6.15，0" "4.02，5.5，0""4.9，3.85，0""4.9，0，0"，最后单击"OK"按钮，生成 7 个关键点，如图 9-19 所示。

图 9-18 在当前坐标系创建关键点对话框

图 9-19　隧道支护关键点

（2）创建隧道衬砌支护线模型：执行 Main Menu→Preprocessor→Modeling→Create→Lines→Arcs→By End KPs & Rad 命令，弹出如图 9-20 所示的对话框。在对话框栏中输入关键点"1,2"，单击"Apply"按钮，弹出如图 9-21 所示对话框。在对话框栏中输入关键点 6，单击"OK"按钮，弹出"Arc by End KPs & Radius"对话框，如图 9-22 所示。在"RAD Radius of the arc"文本框中输入弧线半径 8.13，单击"Apply"按钮，这样就创建了弧线 1。

图 9-20　定义弧线两端点对话框　　　　图 9-21　定义弧线曲率关键点对话框

重复以上操作步骤，分别在图 9-22 文本框中依次输入"3.21,2,3,6""2.22,3,4,6""2.22,4,5,2""3.21,5,6,2""12.13,6,7,2""6,7,1,4"，最后单击"OK"按钮，生成隧道衬砌支护线模型，如图 9-23 所示。

（3）保存几何模型文件；执行 Utility Menu→File→Save as 命令，弹出"Save

图9-22 画弧线对话框

Note

图9-23 隧道衬砌支护线模型

Database"对话框,在"Save Database to"下面输入栏中输入文件名"Support-geom. db",单击"OK"按钮。

(4)给线赋予特性:执行 Main Menu→Preprocessor→Meshing→MeshTool 命令, 弹出"MeshTool"对话框,如图9-24所示。在"Element Attributes"下拉列表框中选择 "Lines",单击"Set"按钮,弹出"Line Attributes"线拾取框,在图形界面上拾取编号为 L1、L2、L3、L4、L5、L6 的线,单击拾取框上的"OK"按钮,又弹出如图9-25所示的"Line Attributes"对话框,在"Material number"下拉列表框中选取 1,在"Element type number"下拉列表框中选取"1 BEAM188",在"Element section"下拉列表框中选取 1, 单击"Apply"按钮再次弹出线拾取框。

用相同方法给线 L7 赋予特性,其他选项与 L1、L2、L3、L4、L5、L6 的线一样,只是 在"Element section"下拉列表框中选取 2,单击"OK"按钮退出。

(5)控制线尺寸:在"MeshTool"对话框中的"Size Controls"选项区的"Lines"右边 单击"Set",在弹出的对话框中拾取线 L1 和 L6,单击拾取框上的"OK"按钮,弹出 "Element Sizes on Picked Lines"对话框,如图9-26所示。在"No. of element divisions"文本框中输入 4。再单击"Apply"按钮。

用相同方法控制线 L2、L3、L4、L5、L7 的尺寸,只是线 L2、L3、L4、L5 在"No. of element divisions"文本框中输入 2,线 L7 在"No. of element divisions"文本框中输入 8。

Note

图 9-24 网格划分工具栏

图 9-25 赋予线特性对话框

图 9-26 线单元尺寸划分对话框

（6）划分网格：在图 9-24 中单击"Mesh"按钮，弹出对话框，单击"Pick All"，生成 24 个梁单元，如图 9-27 所示。

图 9-27　隧道支护单元图

（7）打开节点编号显示：执行 Utility Menu→PlotCtrls→Numbering 命令，弹出"Plot Numbering Controls"对话框，如图 9-28 所示。选择"Node numbers"选项，后面的文字由"Off"变为"On"，单击"OK"按钮关闭窗口。显示这些节点编号的目的是为后面创建弹簧单元准备，这些节点是弹簧单元的一个节点。

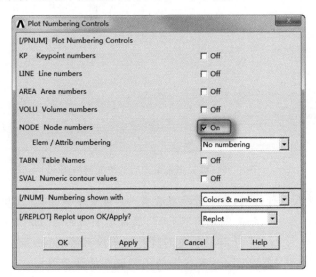

图 9-28　显示节点编号对话框

（8）创建弹簧单元：在命令行输入以下命令完成弹簧的创建：

```
PSPRNG,1,TRAN,300000000,-0.97029572,-0.241921895,
PSPRNG,2,TRAN,300000000,-0.97437006,0.22495105,
PSPRNG,3,TRAN,300000000,-0.98628560,-0.1604761,
PSPRNG,4,TRAN,300000000,-0.99919612,-0.00872654,
PSPRNG,5,TRAN,300000000,-0.98901586,0.14780941,
PSPRNG,6,TRAN,300000000,-0.70710678,0.70710678,
PSPRNG,7,TRAN,300000000,-0.88294757,0.469471561,
```

```
PSPRNG, 10, TRAN, 300000000, 0.70710678, 0.70710678,
PSPRNG, 13, TRAN, 300000000, 0.88294757, 0.469471561,
PSPRNG, 12, TRAN, 300000000, 0.97437006, 0.22495105,
PSPRNG, 15, TRAN, 300000000, 0.98901586, 0.14780941,
PSPRNG, 16, TRAN, 300000000, 0.99996192, − 0.00872654,
PSPRNG, 17, TRAN, 300000000, 0.98628560, − 0.1604768,
PSPRNG, 14, TRAN, 300000000, 0.97029572, − 0.241921895,
PSPRNG, 18, TRAN, 300000000, 0.30901699, − 0.95105651,
PSPRNG, 19, TRAN, 300000000, 0.20791169, − 0.9781476,
PSPRNG, 20, TRAN, 300000000, 0.10452846, − 0.99452189,
PSPRNG, 21, TRAN, 300000000, 0, − 1,
PSPRNG, 22, TRAN, 300000000, − 0.10452846, − 0.99452189,
PSPRNG, 23, TRAN, 300000000, − 0.20791169, − 0.9781476,
PSPRNG, 24, TRAN, 300000000, − 0.30901699, − 0.95105651,
```

得到添加弹簧单元的单元网格图,如图 9-29 所示。

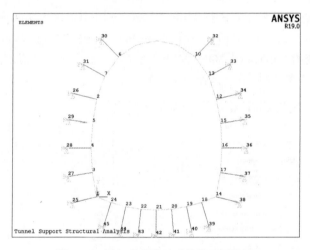

图 9-29　添加弹簧单元后的单元网格图

注意:以第一行为例,命令行参数含义为:弹簧系数 300000000,弹簧另一端点的坐标值"−0.97029572,−0.241921895,0",因为是平面问题,DZ 是 0。

弹簧单元长度为 1,实际上弹簧长度对计算结果没有影响。

隧道顶部范围(90°范围)为"脱离区",故不需要添加弹簧单元。

"DX,DY"是生成弹簧的另一个端点的坐标值,它是在法线方向,根据在 CAD 图形中的角度来计算。

图 9-29 中一共添加了 21 个弹簧单元,如果有些弹簧单元根据计算结果显示是受拉的,必须去除,再进行重新计算。

用来模拟隧道结构与围岩间相互作用的 COMBIN14 弹簧单元(也叫地层弹簧),对其参数进行设置时,只需要输入弹性常数 K,阻尼系数和非线性阻尼系数不用输入。

4. 加约束和载荷

(1)给弹簧单元施加约束:执行 Main Menu→Solution→Define Loads→Apply→Structural→Displacement→on Nodes 命令,弹出在节点上施加位移约束对话框,用鼠

标选取弹簧单元最外层节点共21个节点,单击"OK"按钮,弹出"Apply U,ROT on Nodes"对话框,如图9-30所示。在图9-30中,在"DOFs to be constrained"下拉列表框中选取"UX,UY",在"Apply as"下拉列表框中选取"Constant value",在"Displacement value"文本框中输入0,然后单击"OK"按钮就完成了对弹簧节点位移的约束。

(2)给所有单元施加为平面约束:执行Main Menu→Solution→Define Loads→Apply→Structural→Displacement→on Nodes命令,弹出在节点上施加位移约束对话框,单击"Pick All"按钮,弹出如图9-30所示对话框。在图9-30中,在"DOFs to be constrained"下拉列表框中选取"UZ,ROTX,ROTY",在"Apply as"下拉列表框中选取"Constant value",在"Displacement value"文本框中输入0,然后单击"OK"按钮就完成了对弹簧节点位移的约束。

图9-30 给节点施加位移约束对话框

(3)施加重力加速度:执行Main Menu→Solution→Define Loads→Apply→Structural→Inertia→Gravity→Global命令,弹出"Apply(Gravitational)Acceleration"对话框,如图9-31所示。只需在"Global Cartesian Y-comp"文本框中输入重力加速度值9.8就可以,单击"OK"按钮,就完成了重力加速度的施加。

图9-31 施加重力加速度对话框

注意:虽然在ANSYS中输入重力加速度9.8后,其重力加速度方向显示向上,但ANSYS默认模型施加重力时,输入的重力加速度是9.8,不是−9.8。

(4)对隧道衬砌支护施加围岩压力:执行Main Menu→Solution→Define Loads→Apply→Structural→Force/Moment→on Nodes命令,在弹出的节点位置施加载荷对话框中,用鼠标选择隧道支护线上腰部和顶部所有节点,弹出"Apply F/M on Nodes"

对话框,如图9-32所示。在"Direction of force/mom"下拉列表框中选取"FY",在"Force/moment value"文本框中输入围岩垂直均布力－80225。

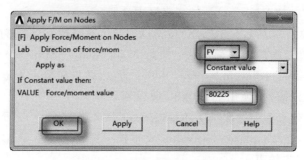

图9-32　施加节点力对话框

单击"Apply"按钮,在弹出的对话框中选择隧道支护线剩下的节点,在"Direction of force/mom"下拉列表框中选取"FY",在"Force/moment value"文本框中输入围岩垂直均布力80225。

单击"Apply"按钮,又弹出节点位置施加载荷对话框,用鼠标选择隧道衬砌支护线上的1、2、3、4、5、6、7、8、9、22、23、24共12个节点,又弹出如图9-32所示的对话框,在"Direction of force/mom"下拉列表框中选取"FX",在"Force/moment value"文本框中输入围岩水平均布力16045。

单击"Apply"按钮,又弹出节点位置施加载荷对话框,用鼠标选择隧道衬砌支护线上剩下的12个节点,又弹出如图9-32所示的对话框,在"Direction of force/mom"下拉列表框中选取"FX",在"Force/moment value"文本框中输入围岩水平均布力－16045。单击"OK"按钮,就完成了对隧道衬砌支护施加围岩压力。

输入围岩垂直均布力和水平均布力应参考节点位置来考虑力的方向,切忌加错力的方向。

(5)对隧道仰拱施加水压:执行 Main Menu→Solution→Define Loads→Apply→Structural→Force/Moment→on Nodes 命令,在弹出的节点位置施加载荷对话框中,用鼠标选择隧道仰拱节点18,弹出如图9-32所示的对话框,在"Direction of force/mom"下拉列表框中选取"FX",在"Force/moment value"文本框中输入水平水压力－161803。再次单击"Apply"按钮,又弹出对话框,选择节点18,又弹出图9-32的对话框,在"Direction of force/mom"下拉列表框中选取"FY",在"Force/moment value"文本框中输入围岩水平均布力70381,单击"OK"按钮,就完成了节点18的水压力的施加。同样方法对仰拱的其他节点施加水压,只是数值不同:节点19"FY＝50101""FX＝－182309";节点20"FY＝13093""FX＝－198904";节点21"FY＝125960""FX＝0";节点22"FY＝13093""FX＝198904";节点23"FY＝50101""FX＝－182309";节点24"FY＝70381""FX＝－161803"。

最后得到施加约束和载荷后隧道衬砌支护结构模型图,如图9-33所示。

将作用在衬砌上的分布载荷置换为等效节点力。

对于竖向和水平的分布载荷,其等效节点力分别近似地取节点两相邻单元水平或垂直投影长度的一般衬砌计算宽度这一面积范围内的分布载荷的总和。

图 9-33　施加约束和载荷后隧道衬砌支护结构模型图

自重载荷通过 ANSYS 程序直接添加密度施加。

水压按照径向方向再置换为等效节点力，分解为水平和竖直方向加载。

5．求解

求解运算：执行 Main Menu→Solution→Solve→Current LS 命令，弹出求解选项信息和当前求解载荷步对话框，如图 9-34 和图 9-35 所示，检查信息无错误后，单击"OK"按钮，开始求解运算，直到出现一个"Solution is done"提示栏，如图 9-36 所示，表示求解结束。

图 9-34　求解选项信息

图 9-35　当前求解载荷步对话框

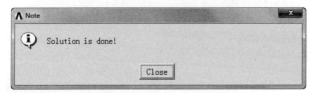

图 9-36　求解结束提示栏

6. 后处理(对计算结果进行分析)

(1) 计算分析修改模型。

① 查看隧道衬砌支护结构变形图：执行 Main Menu→General Postproc→Plot Results→Deformed shape 命令，弹出"Plot Deformed Shape"对话框，如图 9-37 所示，选择"Def+undeformed"并单击"OK"按钮，出现隧道衬砌支护结构变形图，如图 9-38 所示。

图 9-37　查看变形图对话框

图 9-38　初次分析计算隧道衬砌支护结构变形图

从图 9-38 中可以看出，弹簧 30、32、33 和 34 是受拉的，因为用来模拟隧道结构与围岩间相互作用的地层弹簧只能承受压力，所以这 4 根弹簧必须去掉，再重新计算，直到结构变形图中没有受拉弹簧为止。

② 删除受拉弹簧单元：执行 Main Menu→Preprocessor→Modeling→Delete→Elements 命令，弹出删除单元选取对话框，选择弹簧单元 30、32、33 和 34，然后单击"OK"按钮。

执行 Main Menu→Preprocessor→Modeling→Delete→Nodes 命令，弹出删除节点选取对话框，选取弹簧单元 30、32、33 和 34 最外端节点，再单击"OK"按钮。

③ 第 2 次求解：执行 Main Menu→Solution→Solve→Current LS 命令，弹出求解选项信息和当前求解载荷步对话框，接受默认设置，单击"OK"按钮，开始求解运算，直到出现一个"Solution is done"的提示栏，表示求解结束。

④ 查看第 2 次分析计算结构变形图：执行 Main Menu→General Postproc→Plot Results→Deformed shape 命令，弹出"Plot Deformed Shape"对话框，选择"Def＋undeformed"并单击"OK"按钮，出现第 2 次分析计算的隧道衬砌支护结构变形图。图形显示，第 2 次分析计算仍有受拉弹簧。

⑤ 去掉受拉弹簧，重复②～④步，直到分析计算出的隧道衬砌支护结构变形图中没有受拉弹簧为止。

最后经过 3 次反复分析计算，终于得到没有受拉弹簧时的隧道结构模型，如图 9-39 所示。其对应的分析计算隧道衬砌支护结构变形图如图 9-40 所示。

图 9-39　最后隧道结构模型图

⑥ 保存计算结果到文件：执行 Utility Menu→File→Save as 命令，弹出"Save Database"对话框，在"Save Database to"文本框中输入文件名"support result. db"，单击"OK"按钮。

进行隧道结构受力分析时，用地层弹簧来模拟围岩与结构间相互作用，在隧道顶部 90°范围内，其变形背向地层，不受围岩的约束而自由变形，这个区域称为"脱离区"，不需要添加弹簧单元。在隧道两侧及底部，结构产生朝向地层的变形，并受到围岩约束阻

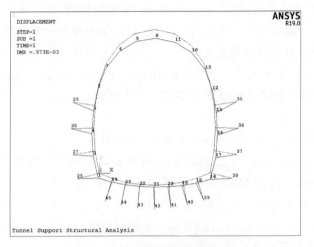

图 9-40　最终隧道结构变形图

止其变形,因而围岩对衬砌产生了弹性抗力,这个区域称为"抗力区",需要添加弹簧单元。

进行完第一次求解后,查看结构变形图,去除受拉弹簧单元,再进行求解,再查看结构变形图,反复进行,直到最终计算出结构变形图无受拉弹簧为止。

（2）画出主要图形。

① 绘制结构变形图：执行 Main Menu→General Postproc→Plot Results→Deformed shape 命令,弹出"Plot Deformed Shape"对话框,选择"Def＋undeformed"并单击"OK"按钮,就得到隧道结构变形图,如图 9-40 所示。

② 将节点弯矩、剪力、轴力制表：执行 Main Menu→General Postproc→Element Table→Define Table 命令,弹出"Element Table Data"对话框,如图 9-41 所示。单击"Add"按钮,弹出"Define Additional Element Table Items"对话框,如图 9-42 所示。

图 9-41　单元数据制表对话框

Note

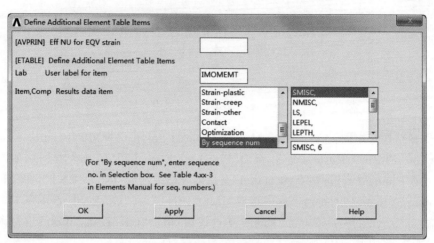

图 9-42　定义单元数据制表对话框

在图 9-42 中，在"User label for item"文本框中输入"IMOMEMT"，在"Item,Comp Results data item"左边下拉列表框中选取"By sequence num"，在右边的文本框中输入 6，然后单击"Apply"按钮；再次在"User label for item"文本框中输入"JMOMEMT"，在"Item Comp Results data item"左边下拉列表框中选取"By sequence num"，在右边的文本框中输入 12，然后单击"Apply"按钮；同样方法依次输入"ISHEAR，2""JSHEAR，8""ZHOULI-I，1""ZHOULI-J，7"，最后得到定义好的单元数据表对话框，如图 9-43 所示。

图 9-43　定义好的单元数据表对话框

③ 设置弯矩分布标题：执行 Utility Menu→File→Change title 命令，弹出"Change Title"对话框，如图 9-44 所示。在"Enter new title"文本框中输入文件名"BENDING MOMENT distribution"，单击"OK"按钮。

图 9-44 设置标题对话框

④ 画结构弯矩图：执行 Main Menu→General Postproc→Plot Results→Contour Plot→Line Element Results 命令，弹出"Plot Line-Element Results"对话框，如图 9-45 所示。在"Element table item at node I"下拉列表框中选取"IMOMENT"，在"Element table item at node J"下拉列表框中选取"JMOMENT"，在"Optional scale factor"文本框中输入－0.8，选择"Deformed shape"单选按钮，单击"OK"按钮，得到隧道衬砌支护结构的弯矩图，如图 9-46 所示。

图 9-45 画结构弯矩图对话框

图 9-46 结构弯矩图（单位：N•m）

⑤ 设置剪力分布标题：执行 Utility Menu→File→Change title 命令，弹出 "Change Title"对话框。在"Enter new title"文本框中输入文件名"SHEAR force distribution"，单击"OK"按钮。

⑥ 画结构剪力图：执行 Main Menu→General Postproc→Plot Results→Contour Plot→Line Element Results 命令，弹出如图 9-47 所示的对话框。在"Elem table item at node I"下拉列表框中选取"ISHEAR"，在"Elem table item at node J"下拉列表框中选取"JSHEAR"，在"Optional scale factor"文本框中输入－1，选择"Deformed shape"单选按钮，单击"OK"按钮，得到隧道衬砌支护结构的剪力图，如图 9-48 所示。

图 9-47　画结构剪力图对话框

图 9-48　结构剪力图（单位：N）

⑦ 设置轴力分布标题：执行 Utility Menu→File→Change title 命令，弹出"Change Title"对话框。在"Enter new title"文本框中输入文件名"ZHOULI force distribution"，单击"OK"按钮。

⑧ 画结构轴力图：执行 Main Menu→General Postproc→Plot Results→Contour Plot→Line Element Results 命令，弹出对话框。在"Element table item at node I"下拉列表框中选取"ZHOULI-I"，在"Element table item at node J"下拉列表框中选取"ZHOULI-J"，在"Optional scale factor"文本框中输入－0.6，选择"Deformed shape"单选按钮，单击"OK"按钮，得到隧道衬砌支护结构的轴力图，如图 9-49 所示。

输出图形设置时，输出图形比例因子 ANSYS 默认是 1，可以根据实际需要缩小或放大图形输出，来满足实际需要。

图 9-49　结构轴力图(单位：N)

ANSYS 默认输出的弯矩图与实际土木工程的弯矩图相反,因为土木工程规定,当结构的哪一侧受拉时,弯矩图就应该画在哪一侧,策略是在输出图形比例因子前乘以一1,就可以得到我们所需要的弯矩图。

输出图形比例因子最好设置为绝对值小于 1 的数。

(3) 列出主要数据。

① 选择隧道支护线上所有节点：执行 Utility Menu→Select→Entities...命令,弹出"Select Entities"对话框,如图 9-50 所示。在第 1 个下拉列表框中选择"Nodes",在第 2 个下拉列表框中选择"By Num/Pick",选择"From Full"单选按钮,单击"OK"按钮,弹出选择节点对话框,用鼠标选取隧道支护线所有节点,单击"OK"按钮。

② 列表显示各节点的位移：执行 Main Menu→General Postproc→List Results→Nodal Solution 命令,弹出"List Nodal Solution"对话框,如图 9-51 所示。依次单击"Nodal Solution"和"DOF Solution",再选择"Rotation vector sum",然后单击"OK"按钮,弹出节点位移数据文件。

图 9-50　选取节点对话框

图 9-51　列出各节点位移对话框

再次执行 Main Menu→General Postproc→List Results→Nodal Solution 命令，弹出"List Nodal Solution"对话框，如图 9-51 所示。用鼠标依次单击"Nodal Solution"和"DOF Solution"，再选择"Rotation vector sum"，然后单击"OK"按钮，弹出节点位移数据文件。

最后得到各节点的位移数据，如表 9-6 所示。

表 9-6　节点位移

```
NODE      UX          UY          UZ          USUM
   1  -0.11313E-03-0.51217E-03   0.0000      0.52452E-03
   2  -0.16507E-03-0.60909E-03   0.0000      0.63106E-03
   3  -0.21503E-03-0.55464E-03   0.0000      0.59487E-03
   4  -0.22304E-03-0.57446E-03   0.0000      0.61625E-03
   5  -0.20218E-03-0.59090E-03   0.0000      0.62453E-03
   6   0.20034E-04-0.73264E-03   0.0000      0.73291E-03
   7  -0.93709E-04-0.64260E-03   0.0000      0.64940E-03
   8   0.13008E-03-0.96386E-03   0.0000      0.97260E-03
   9   0.10978E-03-0.86868E-03   0.0000      0.87559E-03
  10   0.17729E-03-0.88336E-03   0.0000      0.90097E-03
  11   0.13306E-03-0.95229E-03   0.0000      0.96154E-03
  12   0.24670E-03-0.82329E-03   0.0000      0.85945E-03
  13   0.23008E-03-0.83784E-03   0.0000      0.86886E-03
  14  -0.67404E-05-0.71910E-03   0.0000      0.71913E-03
  15   0.23984E-03-0.81251E-03   0.0000      0.84717E-03
  16   0.21988E-03-0.79790E-03   0.0000      0.82764E-03
  17   0.16219E-03-0.77444E-03   0.0000      0.79124E-03
  18  -0.64968E-04-0.53911E-03   0.0000      0.54301E-03
  19  -0.97481E-04-0.36859E-03   0.0000      0.38126E-03
  20  -0.10037E-03-0.24385E-03   0.0000      0.26370E-03
  21  -0.82130E-04-0.18209E-03   0.0000      0.19975E-03
  22  -0.61078E-04-0.19056E-03   0.0000      0.20011E-03
  23  -0.55527E-04-0.26223E-03   0.0000      0.26804E-03
  24  -0.73992E-04-0.38113E-03   0.0000      0.38824E-03
```

③ 列表显示单元的弯矩、剪力和轴力：执行 Main Menu→General Postproc→List Results→Element TableData 命令，弹出"List Element Table Data"对话框，如图 9-52 所示。在"Items to be listed"下拉列表框中选择"IMONENT、JMOMENT、ISHEAR、JSHEAR、ZHOULI-I、ZHOULI-J"，然后单击"OK"按钮，弹出单元数据表文件，见表 9-7。

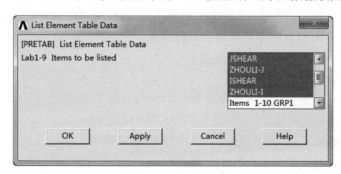

图 9-52　列出单元数据表对话框

7. 退出 ANSYS

单击工具条上的"Quit"按钮弹出"Exit from ANSYS"对话框，选取"Quit—No Save!"，单击"OK"按钮，则退出 ANSYS 软件。

表 9-7　单元数据表

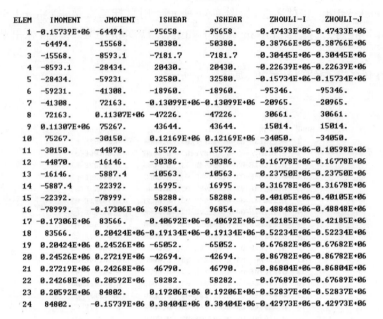

ELEM	IMOMENT	JMOMENT	ISHEAR	JSHEAR	ZHOULI-I	ZHOULI-J
1	-0.15739E+06	-64494.	-95658.	-95658.	-0.47433E+06	-0.47433E+06
2	-64494.	-15568.	-50380.	-50380.	-0.38766E+06	-0.38766E+06
3	-15568.	-8593.1	-7181.7	-7181.7	-0.30445E+06	-0.30445E+06
4	-8593.1	-28434.	20430.	20430.	-0.22639E+06	-0.22639E+06
5	-28434.	-59231.	32580.	32580.	-0.15734E+06	-0.15734E+06
6	-59231.	-41308.	-18960.	-18960.	-95346.	-95346.
7	-41308.	72163.	-0.13099E+06	-0.13099E+06	-20965.	-20965.
8	72163.	0.11307E+06	-47226.	-47226.	30661.	30661.
9	0.11307E+06	75267.	43644.	43644.	15014.	15014.
10	75267.	-30150.	0.12169E+06	0.12169E+06	-34050.	-34050.
11	-30150.	-44870.	15572.	15572.	-0.10598E+06	-0.10598E+06
12	-44870.	-16146.	-30386.	-30386.	-0.16778E+06	-0.16778E+06
13	-16146.	-5887.4	-10563.	-10563.	-0.23750E+06	-0.23750E+06
14	-5887.4	-22392.	16995.	16995.	-0.31678E+06	-0.31678E+06
15	-22392.	-78999.	58288.	58288.	-0.40105E+06	-0.40105E+06
16	-78999.	-0.17306E+06	96854.	96854.	-0.48848E+06	-0.48848E+06
17	-0.17306E+06	83566.	-0.40692E+06	-0.40692E+06	-0.42185E+06	-0.42185E+06
18	83566.	0.20424E+06	-0.19134E+06	-0.19134E+06	-0.52234E+06	-0.52234E+06
19	0.20424E+06	0.24526E+06	-65052.	-65052.	-0.67682E+06	-0.67682E+06
20	0.24526E+06	0.27219E+06	-42694.	-42694.	-0.86782E+06	-0.86782E+06
21	0.27219E+06	0.24268E+06	46790.	46790.	-0.86804E+06	-0.86804E+06
22	0.24268E+06	0.20592E+06	58282.	58282.	-0.67689E+06	-0.67689E+06
23	0.20592E+06	84802.	0.19206E+06	0.19206E+06	-0.52837E+06	-0.52837E+06
24	84802.	-0.15739E+06	0.38404E+06	0.38404E+06	-0.42973E+06	-0.42973E+06

9.3.4　命令流实现

略,见前言二维码中电子文档。

9.4　ANSYS隧道开挖模拟实例分析

9.4.1　实例描述

选取宜昌(宜)—万州(万)铁路线上的某隧道,隧道为单洞双车道,隧道下方存在一个溶洞,隧道支护结构为曲墙式带仰拱复合衬砌。

主要参数如下:

◆ 隧道衬砌厚度为30cm。

◆ 采用C25钢筋混凝土为衬砌材料。

◆ 隧道围岩是Ⅳ级,隧道洞跨是13m,隧道埋深是80m。

◆ 溶洞近似圆形,溶洞半径是3.6m,溶洞与隧道距离12.8m。

◆ 围岩材料采用Drucker-Prager模型。

◆ 隧道拱腰到拱顶布置30根 ϕ25锚杆。

隧道围岩的物理力学指标及衬砌材料C30钢筋混凝土的物理力学指标见表9-8。

表 9-8 物理力学指标

名 称	密度 $\gamma/(\text{kg/m}^3)$	弹性抗力系数 $K/(\text{MPa/m})$	弹性模量 E/GPa	泊松比 v	内摩擦角 $\varphi/(°)$	黏聚力 c/MPa
Ⅳ级围岩	2200	300	3.6	0.32	37	0.6
C25 钢筋、混凝土	2500	—	29.5	0.15	54	2.42
锚杆	7960	—	170	0.3	—	—

利用 ANSYS 提供的对计算单元进行"生死"处理的功能,来模拟隧道的分步开挖和支护过程,采用直接加载法,将岩体自重、外部恒载、列车载荷等在适当的时候加在隧道周围岩体上。利用 ANSYS 后处理器查看隧道施工完后隧道与溶洞之间塑性区贯通情况,判断隧道底部存在溶洞情形时,实际所采用的设计和施工方案是否安全可行。

9.4.2 ANSYS 模拟施工步骤

ANSYS 模拟计算范围确定原则: 通常情况下,隧道周围大于 3 倍洞跨以外的围岩受到隧道施工的影响很小了,所以,一般情况下,计算范围一般取隧道洞跨 3 倍。但因为本实例隧道下部存在溶洞,所以,垂直方向: 隧道到底部边界取为洞跨的 5 倍,隧道顶部至模型上部边界为 100m,然后根据隧道埋深情况将模型上部土体重量换算成均布载荷施加在模型上边界上; 水平方向长度为洞跨的 8 倍。

模型约束情形: 本实例模型左、右和下部边界均施加法向约束,上部为自由边界,除均布载荷外未受任何约束。围岩采用 PLANE42 加以模拟,初期支护的锚杆单元用 LINK1 单元来模拟,二次衬砌支护用 BEAM3 来模拟,计算时首先计算溶洞存在时岩体的自重应力场,然后再根据上述方法模拟开挖过程。

ANSYS 模拟隧道施工步骤如下:

- 建立模型。
- 施加载荷与初始应力场模拟。
- 开挖隧道,用杀死单元来模拟。
- 对隧道进行支护,用激活单元并改变单元材料属性来模拟。
- 做隧道仰拱。
- 施加列车载荷。
- 计算结果分析。

9.4.3 GUI 操作方法

1. 创建物理环境

(1) 在"开始"菜单中依次选取"所有程序"→"ANSYS 19.0"→"Mechanical APDL Product Launcher",打开" Mechanical APDL ANSYS Product Launcher"对话框。

(2) 选择"File Management",在"Working Directory"文本框中输入工作目录"D:\ansys\Tunnel",在"Job Name"文本框中输入文件名"Tunnel"。

(3) 单击"RUN"按钮,进入 ANSYS 19.0 的 GUI 操作界面。

(4) 过滤图形界面: 执行 Main Menu→Preferences 命令,弹出"Preferences for

GUI Filtering"对话框,选择"Structural"来对后面的分析进行菜单及相应的图形界面过滤。

（5）定义工作标题：执行 Utility Menu→File→Change Title 命令,在弹出的对话框中输入"Tunnel Construct Modeling Analysis",单击"OK"按钮,如图 9-53 所示。

图 9-53　定义工作标题

（6）设定角度单位：执行 Utility Menu→Parameters→Angular Units...命令,弹出"Angular Units for Parameters Functions"对话框,如图 9-54 所示。在"Units for angular"下拉列表框中选取"Degrees DEG",单击"OK"按钮。

图 9-54　定义角度单位对话框

（7）定义单元类型。

在命令行中输入以下命令：

```
ET,1,BEAM3
KEYOPT,1,6,1
ET,2,PLANE42
KEYOPT,2,3,2
ET,3,LINK1
```

PLANE42 单元用来模拟隧道周围围岩和隧道初次衬砌；BEAM3 单元用来模拟隧道二次衬砌。设置 BEAM3 单元选项"K6"为"Include output"来设定输出梁内力。

（8）定义材料属性。

① 定义衬砌材料属性：执行 Main Menu→Preprocessor→Material Props→Material Models 命令,弹出"Define Material Model Behavior"对话框,如图 9-55 所示。

在图 9-55 中右边下拉列表框中连续单击"Structural→Linear→Elastic→Isotropic"后,又弹出如图 9-56 所示"Linear Isotropic Properties for Material Number 1"对话框,在该对话框的"EX"文本框中输入 2.95E+010,在"PRXY"文本框中输入 0.15,单击"OK"按钮。再选择"Density"并单击,弹出如图 9-57 所示"Density for Material Number 1"对话框,在"DENS"文本框中输入隧道衬砌混凝土材料的密度 2500,单击"OK"按钮,返回图 9-55 对话框中。

再次在图 9-55 中右边的栏中连续单击"Structural→Nonlinear→Inelastic→Non-

图 9-55　定义材料本构模型对话框

图 9-56　线弹性材料模型对话框

图 9-57　材料密度输入对话框

metal plasticity→Drucker-Prager"后,又弹出如图 9-58 所示对话框。在"Cohesion"文本框中填入 C25 混凝土的内聚力 2.42E6,在"Fric Angle"文本框中填入 C25 混凝土的内摩擦角 54,单击"OK"按钮,弹出图 9-59 所示对话框。

　　② 定义围岩材料属性,在图 9-59 中,单击"Material→New Model...",弹出

"Define Material ID"对话框,如图 9-60 所示,在"ID"文本框中输入材料编号 2,单击"OK"按钮,弹出定义材料模型对话框,选择"Material Model Number 2",和定义混凝土材料一样,在右边的下拉列表框中连续单击"Structural → Linear → Elastic → Isotropic"后,又弹出"Linear Isotropic Properties for Material Number 2"对话框,在该对话框的"EX"文本框中输入 3.69E9,在"PRXY"文本框中输入 0.32,单击"OK"按钮。再选择"Density"并单击,弹出"Density for Material Number 2"对话框,在"DENS"文本框中输入隧道围岩材料的密度 2200,再单击"OK"按钮,弹出定义材料模型对话框。

图 9-58　定义 DP 材料对话框

图 9-59　定义完衬砌材料属性后的对话框

图 9-60　定义材料编号对话框

在弹出的对话框中右边栏中连续单击"Structural → Nonlinear → Inelastic → Non-metal Plasticity → Drucker-Prager",又弹出如图 9-61 所示对话框。在"Cohesion"文本框中填入 C25 混凝土的内聚力 0.6E6,在"Fric Angle"文本框中填入 C25 混凝土的内摩擦角 37,单击"OK"按钮,弹出定义材料模型对话框。

图 9-61　定义 DP 材料对话框

Note

③ 定义挖去土体材料性质：方法和定义围岩材料性质一样，输入的数据一样，只是材料号为 3，这是为后面求解便于操作。

④ 定义锚杆单元材料属性：在图 9-59 中，单击"Material→New Model…"，弹出"Define Material ID"对话框，在"ID"文本框中输入材料编号 4，单击"OK"按钮，弹出定义材料模型对话框，选择"Material Model Number 4"，和定义混凝土材料一样，在右边的下拉列表框中连续单击"Structural→Linear→Elastic→Isotropic"后，又弹出"Linear Isotropic Properties for Material Number 2"对话框，在该对话框的"EX"文本框中输入"17E10"，在"PRXY"文本框中输入 0.3，单击"OK"按钮。再选择"Density"并单击，弹出"Density for Material Number 2"对话框，在"DENS"文本框中输入隧道围岩材料的密度 7960，再单击"OK"按钮，弹出定义完材料模型对话框，如图 9-62 所示，单击"Material→EXIT"退出。

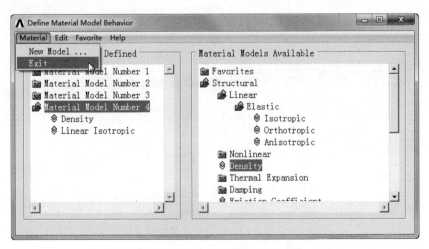

图 9-62　定义完材料模型对话框

隧道围岩是Ⅳ级，其弹性模量、泊松比和密度以及隧道衬砌支护材料 C25 的这些物理力学参数是根据《铁路隧道设计规范》（TB 10003—2016）和现场情况得出的。

把要挖去的土体单独定义一个材料号，目的是为了后面求解操作方便。

（9）定义实常数。在命令行中输入以下命令：

```
R,1,0.3,0.3*0.3*0.3/12,0.3,            !衬砌支护实常数
R,2,3.14*0.025*0.025/4,,               !锚杆实常数
```

2. 建立模型和划分网格

（1）定义分析参数：执行 Utility Menu→Parameters→Scalar Parameters 命令，弹出"Scalar Parameters"对话框，如图 9-63 所示。在"Selection"输入行输入"num＝30"，单击"Accept"按钮。依次在"Selection"输入行分别输入：

jd_s = 0	jd_e = 180 - jd_s	jd = (jd_e - jd_s)/num	distance = 10
depth = 80	fricangle = 37	dens = 2200	d = 12.8
cohesion = 0.6E6	posionratio = 0.32	elasticmoduli = 3.6E9	t1 = 0.25
r_karst = 5.6	r1 = 2.5E-2		

每输入一个参数就按一次"Accept"按钮确认，最后输入完后，单击"Close"按钮，关闭"Scalar Parameters"对话框，其输入参数的结果如图 9-63 所示。

（2）创建隧道衬砌支护线。

① 输入关键点：执行 Main Menu→Preprocessor→Modeling→Create→Keypoints→In Active CS 命令，弹出"Create Keypoints in Active Coordinate System"对话框，如图 9-64 所示。在"NPT Keypoint number"文本框中输入 1，在"X，Y，Z Location in active CS"文本框中输入"0，0，0"，单击"Apply"按钮，这样就创建了关键点 1。依次

图 9-63　输入参数对话框

重复在"NPT Keypoint number"文本框中输入"2、3、4、201、202、203、204"，在对应"X，Y，Z Location in active CS"文本框中输入"0，11.37""0，3.34，0，0""－3.34，0，0""0，0，10""0，11.37，10""3.34，0，10""－3.34，0，10"，最后单击"OK"按钮。

图 9-64　在当前坐标系创建关键点对话框

关键点 KP1、KP2、KP3、KP4 是创建隧道支护线的 4 个圆心。

KP201、KP202、KP203、KP204 是后面生成圆法线外一点。

② 绘制隧道 4 心圆：这 4 个圆的圆心分别是关键点 KP1、KP2、KP3 和 KP4，对应的半径分别是 5.8、14.4、2.67、2.67。在命令行输入"circle，1，5.8，201"，然后按 Enter 键，就绘制出一个以关键点 1 为圆心、5.8 为半径的圆。同样方法依次输入命令："circle，2，14.4，202""circle，3，2.67，203""circle，4，2.67，204"，绘制其他 3 个圆，如图 9-65 所示。

③ 打开线编号显示：执行 Utility Menu→PlotCtrls→Numbering 命令，弹出"Plot

图 9-65　4 心圆

Numbering Controls"对话框,如图 9-66 所示。选择"Line Numbers" 选项,后面的文字由"Off"变为"On",单击"OK"按钮关闭窗口。

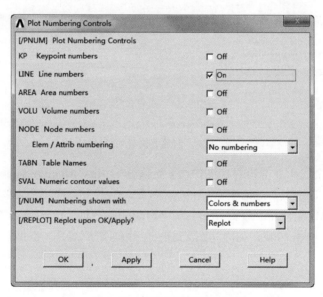

图 9-66　显示线编号对话框

④ 把 4 个圆相交点打断:在命令行输入"lcsl, all",按 Enter 键,生成 36 条线。

⑤ 选择隧道衬砌支护线:执行 Utility Menu→Select→Entities... 命令,弹出"Select Entities"对话框,如图 9-67 所示,从第一个下拉列表框中选择"Lines",从第 2 个下拉列表框中选择"By Num/Pick",单击"OK"按钮。弹出选择线对话框,如图 9-68 所示,用鼠标在图中选取 L17、L18、L19、L20、L21、L22、L27、L28、L43、L46、L47、L48 共 12 条线,单击"OK"按钮。

⑥ 把隧道衬砌支护线创建成一个组件:执行 Utility Menu → Select → Com/Assembly→Create Component... 命令,弹出"Create Component"对话框,如图 9-69 所示,在"Component name"文本框中输入组件名字"ZF",在"Entity

Componemt is made of"下拉列表框中选取"Lines",单击"OK"按钮。

图 9-67 选择实体对话框

图 9-68 选择线对话框

图 9-69 创建线组件对话框

⑦ 删除多余线生成隧道衬砌支护线:先执行 Utility Menu→Select→Entities...命令,弹出"Select Entities"对话框,如图 9-67 所示,单击"Invert",然后单击"OK"按钮退出。然后执行 Main Menu→Preprocessor→Modeling→Delete→Lines Only 命令,弹出删除线对话框,单击"Pick All",就得到隧道衬砌支护线图(也即隧道轮廓图),如图 9-70 所示。

图 9-70 隧道衬砌支护线

（3）创建初期支护加固范围。

① 绘制 4 个圆：在命令行依次输入"circle,1,12.8,201""circle,2,17.4,202"
"circle,3,5.67,203""circle,4,5.67,204"；每输入一次依次按 Enter 键,就得到 4 个圆。

② 选择组件：执行 Utility Menu → Select → Com/Assembly → Select Com/
Assembly...命令,弹出"Select Component or Assembly"对话框,如图 9-71 所示,选取
"by component name",单击"OK"按钮。弹出如图 9-72 所示对话框,选择"ZF",单击
"OK"按钮。

图 9-71　选取组件对话框

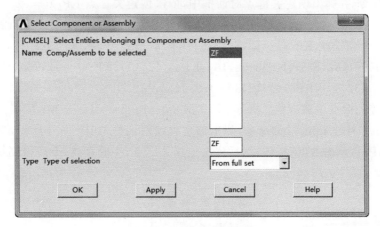

图 9-72　选取组件对话框

③ 把 4 个圆相交点打断：执行 Utility Menu → Select → Entities... 命令,弹出
"Select Entities"对话框,如图 9-67 所示,单击"Invert",然后单击"OK"按钮退出。在
命令行输入"LCSL,ALL",按 Enter 键,这样 4 个圆在交点处被打断。

④ 删除多余线生成支护加固范围：执行 Main Menu → Preprocessor → Modeling →
Delete → Lines Only 命令,弹出删除线对话框,用鼠标选取线 L5、L6、L31、L32、L33、
L34、L37、L38、L39、L40、L41、L42、L44、L45、L49、L50、L51、L52、L53、L54、L55、L56、
L57、L58、L60、L61、L64、L65,单击"OK"按钮,得到隧道加固范围图,如图 9-73 所示。

（4）生成溶洞面：执行 Main Menu → Preprocessor → Modeling → Create → Areas →
Circle → Solid Circle 命令,弹出绘制圆对话框,如图 9-74 所示,在"X"文本框中输入圆
心 X 轴坐标 0,在"Y"文本框中输入圆心 Y 轴坐标 −12.8,在"Radius"文本框中输入溶
洞半径 3.6,单击"OK"按钮生成溶洞面。

Note

图 9-73　隧道衬砌支护线及隧道加固范围图

（5）细分隧道分析线模型。

① 生成关键点：执行 Main Menu→Preprocessor→Modeling→Create→Keypoints→In Active CS 命令，在弹出创建关键点对话框中，依次创建关键点 KP70（−52，−65）、KP71（−12，−65）、KP72（12，−65）、KP73（52，−65）、KP74（52，−17.6）、KP75（12，−17.6）、KP76（−12，−17.6）、KP77（−52，−17.6）、KP78（−52，−8）、KP79（−12，−8）、KP80（12，−8）、KP81（52，−8）、KP82（52，10）、KP83（12，10）、KP84（−12，10）、KP85（−52，10）、KP86（−52，80）、KP87（−12，80）、KP88（12，80）、KP89（52，80）。

② 连接关键点生成直线：执行 Main Menu→Preprocessor→Modeling→Create→Lines→Lines→Straight Line 命令，弹出创建直线对话框，如图 9-75 所示，选择关键点 KP70 和 KP71，单击"OK"按钮，然后依次连接关键点，生成直线，最后得到细分后隧道分析线模型，如图 9-76 所示。

图 9-74　绘制圆对话框

图 9-75　创建直线对话框

图 9-76　细分隧道分析线模型

（6）生成隧道分析几何模型。

① 创建隧道分析模型面：执行 Main Menu→Preprocessor→Modeling→Create→Areas→Arbitrary→Through KPs 命令，弹出"Create Area thru KPs"对话框，如图 9-77 所示。用鼠标依次选取图形最外层 4 个角上关键点：KP70、KP73、KP89、KP86，单击"OK"按钮。

② 细分隧道分析模型面：执行 Main Menu→Preprocessor→Modeling→Operate→Booleans→Divide→Area by Line 命令，弹出"Divide Area by Line"对话框，如图 9-78 所示。用鼠标选择刚才由 4 个关键点生成的面，单击"OK"按钮，弹出图 9-79 所示对话框，单击"Pick All"，生成 16 个新面。

③ 打开面编号显示：执行 Utility Menu→PlotCtrls→Numbering 命令，弹出"Plot Numbering Controls"对话框。选择"Areas Numbers"选项，后面的文字由"Off"变为"On"，单击"OK"按钮关闭窗口。

④ 删除溶洞面生成溶洞：执行 Main Menu→Preprocessor→Modeling→Delete→Area Only 命令，弹出"Delete Areas Only"对话框，如图 9-79 所示。用鼠标选择溶洞面积，单击"OK"按钮关闭窗口。

图 9-77　由关键点创建面对话框

图 9-78　线分割面对话框

图 9-79　删除面对话框

⑤ 压缩不用的面号：执行 Main Menu→Preprocessor→Numbering Ctrls→Compress Numbers 命令，弹出"Compress Numbers"对话框，如图 9-80 所示，在"Item to be compressed"下拉列表框中选择"Areas"，将面号重新压缩编排，从 1 开始中间没有空缺，单击"OK"按钮退出对话框。最后得到隧道分析面模型，如图 9-81 所示。

（7）生成初期支护锚杆线。

① 选择加锚杆的面：执行 Utility Menu→Select→Entities...命令，弹出"Select Entities"对话框，如图 9-82 所示，从第一个下拉列表框中选择"Areas"，从第 2 个下拉列表框中选择"By Num/Pick"，单击"OK"按钮。弹出选择面对话框，如图 9-83 所示，

用鼠标选择加锚杆面 14，单击"OK"按钮。

图 9-80　压缩面号对话框

图 9-81　隧道分析面模型

图 9-82　选择实体对话框

图 9-83　选择面对话框

②　激活柱坐标系：执行 Utility Menu→WorkPlane→Change Active CS to→ Global Cylindrical 命令。

③　旋转工作平面：执行 Utility Menu→WorkPlane→Offset WP by Increments...

命令,弹出如图 9-84 所示的对话框,在"XY,YZ,ZX"文本框中输入"0,-90,0",单击"OK"按钮,当前的工作平面就绕 X 轴旋转了-90°。再次执行 Utility Menu→WorkPlane→Offset WP by Increments...命令,进入图 9-84 所示的对话框,在"XY,YZ,ZX"文本框中输入"0,0,-6",单击"OK"按钮,当前的工作平面就绕 Y 轴旋转了-6°。

④ 用工作平面切割面:执行 Main Menu→Preprocessor→Modeling→Operate→Booleans→ Divide→Area by WrkPlane 命令,弹出如图 9-85 所示对话框,单击"Pick All"按钮。

图 9-84 旋转工作平面对话框　　　　图 9-85 切割工作平面对话框

把工作平面绕 Y 轴依次旋转 -12°、-18°、-24°、-30°、-36°、-42°、-48°、-54°、-60°、-66°、-72°、-78°、-84°、-90°、-96°、-102°、-108°、-114°、-120°、-126°、-132°、-138°、-144°、-150°、-156°、-162°、-168°、-174°、180°,每旋转一次,便进行一次操作(即用工作平面切割面),重复 29 次。

按每间隔 6°旋转一次,目的是为生成锚杆线。

旋转角度"XY,YZ,ZX"中,第 1 个字母是角度,第 2 个字母代表旋转轴。

⑤ 把工作平面与当前坐标系重合:执行 Utility Menu→WorkPlane→Align WP with→Active Coord Sys 命令。

⑥ 合并面:执行 Main Menu→Preprocessor→Modeling→Operate→Booleans→Add→Areas 命令,弹出"Add Areas"对话框,用鼠标选择支护加固范围-180°~0°的

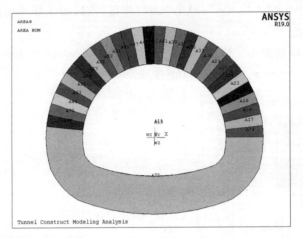

面：A14、A15、A19、A20、A22、A25、A26、A28、A31、A32、A34、A36、A38、A40、A42、A44、A46、A48、A50、A53、A54、A56、A59、A60、A62、A65、A66、A67、A69、A71、A75，单击"OK"按钮，这些面就合并成一个面。得到初期支护锚杆图，如图 9-86 所示。

图 9-86　隧道初期支护锚杆图

⑦ 保存几何模型文件：执行 Utility Menu→File→Save as 命令，弹出"Save Database"对话框，在"Save Database to"文本框中输入文件名"Tunnel-geom. db"，单击"OK"按钮。

（8）生成支护梁单元。

① 给支护线赋予特性：执行 Main Menu→Preprocessor → Meshing → MeshTool 命令，弹出"MeshTool"对话框，如图 9-87 所示。在"Element Attributes"下拉列表框中选择"Lines"，单击"Set"按钮，弹出"Lines Attributes"线拾取框，在图形界面上拾取隧道衬砌支护线，单击拾取框上的"OK"按钮，又弹出如图 9-88 所示的"Lines Attributes"对话框，在"Material number"下拉列表框中选取 1，在"Real constant set number"下拉列表框中选取 1，在"Element type number"下拉列表框中选取"1 BEAM3"，单击"OK"按钮。

② 控制线尺寸：在"MeshTool"对话框中的"Size Controls"选项区的"Lines"右边单击"Set"，在弹出的对话框中拾取隧道衬砌支护线，单击拾取框上的"OK"按钮，弹出"Element Sizes on Picked Lines"对话框，如图 9-89 所示。在"Element edge length"文本框中输入 1。再单击"OK"按钮。

③ 划分线网格：在图 9-87 中的"Mesh"下拉列表框中选择"Lines"，然后单击"Mesh"按钮，弹出对话框，拾取隧

图 9-87　网格划分对话框

图 9-88 指定二衬支护梁单元属性对话框

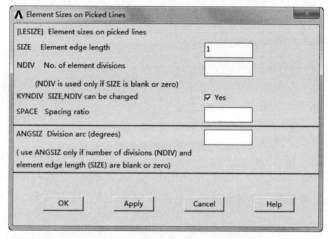

图 9-89 线单元尺寸划分对话框

道衬砌支护线,单击拾取框上的"OK"按钮,生成二衬支护,如图 9-90 所示。

图 9-90 二衬支护梁单元

（9）生成锚杆单元。

① 给锚杆线赋予材料特性：执行 Main Menu → Preprocessor → Meshing → MeshTool 命令，弹出"MeshTool"对话框，如图 9-87 所示。在"Element Attribute"下拉列表框中选择"Lines"，单击"Set"按钮，弹出"Lines Attributes"线拾取框，在图形界面上拾取锚杆线，单击拾取框上的"OK"按钮，又弹出如图 9-91 所示的"Line Attributes"对话框，在"Material number"下拉列表框中选取 4，在"Real constant set number"下拉列表框中选取 2，在"Element type number"下拉列表框中选取"3 LINK1"，单击"OK"按钮。

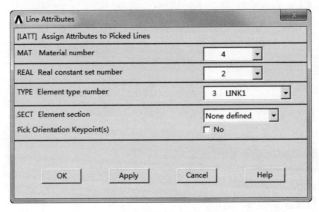

图 9-91　指定锚杆单元属性对话框

② 划分线网格：在图 9-87 中的"Mesh"下拉列表框中选择"Lines"，然后单击"Mesh"按钮，弹出对话框，拾取锚杆线，单击拾取框上的"OK"按钮，生成锚杆单元，如图 9-92 所示。

图 9-92　初期支护锚杆单元和二衬梁单元图

（10）划分开挖掉土体单元网格。

① 给开挖掉土体赋予材料特性：执行 Main Menu → Preprocessor → Meshing → MeshTool 命令，弹出"MeshTool"对话框，如图 9-87 所示。在"Element Attributes"下

拉列表框中选择"Areas"，单击"Set"按钮，弹出"Area Attributes"对话框，在图形界面上拾取开挖土体区域，单击拾取框上的"OK"按钮，又弹出如图 9-93 所示的"Area Attributes"对话框，在"Material number"下拉列表框中选取 3，在"Element type number"下拉列表框中选取"2 PLANE42"，单击"OK"按钮。

图 9-93　定义挖去土体单元材料属性对话框

② 划分单元网格：在图 9-87 中的"Mesh"下拉列表框中选择"Areas"，然后单击"Mesh"按钮，弹出拾取面积对话框，拾取开挖土体，单击拾取框上的"OK"按钮，生成开挖土体单元网格。

（11）划分围岩单元网格。

① 设置网格份数：执行 Main Menu→Preprocessor→Meshing→Size Cntrls→ManualSize→Layers→ Picked Lines 命令，弹出"Set Layer Controls"对话框，如图 9-94 所示，用鼠标选取线 L5、L6、L7、L8、L9、L10、L11、L13、L14、L15、L31、L32、L33、L37、L38、L39、L53、L54、L55，单击"OK"按钮，弹出"Area Layer-Mesh Controls on Picked Lines"对话框，如图 9-95 所示，在"No. of line divisions"文本框中输入 6，单击"OK"按钮。

图 9-94　选取线对话框

相同方法设置线 L16、L34、L40、L41、L42、L44、L45、L49的分割份数为 8；设置线 L1、L2、L3、L4、L12、L50、L51、L52的分割份数为 4。

② 给围岩赋予材料特性：执行 Main Menu→Preprocessor→Meshing→MeshTool 命令，弹出"MeshTool"对话框，如图 9-87 所示。在"Element Attributes"下拉列表框中选择"Areas"，单击"Set"按钮，弹出"Area Attributes"对话框，在图形界面上拾取围岩，单击拾取框上的"OK"按钮，又弹出 "Area Attributes"对话框，在"Material number"下拉列表框中选取 2，在"Element type number"下拉列表框中选取"2 PLANE42"，单击"OK"按钮。

③ 划分单元网格：在图 9-87 中单击"Mesh"按钮，弹出拾取面积对话框，拾取围

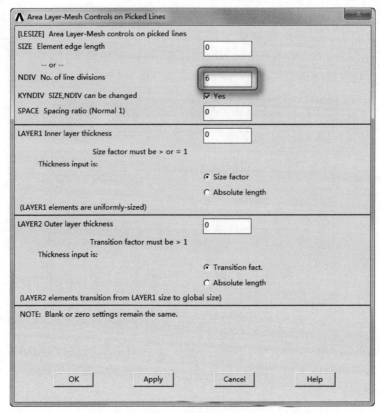

图 9-95　设置网格分数对话框

岩，单击拾取框上的"OK"按钮，生成围岩单元网格。最后得到分析隧道单元网格，如图 9-96 所示。

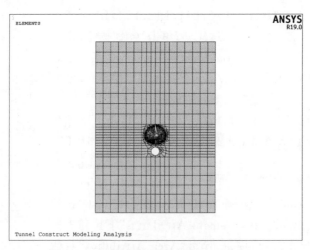

图 9-96　隧道模型有限元单元网格

（12）保存隧道单元网格文件：执行 Utility Menu→File→Save as 命令，弹出"Save Database"对话框，在"Save Database to"文本框中输入文件名"Tunnel-grid. db"，单击"OK"按钮。

3. 施加约束和载荷

（1）给隧道模型施加约束。

① 给隧道模型两边施加约束：执行 Main Menu→Solution→Define Loads→Apply→Structural→Displacement→on Nodes 命令，弹出在节点上施加位移约束对话框，用鼠标选取隧道模型两侧边界上所有节点，单击"OK"按钮，弹出"Apply U,ROT on Nodes"对话框，如图 9-97 所示，在"DOFs to be constrained"下拉列表框中选取"UX"，在"Apply as"下拉列表框中选取"Constant value"，在"Displacement value"文本框中输入 0，然后单击"OK"按钮。

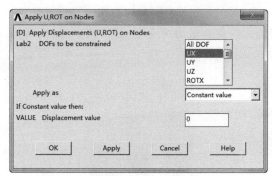

图 9-97　给模型两侧施加位移约束对话框

② 给隧道模型底部施加约束：执行 Main Menu→Solution→Define Loads→Apply→Structural→Displacement→on Nodes 命令，弹出在节点上施加位移约束对话框，用鼠标选取隧道模型底部边界上所有节点，单击"OK"按钮，弹出图 9-98 所示对话框，在"DOFs to be constrained"下拉列表框中选取"UY"，在"Apply as"下拉列表框中选取"Constant value"，在"Displacement value"文本框中输入 0，然后单击"OK"按钮。

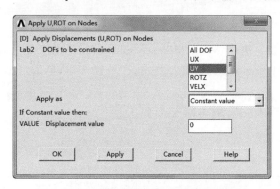

图 9-98　给模型底部施加位移约束对话框

至于节点选择，可以先选择节点上的线，再选择附在线上的节点。

（2）施加重力加速度。

执行 Main Menu→Solution→Define Loads→Apply→Structural→Inertia→Gravity→Global 命令，弹出"Apply（Gravitational）Acceleration"对话框，如图 9-99 所示。只需在"Global Cartesian Y-comp"文本框中输入重力加速度值 9.8 就可以，单击"OK"按钮，就完成了重力加速度的施加。

Note

图 9-99　施加重力加速度对话框

ANSYS 默认图形中显示重力加速度方向为朝上。

这时就可以得到施加约束和重力加速度后隧道有限元模型，如图 9-100 所示。

图 9-100　施加约束和重力加速度后隧道有限元模型

4．求解

（1）求解设置。

① 指定求解类型：执行 Main Menu→Solution→Analysis Type→New Analysis 命令，弹出如图 9-101 所示对话框，选择"Static"单选按钮，单击"OK"按钮。

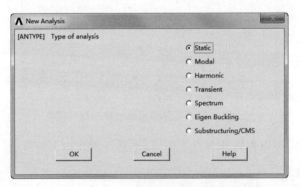

图 9-101　指定求解类型对话框

② 设置载荷步：执行 Main Menu→ Solution→Analysis Type→Sol'n Controls 命令，弹出"Solution Controls"对话框，单击"Basic"选项卡，如图 9-102 所示，在"Number of substeps"文本框中输入 5,在"Max no. of substeps"文本框中输入 100,在"Min no. of substeps"文本框中输入 1,单击"OK"按钮。

图 9-102　设置载荷步对话框

③ 设置线性搜索:执行 Main Menu→Solution→Analysis Type→Sol'n Controls 命令,弹出"Solution Controls"对话框,单击"Nonlinear"选项卡,如图 9-103 所示,在 "Line search"下拉列表框中选择"On",单击"OK"按钮。

图 9-103　设置线性搜索对话框

④ 单击 Main Menu→Solution→Unabridged Menu，设定牛顿-拉普森选项：执行 Main Menu → Solution → Analysis Type → Analysis Options 命令，弹出"Static or Steady-Static Analysis"对话框，如图 9-104 所示，在"Newton-Raphson option"下拉列表框中选择"Full N-R"，单击"OK"按钮。

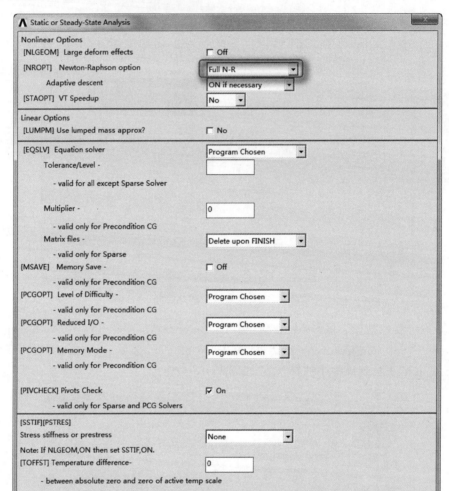

图 9-104 设定牛顿-拉普森选项

⑤ 打开大位移求解：执行 Main Menu→Solution→Analysis Type→Sol'n Controls→Basic 命令，得到如图 9-102 所示对话框，在"Analysis Options"下拉菜单中选择大位移"Large Displacement static"，单击"OK"按钮。

⑥ 设置收敛条件：执行 Main Menu→Preprocessor→Loads→Load Step Opts→Nonlinear→ Convergence Crit 命令，弹出"Default Nonlinear Convergence Criteria"对话框，如图 9-105 所示。图中显示 ANSYS 默认的收敛条件：分别设置了力和力矩的收敛条件。

图 9-105　ANSYS 默认收敛条件

为了使求解顺利进行和得到较好的解，可以修改默认收敛设置，可以分别设置力、力矩和位移收敛条件。单击图 9-105 中的"Replace"按钮，弹出"Nonlinear Convergence Criteria"对话框，如图 9-106 所示。在"Lab Convergence is based on"后面第一栏中选择"Structural"，第二栏中选择"Force F"；在"TOLER Tolerance about VALUE"文本框中输入 0.02；在"NORM Convergence norm"下拉列表框中选择"L2 norm"；在"MINREF Minimum reference value"文本框中输入 0.5，这就设置好了求解时力收敛条件。

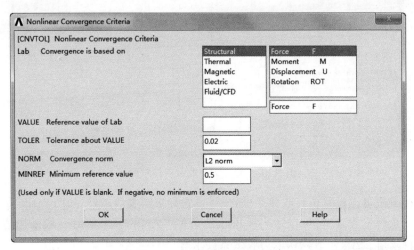

图 9-106　设置力收敛条件对话框

单击图 9-106 对话框中的"OK"按钮后，弹出如图 9-107 所示的对话框，单击"Add"按钮，弹出如图 9-108 所示对话框，在"Lab Convergence is based on"后面第一栏中选择"Structural"，第二栏中选择"Moment M"；在"TOLER Tolerance about value"文本

框中输入 0.01；在"NORM Convergence norm"下拉列表框中选择"L2 norm"；在"MINREF Minimum reference value"文本框中输入 1，单击"OK"按钮，这就设置好了求解时力矩收敛条件。

图 9-107　设置收敛条件对话框

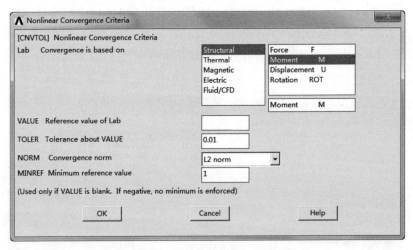

图 9-108　设置力矩收敛条件对话框

同样方法可以设置位移收敛条件，最后设置好求解收敛条件，如图 9-109 所示。

碰到求解不收敛时，可以适当放松收敛条件。ANSYS 求解时一般采用力和力矩收敛条件求解。ANSYS 默认以力收敛条件求解。

（2）初始应力场模拟。

① 设置初始应力求解载荷步结束时间：执行 Main Menu→Solution→Load Step Opts→Time/Frequenc→Time -Time Step 命令，弹出"Time and Time Step Options"对话框，如图 9-110 所示。在"Time at end of load step"文本框中输入 1，单击"OK"按钮。

图 9-109 设置好求解收敛条件

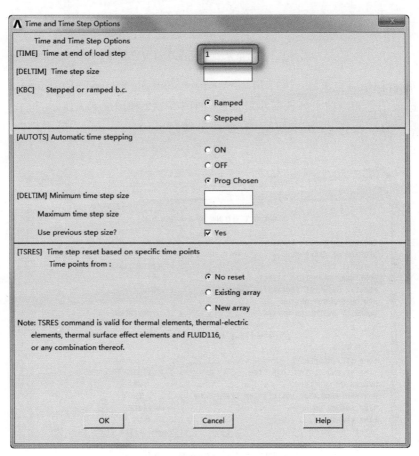

图 9-110 设置载荷步结束时间对话框

② 杀死锚杆单元和梁单元：执行 Main Menu→Solution→Load Step Opts→Other→Birth & Death→Kill Elements 命令，弹出"Kill Element"对话框，选择模型中的所有初期支护锚杆单元和二衬梁单元，单击"OK"按钮。

③ 约束杀死单元上所有节点位移：执行 Main Menu→Solution→Define Loads→Apply→Structural→Displacement→on Nodes 命令，弹出在节点上施加位移约束对话框，用鼠标选取杀死单元上所有节点，单击"OK"按钮，弹出图 9-111 所示对话框，在

"DOFs to be constrained"下拉列表框中选取"UX、UY",在"Apply as"下拉列表框中选取"Constant value",在"Displacement value"文本框输入 0,然后单击"OK"按钮。

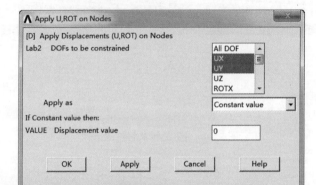

图 9-111　约束杀死单元上所有节点位移

④ 进行初始应力求解:执行 Main Menu→Solution→Solve→Current LS 命令,弹出求解选项信息和当前求解载荷步对话框,如图 9-112 和图 9-113 所示,检查信息无错误后,单击"OK"按钮,开始求解运算,直到出现"Solution is done"提示栏,如图 9-114 所示,表示求解结束。

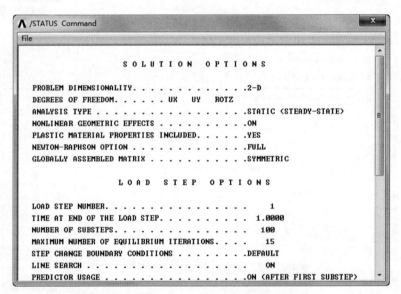

图 9-112　求解选项信息框

初始应力求解迭代收敛过程见图 9-115,图中显示了前面求解设置的力和力矩收敛条件在求解迭代过程中的信息。

⑤ 保存初始应力模拟求解结果:执行 Utility Menu→File→Save as 命令,弹出"Save Database"对话框,在"Save Database to"文本框中输入文件名"Tunnel-step1.db",单击"OK"按钮。

(3) 隧道开挖和支护模拟。

① 设置开挖和支护求解载荷步结束时间:执行 Main Menu→Solution→Load Step

图9-113 当前求解载荷步对话框

图9-114 初始应力模拟求解结束对话框

图9-115 求解迭代收敛过程图

Opts→Time/Frequenc→Time-Time Step命令,弹出"Time and Time Step Options"对话框,在"Time at end of load step"文本框中输入2,单击"OK"按钮。

② 开挖模拟:执行 Main Menu→Solution→Load Step Opts→Other→Birth & Death→Kill Elements 命令,弹出"Kill Elements"对话框,如图9-116所示,选择模型中的所有要挖掉的土体单元,单击"OK"按钮。

③ 支护模拟:执行 Main Menu→Solution→Load Step Opts→Other→Birth & Death→Activate Elem 命令,弹出"Activate Elements"对话框,如图9-117所示,选择模

型中要激活的所有单元,即激活锚杆单元和梁单元,单击"OK"按钮。

图 9-116　杀死单元对话框

图 9-117　激活单元对话框

④ 删除激活单元上的约束:先选择激活单元上所有节点,即初期支护锚杆单元和二衬梁单元上所有节点。执行 Utility Menu→Select→Entities 命令,弹出如图 9-118 所示对话框,第一个下拉列表框选择"Elements",第二个下拉列表框选择"By Attributes",选择"Material num"单选按钮,在"Min,Max,Inc"文本框中输入梁单元材料号 1,单击"OK"按钮,这就选择了梁单元。

执行 Utility Menu→Select→Entities 命令,弹出如图 9-119 所示对话框,第一个下拉列表框中选择"Elements",第二个下拉列表框中选择"By Attributes",选择"Material num"单选按钮,在"Min,Max,Inc"文本框中输入锚杆单元材料号 4,接着选择"Also Select"单选按钮,单击"OK"按钮,这就选择了锚杆单元。

执行 Utility Menu→Select→Entities 命令,弹出如图 9-120 所示对话框,在第一个下拉列表框中选择"Nodes",在第二个下拉列表框中选择"Attached to",选择"Elements"单选按钮,单击"OK"按钮,这就选择了锚杆单元和梁单元上所有节点。

执行 Main Menu→Preprocessor→Loads→Define Loads→Delete→All Load Data→All Constraint→On All Nodes 命令,弹出提示信息框,单击"OK"按钮。

⑤ 约束杀死单元上所有节点位移:执行 Main Menu→Solution→Define Loads→Apply→Structural→Displacement→on Nodes 命令,弹出在节点上施加位移约束对话框,选取杀死单元上所有节点,单击"OK"按钮,弹出如图 9-111 所示对话框,在"DOFs to be constrained"下拉列表框中选取"UX、UY",在"Apply as"下拉列表框中选取"Constant value",在"Displacement value"文本框中输入 0,然后单击"OK"按钮。

选择单元或节点时,可以利用材料属性来选择,如单元实常数、材料参数、单元类型等,也可以通过单元或节点所在面积区域号来选择,即先选择面积区域号,再选择附在这个面积上的所有单元或节点。这样可克服用鼠标在图形中点取单元和节点经常出错或效率低的缺陷。

图 9-118 选择锚杆单元对话框　　图 9-119 选择梁单元对话框　　图 9-120 选择节点对话框

⑥ 进行求解：执行 Main Menu→Solution→Solve→Current LS 命令，弹出如图 9-121 所示的求解选项信息和当前求解载荷步对话框，检查信息无错误后，单击"OK"按钮，开始求解运算，直到出现"Solution is done"提示栏，表示求解结束。

开挖模拟求解迭代收敛过程见图 9-122，图中显示了前面求解设置的力和力矩收敛条件在求解迭代过程中的信息。

图 9-121 开挖模拟求解选项信息框

图 9-122　开挖模拟求解迭代收敛过程图

⑦ 保存开挖模拟求解结果：执行 Utility Menu→File→Save as 命令，弹出"Save Database"对话框，在"Save Database to"文本框中输入文件名"Tunnel-step2.db"，单击"OK"按钮。

（4）施加列车载荷求解。

① 设置列车载荷求解载荷步结束时间：执行 Main Menu→Solution→Load Step Opts→Time/Frequenc→Time-Time Step 命令，弹出"Time and Time Step Options"对话框，在"Time at end of load step"文本框中输入 3，单击"OK"按钮。

② 施加列车载荷：执行 Main Menu→Solution→Define Loads→Apply→Structural→Force/Moment→On Nodes 命令，弹出如图 9-123 所示对话框，输入 6、41，单击"OK"按钮。弹出施加载荷设置对话框，如图 9-124 所示，在"Lab Direction of force/mom"下拉列表框中选择"FY"，在"VALUE Force/moment value"文本框中输入-525000，单击"OK"按钮。

本文对列车载荷简化处理，把列车通过时作用在轨道上的力简化成两个轮子对轨道的集中作用力，正确操作应该是在模型中输入列车载荷波形。

③ 求解：执行 Main Menu→Solution→Solve→Current LS 命令，弹出如图 9-125 所示的求解选项信息和当前求解载荷步对话框，检查信息无错误后，单击"OK"按钮，开始求解运算，直到出现"Solution is done"提示栏，表示求解结束。

图 9-123　加力选择节点对话框

施加列车载荷模拟求解迭代收敛过程见图 9-126，图中显示了前面求解设置的力和力矩收敛条件在求解迭代过程中的信息。

④ 保存列车载荷模拟求解结果：执行 Utility Menu→File→Save as 命令，弹出"Save Database"对话框，在"Save Database to"文本框中输入文件名"Tunnel-step3.db"，单击

"OK"按钮。

图 9-124　施加载荷对话框

图 9-125　列车载荷模拟求解选项信息框

图 9-126　列车载荷模拟求解迭代收敛过程图

5．后处理（计算结果分析）

（1）初始应力模拟求解结果分析。

① 打开初始应力模拟求解结果数据库文件：执行 Utility Menu→File→resume from...命令，弹出"Resume Database"对话框，如图 9-127 所示，选择刚才保存的文件"tunnel-step1"，单击"OK"按钮。

② 选择激活单元：执行 Utility Menu→Select→Entities 命令，弹出如图 9-128 所示对话框，在第一个下拉列表框中选择"Elements"，在第二个下拉列表框中选择"Live Elem's"，单击"OK"按钮。

图 9-127　恢复数据库文件对话框

图 9-128　选择激活单元对话框

③ 读入最后一个载荷子步：执行 Main Menu→General Postproc→Read Results→Last Set 命令。

④ 显示位移云图。

（a）显示总位移矢量云图：执行 Main Menu→General Postproc→Plot Results→Contour Plot→Nodal Solu 命令，弹出"Contour Nodal Solution Data"对话框，如图 9-129 所示，依次单击"Nodal Solution→DOF Solution→Displacement vector sum"，再单击"OK"按钮，就得到总位移矢量云图，如图 9-130 所示。

（b）显示 X 方向位移云图：在如图 9-129 所示对话框中，依次单击"Nodal Solution→X-Component of displacement"，再单击"OK"按钮，就得到 X 方向位移云图，如图 9-131 所示。

（c）显示 Y 方向位移云图：在如图 9-129 所示对话框中，依次单击"Nodal Solution→Y-Component of displacement"，再单击"OK"按钮，就得到 Y 方向位移云图，如图 9-132 所示。

⑤ 显示应力云图。

（a）显示 X 方向应力云图：执行 Main Menu→General Postproc→Plot Results→Contour Plot→Nodal Solu 命令，弹出"Contour Nodal Solution Data"对话框，如图 9-129 所示，依次单击"Nodal Solution→Stress→X-Component of stress"，再单击

图 9-129　节点解云图绘制对话框

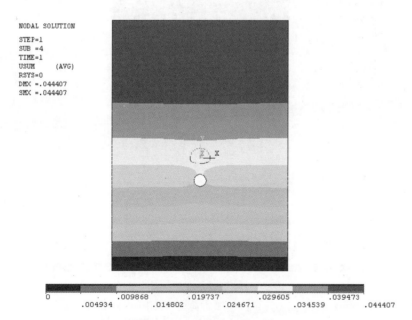

图 9-130　总位移矢量云图

"OK"按钮,就得到如图 9-133 所示 X 方向应力云图。

　　(b) 显示 Y 方向应力云图:在图 9-129 中,单击"X-Component of stress",再单击"OK"按钮,就得到如图 9-134 所示 Y 方向应力云图。

　　(c) 显示 Z 方向应力云图:在图 9-129 中,单击"Z-Component of stress",再单击"OK"按钮,就得到如图 9-135 所示 Z 方向应力云图。

图 9-131　X 方向位移云图

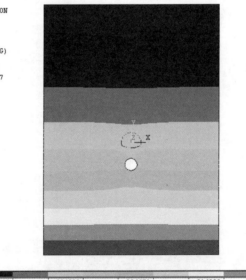

图 9-132　Y 方向位移云图

（d）显示第 1 主应力云图：在图 9-129 中，单击"1st principal stress"，再单击"OK"按钮，就得到如图 9-136 所示第 1 主应力云图。

（e）显示第 2 主应力云图：在图 9-129 中，单击"2nd principal stress"，再单击"OK"按钮，就得到如图 9-137 所示第 2 主应力云图。

（f）显示第 3 主应力云图：在图 9-129 中，单击"3rd principal stress"，再单击"OK"按钮，就得到如图 9-138 所示第 3 主应力云图。

图 9-133　X 方向应力云图

图 9-134　Y 方向应力云图

（g）显示等效应力云图：在图 9-129 中，单击"Von Mises stress"，再单击"OK"按钮，就得到如图 9-139 所示等效应力云图。

（2）开挖模拟求解结果分析。

① 打开开挖模拟求解结果数据库文件：执行 Utility Menu → File → resume from...命令，弹出"Resume Database"对话框，选择刚才保存的文件"tunnel-step2"，单击"OK"按钮。

图 9-135 Z 方向应力云图

图 9-136 第 1 主应力云图

② 选择激活单元：执行 Utility Menu→Select→Entities 命令，弹出如图 9-128 所示对话框，在第一个下拉列表框中选择"Elements"，第二个下拉列表框中选择"Live Elem's"，单击"OK"按钮。

③ 读入最后一个载荷子步：执行 Main Menu→General Postproc→Read Results→Last Set 命令。

图 9-137 第 2 主应力云图

图 9-138 第 3 主应力云图

④ 显示位移云图。

（a）显示总位移矢量云图：执行 Main Menu→General Postproc→Plot Results→Contour Plot→Nodal Solu 命令，弹出"Contour Nodal Solution Data"对话框，如图 9-129 所示，依次单击"Nodal Solution→DOF Solution→Displacement vector sum"，再单击"OK"按钮，就得到总位移矢量云图，如图 9-140 所示。

图 9-139　显示等效应力云图

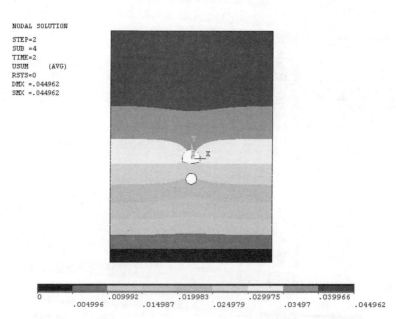

图 9-140　开挖模拟后总位移矢量云图

（b）显示 X 方向位移云图：在如图 9-129 所示对话框中，依次单击"Nodal Solution→X-Component of displacement"，再单击"OK"按钮，就得到 X 方向位移云图，如图 9-141 所示。

（c）显示 Y 方向位移云图：在如图 9-129 所示对话框中，依次单击"Nodal Solution→Y-Component of displacement"，再单击"OK"按钮，就得到 Y 方向位移云图，如图 9-142 所示。

图 9-141　开挖模拟后 X 方向位移云图

图 9-142　开挖模拟后 Y 方向位移云图

⑤ 显示应力云图。

（a）显示 X 方向应力云图：执行 Main Menu→General Postproc→Plot Results→Contour Plot→Nodal Solu 命令，弹出"Contour Nodal Solution Data"对话框，如图 9-129 所示，依次单击"Nodal Solution→Stress→X-Component of stress"，再单击"OK"按钮，就得到如图 9-143 所示 X 方向应力云图。

（b）显示 Y 方向应力云图：在图 9-129 所示对话框中，单击"X-Component of stress"，再单击"OK"按钮，就得到如图 9-144 所示 Y 方向应力云图。

图 9-143　开挖模拟后 X 方向应力云图

图 9-144　开挖模拟后 Y 方向应力云图

（c）显示 Z 方向应力云图：在图 9-129 所示对话框中，单击"Z-Component of stress"，再单击"OK"按钮，就得到如图 9-145 所示 Z 方向应力云图。

（d）显示第 1 主应力云图：在图 9-129 所示对话框中，单击"1st principal stress"，再单击"OK"按钮，就得到如图 9-146 所示第 1 主应力云图。

图 9-145　开挖模拟后 Z 方向应力云图

图 9-146　开挖模拟后第 1 主应力云图

（e）显示第 2 主应力云图：在图 9-129 所示对话框中，单击"2nd principal stress"，再单击"OK"按钮，就得到如图 9-147 所示第 2 主应力云图。

（f）显示第 3 主应力云图：在图 9-129 所示对话框中，单击"3rd principal stress"，再单击"OK"按钮，就得到如图 9-148 所示第 3 主应力云图。

图 9-147　开挖模拟后第 2 主应力云图

图 9-148　开挖模拟后第 3 主应力云图

（g）显示等效应力云图：在如图 9-129 所示对话框中，单击"Von Mises stress"，再单击"OK"按钮，就得到如图 9-149 所示等效应力云图。

⑥ 显示梁支护内力。

（a）选择梁单元：执行 Utility Menu→Select→Entities 命令，弹出对话框，在第一个下拉列表框中选择"Elements"，在第二个下拉列表框中选择"By Attributes"，选择"Material num"单选按钮，在"Min,Max,Inc"文本框中输入梁单元材料号"1"，单击"OK"按钮，这就选择了梁单元。

```
NODAL SOLUTION
STEP=2
SUB =4
TIME=2
SEQV    (AVG)
DMX =.044962
SMN =41663
SMX =.333E+07
```

```
41663        771709      .150E+07       .223E+07      .296E+07
   406686        .114E+07       .187E+07      .260E+07      .333E+07
```

图 9-149　开挖模拟后等效应力云图

（b）将梁弯矩、剪力、轴力制表：执行 Main Menu→General Postproc→Element Table→Define Table 命令，弹出"Element Table Data"对话框，如图 9-150 所示。单击"Add"按钮，弹出"Define Additional Element Table Items"对话框，如图 9-151 所示。

图 9-150　单元数据制表对话框

在图 9-151 中，在"User label for item"文本框中输入"IMOMEMT"，在"Item Comp Results data item"后面左边下拉列表框中选取"By sequence num"，在右边文本框中输入 SMISC，6，然后单击"Apply"按钮；再次在"User label for item"文本框中输入"JMOMEMT"，在"Item Comp Results data item"后面左边下拉列表框中选取"By

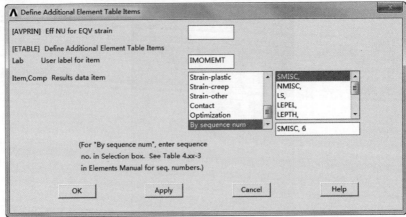

图 9-151　定义单元数据表对话框

sequence num",在右边文本框中输入 2,然后单击"Apply"按钮。

同样方法依次输入"ISHEAR,2""JSHEAR,8""ZHOULI-I,1""ZHOULI-J,7",最后得到定义好后的单元数据表对话框,如图 9-152 所示。

图 9-152　定义好后的单元数据表对话框

（c）设置弯矩分布标题：执行 Utility Menu→File→Change title 命令,弹出"Change Title"对话框,如图 9-153 所示。在"Enter new title"文本框中输入文件名"BENDING MOMENT distribution",单击"OK"按钮。

图 9-153　设置标题对话框

(d)画梁弯矩图：执行 Main Menu→General Postproc→Plot Results→Contour Plot→Line Element Results 命令，弹出如图 9-154 所示对话框。在"Elem table item at node I"下拉列表框中选取"IMOMENT"，在"Element table item at node J"下拉列表框中选取"JMOMENT"，在"Optional scale factor"文本框中输入－0.5，选择"Deformed shape"单选按钮，单击"OK"按钮，得到梁支护结构的弯矩图，如图 9-155 所示。

图 9-154 画梁弯矩图对话框

图 9-155 开挖模拟后梁支护弯矩图(单位：N·m)

(e)设置剪力分布标题：执行 Utility Menu→File→Change title 命令，弹出"Change Title"对话框。在"Enter new title"文本框中输入文件名"SHEAR force distribution"，单击"OK"按钮。

(f)画梁剪力图：执行 Main Menu→General Postproc→Plot Results→Contour Plot→Line Element Results 命令，弹出对话框。在"Element table item at node I"下拉列表框中选取"ISHEAR"，在"Element table item at node J"下拉列表框中选取"JSHEAR"，在"Optional scale factor"文本框中输入"0.5"，选择"Deformed shape"单选按钮，单击"OK"按钮，得到梁支护结构的剪力图，如图 9-156 所示。

(g)设置轴力分布标题：执行 Utility Menu→File→Change title 命令，弹出

图 9-156　开挖模拟后梁支护剪力图（单位：N）

"Change Title"对话框。在"Enter new title"文本框中输入文件名"ZHOULI force distribution"，单击"OK"按钮。

（h）画梁轴力图：执行 Main Menu→General Postproc→Plot Results→Contour Plot→Line Element Results 命令，弹出对话框。在"Element table item at node I"下拉列表框中选取"ZHOULI-I"，在"Element table item at node J"下拉列表框中选取"ZHOULI-J"，在"Optional scale factor"文本框中输入 0.1，选择"Deformed shape"单选按钮，单击"OK"按钮，得到梁支护结构的轴力图，如图 9-157 所示。

图 9-157　开挖模拟后梁支护轴力图（单位：N）

⑦ 显示锚杆支护内力。

（a）选择锚杆单元：执行 Utility Menu→Select→Entities 命令，弹出对话框，在第一个下拉列表框中选择"Elements"，在第二个下拉列表框中选择"By Attributes"，选择"Material num"单选按钮，在"Min,Max,Inc"文本框中输入梁单元材料号 4，单击"OK"按钮，这就选择了锚杆单元。

（b）将锚杆轴力和轴向应变制表：执行 Main Menu→General Postproc→Element Table→Define Table 命令，弹出"Element Table Data"对话框，单击"Add"按钮，弹出如图 9-151 所示对话框。

在"User label for item"文本框中输入"ZHOUYINBIAN"，在"Item Comp Results data item"后面左边的下拉列表框中选取"LEPE"，在右侧文本框中输入 1，然后单击"Apply"按钮；再次在"User label for item"文本框中输入"ZHOULI"，在"Item Comp Results data item"左边的下拉列表框中选取"By sequence num"，在右侧文本框中输入 1，然后单击"Apply"按钮。

（c）设置锚杆轴应变分布标题：执行 Utility Menu→File→Change title 命令，弹出"Change Title"对话框，如图 9-158 所示。在"Enter new title"文本框中输入文件名"ZHOUYINBIAN distribution"，单击"OK"按钮。

图 9-158　设置标题对话框

（d）画锚杆轴应变分布图：执行 Main Menu→General Postproc→Plot Results→Contour Plot→Line Element Results 命令，弹出对话框。在"Element table item at node I"下拉列表框中选取"ZHOUYINBIAN"，在"Element table item at node J"下拉列表框中选取"ZHOUYINBIAN"，在"Optional scale factor"文本框中输入 0.05，选择"Deformed shape"单选按钮，单击"OK"按钮，得到锚杆轴应变分布图，如图 9-159 所示。

（e）设置锚杆轴力分布标题：执行 Utility Menu→File→Change title 命令，弹出"Change Title"对话框，在"Enter new title"文本框中输入文件名"ZHOULI distribution"，单击"OK"按钮。

（f）画锚杆轴力分布图：执行 Main Menu→General Postproc→Plot Results→Contour Plot→Line Element Results 命令，弹出对话框。在"Element table item at node I"下拉列表框中选取"ZHOULI"，在"Element table item at node J"下拉列表框中选取"ZHOULI"，在"Optional scale factor"文本框中输入 0.05，选择"Deformed shape"单选按钮，单击"OK"按钮，得到锚杆轴力分布图，如图 9-160 所示。

6. 列车载荷模拟求解结果分析

（1）打开列车载荷模拟求解结果数据库文件：执行 Utility Menu→Resume…命令，弹出"Resume Database"对话框，选择刚才保存的文件"tunnel-step3"，单击"OK"按钮。

图 9-159　开挖模拟后锚杆轴应变分布图

图 9-160　开挖模拟后锚杆轴力分布图

（2）选择激活单元：执行 Utility Menu→Select→Entities 命令，弹出如图 9-128 所示对话框，在第一个下拉列表框选择"Elements"，在第二个下拉列表框选择"Live Elem's"，单击"OK"按钮。

（3）读入最后一个载荷子步：执行 Main Menu→General Postproc→Read Results→Last Set 命令。

（4）显示位移云图。

① 显示总位移矢量云图：执行 Main Menu→General Postproc→Plot Results→

Contour Plot→Nodal Solu 命令，弹出"Contour Nodal Solution Data"对话框，如图 9-129 所示，依次单击"Nodal Solution→DOF Solution→Displacement vector sum"，再单击"OK"按钮，就得到总位移矢量云图，如图 9-161 所示。

图 9-161　施加列车载荷后总位移矢量云图

②显示 X 方向位移云图：在如图 9-129 所示对话框中，依次单击"Nodal Solution→X-Component of displacement"，再单击"OK"按钮，就得到 X 方向位移云图，如图 9-162 所示。

图 9-162　施加列车载荷后 X 方向位移云图

③显示 Y 方向位移云图：在如图 9-129 所示对话框中，依次单击"Nodal Solution→Y-Component of displacement"，再单击"OK"按钮，就得到 Y 方向位移云图，如图 9-163 所示。

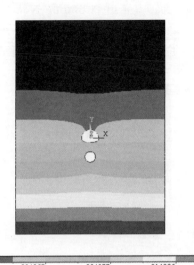

图 9-163　施加列车载荷后 Y 方向位移云图

（5）显示应力云图。

① 显示 X 方向应力云图：执行 Main Menu→General Postproc→Plot Results→Contour Plot→Nodal Solu 命令，弹出"Contour Nodal Solution Data"对话框，如图 9-141 所示，依次单击"Nodal Solution、Stress→X-Component of stress"，再单击"OK"按钮，就得到如图 9-164 所示 X 方向应力云图。

图 9-164　施加列车载荷后 X 方向应力云图

② 显示 Y 方向应力云图：在如图 9-129 所示对话框中，单击"X-Component of stress"，再单击"OK"按钮，就得到如图 9-165 所示 Y 方向应力云图。

③ 显示 Z 方向应力云图：在如图 9-129 所示对话框中，单击"Z-Component of stress"，再单击"OK"按钮，就得到如图 9-166 所示 Z 方向应力云图。

图 9-165　施加列车载荷后 Y 方向应力云图

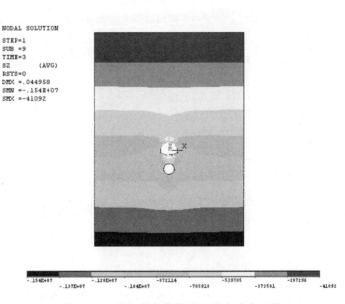

图 9-166　施加列车载荷后 Z 方向应力云图

④ 显示第 1 主应力云图：在如图 9-129 所示对话框中，单击"1st principal stress"，再单击"OK"按钮，就得到如图 9-167 所示第 1 主应力云图。

⑤ 显示第 2 主应力云图：在如图 9-129 所示对话框中，单击"2nd principal stress"，再单击"OK"按钮，就得到如图 9-168 所示第 2 主应力云图。

⑥ 显示第 3 主应力云图：在如图 9-129 所示对话框中，单击"3rd principal stress"，再单击"OK"按钮，就得到如图 9-169 所示第 3 主应力云图。

⑦ 显示等效应力云图：在如图 9-129 所示对话框中，单击"Von Mises stress"，再单击"OK"按钮，就得到如图 9-170 所示等效应力云图。

（6）显示梁支护内力。

① 选择梁单元：执行 Utility Menu→Select→Entities 命令，弹出对话框，在第一个

图 9-167　施加列车载荷后第 1 主应力云图

NODAL SOLUTION
STEP=1
SUB =9
TIME=3
S2　　(AVG)
DMX =.044958
SMN =-.161E+07
SMX =-41092

图 9-168　施加列车载荷后第 2 主应力云图

下拉列表框中选择"Elements"，在第二个下拉列表框中选择"By Attributes"，选择"Material num"单选按钮，在"Min,Max,Inc"文本框中输入梁单元材料号 1，单击"OK"按钮，这就选择了梁单元。

　　② 将梁弯矩、剪力、轴力制表：执行 Main Menu→General Postproc→Element Table→Define Table 命令，弹出"Element Table Data"对话框，单击"Add"按钮，弹出"Define Additional Element Table Items"对话框，如图 9-151 所示。

　　在如图 9-151 所示对话框中，在"User label for item"文本框中输入"IMOMEMT"，在"Item Comp Results data item"后面左边的下拉列表框中选取"By sequence num"，在右侧文本框中输入 6，然后单击"Apply"按钮；再次在"User label for

Note

图 9-169　施加列车载荷后第 3 主应力云图

图 9-170　施加列车载荷后等效应力云图

item"文本框中输入"JMOMEMT",在"Item Comp Results data item"后面左边的下拉
列表框中选取"By sequence num",在右侧文本框中输入 12,然后单击"Apply"按钮。

同样方法依次输入"ISHEAR,2""JSHEAR,8""ZHOULI-I,1""ZHOULI-J,7",最
后得到定义好的单元数据表对话框,如图 9-171 所示。

③ 设置弯矩分布标题:执行 Utility Menu→File→Change title 命令,弹出
"Change Title"对话框,在"Enter new title"文本框中输入文件名"BENDING
MOMENT distribution",单击"OK"按钮。

图 9-171　定义好的单元数据表对话框

④ 画梁弯矩图：执行 Main Menu→General Postproc→Plot Results→Contour Plot→Line Element Results 命令，弹出如图 9-172 所示对话框。在"Elem table item at node I"下拉列表框中选取"IMOMENT"，在"Element table item at node J"下拉列表框中选取"JMOMENT"，在"Optional scale factor"文本框中输入—0.5，选择"Deformed shape"单选按钮，单击"OK"按钮，得到梁支护结构的弯矩图，如图 9-173 所示。

图 9-172　画列车载荷弯矩图对话框

⑤ 设置剪力分布标题：执行 Utility Menu→File→Change title 命令，弹出 "Change Title"对话框。在"Enter new title"文本框中输入文件名"SHEAR force distribution"，单击"OK"按钮。

⑥ 画梁剪力图：执行 Main Menu→General Postproc→Plot Results→Contour Plot→Line Element Results 命令，弹出对话框。在"Element table item at node I"下拉列表框中选取"ISHEAR"，在"Element table item at node J"下拉列表框中选取 "JSHEAR"，在"Optional scale factor"文本框中输入 0.5，选择"Deformed shape"单选按钮，单击"OK"按钮，得到梁支护结构的剪力图，如图 9-174 所示。

Note

```
LINE STRESS

STEP=1
SUB =9
TIME=3
IMOMEMT JMOMEMT
MIN =-169764
ELEM=17
MAX =169664
ELEM=12
```

```
 -169764        -94336        -18907         56521        131950
         -132050        -56621        18807        94235        169664
BENDING MOMENT distribution
```

图 9-173　施加列车载荷后梁支护弯矩图（单位：N·m）

```
LINE STRESS

STEP=1
SUB =9
TIME=3
ISHEAR  JSHEAR
MIN =-765010
ELEM=62
MAX =765643
ELEM=14
```

```
 -765010        -424865        -84720        255426        595571
         -594937        -254792        85353        425498        765643
SHEAR force distribution
```

图 9-174　施加列车载荷后梁支护剪力图（单位：N）

⑦ 设置轴力分布标题：执行 Utility Menu→File→Change title 命令，弹出"Change Title"对话框。在"Enter new title"文本框中输入文件名"ZHOULI force distribution"，单击"OK"按钮。

⑧ 画梁轴力图：执行 Main Menu→General Postproc→Plot Results→Contour Plot→Line Element Results 命令，弹出对话框。在"Element table item at node I"下拉列表框中选取"ZHOULI-I"，在"Element table item at node J"下拉列表框中选取"ZHOULI-J"，在"Optional scale factor"文本框中输入 0.1，选择"Deformed shape"单

选按钮，单击"OK"按钮，得到梁支护结构的轴力图，如图9-175所示。

图9-175　施加列车载荷后梁支护轴力图（单位：N）

（7）显示锚杆支护内力。

① 选择锚杆单元：执行 Utility Menu→Select→Entities 命令，弹出一个对话框，在第一个下拉列表框中选择"Elements"，在第二个下拉列表框中选择"By Attributes"，选择"Material num"单选按钮，在"Min,Max,Inc"文本框中输入梁单元材料号4，单击"OK"按钮，这就选择了锚杆单元。

② 将锚杆轴力和轴向应变制表：执行 Main Menu→General Postproc→Element Table→Define Table 命令，弹出"Element Table Data"对话框，单击"Add"按钮，弹出如图9-151所示对话框，在"User label for item"文本框中输入"ZHOUYINBIAN"，在"Item Comp Results data item"后面左边的下拉列表框中选取"LEPE"，在右侧文本框中输入1，然后单击"Apply"按钮；再次在"User label for item"文本框中输入"ZHOULLI"，在"Item Comp Results data item"后面左边的下拉列表框中选取"By sequence num"，在右侧文本框中输入1，然后单击"Apply"按钮。

③ 设置锚杆轴应变分布标题：执行 Utility Menu→File→Change title 命令，弹出"Change Title"对话框，在"Enter new title"文本框中输入文件名"ZHOUYINBIAN distribution"，单击"OK"按钮。

④ 画锚杆轴应变分布图：执行 Main Menu→General Postproc→Plot Results→Contour Plot→Line Element Results 命令，弹出一个对话框。在"Element table item at node I"下拉列表框中选取"ZHOUYINBIAN"，在"Element table item at node J"下拉列表框中选取"ZHOUYINBIAN"，在"Optional scale factor"文本框中输入0.05，选择"Deformed shape"单选按钮，单击"OK"按钮，得到锚杆轴应变分布图，如图9-176所示。

⑤ 设置锚杆轴力分布标题：执行 Utility Menu→File→Change title 命令，弹出"Change Title"对话框，在"Enter new title"文本框中输入文件名"ZHOULI

图 9-176 施加列车载荷后锚杆轴应变分布图

distribution",单击"OK"按钮。

⑥ 画锚杆轴力分布图：执行 Main Menu→General Postproc→Plot Results→Contour Plot→Line Element Results 命令,弹出对话框。在"Element table item at node I"下拉列表框中选取"ZHOULI",在"Element table item at node J"下拉列表框中选取"ZHOULI",在"Optional scale factor"文本框中输入 0.05,选择"Deformed shape"单选按钮,单击"OK"按钮,得到锚杆轴力分布图,如图 9-177 所示。

图 9-177 施加列车载荷后锚杆轴力分布图

9.4.4 命令流实现

略,见前言二维码中的电子文档。

第 10 章

ANSYS边坡工程应用实例分析

本 章 导 读

　　本章首先对边坡工程进行了概述,然后介绍了用 ANSYS 模拟边坡稳定性分析的步骤,最后用实例详细介绍了用 ANSYS 进行边坡稳定性分析的全过程。

学 习 要 点

◆ 边坡工程概述
◆ ANSYS 边坡稳定性分析的步骤
◆ ANSYS 边坡稳定性实例分析

10.1　边坡工程概述

10.1.1　边坡工程

边坡指地壳表面一切具有侧向临空面的地质体,是坡面、坡顶及其下部一定深度坡体的总称。坡面与坡顶面下部至坡脚的岩体称为坡体。

倾斜的地面称为斜坡,铁路、公路建筑施工中,所形成的路堤斜坡称为路堤边坡;开挖路堑所形成的斜坡称为路堑边坡;水利、市政或露天煤矿等工程开挖施工所形成的斜坡也称为边坡;这些对应工程就称为边坡工程。

对边坡工程进行地质分类时,考虑了下述各点:首先,按其物质组成,即按组成边坡的地层和岩性,可以分为岩质边坡和土质边坡(后者包括黄土边坡、砂土边坡、土石混合边坡)。地层和岩性是决定边坡工程地质特征的基本因素之一,也是研究区域性边坡稳定问题的主要依据。其次,再按边坡的结构状况进行分类。因为在岩性相同的条件下,坡体结构是决定边坡稳定状况的主要因素,它直接关系到边坡稳定性的评价和处理方法。最后,如果边坡已经变形,再按其主要变形形式进行划分。即边坡类属的称谓顺序是:岩性→结构→变形。

边坡工程对国民经济建设有重要的影响:在铁路、公路与水利建设中,边坡修建是不可避免的,边坡的稳定性严重影响到铁路、公路与水利工程的施工安全、运营安全以及建设成本。在路堤施工中,在路堤高度一定条件下,坡角越大,路基所占面积就越小,反之越大。在山区,坡角越大,则路堤所需填方量越少。因此,很有必要对边坡稳定性进行分析。

10.1.2　边坡变形破坏基本原理

1. 应力分布状态

边坡从其形成开始,就处于各种应力作用(自重应力、构造应力、热应力等)之下。在边坡的发展变化过程中,由于边坡形态和结构的不断改变以及自然和人为应力的作用,边坡的应力状态也随之调整改变。根据资料及有限元法计算,应力主要发生以下变化:

(1)岩体中的主应力迹线发生明显偏转,边坡坡面附近最大主应力方向和坡面平行,而最小主应力方向则与坡面近于垂直,并开始出现水平方向的切应力,其总趋势是由内向外增多,愈近坡脚愈高,向坡内逐渐恢复到原始应力状态。

(2)在坡脚逐渐形成明显的应力集中带。边坡愈陡,应力集中越严重,最大最小主应力的差值也越大。此外,在边坡下边分别形成切向应力减弱带和水平应力紧缩带,而在靠近边坡的表面所测得的应力值均大于按上覆岩体重量计算的数值。

(3)边坡坡面岩体由于侧向应力近于零,实际上变为两向受力。在较陡边坡的坡面和顶面,出现拉应力,形成拉应力带。拉应力带的分布位置与边坡的形状和坡面的角度有关。边坡应力的调整和拉应力带的出现,是边坡变形破坏最初始的征兆。例如,坡脚应力的集中,常是坡脚出现挤压破碎带的原因;坡面及坡顶出现拉应力带,常是表层岩体松动变形的原因。

2．边坡岩体变形破坏基本形式

边坡在复杂的内外地质应力作用下形成,又在各种因素作用下变化发展。所有边坡都在不断变形过程中,通过变形逐步发展至破坏。其基本变形破坏形式主要有松弛、张裂、滑动、崩塌、倾倒、蠕动和流动。

10.1.3 影响边坡稳定性的因素

（1）边坡材料力学特性参数：包括弹性模量、泊松比、摩擦角、黏结力、重度、抗剪强度等参数。

（2）边坡的几何尺寸参数：包括边坡高度、坡面角和边坡边界尺寸以及坡面后方坡体的几何形状,即坡体的不连续面与开挖面的坡度及方向之间的几何关系,它将确定坡体的各个部分是否滑动或塌落。

（3）边坡外部载荷：包括地震力、重力场、渗流场、地质构造应力等。

10.1.4 边坡稳定性的分析方法

1．极限平衡方法

极限平衡方法的基本思想是：以摩尔-库仑抗剪强度理论为基础,将滑坡体划分成若干垂直条块,建立作用在垂直条块上的力的平衡方程式,求解安全系数。

这种计算分析方法遵循下列基本假定：

（1）遵循库仑定律或由此引申的准则。

（2）将滑体作为均质刚性体考虑,认为滑体本身不变形,且可以传递应力。因此只研究滑动面上的受力大小,不研究滑体及滑床内部的应力状态。

（3）将滑体的边界条件大大简化。如将复杂的滑体形态简化为简单的几何形态;将滑面简化为圆弧面、平面或折面;一般将立体问题简化为平面问题,取沿滑动方向的代表性剖面,以表征滑体的基本形态;将均布力简化为集中力,有时还将力的作用点简化为通过滑体重心。

极限平衡方法包括以下几种方法：

◆ 瑞典圆弧滑动法。

◆ 简化比肖普法。

◆ 简化普通条分法。

◆ 摩根斯坦-普赖斯法。

◆ 不平衡推力传递法。

以上各种方法都是假定土体是理想塑性材料,把土体作为一个刚体,按照极限平衡的原则进行力的分析,各种方法最大的不同之处在于对相邻土体之间的内力作何种假定,也就是如何增加已知条件使超静定问题变成静定问题。这些假定的物理意义不一样,所能满足的平衡条件也不相同,计算步骤有繁有简,使用时必须注意它们的适用场合。

极限平衡方法关键是对滑体的体形和滑面的形态进行分析、正确选用滑面的计算参数以及正确引用滑体的载荷条件等。因为极限平衡方法完全不考虑土体本身的应力-应变关系,不能真实地反映边坡失稳时的应力场和位移场,因此而受到质疑。

2．数值分析方法

数值分析方法考虑土体应力-应变关系,克服了极限平衡方法完全不考虑土体本身的应力-应变关系的缺点,为边坡稳定分析提供了较为正确和深入的概念。

边坡稳定性数值分析方法主要包含以下几种：

（1）有限元法。有限元法是数值模拟方法在边坡稳定评价中应用最早的方法,也是目前最广泛使用的一种数值方法,可以用来求解弹性、弹塑性、黏弹塑性、黏塑性等问题。目前用有限元法求解边坡稳定主要有两种方法。

① 有限元滑面搜索法：将边坡体离散为有限单元格,按照施加的载荷及边界条件进行有限元计算可得到每个节点的应力张量。然后假定一个滑动面,用有限元数据给出滑动面任一点的正应力和剪应力,根据摩尔-库仑准则可得该点的抗滑力,由此即能求得滑动面上每个节点的下滑力与抗滑力,再对滑动面上下滑力与抗滑力进行积分,就可以求得每一个滑动面的安全系数。

② 有限元强度折减法：首先选取初始折减系数,将岩土体强度参数进行折减,将折减后的参数作为输入,进行有限元计算,若程序收敛,则岩土体仍处于稳定状态,然后再增加折减系数,直到程序恰好不收敛,此时的折减系数即为安全系数。

（2）自适应有限元法。自20世纪70年代开始自适应理论被引入有限元计算,主导思想是减少前处理工作量和实现网格离散的客观控制。现已基本建立了一般弹性力学、流体动力学、渗流分析等领域的平面自适应分析系统,能使计算较为快速和准确。

（3）离散单元法。该法的突出功能是它在反映岩块之间接触面的滑移、分离与倾翻等大位移的同时,又能计算岩块内部的变形与应力分布。因此,任何一种岩体材料都可引入到模型中,例如弹性、黏弹性或断裂等均可考虑,故该法对块状结构、层状破裂或一般破裂结构岩体边坡比较合适。并且,它利用显式时间差分法（动态差分法）求解动力平衡方程,求解非线性大位移与动力问题比较容易。

离散元法在模拟过程中考虑了边坡失稳破坏的动态过程,允许岩土体存在滑动、平移、转动和岩体的断裂及松散等复杂过程,具有宏观上的不连续性和单个岩块体运动的随机性,可以较真实、动态地模拟边坡在形成和开挖过程中应力、位移和状态的变化,预测边坡的稳定性,因此在岩质高边坡稳定性的研究中得到广泛的应用。

（4）拉格朗日元法（FLAC）。为了克服有限元等方法不能求解大变形问题的缺陷,人们根据有限差分法的原理,提出了FLAC数值分析方法。该方法较有限元法能更好地考虑岩土体的不连续和大变形特性,求解速度较快。缺点是计算边界、单元网格的划分带有很大的随意性。

（5）界面元法。界面元法是一种基于累积单元变形于界面的界面应力元法模型,建立适用于分析不连续、非均匀、各向异性和各类非线性问题、场问题,以及能够完全模拟各类锚杆复杂空间布局和开挖扰动的方法。

3．有限元法用于边坡稳定性分析的优点

有限元法考虑了介质的变形特征,真实地反映了边坡的受力状态。它可以模拟连

续介质,也可以模拟不连续介质;能考虑边坡沿软弱结构面的破坏,也能分析边坡的整体稳定破坏。有限元法可以模拟边坡的圆弧滑动破坏和非圆弧滑动破坏。同时它还能适应各种边界条件和不规则几何形状,具有很广泛的适用性。

有限元法应用于边坡工程,有其独特的优越性。与一般解析方法相比,有限元法有以下优点:

(1) 考虑了岩体的应力-应变关系,求出每一单元的应力与变形,反映了岩体真实工作状态。

(2) 与极限平衡法相比,不需要进行条间力的简化,岩体自始至终处于平衡状态。

(3) 不需要像极限平衡法一样事先假定边坡的滑动面,边坡的变形特性、塑性区形成都根据实际应力-应变状态"自然"形成。

(4) 若岩体的初始应力已知,可以模拟有构造应力边坡的受力状态。

(5) 不但能像极限平衡法一样模拟边坡的整体破坏,还能模拟边坡的局部破坏,把边坡的整体破坏和局部破坏纳入统一的体系。

(6) 可以模拟边坡的开挖过程,描述和反映岩体中存在的节理裂隙、断层等构造面。

鉴于有限元法具有如此多优点,本章借助通用有限元软件 ANSYS 来实现对边坡进行稳定性分析,用具体的边坡工程实例详细介绍应用 ANSYS 软件分析边坡稳定性问题。

10.2　ANSYS 边坡稳定性分析的步骤

10.2.1　创建物理环境

在定义边坡稳定性分析问题的物理环境时,进入 ANSYS 前处理器,建立边坡稳定性分析的数学仿真模型。按照以下几个步骤来建立物理环境。

1. 设置 GUI 菜单过滤

如果希望通过 GUI 路径来运行 ANSYS,当 ANSYS 被激活后第一件要做的事情就是选择菜单路径:Main Menu→Preferences,执行上述命令后,弹出如图 10-1 所示的对话框,选择 Structural。这样 ANSYS 会根据所选择的参数来对 GUI 图形界面进行过滤,选择 Structural 以便在进行边坡稳定性分析时过滤掉一些不必要的菜单及相应图形界面。

2. 定义分析标题(/TITLE)

在进行分析前,可以给所要进行的分析起一个能够代表所分析内容的标题,比如"Slope stability Analysis",以便能够从标题上与其他相似物理几何模型区别。用下列方法定义分析标题。

命令:/TITLE

GUI:Utility Menu→File→Change Title

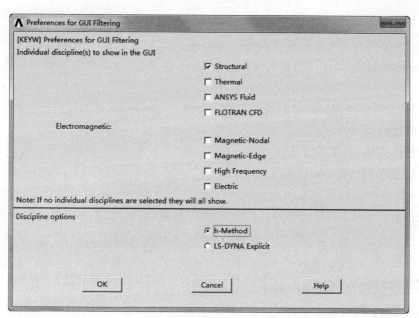

图 10-1　GUI 图形界面过滤

3. 说明单元类型及其选项(KEYOPT 选项)

与 ANSYS 的其他分析一样,也要进行相应的单元选择。ANSYS 软件提供了 100 种以上的单元类型,可以用来模拟工程中的各种结构和材料,各种不同的单元组合在一起,成为具体的物理问题的抽象模型。例如,不同材料属性的边坡土体用 PLANE82 单元来模拟。

大多数单元类型都有关键选项(KEYOPTS),这些选项用以修正单元特性。例如, PLANE82 有如下 KEYOPTS:

KEYOPT(2)　　　包含或抑制过大位移设置。

KEYOPT(3)　　　平面应力、轴对称、平面应变或考虑厚度的平面应力设置。

KEYOPT(9)　　　用户子程序初始应力设置。

设置单元以及其关键选项的方式如下:

```
命令:ET
      KEYOPT
GUI:Main Menu→Preprocessor→Element Type→Add/Edit/Delete
```

4. 定义单位

结构分析只有时间单位、长度单位和质量单位 3 个基本单位,所有输入的数据都应当是这 3 个单位组成的表达方式。如标准国际单位制下,时间是秒(s),长度是米(m),质量是千克(kg),则导出力的单位是 $kg \cdot m/s^2$(相当于 N),材料的弹性模量单位是 $kg/m \cdot s^2$(相当于 Pa)。

```
命令:/UNITS
```

5．定义材料属性

大多数单元类型在进行程序分析时都需要指定材料特性，ANSYS 程序可方便地定义各种材料的特性，如结构材料属性参数、热性能参数、流体性能参数和电磁性能参数等。

ANSYS 程序可定义的材料特性有以下 3 种：

◆ 线性或非线性。

◆ 各向同性、正交异性或非弹性。

◆ 随温度变化或不随温度变化。

因为分析的边坡模型采用理想弹塑性模型（D-P 模型），因此边坡稳定性分析中需要定义边坡中不同土体的材料属性：重度、弹性模量、泊松比、黏聚力以及摩擦角。

> 命令：MP
> GUI：Main Menu→Preprocessor→Material Props→Material Models
> 　或 Main Menu→Solution→Load Step Opts→Other→Change Mat Props→Material Models

进行边坡稳定性分析计算时，采用强度折减法来实现。首先选取初始折减系数 F，然后对边坡土体材料强度系数进行折减，折减后黏聚力以及摩擦角分别为

$$c' = \frac{c}{F} \tag{10-1}$$

$$\tan\varphi' = \frac{\tan\varphi}{F} \tag{10-2}$$

（1）c 和 φ 分别为边坡土体的初始黏聚力和摩擦角。

（2）对 c 和 φ 进行折减，输入边坡模型计算，若收敛，则此时边坡是稳定的；继续增大折减系数 F，直到程序恰好不收敛，此时的折减系数即为安全系数。

10.2.2　建立模型和划分网格

创建好物理环境，就可以建立模型。在进行边坡稳定性分析时，需要建立模拟边坡土体的 PLANE82 单元。在建立好的模型各个区域内指定特性（单元类型、选项、实常数和材料性质等）以后，就可以划分有限元网格了。通过 GUI 为模型中的各区赋予特性：

（1）选择 Main Menu→Preprocessor→Meshing→Mesh Attributes→Picked Areas 命令。

（2）单击模型中要选定的区域。

（3）在对话框中为所选区域说明材料号、实常数号、单元类型号和单元坐标系号。

重复以上 3 个步骤，直至处理完所有区域。

通过命令为模型中的各区赋予特性：

◆ ASEL（选择模型区域）。

◆ MAT（说明材料号）。

◆ REAL（说明实常数组号）。

◆ TYPE（指定单元类型号）。

◆ ESYS（说明单元坐标系号）。

10.2.3 施加约束和载荷

在施加边界条件和载荷时,既可以给实体模型(关键点、线、面)也可以给有限元模型(节点和单元)施加边界条件和载荷。在求解时,ANSYS 程序会自动将加到实体模型上的边界条件和载荷传递到有限元模型上。

边坡稳定性分析中,主要是给边坡两侧和底部施加自由度约束。

命令:D

施加载荷包括自重载荷以及边坡开挖载荷。

10.2.4 求解

ANSYS 程序根据现有选项的设置,从数据库获取模型和载荷信息并进行计算求解,将结果数据写入结果文件和数据库中。

命令:SOLVE
GUI:Main Menu→Solution→Solve→Current LS

10.2.5 后处理

后处理的目的是以图和表的形式描述计算结果。在边坡稳定性分析中,进入后处理器后,查看边坡变形图和节点的位移、应力和应变。随着强度折减系数的增大,边坡的水平位移增大,塑性应变急剧发展,塑性区发展形成一个贯通区域时,计算不收敛,认为边坡发生了破坏。通过研究位移、应变和塑性区域综合判断边坡的稳定性。

命令:/POST1
GUI: Main Menu→General Postproc

10.2.6 补充说明

边坡失稳破坏定义有很多种,对于采用弹塑性计算模型的边坡要综合考虑以下因素:

(1) 有限元计算的收敛与否作为一个重要的衡量指标,边坡处于稳定状态,计算收敛,边坡破坏时,边坡不收敛。

(2) 边坡失稳的同时还表现出位移急剧增加。

(3) 边坡失稳总是伴随着塑性变形的明显增加和塑性区的发展,塑性区的发展状况反映了边坡是否处于稳定状态。

此外,采用弹塑性有限元法进行计算具有独特的优势:

(1) 弹塑性分析假定岩体为弹塑性材料,岩体在受力初期处于弹性状态,达到一定的屈服准则后,处于塑性状态。采用弹塑性模型更能反映岩体的实际工作状态。

(2) 岩体所承受的载荷超过材料强度时,就会出现明显的滑移破坏面。因此,弹塑性计算不需要假定破坏面的形状和位置,破坏面根据切应力强度理论自动形成。当整个边坡破坏时,就会出现明显的塑性区。

(3)能综合考虑边坡的局部失稳和整体失稳破坏。

10.3 ANSYS 边坡稳定性实例分析

10.3.1 实例描述

边坡实例选取国内某矿,该边坡考虑弹性和塑性两种材料,边坡尺寸如图 10-2 所示。分析目的是对该边坡进行稳定性计算分析,以判断其稳定性和计算出安全系数,该边坡围岩材料属性见表 10-1。

表 10-1 边坡模型围岩参数

类别	弹性模量/GPa	泊松比ν	重度/(kN/m³)	黏聚力/MPa	摩擦角φ/(°)
围岩 2(弹塑性)	30	0.25	25	0.9	42
围岩 1(弹性)	31	0.24	27	—	—

对于像边坡这样纵向很长的实体,计算模型可以简化为平面应变问题。假定边坡所承受的外力不随 Z 轴变化,位移和应变都发生在自身平面内。对于边坡变形和稳定性分析,这种平面假设是合理的。实测经验表明,边坡的影响范围在 2 倍坡高范围,因此计算区域为边坡体横向延伸 2 倍坡高,纵向延伸 3 倍坡高。两侧边界水平位移为零,下侧边界竖向位移为零。弹性有限元的计算模型如图 10-2 所示。

图 10-2 边坡模型

采用双层模型,模型上部为理想弹塑性材料,下部为弹性材料,左右边界水平位移为零,下边界竖向位移为零。

(1)双层模型考虑土体的弹塑性变形及塑性区的发展,使应力的分布更符合实际情况。

(2)考虑双层模型,塑性区下部的单元可以产生一定的垂直变形和水平变形,基本消除了由于边界效应在边坡下部出现的塑性区,更好地模拟了边坡的变形和塑性区的发展。

10.3.2 GUI 操作方法

1.创建物理环境

(1)在"开始"菜单中选取"所有程序→ANSYS 19.0→Mechanical APDL Product Launcher",打开"19.0 ANSYS Product Launcher"对话框。

(2)选中 File Management,在 Working Directory 文本框中输入工作目录"D:\ansys\Slope",在"Job Name"文本框中输入文件名"Slope"。

（3）单击"RUN"按钮，进入 ANSYS 19.0 的 GUI 操作界面。

（4）过滤图形界面：执行 Main Menu→Preferences 命令，弹出"Preferences for GUI Filtering"对话框，选中"Structural"对后面的分析进行菜单及相应的图形界面过滤。

（5）定义工作标题：执行 Utility Menu→File→Change Title 命令，在弹出的对话框中输入"Slope stability Analysis"，单击"OK"按钮，如图 10-3 所示。

图 10-3　定义工作标题

（6）定义单元类型。

① 首先单击 Main Menu→Preprocessor，进入到前处理阶段。然后定义 PLANE82 单元，在命令行中输入以下命令：

```
ET,1,PLANE82
KEYOPT,1,3,2
```

② 设定 PLANE82 单元选项：执行 Main Menu→Preprocessor→Element Type→Add/Edit/Delete 命令，弹出单元类型对话框，选中"Type 1 PLANE82"，单击"Options"按钮，弹出"PLANE82 element type options"对话框，如图 10-4 所示。在"Element behavior K3"下拉列表框中选取"Plane strain"，其他的下拉列表框采用 ANSYS 默认设置就可以，单击"OK"按钮。

图 10-4　PLANE82 单元库类型选项对话框

（a）通过设置 PLANE82 单元选项"K3"为"Plane strain"来设定本实例分析采取平面应变模型进行分析。因为边坡是纵向很长的实体，故计算模型可以简化为平面应变问题。

（b）8 节点 PLANE82 单元每个节点有 UX 和 UY 两个自由度，比 4 节点 PLANE42 单元具有更高的精确性，对不规则网格适应性更强。

（7）定义材料属性。

① 定义边坡围岩 1 材料属性：执行 Main Menu→Preprocessor→Material Props→

Material Models 命令，弹出"Define Material Model Behavior"对话框，如图 10-5 所示。

图 10-5 定义材料本构模型对话框

在图 10-5 右侧下拉列表框中连续单击"Structural→Linear→Elastic→Isotropic"后，又弹出如图 10-6 所示"Linear Isotropic Properties for Material Number 1"对话框，在该对话框的"EX"文本框中输入"3e10"，在"PRXY"文本框中输入"0.25"，单击"OK"按钮。再在图 10-5 中选中"Density"并单击，弹出如图 10-7 所示"Density for Material Number 1"对话框，在"DENS"文本框中输入边坡土体材料的密度"2500"，单击"OK"按钮。

图 10-6 线弹性材料模型对话框

图 10-7 材料密度输入对话框

再次在图 10-5 中右边下拉列表框中连续单击"Structural→Nonlinear→Inelastic→Non-metal plasticity→Drucker-Prager"后，又弹出如图 10-8 所示的对话框。在"Cohesion"文本框中填入边坡围岩材料 1 的黏聚力"0.9E6"，在"Fric Angle"文本框中填入边坡内摩擦角"42"，单击"OK"按钮。

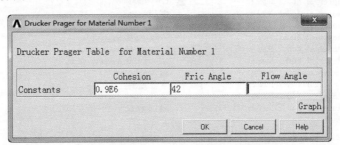

图 10-8　定义边坡材料 1DP 材料对话框

② 定义边坡围岩 2 材料属性：在图 10-5 所示对话框中，单击"Material→New Model..."，弹出"Define Material ID"对话框，在"ID"文本框中输入材料编号"2"，单击"OK"按钮。弹出定义材料模型对话框，选中"Material Model Number 2"，和定义边坡围岩 1 材料一样，在右边的下拉列表框中连续单击"Structural→Linear→Elastic→Isotropic"后，又弹出"Linear Isotropic Properties for Material Number 2"对话框，在该对话框的"EX"文本框中输入"3.2E10"，在"PRXY"文本框中输入"0.24"，单击"OK"按钮。再选中"Density"并单击，弹出"Density for Material Number 2"对话框，在"DENS"文本框中输入边坡围岩材料的密度"2700"，再单击"OK"按钮，弹出定义材料模型对话框。

③ 复制边坡围岩 1 材料性质：在图 10-5 所示对话框中，单击"Edit→copy..."，弹出"Copy Material Model"对话框，如图 10-9 所示。在"from Material number"下拉列表框中选取"1"，在"to Material number"文本框中输入"3"，单击"Apply"按钮，又弹出如图 10-9 所示对话框，然后依次在"to Material number"文本框中输入 4、5、6、7、8、9、10、11、12，每输入一个数，就单击"Apply"按钮一次。

图 10-9　复制本构模型对话框

最后得到 10 个复制围岩 1 的边坡材料本构模型，如图 10-10 所示。

④ 定义 10 个强度折减后材料本构模型：首先定义强度折减系数为 $F=1.2$ 的后边坡围岩材料模型，在图 10-11 所示对话框中，依次单击"Material Model Number 3、Drucper-Prager"。弹出"Drucker Prager for Material Number 3"，如图 10-11 所示，在"Cohesion"文本框中填入强度折减系数为 $F=1.2$ 的后边坡围岩材料 1 的黏聚力"0.75E6"，在"Fric Angle"文本框中填入折减后边坡内摩擦角"35"，单击"OK"按钮。

图 10-10　定义强度折减后材料模型对话框

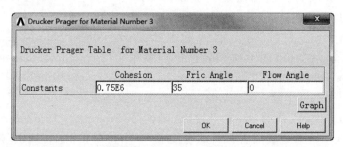

图 10-11　定义强度折减系数 $F=1.2$ 时围岩材料对话框

用相同方法定义强度折减系数分别为：$F=1.4$、$F=1.6$、$F=1.8$、$F=2.0$、$F=2.2$、$F=2.4$、$F=2.6$、$F=2.8$、$F=3.0$ 的边坡围岩材料本构模型。具体数值如表 10-2 所示。

表 10-2　数值表

F	Cohesion	Fric Angle
1	9.00E+05	42.00
1.2	7.50E+05	35.00
1.4	10.43E+05	30.00
1.6	5.63E+05	210.25
1.8	5.00E+05	23.33
2	4.50E+05	21.00
2.2	4.09E+05	19.09
2.4	3.75E+05	17.50
2.6	3.46E+05	110.15
2.8	3.21E+05	15.00
3	3.00E+05	14.00

（a）定义强度折减后本构模型的目的是为了分析边坡稳定性。

（b）强度折减就是降低黏聚力和摩擦角，根据式（10-1）和式（10-2）进行折减。

2. 建立模型和划分网格

（1）创建边坡线模型。

① 输入关键点：执行 Main Menu→Preprocessor→Modeling→Create→Keypoints→In Active CS 命令，弹出"Create Keypoints in Active Coordinate System"对话框，如图 10-12 所示。在"NPT Keypoint number"文本框中输入 1，在"X，Y，Z Location in active CS"文本框中输入 0、0、0，单击"Apply"按钮，这样就创建了关键点 1。再依次重复在"NPT Keypoint number"文本框中输入 2、3、4、5、6、7、8、9，在对应"X，Y，Z Location in active CS"文本框中输入（−800，0，0）、（−800，−800，0）、（−800，−1200，0）、（1200，−1200，0）、（1200，−800，0）、（1200，0，0）、（1200，378，0）、（430，378，0），最后单击"OK"按钮。

图 10-12　在当前坐标系创建关键点对话框

② 创建坡线模型：执行 Main Menu→Preprocessor→Modeling→Create→Lines→Lines→Straight line 命令，弹出"Create straight lines"对话框，依次单击关键点 1、2，单击"Apply"按钮，这样就创建了直线 L1，同样分别连接关键点"2、3""3、4""4、5""5、6""6、7""7、1""7、8""8、9""9、1""6、3"，最后单击"OK"按钮，就得到边坡线模型，如图 10-13 所示。

图 10-13　边坡线模型

（2）创建边坡面模型。

① 打开编号显示：执行 Utility Menu→PlotCtrls→Numbering 命令，弹出"Plot Numbering Controls"对话框，如图 10-14 所示。选中"Line numbers"选项，后面的文字由"Off"变为"On"，单击"OK"按钮关闭对话框。

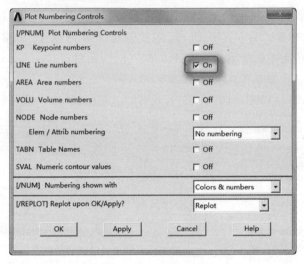

图 10-14　打开编号对话框

② 创建边坡面模型：执行 Main Menu→Preprocessor→Modeling→Create→Areas→Arbitrary→by line 命令，弹出"Create Area by lines"对话框，在图形中选取线 L3、L4、L5 和 L11，单击"Apply"按钮，就生成了边坡弹性材料区域面积 A1；再依次在图形中选取线 L1、L2、L11、L6 和 L10，单击"Apply"按钮，就生成了边坡塑性材料区域面积 A2；再依次在图形中选取线 L7、L8、L9 和 L10，单击"OK"按钮，就生成了边坡开挖掉区域面积 A3。最后得到边坡面模型，如图 10-15 所示。

图 10-15　边坡面模型

（3）划分边坡围岩2单元网格。

① 给边坡围岩2赋予材料特性：执行 Main Menu→Preprocessor→Meshing→MeshTool 命令，弹出"MeshTool"对话框，如图10-16所示。在"Element Attributes"下拉列表框中选择"Areas"，按"Set"按钮，弹出"Areas Attributes"面拾取框，在图形界面上拾取边坡围岩1区域，单击拾取框上的"OK"按钮，又弹出如图10-17所示的"Areas Attributes"对话框，在"Material number"下拉列表框中选取"2"，在"Element type number"下拉列表框中选取"1 PLANE82"，单击"OK"按钮。

② 设置网格划分份数：在图10-16中"Size Controls"选项区，单击"Lines"后面的"Set"按钮，弹出选择对话框，在图形中选择线 L3 和 L5，弹出"Element Sizes on Picked Lines"对话框，如图10-18所示，在"No. of element divisions"文本框中输入5，单击"Apply"按钮，再选择线 L4 和 L11，又弹出图10-18所示对话框，在"No. of element division"文本框中输入26，单击"OK"按钮。

③ 划分单元网格：在图10-16中单击"Mesh"按钮，弹出拾取面积对话框，拾取面积 A1，单击拾取框上的"OK"按钮，生成边坡围岩1单元网格。

（4）划分边坡围岩1单元网格。

① 设置网格份数：执行 Main Menu → Preprocessor → Meshing→Size Cntrls→ManualSize→Layers→ Picked Lines 命令，

图 10-16 网格划分
工具栏

弹出"Element Size on Picked Lines"对话框，如图10-19所示，选取线 L1、L2 和 L6，单击"OK"按钮，弹出"Area Layer-Mesh Controls on Picked Lines"对话框，如图10-20所示，在"No. of line divisions"文本框中输入10，单击"OK"按钮。

图 10-17 定义单元属性对话框

Note

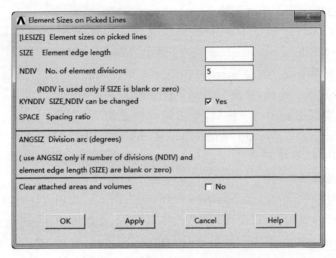

图 10-18　设置网格份数对话框

相同方法设置线 L8 和 L10 的分割份数为 16；设置线 L7 和 L9 的分割份数为 12。

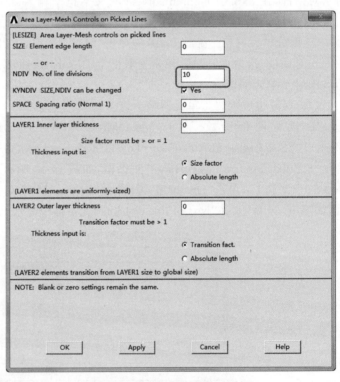

图 10-19　选取线对话框　　　　　　图 10-20　设置网格份数对话框

② 给边坡围岩 1 赋予材料特性：执行 Main Menu→Preprocessor→Meshing→MeshTool 命令，弹出"MeshTool"对话框，如图 10-16 所示。在"Element Attributes"下拉列表框中选择"Areas"，按"Set"按钮，弹出"Areas Attributes"面拾取框，在图形界面上拾取面 A2 和 A3，单击拾取框上的"OK"按钮，又弹出 "Areas Attributes"对话框，在"Material number"下拉列表框中选取 1，在"Element type number"下拉列表框中选

取"1 PLANE82",单击"OK"按钮。

③ 划分单元网格:在图 10-16 中单击"Mesh"按钮,弹出拾取面积对话框,拾取围岩,单击拾取框上的"OK"按钮,生成边坡围岩 1 单元网格。

最后得到边坡模型单元网格,如图 10-21 所示。

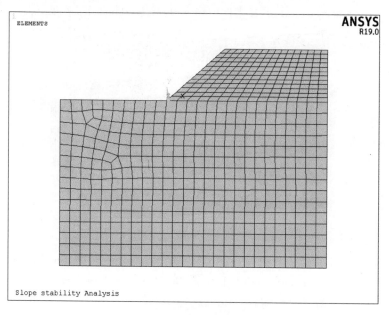

图 10-21　边坡模型单元网格

3. 施加约束和载荷

(1)给边坡模型施加约束。

① 给边坡模型两边施加约束:执行 Main Menu→Solution→Define Loads→Apply→Structural→Displacement→on Nodes 命令,弹出在节点上施加位移约束对话框,选取边坡模型两侧边界上所有节点,单击"OK"按钮,弹出"Apply U,ROT on Nodes"对话框,如图 10-22 所示,在"DOFs to be constrained"列表框中选取"UX",在"Apply as"下拉列表框中选取"Constant value",在"Displacement value"文本框中输入 0,然后单击"OK"按钮。

图 10-22　给模型两侧施加位移约束对话框

② 给模型底部施加约束：执行 Main Menu→Solution→Define Loads→Apply→Structural→Displacement→on Nodes 命令，弹出在节点上施加位移约束对话框，选取边坡模型底部边界上所有节点，单击"OK"按钮，弹出如图 10-23 所示对话框，在"DOFs to be constrained"列表框中选取"UX、UY"，在"Apply as"下拉列表框中选取"Constant value"，在"Displacement value"文本框中输入 0，然后单击"OK"按钮。

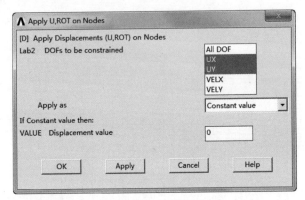

图 10-23　给模型底部施加位移约束对话框

（2）施加重力加速度：执行 Main Menu→Solution→Define Loads→Apply→Structural→Inertia→Gravity→Global 命令，弹出"Apply(Gravitational) Acceleration"对话框，如图 10-24 所示。只需在"Global Cartesian Y-comp"文本框中输入重力加速度值 9.8 就可以，单击"OK"按钮，就完成了重力加速度的施加。

图 10-24　施加重力加速度对话框

这时就可以得到施加约束和重力加速度后的边坡有限元模型，如图 10-25 所示。

4. 求解

（1）求解设置。

① 指定求解类型：执行 Main Menu→Solution→Analysis Type→New Analysis 命令，弹出如图 10-26 所示对话框，选中"Static"单选按钮，单击"OK"按钮。

② 设置载荷步：执行 Main Menu→Solution→Analysis Type→Sol'n Controls 命令，弹出"Solution Controls"对话框，单击"Basic"选项卡，如图 10-27 所示，在"Number of substeps"文本框中输入 5，在"Max no. of substeps"文本框中输入 100，在"Min no. of substeps"文本框中输入 1，单击"OK"按钮。

③ 设置线性搜索：执行 Main Menu→Solution→Analysis Type→Sol'n Controls

图 10-25　施加约束和重力加速度后的边坡模型

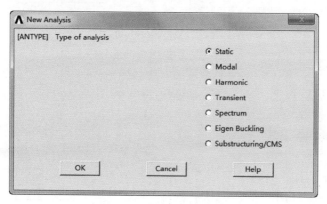

图 10-26　指定求解类型对话框

命令，弹出"Solution Controls"对话框，单击"Nonlinear"选项卡，如图 10-28 所示，在"Line search"下拉列表框中选中"On"，单击"OK"按钮。

④ 设定牛顿-拉普森选项：执行 Main Menu→Solution→Analysis Type→Analysis Options 命令，弹出"Static or Steady-State Analysis"对话框，如图 10-29 所示，在"Newton-Raphson option"下拉列表框中选中"Full N-R"，单击"OK"按钮。

⑤ 打开大位移求解：执行 Main Menu→Solution→Analysis Type→Sol'n Controls→Basic 命令，得到图 10-27 所示对话框，在"Analysis Options"下拉列表框中选中大位移"Large Displacement Static"，单击"OK"按钮。

⑥ 设置收敛条件：执行 Main Menu→Solution→Load Step Opts→Nonlinear→Convergence Crit 命令，弹出"Default Nonlinear Convergence Criteria"对话框，如图 10-30 所示。图中显示 ANSYS 默认的收敛条件：分别设置了力和力矩的收敛条件。

为了使求解顺利进行和得到较好解，可以修改默认收敛设置，可以分别设置力、力

图 10-27　设置载荷步对话框

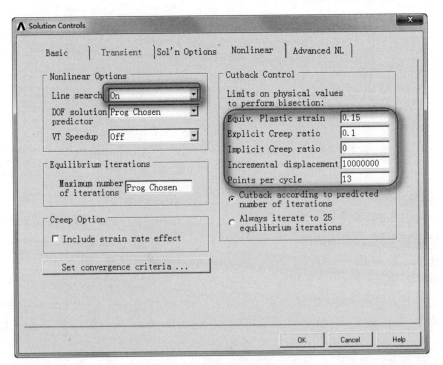

图 10-28　设置线性搜索对话框

矩和位移收敛条件。单击图 10-30 中的"Replace"，弹出"Nonlinear Convergence Criteria"对话框，如图 10-31 所示。在"Lab Convergence is based on"后面第一个列表

图 10-29　设定牛顿-拉普森选项

框中选中"Structural",第二个列表框中选中"Force F";在"TOLER Tolerance about VALUE"文本框中输入 0.005;在"NORM Convergence norm"下拉列表框中选中"L2 norm";在"MINREF Minimum reference value"文本框中输入 0.5,单击"OK"按钮,这就设置好了求解时力收敛条件。

　　单击图 10-31 对话框中"OK"按钮后,弹出如图 10-32 所示的对话框,单击"Add"按钮。弹出如图 10-33 所示对话框,在"Lab Convergence is based on"后面第一个列表框中选中"Structural",第二个列表框中选中"Displacement U";在"TOLER Tolerance about VALUE"文本框中输入 0.05;在"NORM Convergence norm"下拉列表框中选中"L2 norm";在"MINREF Minimum reference value"文本框中输入 1,单击"OK"按钮,这就设置好了求解时位移收敛条件。

图 10-30　ANSYS 默认收敛条件

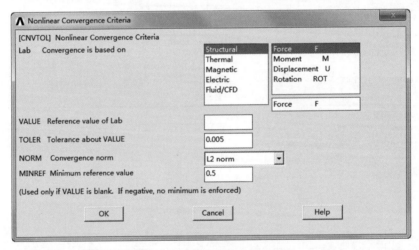

图 10-31　设置力收敛条件对话框

（2）边坡在强度折减系数 $F=1$ 时求解。

① 求解：执行 Main Menu→Solution→Solve→Current LS 命令，弹出求解选项信息和当前求解载荷步对话框，检查信息无错误后，单击"OK"按钮，开始求解运算，直到出现"Solution is done"提示栏，表示求解结束。

② 保存求解结果：执行 Utility Menu→File→Save as 命令，弹出"Save Database"对话框，在"Save Database to"文本框中输入文件名"F1.db"，单击"OK"按钮。

（3）边坡在强度折减系数 $F=1.2$ 时求解。

① 折减边坡强度：首先选择需要折减的单元，再执行 Main Menu→Solution→Load Step Opts→Other→Change Mat Props→Change Mat Num 命令，弹出"Change Material Number"对话框，如图 10-34 所示，在"New material number"文本框中输入新

Note

图 10-32 设置完力收敛条件对话框

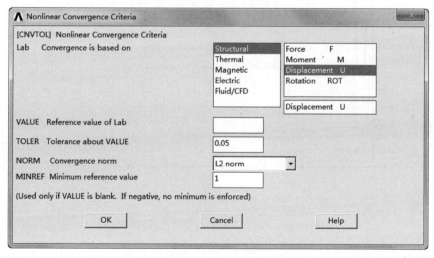

图 10-33 设置位移收敛条件对话框

材料号 3,在"Element no. to be modified"文本框中输入"ALL",表示把刚才选定的单元材料改为 3 号材料,单击"OK"按钮。

② 求解:执行 Main Menu→Solution→Solve→Current LS 命令,弹出求解选项信息和当前求解载荷步对话框,检查信息无错误后,单击"OK"按钮,开始求解运算,直到出现"Solution is done"提示栏,表示求解结束。

③ 保存求解结果:执行 Utility Menu→File→Save as 命令,弹出"Save Database"对话框,在"Save Database to"文本框中输入文件名"F1.2.db",单击"OK"按钮。

同理,依次对强度折减系数 $F=1.4$、$F=1.6$、$F=1.8$、$F=2.0$、$F=2.2$、$F=2.4$、$F=2.6$、$F=2.8$、$F=3.0$ 进行求解,直到求解不收敛为止,并保存各次求解结果:

图 10-34　改变材料号对话框

F1.4.db、F1.10.db、F1.8.db、F2.0.db、F2.2.db、F2.4.db、F2.10.db、F2.8.db（如图 10-35 所示）、F3.0.db。

图 10-35　$F=2.8$ 求解收敛时迭代过程图

当强度折减系数 $F=3.0$ 时，求解不收敛，此时求解迭代力和位移不收敛过程如图 10-36 所示。

边坡稳定性有限元分析一般采用强度折减方法来求得边坡安全系数。根据式(10-1)和式(10-2)来进行强度折减。求解不收敛是判断边坡不稳定的一个准则。

5. 后处理

伴随强度折减系数的增加，边坡的塑性应变增大，塑性区也随之扩大，当塑性区发展成一个贯通区域，边坡就不稳定，此时求解也不收敛。与此同时，边坡水平位移也变大。因此，主要通过观察后处理中边坡塑性应变、塑性区、位移和收敛来判断边坡稳定与否。

(1) 强度折减系数 $F=1$ 时的结果分析。

① 读入强度折减系数 $F=1$ 时的结果数据：执行 Utility Menu→File→Resume

图 10-36　$F=3.0$ 求解迭代不收敛过程图

from…命令，弹出"Resume Database"对话框，选中刚才保存的文件"F1. db"，单击"OK"按钮。

② 绘制边坡变形图：执行 Main Menu→General Postproc→Plot Results→Deformed Shape 命令，弹出"Plot Deform Shape"对话框，如图 10-37 所示。选中"Def+undeformed"，单击"OK"按钮，得到边坡变形图，如图 10-38 所示。

图 10-37　绘制变形图对话框

③ 显示边坡 X 方向位移云图：执行 Main Menu→General Postproc→Plot Results→Contour Plot→Nodal Solu 命令，弹出"Contour Nodal Solution Data"对话框，如图 10-39 所示，依次单击"Nodal Solution→DOF Solution→X-Component of displacement"，再单击"OK"按钮，就得到边坡 X 方向位移云图，如图 10-40 所示。此时，边坡水平方向最大位移为 58.815mm。

④ 显示边坡塑性应变云图：执行 Main Menu→General Postproc→Plot Results→Contour Plot→Nodal Solu 命令，弹出如图 10-39 所示对话框，依次单击"Nodal Solution→

图 10-38　F=1时边坡变形图

图 10-39　节点解云图绘制对话框

Plastic Strain→Von Mises plastic",再单击"OK"按钮,就得到边坡塑性应变云图,如图 10-41 所示,此时边坡模型没有塑性应变,没有塑性区,也就是说此时边坡没有发生塑性变形。

(2) 强度折减系数 F=1.2 时的结果分析。

① 读入强度折减系数 F=1.2 时的结果数据:执行 Utility Menu→File→Resume

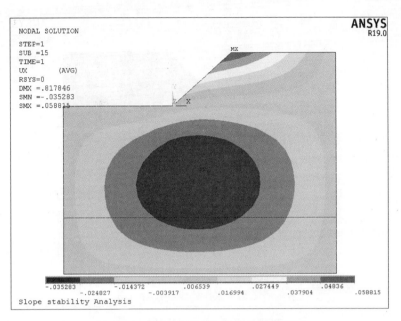

图 10-40　$F=1$ 时,边坡 X 方向位移云图

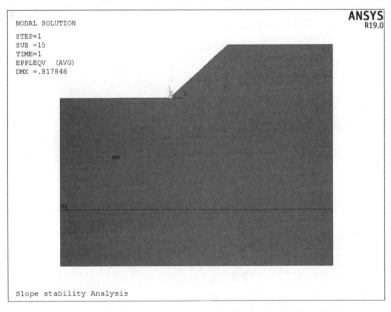

图 10-41　$F=1$ 时边坡模型塑性应变云图

from...命令,弹出"Resume Database"对话框,选中刚才保存的文件"F1.2.db",单击"OK"按钮。

②绘制边坡变形图:执行 Main Menu → General Postproc → Plot Results → Deformed Shape命令,弹出"Plot Deform Shape"对话框。选中"Def ＋undeformed",单击"OK"按钮,得到边坡变形图,如图 10-42 所示。

③显示边坡 X 方向位移云图:在如图 10-39 所示对话框中,依次单击"Nodal

图 10-42　$F=1.2$ 时边坡变形图

Solution→DOF Solution→X-Component of displacement"，再单击"OK"按钮，就得到边坡 X 方向位移云图，如图 10-43 所示。此时，边坡水平方向最大位移为 58.815mm。

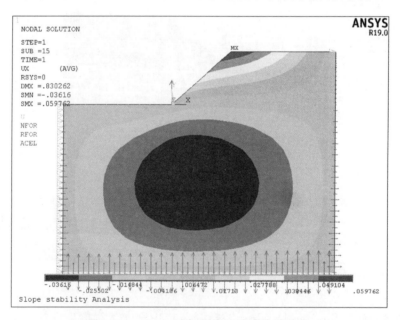

图 10-43　$F=1.2$ 时，边坡 X 方向位移云图

④ 显示边坡塑性应变云图：在图 10-39 中，依次单击"Nodal Solution→Plastic Strain→Von Mises plastic"，再单击"OK"按钮，就得到边坡塑性应变云图，如图 10-44 所示，此时边坡模型没有塑性应变，没有塑性区，也就是说此时边坡没有发生塑性变形。

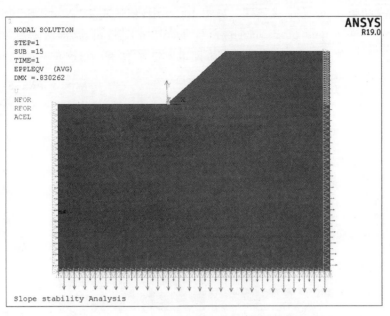

图 10-44 $F=1.2$ 时边坡模型塑性应变云图

（3）强度折减系数 $F=1.4$ 时的结果分析。

① 读入强度折减系数 $F=1.4$ 时的结果数据：执行 Utility Menu→File→Resume from…命令，弹出"Resume Database"对话框，选中刚才保存的文件"F1.4.db"，单击"OK"按钮。

② 绘制边坡变形图：执行 Main Menu→General Postproc→Plot Results→Deformed Shape 命令，弹出"Plot Deform Shape"对话框。选中"Def ＋undeformed"，单击"OK"按钮，得到边坡变形图，如图 10-45 所示。

图 10-45 $F=1.4$ 时边坡变形图

③ 显示边坡 X 方向位移云图：在图 10-39 中，依次单击"Nodal Solution→DOF Solution→X-Component of displacement"，再单击"OK"按钮，就得到边坡 X 方向位移云图，如图 10-46 所示。此时，边坡水平方向最大位移为 58.811mm。

图 10-46 $F=1.4$ 时，边坡 X 方向位移云图

④ 显示边坡塑性应变云图：在图 10-39 中，依次单击"Nodal Solution→Plastic Strain→Von Mises plastic"，再单击"OK"按钮，就得到边坡塑性应变云图，如图 10-47 所示，此时边坡模型有塑性应变，其值为 0.152E-5，在坡脚处开始出现塑性区。

图 10-47 $F=1.4$ 时边坡模型塑性应变云图

（4）强度折减系数 $F=1.6$ 时的结果分析。

① 读入强度折减系数 $F=1.6$ 时的结果数据：执行 Utility Menu→File→Resume from...命令，弹出"Resume Database"对话框，选中刚才保存的文件"F1.10.db"，单击"OK"按钮。

② 绘制边坡变形图：执行 Main Menu→General Postproc→Plot Results→Deformed Shape 命令，弹出"Plot Deform Shape"对话框。选中"Def ＋undeformed"，单击"OK"按钮，得到边坡变形图，如图 10-48 所示。

图 10-48 $F=1.6$ 时边坡变形图

③ 显示边坡 X 方向位移云图：在图 10-39 中，依次单击"Nodal Solution→DOF Solution→X-Component of displacement"，再单击"OK"按钮，就得到边坡 X 方向位移云图，如图 10-49 所示。此时，边坡水平方向最大位移为 60.299mm。

④ 显示边坡塑性应变云图：在图 10-39 中，依次单击"Nodal Solution→Plastic Strain→Von Mises plastic"，再单击"OK"按钮，就得到边坡塑性应变云图，如图 10-50 所示，此时边坡模型有塑性应变，其值为 0.306E-4，在坡脚处塑性区向上扩展。

（5）强度折减系数 $F=2.2$ 时的结果分析。

① 读入强度折减系数 $F=2.2$ 时的结果数据：执行 Utility Menu→File→Resume from...命令，弹出"Resume Database"对话框，选中刚才保存的文件"F2.2.db"，单击"OK"按钮。

② 绘制边坡变形图：执行 Main Menu→General Postproc→Plot Results→Deformed Shape 命令，弹出"Plot Deform Shape"对话框。选中"Def ＋undeformed"，单击"OK"按钮，得到边坡变形图，如图 10-51 所示。

③ 显示边坡 X 方向位移云图：在图 10-39 中，依次单击"Nodal Solution→DOF Solution→X-Component of displacement"，再单击"OK"按钮，就得到边坡 X 方向位移云图，如图 10-52 所示。此时，边坡水平方向最大位移为 61.972mm。

图 10-49　$F=1.6$ 时,边坡 X 方向位移云图

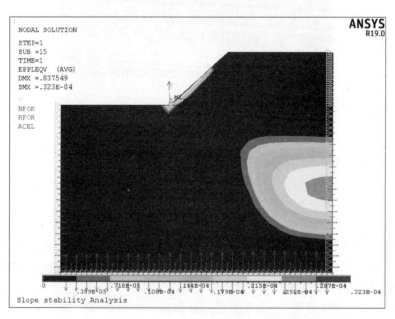

图 10-50　$F=1.6$ 时边坡模型塑性应变云图

④ 显示边坡塑性应变云图：在图 10-39 中，依次单击"Nodal Solution→Plastic Strain→Von Mises plastic"，再单击"OK"按钮，就得到边坡塑性应变云图，如图 10-53 所示，此时边坡模型有塑性应变，其值为 2.21E-4，模型中塑性区扩展。

（6）强度折减系数 $F=2.4$ 时的结果分析。

① 读入强度折减系数 $F=2.4$ 时的结果数据：执行 Utility Menu→File→Resume from...命令，弹出"Resume Database"对话框，选中刚才保存的文件"F2.4.db"，单击

图 10-51　$F=2.2$ 时边坡变形图

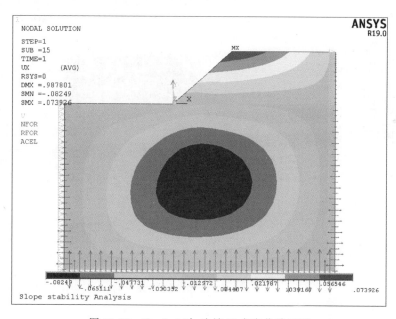

图 10-52　$F=2.2$ 时,边坡 X 方向位移云图

"OK"按钮。

② 绘制边坡变形图:执行 Main Menu→General Postproc→Plot Results→Deformed Shape 命令,弹出"Plot Deform Shape"对话框。选中"Def ＋undeformed",单击"OK"按钮,得到边坡变形图,如图 10-54 所示。

③ 显示边坡 X 方向位移云图:在图 10-39 中,依次单击"Nodal Solution→DOF Solution→X-Component of displacement",再单击"OK"按钮,就得到边坡 X 方向位移

图 10-53　$F=2.2$ 时边坡模型塑性应变云图

图 10-54　$F=2.4$ 时边坡变形图

云图，如图 10-55 所示。此时，边坡水平方向最大位移为 55.284mm。

④ 显示边坡塑性应变云图：在图 10-39 中，依次单击"Nodal Solution→Plastic Strain→Von Mises plastic"，再单击"OK"按钮，就得到边坡塑性应变云图，如图 10-56 所示，此时边坡模型有塑性应变，其值为 4.21E-4，模型中塑性区逐渐扩大。

（7）强度折减系数 $F=2.6$ 时的结果分析。

① 读入强度折减系数 $F=2.6$ 时的结果数据：执行 Utility Menu→File→Resume

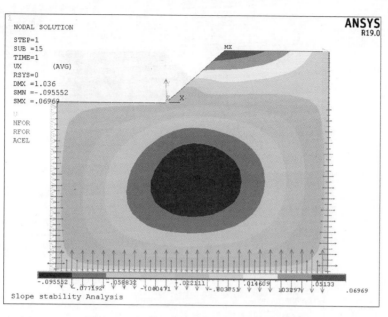

图 10-55 $F=2.4$ 时边坡 X 方向位移云图

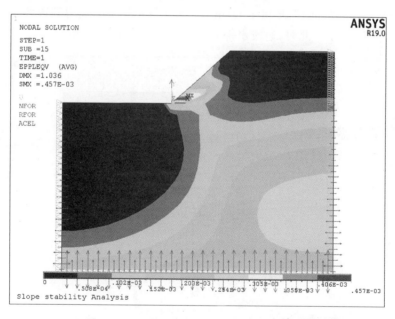

图 10-56 $F=2.4$ 时边坡模型塑性应变云图

from...命令,弹出"Resume Database"对话框,选中刚才保存的文件"F2.10.db",单击"OK"按钮。

② 绘制边坡变形图:执行 Main Menu → General Postproc → Plot Results → Deformed Shape 命令,弹出"Plot Deform Shape"对话框。选中"Def +undeformed",单击"OK"按钮,得到边坡变形图,如图 10-57 所示。

③ 显示边坡 X 方向位移云图:在图 10-39 中,依次单击"Nodal Solution→DOF

图 10-57　$F=2.6$ 时边坡变形图

Solution→X-Component of displacement"，再单击"OK"按钮，就得到边坡 X 方向位移云图，如图 10-58 所示。此时，边坡水平方向最大位移为 48.001mm。

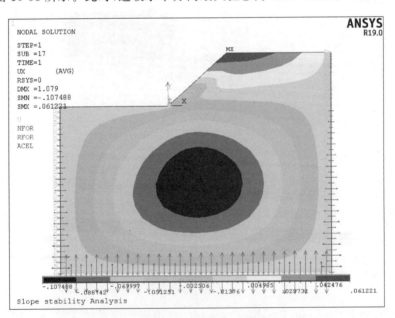

图 10-58　$F=2.6$ 时，边坡 X 方向位移云图

④ 显示边坡塑性应变云图：在图 10-39 中，依次单击"Nodal Solution→Plastic Strain→Von Mises plastic"，再单击"OK"按钮，就得到边坡塑性应变云图，如图 10-59 所示，此时边坡模型有塑性应变，其值为 7.5E-4，模型中塑性区逐渐扩大。

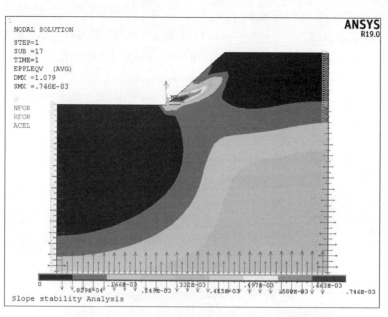

图 10-59　$F=2.6$ 时边坡模型塑性应变云图

（8）强度折减系数 $F=2.8$ 时的结果分析。

① 读入强度折减系数 $F=2.8$ 时的结果数据：执行 Utility Menu→File→Resume from...命令，弹出"Resume Database"对话框，选中刚才保存的文件"F2.8.db"，单击"OK"按钮。

② 绘制边坡变形图：执行 Main Menu→General Postproc→Plot Results→Deformed Shape 命令，弹出"Plot Deform Shape"对话框。选中"Def ＋undeformed"，单击"OK"按钮，得到边坡变形图，如图 10-60 所示。

图 10-60　$F=2.8$ 时边坡变形图

③ 显示边坡 X 方向位移云图：在图 10-39 中，依次单击"Nodal Solution→DOF Solution→X-Component of displacement"，再单击"OK"按钮，就得到边坡 X 方向位移云图，如图 10-61 所示。此时，边坡水平方向最大位移为 30.965mm。

图 10-61　$F=2.8$ 时，边坡 X 方向位移云图

④ 显示边坡塑性应变云图：在图 10-39 中，依次单击"Nodal Solution→Plastic Strain→Von Mises plastic"，再单击"OK"按钮，就得到边坡塑性应变云图，如图 10-62 所示，此时边坡模型有塑性应变，其值为 11.46E-4，模型中塑性区逐渐扩大，很快要贯通到坡顶。

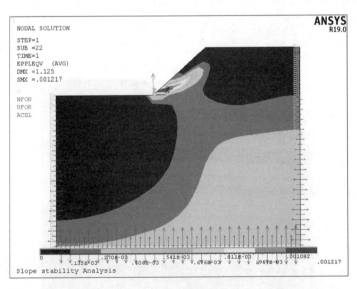

图 10-62　$F=2.8$ 时边坡模型塑性应变云图

（9）强度折减系数 $F=3.0$ 时的结果分析。

① 读入强度折减系数 $F=3.0$ 时的结果数据：执行 Utility Menu→File→Resume

from…命令,弹出"Resume Database"对话框,选中刚才保存的文件"F3.0.db",单击"OK"按钮。

② 绘制边坡变形图:执行 Main Menu→General Postproc→Plot Results→Deformed Shape 命令,弹出"Plot Deform Shape"对话框。选中"Def ＋undeformed",单击"OK"按钮,得到边坡变形图,如图 10-63 所示。

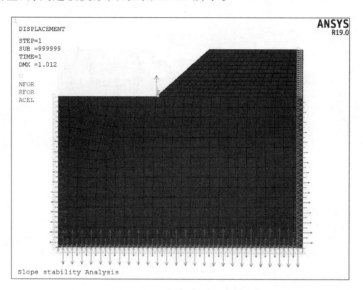

图 10-63　F＝3.0 时边坡变形图

③ 显示边坡 X 方向位移云图:在图 10-39 中,依次单击"Nodal Solution→DOF Solution→X-Component of displacement",再单击"OK"按钮,就得到边坡 X 方向位移云图,如图 10-64 所示。此时,边坡水平方向最大位移为 19.476mm,水平位移急剧下降,说明边坡已经破坏。

图 10-64　F＝3.0 时边坡 X 方向位移云图

① $F=3.0$时,解不收敛。

④ 显示边坡塑性应变云图:在图 10-39 中,依次单击"Nodal Solution→Plastic Strain→Von Mises plastic",再单击"OK"按钮,就得到边坡塑性应变云图,如图 10-65 所示,此时边坡模型有塑性应变,其值为 35.37E-4,模型中塑性区逐渐扩大,并贯通到坡顶,说明此时边坡已经不稳定了,也就是说边坡已经破坏了。

图 10-65 $F=3.0$时边坡模型塑性应变云图

10.3.3 计算结果分析

1. 从边坡模型变形图分析

从边坡变形图看,随着强度折减系数 F 的增加,边坡变形加大,当 $F=3.0$时,解不收敛,从图 10-62 的变形图可看出,此时边坡破坏面近似圆弧形,说明此时边坡已经不安全。

2. 从边坡水平方向位移云图分析

边坡水平方向位移随强度折减系数 F 的增加而发生很大波动,刚开始,随 F 增加,水平位移慢慢增大,当 $F=2.2$以后,边坡模型的水平位移开始减小,当 $F=2.8$后,水平方向位移开始急剧下降,当 $F=3.0$时,边坡模型的水平方向位移下降到 19.472mm,表明此时边坡已经发生破坏。

3. 从塑性应变云图分析

从边坡模型的塑性区云图看,随着强度折减系数 F 的增加,塑性应变从无到逐渐增大,塑性区也从无到逐渐增大,当 $F=3.0$时,塑性区贯通到坡顶,并且此时解不收敛,表明此时边坡已经破坏,因此,该边坡的模型的安全系数应该是 2.9。

还可以从边坡垂直方向位移以及关键点位移(如坡脚和坡顶)来判断边坡稳定性。

10.3.4 命令流实现

略,见前言二维码中的电子文档。

第11章

ANSYS水利工程应用实例分析

本章首先概述了 ANSYS 在水利工程中的应用,其次介绍了用 ANSYS 进行重力坝抗震性能分析的步骤,最后用实例详细介绍了用 ANSYS 进行重力坝抗震性能分析的过程。

学 习 要 点

◆ 水利工程概述
◆ 用 ANSYS 进行重力坝抗震性能分析的步骤
◆ 用 ANSYS 进行重力坝抗震性能分析实例

11.1　水利工程概述

水利工程中各种建筑物按其在水利枢纽中所起的作用,可以分为以下几类:

(1) 挡水建筑物,用以拦截河流,形成水库,如各种坝和水闸以及抵御洪水所用的堤防等。

(2) 泄水建筑物,用以宣泄水库(或渠道)在洪水期间或其他情况下的多余水量,以保证坝(或渠道)的安全,如各种溢流坝、溢流道、泄洪隧道和泄洪涵管等。

(3) 输水建筑物,为灌溉、发电或供水,从水库(或河道)向库外(或下游)输水用的建筑物,如引水隧道、引水涵管、渠道和渡槽等。

(4) 取水建筑物,是输水建筑物的首部建筑,如为灌溉、发电、供水而建的进水闸、扬水站等。

(5) 整治建筑物,用以调整水流与河床、河岸的相互作用以及防护水库、湖泊中的波浪和水流对岸坡的冲刷,如丁坝、顺坝、导流堤、护底和护岸等。

由于破坏后果的灾难性,大型水利工程建设的首要目标是安全可靠,其次才是经济合理。所以说大坝等水工建筑物的安全分析、评价和监控,是工程技术人员需要解决的课题,正确分析大坝形态已经成为当务之急。

当前对各种水利工程的评价主要采用有限元分析方法,借助各种有限元软件对这些水利工程建筑物进行安全评价,其中应用比较广泛的是 ANSYS 软件。目前,ANSYS 软件在水利工程中主要应用在以下几个方面。

1. 应用于各种坝体工程的设计和施工

利用 ANSYS 软件,模拟各种坝体施工过程以及坝体在使用阶段各种载荷(如水位变化对坝体的压力、地震载荷等)作用下结构的安全性能,模拟坝体的温度场和应力场,借助模拟结果修改设计或对坝体采取加固措施。

2. 应用于各种引水隧道、引水涵管等的设计和施工

利用 ANSYS 软件,模拟这些工程开挖、支护、浇注、回填过程,分析结构在载荷作用下的变形情况、结构的安全可靠度,以及衬砌支护结构在水压、温度发生变化后产生的变形情况和结构内力,依靠 ANSYS 的模拟结果对结构安全性进行评价。

3. 应用于各种水库闸门的设计和施工

水库闸门在上游水作用下将发生弯曲、扭转、剪切和拉压等组合变形,利用 ANSYS 中的 SHELL63 单元来模拟闸门,利用大型结构有限元分析程序 ANSYS,对闸门结构进行三维有限元分析,根据分析结果进行强度校核。

11.2　用 ANSYS 进行重力坝抗震性能分析的步骤

重力坝是一种古老而重要的坝型,主要依靠坝体自身重力来维持坝身的稳定。岩基上重力坝的基本剖面呈三角形,上游面通常是垂直的或者稍倾向下游的三角形断面。

重力坝具有很多优点：

（1）安全可靠。但剖面尺寸较大，抵抗水的渗漏、洪水漫顶、地震或战争破坏的能力都比较强，因而失事率较低。

（2）对地形、地质条件适应性强。坝体作用于地基面上的压应力不高，所以对地质条件的要求也较低，低坝甚至可修建在土基上。

（3）枢纽泄洪容易解决，便于枢纽布置。

（4）施工方便，便于机械化施工。

（5）结构作用明确，应力计算和稳定计算比较简单。

鉴于重力坝有如此多优点，它得到了广泛应用。

但是许多大坝都是建在地震多发和高烈度地区，并且坝还要承受重力、水压力等长期载荷的作用，为确保工程和人民生命财产在偶发地震载荷作用下的安全，需对大坝做抗震安全分析。

重力坝抗震性能分析一般分以下 5 个步骤。

11.2.1 创建物理环境

在定义坝体抗震性能分析问题的物理环境时，进入 ANSYS 前处理器，建立这个坝体抗震性能分析的数学仿真模型。按照以下几个步骤建立物理环境。

1. 设置 GUI 菜单过滤

如果希望通过 GUI 路径来运行 ANSYS，当 ANSYS 被激活后第一件要做的事情就是选择菜单路径：Main Menu→Preferences，执行上述命令后，弹出如图 11-1 所示的对话框，选择 Structural。这样 ANSYS 会根据所选择的参数对 GUI 图形界面进行过滤，选择 Structural 以便在进行坝体抗震性能分析时过滤掉一些不必要的菜单及相应图形界面。

图 11-1 GUI 图形界面过滤

2. 定义分析标题(/TITLE)

在进行分析前,可以给所要进行的分析起一个能够代表所分析内容的标题,比如 "Dam stability Analysis",以便能够从标题上与其他相似物理几何模型区别。用下列 方法定义分析标题。

```
命令:/TITLE
GUI:Utility Menu→File→Change Title
```

3. 说明单元类型及其选项(KEYOPT 选项)

与 ANSYS 的其他分析一样,也要进行相应的单元选择。ANSYS 软件提供了 100 种以上的单元类型,可以用来模拟工程中的各种结构和材料,各种不同的单元组合在一起,成为具体的物理问题的抽象模型。坝体用 PLANE182 单元来模拟。

大多数单元类型都有关键选项(KEYOPTS),这些选项用以修正单元特性。例如, PLANE182 有如下 KEYOPTS:

KEYOPT(2)　包含或抑制过大位移设置;

KEYOPT(3)　平面应力、轴对称、平面应变或考虑厚度的平面应力设置;

KEYOPT(5)　解输出控制。

设置单元以及其关键选项的方式如下:

```
命令:ET
     KEYOPT
GUI:Main Menu→Preprocessor→Element Type→Add/Edit/Delete
```

4. 定义单位

结构分析只有时间单位、长度单位和质量单位 3 个基本单位,所有输入的数据都应当是这 3 个单位组成的表达方式。如标准国际单位制下,时间的单位是秒(s),长度的单位是米(m),质量的单位是千克(kg),则导出力的单位是 $kg \cdot m/s^2$(相当于 N),材料的弹性模量单位是 $kg/m \cdot s^2$(相当于 Pa)。

```
命令:/UNITS
```

5. 定义材料属性

大多数单元类型在进行程序分析时都需要指定材料特性,ANSYS 程序可方便地定义各种材料的特性,如结构材料属性参数、热性能参数、流体性能参数和电磁性能参数等。

ANSYS 程序可定义的材料特性有以下 3 种:

◆ 线性或非线性。

◆ 各向同性、正交异性或非弹性。

◆ 随温度变化或不随温度变化。

因为进行坝体抗震性能分析时,ANSYS 默认谱分析将忽略材料非线性,因此,坝体抗震性能分析模型采用弹性模型,只需要定义坝体材料属性中的容重、弹性模量和泊松比。

> 命令:MP
> GUI:Main Menu→Preprocessor→Material Props→Material Models
> 　或 Main Menu→Solution→Load Step Opts→Other→Change Mat Props→Material Models

对坝体进行静力分析时可考虑材料的非线性,但进行抗震性能分析时,需要将非线性参数内摩擦角和黏聚力删除。

11.2.2　建立模型和划分网格

创建好物理环境,就可以建立模型。在进行坝体抗震性能分析时,需要建立模拟坝体的 PLANE183 单元。在建立好的模型指定特性(单元类型、选项和材料性质等)以后,就可以划分有限元网格了。

通过 GUI 为模型中的各区赋予特性:

(1) 执行 Main Menu→Preprocessor→Meshing→Mesh Attributes→Picked Areas 命令。

(2) 单击模型中要选定的区域。

(3) 在对话框中为所选定的区域说明材料号、实常数号、单元类型号和单元坐标系号。

通过命令为模型中的各区赋予特性:

◆ ASEL(选择模型区域)。

◆ MAT (说明材料号)。

◆ TYPE(指定单元类型号)。

(1) 建立大坝模型时,坝体和地基是赋予不同材料属性,本文只进行坝体抗震性能分析。

(2) 进行大坝 3D 模拟分析时,用 SOLID65 模拟混凝土单元和 SOLID185 模拟岩石单元,2D 模拟分析时,只需用一个 PLANE182 单元即可。

11.2.3　施加约束和载荷

在施加边界条件和载荷时,既可以给实体模型(关键点、线、面)也可以给有限元模型(节点和单元)施加边界条件和载荷。在求解时,ANSYS 程序会自动将加到实体模型上的边界条件和载荷传递到有限元模型上。

重力坝抗震性能分析中,主要是给坝体底部施加自由度约束。

> 命令:D

作用在重力坝上的载荷包含水压力、冰压力、泥沙压力、地震力及坝体自重载荷等。

(1) 自重载荷。由坝体体积和材料的容重算出。

(2) 静水压力。作用在坝面上的静水压力可根据静水力学原理计算,分为水平力及垂直力。

水平力:

$$P_{sp} = \frac{1}{2}\gamma H_1^2 \tag{11-1}$$

垂直力：

$$P_{cz} = \frac{1}{2}\gamma n H_1^2 \tag{11-2}$$

式中，γ 为水容重；H_1 代表上游水深；n 代表上游坝面坡度系数。

同理可求得下游坝面的总静水压力的水平分力及垂直分力。

（3）扬压力。重力坝坝体混凝土或浆砌石砌体不是绝对不透水的，它们的表面及内部存在着无数微小的孔隙，坝基岩石本身孔隙虽然很少，但是也存在着节理、裂隙。重力坝建成挡水后，在上下游水位差的长期作用下，上游的水将通过这些孔隙及坝体和坝基的接触面、坝基的节理裂隙等向下游渗透，从而使得坝体内和坝底面产生渗透水压力。

（4）动水压力。在溢流面上作用有动水压力，坝顶曲线和下游面直线段上的动水压力很小，可忽略不计。只计算反弧段上的动水压力。

（5）冰压力。在寒冷地区水库表面冬季结成冰盖，当气温回升时，冰盖发生膨胀，因而对挡水建筑物上游面产生冰压力。

（6）泥沙压力。水库蓄水后，入库水流挟带泥沙，逐年淤积在坝前，对坝面产生泥沙压力。

（7）浪压力。浪压力与风速和水库吹程有关，但在载荷中所占比重较小，通常忽略。

（8）地震载荷。地震载荷主要是由建筑物质量引起的地震惯性力、地震动水压力和动土压力。

11.2.4　求解

1. 静力求解

首先对重力坝进行静力求解：在 ANSYS 程序中根据现有选项的设置，从数据库获取模型和载荷信息并进行计算求解，将结果数据写入到结果文件和数据库中，得到坝体在静力载荷作用下的位移场与应力，了解坝体在设计条件下的工作形态，对混凝土重力坝方案的可靠性进行评价。

```
命令：SOLVE
GUI：Main Menu→Solution→Solve→Current LS
```

2. 动力分析求解

由于地震时的地面运动以水平方向为主，在地震力作用下结构的振动也以水平振动为主，故本次分析只考虑了水平方向的地震载荷的作用。对重力坝抗震性能计算分析可以采用以下几种方法：

（1）拟静力法：是一种把地震的影响用一种折算的静载荷来表示，求出这种地震载荷后，按照常规的静力法进行坝体的各项应力、位移的抗震分析方法。它是假定地震时与地面加速度相同的加速度作用在坝体各部位，求出地震时的惯性力，然后根据惯性力来评价大坝的安全性。

根据拟静力分析方法，大坝的水平地震惯性力可简化为

$$Q_H = K_H C_Z F W \tag{11-3}$$

式中，K_H 为水平向地震系数，为地面最大水平加速度代表值与重力加速度的比值；C_Z 为综合影响系数，重力坝取为 $1/4$；F 为地震惯性力系数；W 为产生惯性力的建筑物的总重量。

采用拟静力法计算重力坝的地震作用效应时，水深 h 处的地震动水压力的代表值计算如下：

$$P_W(h) = a_h \xi \phi(h) \rho_W H_0 \tag{11-4}$$

式中，$P_W(h)$ 为作用在直立迎水坝面水深 h 处的动水压力代表值；a_h 为水平向地震加速度的代表值，地震烈度为 8 时对应的值是 $0.2g$；ξ 为地震作用效应折减系数，除另有规定外，取 0.25；$\phi(h)$ 为水深 h 处的地震动水压力分布系数；ρ_W 为水体质量密度的标准值；H_0 为水总深度。

与水平面夹角为 θ 的倾斜迎水坝面，按式(11-4)计算的动水压力代表值乘以折减系数：

$$\eta_c = \theta / 90 \tag{11-5}$$

(2) 反应谱分析法：是以单质点弹性体系在实际地震过程中的反应为基础，来进行结构反应的分析，它通过反应谱巧妙地将动力问题静力化，使得复杂的结构地震反应计算变得简单易行。按照这一理论，应用地震谱曲线，就可以按照实际地面运动来计算建筑物的反应。反应谱是单质点弹性体系对于实际地面运动的最大反应和体系自振周期的函数关系。对于复杂的结构可以简化为若干振型的叠加，每个振型又可转化为一个单质点来考虑。使用已经确定的设计反应谱计算重力坝在地震作用下的反应，就归结为寻求坝体的自振特性。

地震产生的破坏，与受力大小和受频谱最大振动的持续时间都有关系。在进行谱分析计算前，首先要计算大坝的自振特性。模态分析用于确定结构的振动特性，即结构的固有频率和振型，它们是结构承受动态载荷设计中的重要参数，也是更详细的动力分析的基础。

模态分析计算中采用了子空间迭代法提取模态。水深 h 处的地震动水压力的作用按式(11-6)转化为相应的坝面附加质量：

$$P_W(h) = \frac{7}{8} a_h \rho_W \sqrt{H_0 h} \tag{11-6}$$

根据如图 11-2 所示的大坝设计的反应谱曲线图，可得大坝反应谱曲线方程：

$$\beta = \begin{cases} 1 + 10T(\beta_{\max} - 1), & 0 < T \leqslant 0.1 \\ \beta_{\max}, & 0.1 < T \leqslant T_g \\ \left(\dfrac{T_0}{T}\right)^{0.9} \beta_{\max}, & T_g < T \end{cases} \tag{11-7}$$

本次重力坝抗震性能分析中，$\beta_{\max}$ 取值为 2，T_g 取值为 $0.2s$。

(3) 时程分析法：时程分析法是将地震动记录或人工波作用在结构上，直接对结构运动方程进行积分，求得结构任意时刻地震反应的分析方法，所以动态时程分析方法也称为直接积分法。

本次大坝抗震性能实例分析采用反应谱分析方法。

图 11-2 大坝设计反应谱

11.2.5 后处理

后处理的目的是以图和表的形式描述计算结果。在大坝抗震性能分析中,进入后处理器后,查看大坝变形图和节点的位移和应力。通过研究大坝的变形、位移和应力情况,来综合判断大坝的抗震性能及安全性能。

命令:/POST1
GUI:Main Menu→General Postproc

首先查看大坝静力分析求解结果,再查看大坝动力分析求解结果。

11.3 用ANSYS进行重力坝抗震性能分析实例

11.3.1 实例介绍

实例选取应用非常广泛的重力坝,断面结构如图 11-3 所示。坝高 120m,坝底宽为 76m,坝顶为 10m,上游坝面坡度和下游坝面坡度如图所示。

因为重力坝结构比较简单,垂直于长度方向的断面结构受力分布情况也基本相同,并且大坝的纵向长度远大于其横断面,因此大坝抗震性能分析选用单位断面进行平面应变分析是可行的。

大坝抗震性能分析的计算条件如下:

(1) 假设大坝的基础是嵌入到基岩中,地基是刚性的。

(2) 大坝采用的材料参数为:弹性模量 $E=35\text{GPa}$,泊松比 $\nu=0.2$,容重 $\gamma=25\text{kN/m}^3$。

(3) 计算分析大坝水位为 120m。

(4) 水的质量密度为 1000kg/m^3。

(5) 大坝设防地震烈度为 8,水平方向地震加速度值为 $0.2g$。

图 11-3 重力坝断面结构

11.3.2　GUI 操作方法

1. 创建物理环境

（1）在"开始"菜单中依次选取"所有程序→ANSYS 19.0→Mechanical APDL Product Launcher 19.0"，打开"19.0:Mechanical APDL Product Launcher"对话框。

（2）选中"File Management"，在"Working Directory"文本框中输入工作目录"D:\ansys\Dam"，在"Job Name"文本框中输入文件名"Dam"。

（3）单击"RUN"按钮，进入 ANSYS19.0 的 GUI 操作界面。

（4）过滤图形界面：执行 Main Menu→Preferences 命令，弹出"Preferences for GUI Filtering"对话框，选中"Structural"对后面的分析进行菜单及相应的图形界面过滤。

（5）定义工作标题：执行 Utility Menu→File→Change Title 命令，在弹出的对话框中输入"Dam seismic Analysis"，单击"OK"按钮，如图 11-4 所示。

图 11-4　定义工作标题

（6）定义单元类型。

① 定义 PLANE182 单元：执行 Main Menu→Preprocessor→Element Type→Add/Edit/Delete 命令，弹出单元类型对话框，单击"Add"按钮，弹出如图 11-5 所示对话框。在该对话框左面的滚动栏中选择"Solid"，在右边的滚动栏中选择"Quad 4 node 182"，单击"OK"按钮完成"Type 1 PLANE182"的添加。

图 11-5　定义 PLANE182 单元对话框

② 设定 PLANE182 单元选项：在单元类型对话框中，选中"Type 1 PLANE182"，单击"Options"按钮，弹出"PLANE182 element type options"对话框，如图 11-6 所示。在"Element technology K1"下拉列表框中选取"Simple Enhanced Strn"，在"Element behavior K3"下拉列表框中选取"Plane strain"，其他的下拉列表框采用 ANSYS 默认设置就可以，单击"OK"按钮。

图 11-6　PLANE182 单元库类型选项对话框

通过设置 PLANE182 单元选项"K3"为"Plane strain"来设定本实例分析采取平面应变模型进行分析。因为大坝是纵向很长的实体，故计算模型可以简化为平面应变问题。

（7）定义材料属性。

执行 Main Menu→Preprocessor→Material Props→Material Models 命令，弹出"Define Material Model Behavior"对话框，如图 11-7 所示。

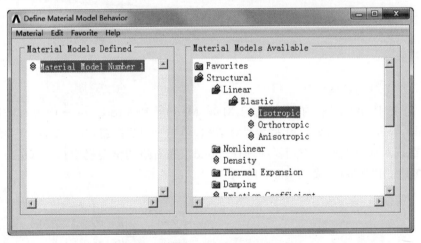

图 11-7　定义材料本构模型对话框

在图 11-7 中右边列表框中连续单击"Structural→Linear→Elastic→Isotropic"后，又弹出如图 11-8 所示"Linear Isotropic Properties for Material Number 1"对话框，在该对话框中"EX"文本框中输入 3.5E10，在"PRXY"文本框中输入 0.2，单击"OK"按钮。再在图 11-7 中选中"Density"并单击，弹出如图 11-9 所示"Density for Material Number 1"对话框，在"DENS"文本框中输入边坡土体材料的密度 2500，单击"OK"按钮。

2．建立模型和划分网格

（1）创建大坝线模型。

① 输入关键点：执行 Main Menu→Preprocessor→Modeling→Create→Keypoints→In Active CS 命令，弹出"Create Keypoints in Active Coordinate System"对话框，如图 11-10 所

示。在"NPT Keypoint number"文本框中输入1，在"X，Y，Z Location in active CS"文本框中输入（0，0，0），单击"Apply"按钮，这样就创建了关键点1。再依次重复在"NPT Keypoint number"文本框中输入"2、3、4、5"，在对应"X，Y，Z Location in active CS"文本框中输入（76，0，0）、（15.6，104.1，0）、（15.6，120，0）、（5.6，120，0），最后单击"OK"按钮。

图 11-8　线弹性材料模型对话框

图 11-9　材料密度输入对话框

图 11-10　在当前坐标系创建关键点对话框

② 创建坝体线模型：执行 Main Menu → Preprocessor → Modeling → Create → Lines → Lines → Straight line 命令，弹出"Create straight lines"对话框，依次单击关键点1、2，单击"Apply"按钮，这样就创建了直线 L1，同样分别连接关键点"2、3""3、4""4、5""5、1"，最后单击"OK"按钮，就得到坝体线模型，如图 11-11 所示。

（2）创建坝体面模型。

① 打开关键点编号显示：执行 Utility Menu → PlotCtrls → Numbering 命令，弹出

图 11-11　坝体线模型

"Plot Numbering Controls"对话框，如图 11-12 所示。选中"Keypoint numbers"选项，后面的文字由"Off"变为"On"，单击"OK"按钮关闭窗口。

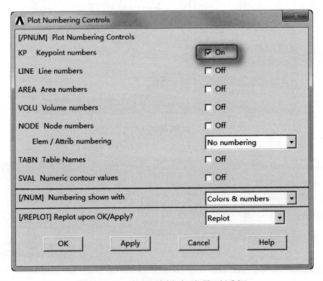

图 11-12　打开关键点编号对话框

② 创建坝体面模型：执行 Main Menu→Preprocessor→Modeling→Create→Areas→Arbitrary→Through KPs 命令，弹出"Create Area by Keypoints"对话框，在图形中选取关键点 1、2、3、4 和 5，单击"OK"按钮，就得到坝体模型的面模型，如图 11-13 所示。

（3）划分坝体单元网格。

① 设置网格份数：执行 Main Menu→Preprocessor→Meshing→Size Cntrls→

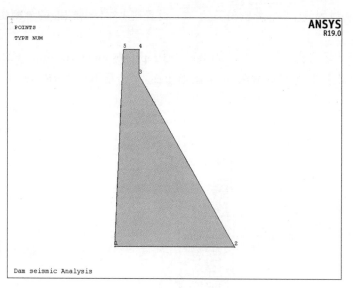

图 11-13　坝体面模型

ManualSize→Layers→ Picked Lines 命令，弹出"Set Layer Controls"对话框，如图 11-14 所示，选取线 L1，单击"OK"按钮，弹出"Area Layer-Mesh Controls on Picked Lines"对话框，如图 11-15 所示，在"No. of line division"文本框中输入 20，单击"OK"按钮。

图 11-14　选取线对话框

图 11-15　设置网格份数对话框

ANSYS 19.0土木工程有限元分析入门与提高

Note

相同方法设置线 L2 的分割份数为 32；设置线 L3、L4 和 L5 的分割份数分别为 6、4、40。

② 划分单元网格：执行 Main Menu→Preprocessor→Meshing→Mesh→Area→Free 命令，弹出拾取面积对话框，拾取图形中面，单击拾取框上的"OK"按钮，得到坝体模型单元网格，如图 11-16 所示。

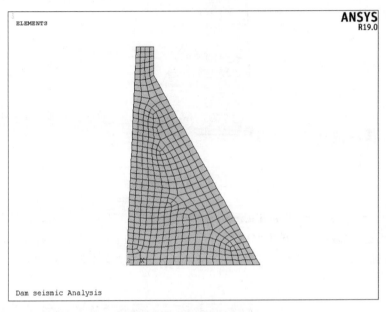

图 11-16　坝体单元网格

（4）保存坝体单元网格。

执行 Utility Menu→File→Save as 命令，弹出"Save Database"对话框，在"Save Database to"文本框中输入文件名"dam-grid. db"，单击"OK"按钮。

3. 施加约束和载荷

（1）给坝体模型底部施加位移约束：执行 Main Menu→Solution→Define Loads→Apply→Structural→Displacement→on Nodes 命令，弹出在节点上施加位移约束对话框，选取隧道模型底面边界上所有节点，单击"OK"按钮，弹出"Apply U, ROT on Nodes"对话框，如图 11-17 所示，在"DOFs to be constrained"列表框中选取"All DOF"，在"Apply as"下拉列表框中选取"Constant value"，在"Displacement value"文本框中输入 0，然后单击"OK"按钮。

（2）施加重力加速度：执行 Main Menu→Solution→Define Loads→Apply→Structural→Inertia→Gravity→Global 命令，弹出"Apply(Gravitational)Acceleration"对话框，如图 11-18 所示。在"Global Cartesian Y-comp"文本框中输入重力加速度值9.8 就可以，单击"OK"按钮，就完成了重力加速度的施加。

（3）施加水压力载荷：执行 Main Menu→Solution→Define Loads→Apply→Structural→Pressure→on Lines 命令，弹出对话框，选中线 L5，单击"OK"按钮，弹出"Apply PRES on lines"对话框，如图 11-19 所示。分别输入数据 0 和 1101370，单击

· 410 ·

图 11-17　给坝体底部施加位移约束对话框

图 11-18　施加重力加速度对话框

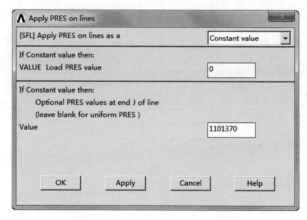

图 11-19　施加水压力载荷对话框

"OK"按钮,就完成了水压力载荷的施加。

本次加的载荷是水深为 120m 时作用在坝上的水压力,迎水面坡度是 87°。

4．求解

(1) 静力分析求解。

① 求解设置。

(a) 指定求解类型：执行 Main Menu→Solution→Analysis Type→New Analysis
命令,弹出如图 11-20 所示的对话框,选中"Static"单选按钮,单击"OK"按钮。

Note

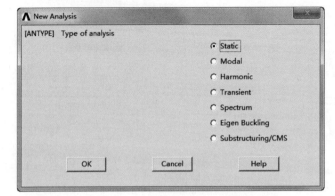

图 11-20　指定求解类型对话框

（b）设置载荷步：执行 Main Menu→Solution→Analysis Type→Sol'n Controls 命令，弹出"Solution Controls"对话框，单击"Basic"选项卡，如图 11-21 所示，在"Number of substeps"文本框中输入 5，在"Max no. of substeps"文本框中输入 100，在"Min no. of substeps"文本框中输入 1，单击"OK"按钮。

图 11-21　设置载荷步对话框

（c）设置线性搜索：执行 Main Menu→Solution→Analysis Type→Sol'n Controls 命令，弹出"Solution Controls"对话框，单击"Nonlinear"选项卡，如图 11-22 所示，在"Line search"下拉列表框中选中"On"，单击"OK"按钮。

② 静力求解。

（a）求解：执行 Main Menu→Solution→Solve→Current LS 命令，弹出求解选项信

图 11-22　设置线性搜索对话框

息和当前求解载荷步对话框,检查信息无错误后,单击"OK"按钮,开始求解运算,直到出现"Solution is done"提示栏,表示求解结束。

(b) 保存求解结果:执行 Utility Menu→File→Save as 命令,弹出"Save Database"对话框,在"Save Database to"文本框中输入文件名"Dam-static.db",单击"OK"按钮。

(2) 抗震性能分析求解。

① 模态分析求解。

(a) 设置分析类型:执行 Main Menu→Solution→Analysis Type→New Analysis 命令,弹出如图 11-20 所示对话框,选中"Modal"单选按钮,单击"OK"按钮。

(b) 设置模态分析选项:执行 Main Menu→Solution→Analysis Type→Analysis Options 命令,弹出如图 11-23 所示对话框,选中"PCG Lanczos"单选按钮,在"No. of modes to extract"文本框中输入 18,选中"Expand mode shapes"后面小方框,单击"OK"按钮,又弹出"PCG Lanczos Modal Analysis"对话框,如图 11-24 所示,按图中设置后,单击"OK"按钮。

(c) 模态分析求解:执行 Main Menu→Solution→Solve→Current LS 命令,弹出模态求解选项信息(图 11-25)和当前求解载荷步对话框,检查信息无错误后,单击"OK"按钮,开始求解运算,直到出现"Solution is done"提示栏,表示求解结束。

(d) 保存求解结果:执行 Utility Menu→File→Save as 命令,弹出"Save Database"对话框,在"Save Database to"文本框中输入文件名"Dam-modal.db",单击"OK"按钮。

(e) 调出模态分析各阶频率:执行 Main Menu→General Postproc→Results Summary 命令,弹出如图 11-26 所示对话框。

图 11-23 设置模态分析选项对话框

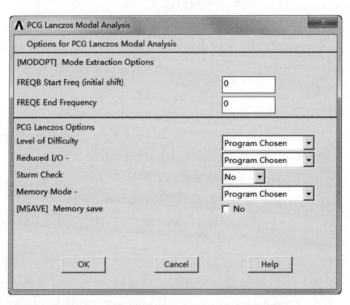

图 11-24 模态分析求解时子空间设置对话框

◆ 动力求解和静力求解的模型相同,约束条件也相同。

◆ 谱分析时,ANSYS忽略材料非线性。

◆ 调出模态分析各阶频率是为后面求解反应谱值。

图 11-25 模态求解选项信息

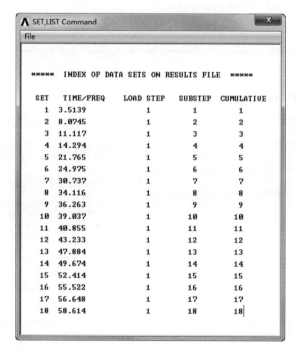

图 11-26 模态分析各阶频率

② 反应谱分析求解。

（a）求出反应谱值：由图 11-26 中前 18 阶频率值 f，可以算出对应的周期 T，再根据大坝反应谱曲线方程式(11-7)，可以计算出前 10 阶的反应谱值，见表 11-1。

表 11-1 大坝动力计算前 10 阶振动频率及反应谱值

振型	振动频率/(1/s)	振动周期 T/s	反应谱值/gal
1	3.5138	0.2846	1.456
2	8.0730	0.1239	2.0

续表

振型	振动频率/(1/s)	振动周期 T/s	反应谱值/gal
3	11.118	0.0899	1.899
4	14.30	0.0699	1.699
5	21.776	0.0459	1.459
6	24.980	0.0400	1.400
7	30.734	0.0325	1.325
8	34.119	0.0293	1.293
9	36.263	0.0276	1.276
10	39.043	0.0256	1.256
11	40.852	0.0245	1.245
12	43.237	0.0231	1.231
13	411.907	0.0209	1.209
14	49.639	0.0201	1.201
15	52.449	0.0191	1.191
16	55.521	0.0180	1.180
17	56.661	0.0176	1.176
18	58.613	0.0171	1.171

（b）设置反应谱分析求解选项。

设置分析类型：执行 Main Menu→Solution→Analysis Type→New Analysis 命令，弹出如图 11-27 所示对话框，选中"Spectrum"单选按钮，单击"OK"按钮。

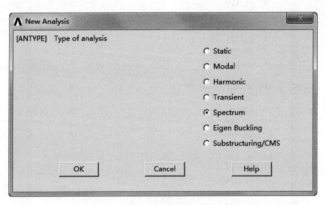

图 11-27　定义反应谱分析对话框

设置反应谱分析选项：执行 Main Menu→Solution→Analysis Type→Analysis Options 命令，弹出"Spectrum Analysis"对话框，如图 11-28 所示，选中"Single-pt resp"单选按钮，在"No. of modes for solu"文本框中输入 18，在"Calculate elem stress?"后面选中"Yes"，单击"OK"按钮。

设置反应谱单点分析选项：执行 Main Menu→Solution→Load Step Opts→Spectrum→Single Point→Settings 选项，弹出"Settings for Single-Point Response Spectrum"对话框，如图 11-29 所示。在"Type of response spectrum"下拉列表框中选中"Seismic accel"，在"SEDX,SEDY,SEDZ"文本框中依次输入 0、1、0，单击"OK"按钮。

图 11-28 设置反应谱分析对话框

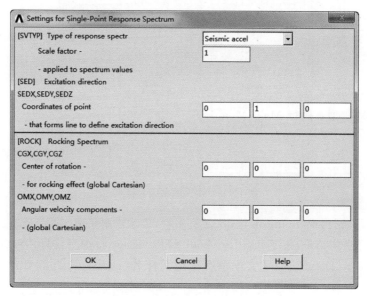

图 11-29 设置单点反应谱分析对话框

定义反应谱分析频率表：执行 Main Menu→Solution→Load Step Opts→Spectrum→Single Point→Freq Table 命令，弹出"Frequency Table"对话框，如图 11-30 所示。根据表 11-1 依次输入大坝的前 18 阶振动频率。

定义反应谱值：执行 Main Menu→Solution→Load Step Opts→Spectrum→Single Point→Spectr Values 命令，弹出"Spectrum Values Damping Ration"对话框，单击"OK"按钮。弹出"Spectrum Values"对话框，如图 11-31 所示。根据表 11-1 依次输入大坝的前 18 阶反应谱值。

注意：输入的振动频率必须按升序排列。

FREQ1 必须大于零。

（c）反应谱分析求解：执行 Main Menu→Solution→Solve→Current LS 命令，弹出模态求解选项信息和当前求解载荷步对话框，检查信息无错误后，单击"OK"按钮，开

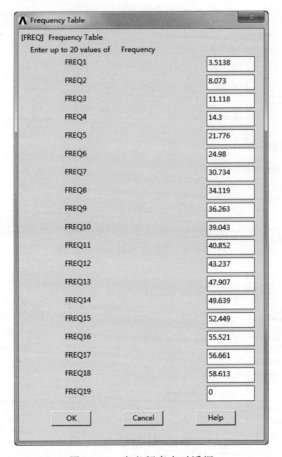

图 11-30　定义频率表对话框

始求解运算,直到出现"Solution is done"提示栏,表示求解结束。

(d) 保存求解结果:执行 Utility Menu→File→Save as 命令,弹出"Save Database"对话框,在"Save Database to"文本框中输入文件名"Dam-spectrum. db",单击"OK"按钮。

③ 模态扩展分析求解。

(a) 设置分析类型。

执行 Main Menu→Solution→Analysis Type→New Analysis 命令,弹出"New Analysis"对话框,选中"Modal"单选按钮,单击"OK"按钮。

(b) 设置模态扩展分析求解选项。

定义模态扩展分析:执行 Main Menu→Solution→Analysis Type→ExpansionPass 命令,弹出"Expansion Pass"对话框,如图 11-32 所示,选中"Expansion pass"选项,后面的文字由"Off"变为"On",单击"OK"按钮关闭窗口。

设置模态扩展分析:执行 Main Menu→Preprocessor→Loads→Load Step Opts→ExpansionPass→ Single Expand→Expand Modes 命令,弹出"Expand Modes"对话框,如图 11-33 所示,在"No. of modes to expand"文本框中输入 18,其他如图中设置,单击"OK"按钮。

图 11-31　定义反应谱值对话框

图 11-32　模态扩展对话框

图 11-33　模态扩展分析设置对话框

（c）模态扩展分析求解。

执行 Main Menu→Solution→Solve→Current LS 命令，弹出模态求解选项信息和当前求解载荷步对话框，检查信息无错误后，单击"OK"按钮，开始求解运算，直到出现"Solution is done"提示栏，表示求解结束。

（d）保存求解结果。

执行 Utility Menu→File→Save as 命令，弹出"Save Database"对话框，在"Save Database to"文本框中输入文件名"Dam-expand.db"，单击"OK"按钮。

④ 合并模态分析求解。

（a）设置分析类型：执行 Main Menu→Solution→Analysis Type→New Analysis 命令，弹出"New Analysis"对话框，选中"spectrum"单选按钮，单击"OK"按钮。

（b）按平方和方根法进行组合：执行 Main Menu→Solution→Load Step Opts→Spectrum→Single Point→Mode Combine 命令，弹出"Mode Combination Methods"对话框，如图 11-34 所示，在"Mode Combination Method"下拉列表框中选取"SRSS"，在 SIGNIF "Significant threshold"文本框中输入 0.1，在"Type of output"下拉列表框中选取"Displacement"，单击"OK"按钮。

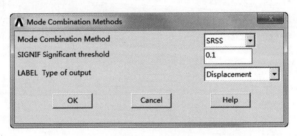

图 11-34　合并模态求解设置对话框

（c）合并模态分析求解：执行 Main Menu→Solution→Solve→Current LS 命令，弹出模态求解选项信息和当前求解载荷步对话框，检查信息无错误后，单击"OK"按钮，开始求解运算，直到出现"Solution is done"提示栏，表示求解结束。

（d）保存求解结果：执行 Utility Menu→File→Save as 命令，弹出"Save Database"对话框，在"Save Database to"文本框中输入文件名"Dam-combination.db"，单击"OK"按钮。

5. 后处理

对坝体进行了静力分析和动力分析后，通过对重力坝静力有限元分析，可以知道坝体在静力载荷作用下的位移场和应力场，从而可以了解坝体的安全性能。通过对重力坝抗震性能有限元分析，可以了解大坝在地震载荷作用下的动力响应特性，从而可以评价大坝在地震载荷作用下的安全性能。

（1）静力分析求解结果。

① 读入静力分析求解结果数据：执行 Utility Menu→File→Resume from...命令，弹出"Resume Database"对话框，选中刚才保存的文件"Dam-static.db"，单击"OK"按钮。

② 绘制坝体变形图：执行 Main Menu→General Postproc→Plot Results→

Deformed Shape 命令，弹出"Plot Deform Shape"对话框，如图 11-35 所示。选中"Def ＋undeformed"单选按钮，单击"OK"按钮，得到坝体变形图，如图 11-36 所示。

图 11-35　绘制变形图对话框

图 11-36　坝体变形图

③ 显示坝体 X 方向位移云图：执行 Main Menu→General Postproc→Plot Results→Contour Plot→Nodal Solu 命令，弹出"Contour Nodal Solution Data"对话框，如图 11-37 所示，依次单击"Nodal Solution→DOF Solution→X-Component of displacement"，再单击"OK"按钮，就得到坝体 X 方向位移云图，如图 11-38 所示。此时，坝体水平方向最大位移为 12.111mm，位置发生在坝顶。

④ 显示坝体 Y 方向位移云图：执行 Main Menu→General Postproc→Plot Results→Contour Plot→Nodal Solu 命令，弹出"Contour Nodal Solution Data"对话框，如图 11-37 所示，依次单击"Nodal Solution→DOF Solution→Y-Component of displacement"，再单击"OK"按钮，就得到坝体 Y 方向位移云图，如图 11-39 所示。此时，坝体垂直方向最大位移为 0.44mm，发生在坝腹处。

⑤ 显示坝体 X 方向应力云图：执行 Main Menu→General Postproc→Plot

图 11-37　节点解云图绘制对话框

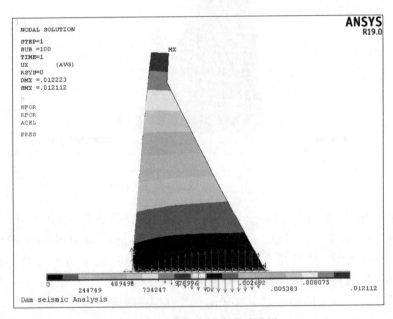

图 11-38　坝体 X 方向位移云图

Results→Contour Plot→Nodal Solu 命令，弹出"Contour Nodal Solution Data"对话框，如图 11-37 所示，依次单击"Nodal Solution→stress→ X-Component of stress"，再单击"OK"按钮，就得到坝体 X 方向应力云图，如图 11-40 所示。

⑥ 显示坝体 Y 方向应力云图：执行 Main Menu→General Postproc→Plot Results→Contour Plot→Nodal Solu 命令，弹出"Contour Nodal Solution Data"对话框，如图 11-37 所

图 11-39　坝体 Y 方向位移云图

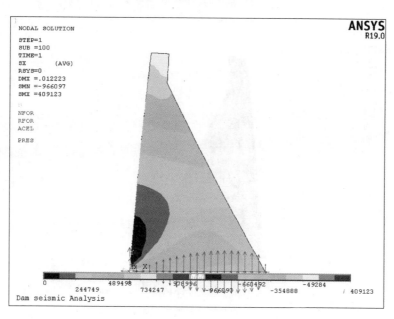

图 11-40　坝体 X 方向应力云图

示，依次单击"Nodal Solution→stress→Y-Component of stress"，再单击"OK"按钮，就得到坝体 Y 方向应力云图，如图 11-41 所示。

　　⑦ 显示坝体第一主应力云图：执行 Main Menu→General Postproc→Plot Results→Contour Plot→Nodal Solu 命令，弹出"Contour Nodal Solution Data"对话框，如图 11-37 所示，依次单击"Nodal Solution→stress→1st principal stress"，再单击"OK"按钮，就得到坝体第一主应力云图，如图 11-42 所示。

图 11-41　坝体 Y 方向应力云图

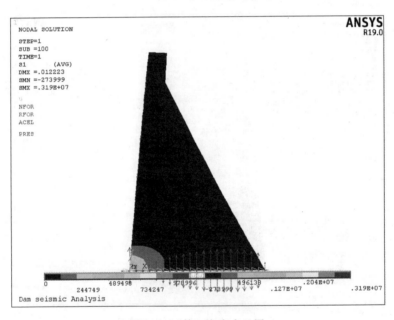

图 11-42　第一主应力云图

（2）抗震性能分析求解结果。

① 绘制坝体振型图。

（a）读入模态分析求解结果数据：执行 Utility Menu→File→Resume from…命令，弹出"Resume Database"对话框，选中刚才保存的文件"Dam-modal. db"，单击"OK"按钮。

（b）绘制坝体第 1 阶震型。

读入第 1 阶数据：执行 Main Menu→General Postproc→Read Results→First set 命令

绘制坝体第1阶震型：执行 Main Menu→General Postproc→Plot Results→Deformed Shape 命令，弹出"Plot Deform Shape"对话框，选中"Def ＋undeformed"，单击"OK"按钮，得到坝体第1阶震型，如图11-43 所示。

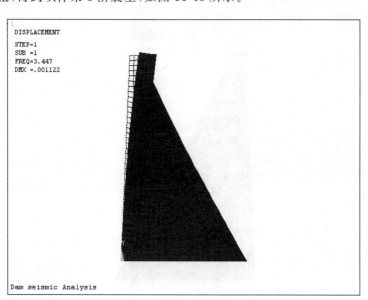

图 11-43　坝体第 1 阶振型

（c）绘制坝体第 2 阶震型。

读入第 2 阶数据：执行 Main Menu→General Postproc→Read Results→Next set 命令。

绘制坝体第 2 阶震型：执行 Main Menu→General Postproc→Plot Results→Deformed Shape 命令，弹出"Plot Deform Shape"对话框，选中"Def ＋undeformed"，单击"OK"按钮，得到坝体第 2 阶震型，如图11-44 所示。

图 11-44　坝体第 2 阶振型

依次重复执行(c)步骤,就可以依次画出坝体第 3～18 阶振型,如图 11-45～图 11-60 所示。

图 11-45　坝体第 3 阶振型

图 11-46　坝体第 4 阶振型

Note

图 11-47 坝体第 5 阶振型

图 11-48 坝体第 6 阶振型

图 11-49　坝体第 7 阶振型

图 11-50　坝体第 8 阶振型

图 11-51　坝体第 9 阶振型

图 11-52　坝体第 10 阶振型

图 11-53　坝体第 11 阶振型

图 11-54　坝体第 12 阶振型

图 11-55 坝体第 13 阶振型

图 11-56 坝体第 14 阶振型

图 11-57　坝体第 15 阶振型

图 11-58　坝体第 16 阶振型

图 11-59　坝体第 17 阶振型

图 11-60　坝体第 18 阶振型

② 绘制坝体位移云图。

（a）读入抗震性能分析最终求解结果数据：执行 Utility Menu→File→Resume from...命令，弹出"Resume Database"对话框，选中刚才保存的文件"Dam-combination. db"，单击"OK"按钮。

（b）绘制合并模态求解后坝体位移云图：因为响应谱分析是在频域内进行的，结构动力特性依赖频率而变化，因此在模态分析后要进行模态合并求解，才能得到坝体结构真实的总体效应。合并模态求解后，得到坝体在各阶频率的真实位移云图。

读入第 1 阶数据：执行 Main Menu→General Postproc→Read Results→First set 命令。

绘制坝体第 1 阶位移云图：执行 Main Menu→General Postproc→Plot Results→Contour Plot→Nodal Solu 命令，弹出"Contour Nodal Solution Data"对话框，依次单击"Nodal Solution→DOF Solution→X-Component of displacement"得到坝体第 1 阶 X 方向位移云图，如图 11-61 所示。同样方法选择 Y-Component of displacement，得到坝体第 1 阶 Y 方向位移云图，如图 11-62 所示。

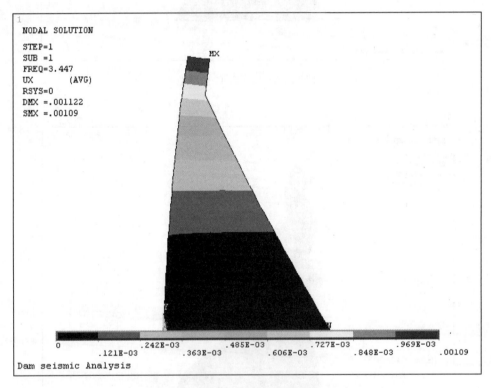

图 11-61　坝体第 1 阶 X 方向位移云图

读入下一阶数据：执行 Main Menu→General Postproc→Read Results→Next set 命令。

绘制坝体下一阶位移云图：执行 Main Menu→General Postproc→Plot Results→Contour Plot→Nodal Solu 命令，弹出"Contour Nodal Solution Data"对话框，依次单击"Nodal Solution→DOF Solution→X-Component of displacement"得到坝体下一阶 X

图 11-62　坝体第 1 阶 Y 方向位移云图

图 11-63　坝体第 2 阶 X 方向位移云图

方向位移云图，如图 11-63 所示。同样方法选择 Y-Component of displacement，得到坝体下一阶阶 Y 方向位移云图，如图 11-64 所示。重复读入下一个数据，可绘制出合并模态求解后坝体真实位移云图，如图 11-65～图 11-72 所示。

图 11-64　坝体第 2 阶 Y 方向位移云图

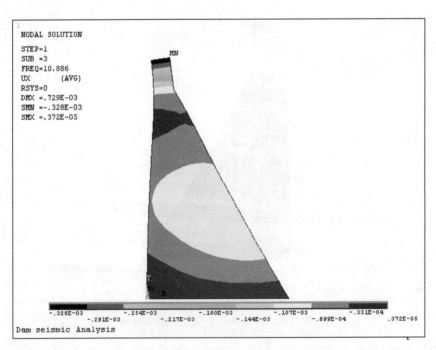

图 11-65　坝体第 3 阶 X 方向位移云图

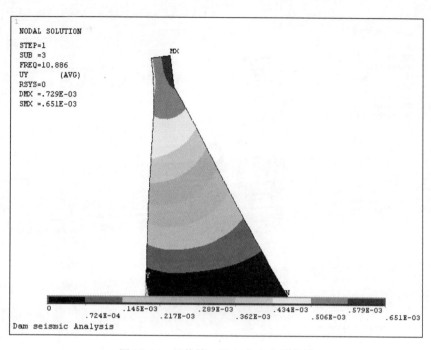

图 11-66　坝体第 3 阶 Y 方向位移云图

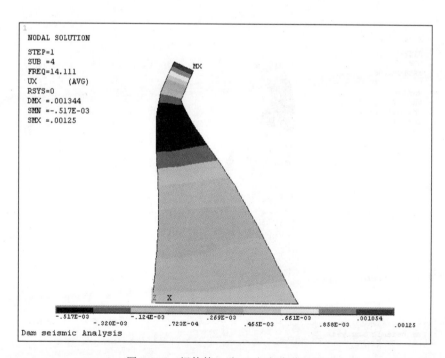

图 11-67　坝体第 4 阶 X 方向位移云图

图 11-68　坝体第 4 阶 Y 方向位移云图

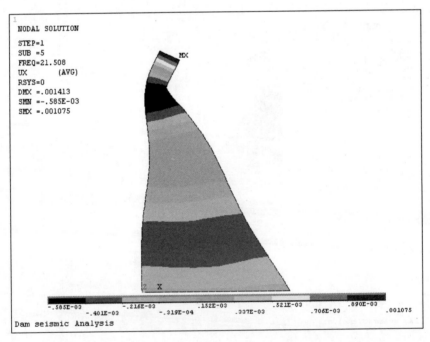

图 11-69　坝体第 5 阶 X 方向位移云图

图 11-70　坝体第 5 阶 Y 方向位移云图

图 11-71　坝体第 7 阶 X 方向位移云图

图 11-72　坝体第 7 阶 Y 方向位移云图

③ 绘制坝体应力/应变云图。

读入第 1 阶数据：执行 Main Menu→General Postproc→Read Results→First set 命令。

绘制坝体第 1 阶应力：执行 Main Menu→General Postproc→Plot Results→Contour Plot→Nodal Solu 命令，弹出"Contour Nodal Solution Data"对话框，依次单击"Nodal Solution→stress→X-Component of stress"得到坝体第 1 阶 X 方向应力云图，如图 11-73 所示。同样方法选择 Y-Component of stress→1st principal stress，得到坝体第 1 阶 Y 方向应力/第 1 主应力云图，如图 11-74 和图 11-75 所示。

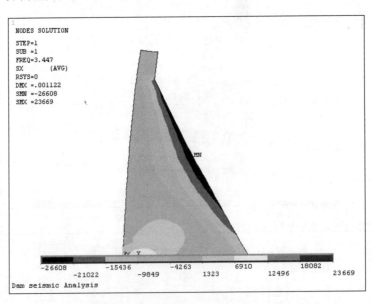

图 11-73　坝体第 1 阶 X 方向应力云图

图 11-74　坝体第 1 阶 Y 方向应力云图

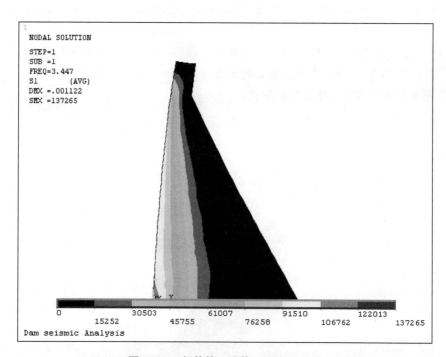

图 11-75　坝体第 1 阶第 1 主应力云图

绘制坝体第 1 阶主应变云图：执行 Main Menu→General Postproc→Plot Results→Contour Plot→Nodal Solu 命令，依次单击"Nodal Solution→strain→1st principal strain"得到坝体第 1 阶第 1 主应变云图，如图 11-76 所示。

图 11-76　坝体第 1 阶第 1 主应变云图

读入下一阶数据：执行 Main Menu→General Postproc→Read Results→Next set 命令。

绘制坝体下一阶应力/应变云图：与绘制第 1 阶一样，就可以绘制出下一阶坝体应力/应变云图。重复读入下一个数据，可绘制出合并模态求解后坝体应力云图，如图 11-77～图 11-96 所示。

注意：进行模态求解时并没有同时进行模态扩展，而是在获得谱解后又单独进行了扩展模态求解。这样，有明显意义的模态为 1，2，3，4，5 和 7 阶模态。

大坝水平方向最大位移发生在坝顶。

图 11-77　坝体第 2 阶 X 方向应力云图

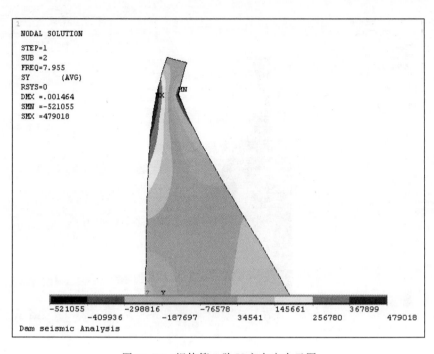

图 11-78　坝体第 2 阶 Y 方向应力云图

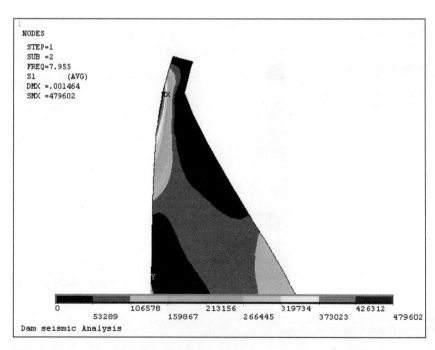

图 11-79　坝体第 2 阶第 1 主应力云图

图 11-80 坝体第 2 阶第 1 主应变云图

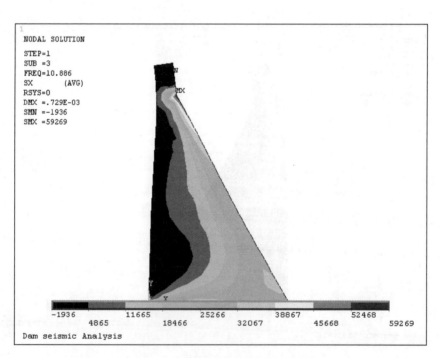

图 11-81 坝体第 3 阶第 1 主应力云图

Note

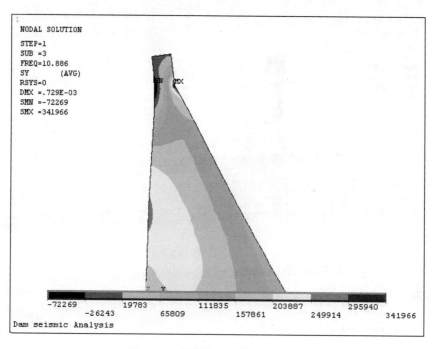

图 11-82　坝体第 3 阶第 1 主应变云

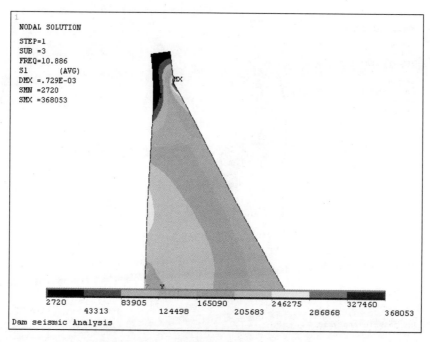

图 11-83　坝体第 3 阶 X 方向应力云图

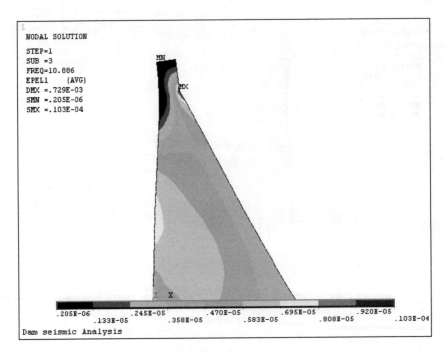

图 11-84　坝体第 3 阶 Y 方向应力云图

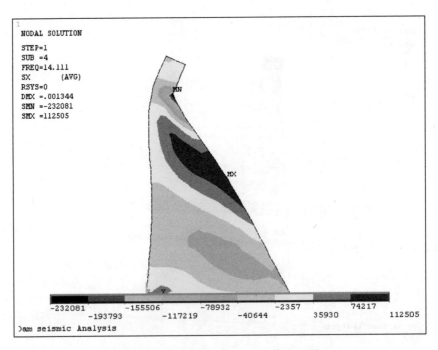

图 11-85　坝体第 4 阶 X 方向应力云图

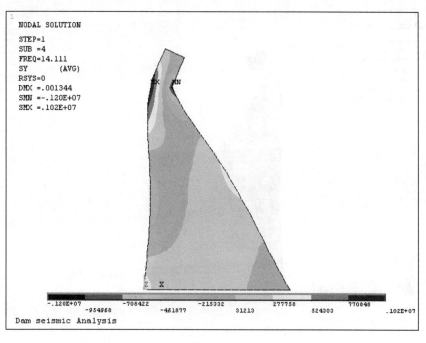

图 11-86　坝体第 4 阶 Y 方向应力云图

图 11-87　坝体第 4 阶第 1 主应力云图

Note

图 11-88　坝体第 4 阶第 1 主应变云图

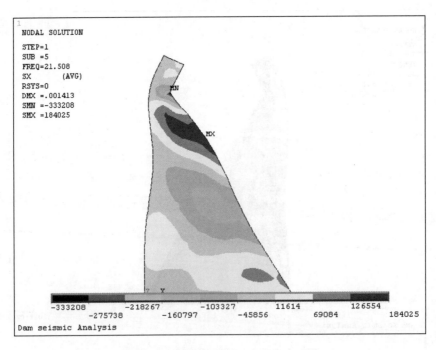

图 11-89　坝体第 5 阶 X 方向应力云图

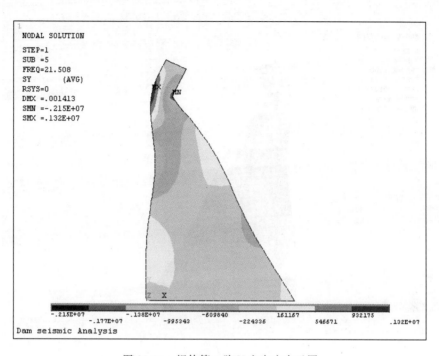

图 11-90　坝体第 5 阶 Y 方向应力云图

图 11-91　坝体第 5 阶第 1 主应力云图

图 11-92　坝体第 5 阶第 1 主应变云图

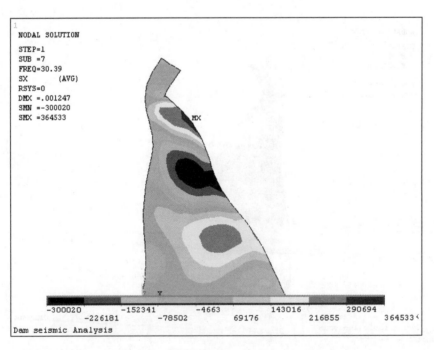

图 11-93　坝体第 7 阶 X 方向应力云图

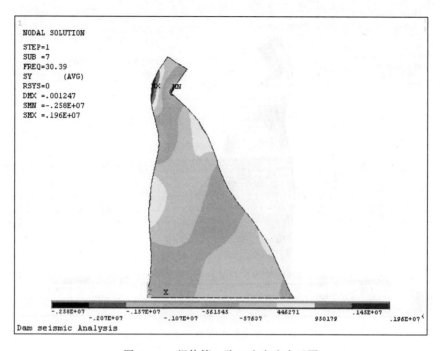

图 11-94　坝体第 7 阶 Y 方向应力云图

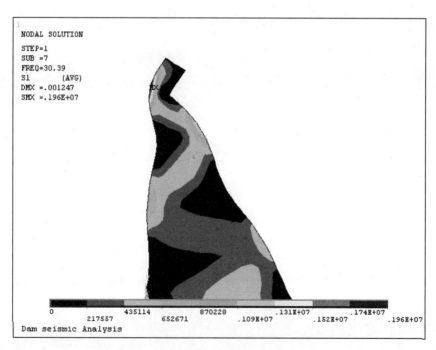

图 11-95　坝体第 7 阶第 1 主应力云图

图 11-96　坝体第 7 阶第 1 主应变云图

11.3.3　命令流实现

略,见前言二维码中的电子文档。

第12章

ANSYS桥梁工程应用实例分析

　　本章介绍桥梁结构的模拟分析。桥梁是一种重要的工程结构,精确分析桥梁结构在各种受力方式下的响应有较大的工程价值。模拟不同类型的桥梁需要不同的建模方法,分析内容包括静力分析、动载荷响应分析、施工过程分析等。本章中着重介绍桁架桥、刚架桥和斜拉桥三种类型桥梁。

学 习 要 点

◆ 典型桥梁分析模拟过程
◆ 钢桁架桥静力受力分析
◆ 钢桁架桥模态分析

12.1 引　　言

　　ANSYS在土木工程应用分析中发挥巨大的作用。用它来分析桥梁工程结构,可以很好地模拟各种类型桥梁的受力、施工工况、动载荷的耦合等。

　　ANSYS程序有丰富的单元库和材料库,几乎可以仿真模拟出任何形式的桥梁。静力分析中,可以较精确地反映出结构的变形、应力分布、内力情况等;动力分析中,也可精确地表达结构的自振频率、振型、载荷耦合、时程响应等特性。利用有限元软件对桥梁结构进行全桥模拟分析,可以得出较准确的分析结果。

　　本章介绍桥梁结构的模拟分析。作为一种重要的工程结构,桥梁的精确分析具有较大的工程价值。桥梁的种类繁多,如梁桥、拱桥、钢构桥、悬索桥、斜拉桥等,不同类型的桥梁可以采用不同的建模方法。桥梁的分析内容又包括静力分析、施工过程模拟、动载荷响应分析等。可以看出桥梁的整体分析过程比较复杂。总体上来说,主要的模拟分析过程如下:

　　(1) 根据计算数据,选择合适的单元和材料,建立准确的桥梁有限元模型。

　　(2) 施加静力或者动力载荷,选择适当的边界条件。

　　(3) 根据分析问题的不同,选择合适的求解器进行求解。

　　(4) 在后处理器中观察计算结果。

　　(5) 如有需要,调整模型或者载荷条件,重新分析计算。

　　桥梁的种类和分析内容众多,不同类型桥梁的分析过程有所不同,分析侧重点也不一样。在这里仅仅给出大致的分析过程,具体内容还要看具体实例的情况。

12.2　典型桥梁分析模拟过程

12.2.1　创建物理环境

　　建立桥梁模型之前必须对工作环境进行一系列的设置。进入ANSYS前处理器,按照以下6个步骤来建立物理环境。

1. 设置GUI菜单过滤

　　如果希望通过GUI路径来运行ANSYS,当ANSYS被激活后第一件要做的事情就是选择菜单路径: Main Menu→Preferences,执行上述命令后,弹出如图12-1所示的对话框,选择Structural。这样ANSYS会根据所选择的参数对GUI图形界面进行过滤,选择Structural以便在进行结构分析时过滤掉一些不必要的菜单及相应图形界面。

2. 定义分析标题

　　在进行分析前,可以给所要进行的分析起一个能够代表所分析内容的标题,如"truss bridge",以便能够从标题上与其他模型区别。用下面的GUI方法定义分析标题。

命令:/TITLE

GUI:Utility Menu→File→Change Title

如图 12-2 所示。

图 12-1 GUI 图形界面过滤

图 12-2 GUI 定义标题

3. 定义单元类型及其选项(KEYOPT 选项)(见表 12-1)

表 12-1 桥梁分析常见单元

单 元	维 数	形状和自由度	特 性
LINK8	3D	线形,2 节点,3 自由度	刚性杆,可承受拉力和压力,用来定义桁架等。可定义其截面积和初始应变,仅用于命令流
LINK10	3D	线形,2 节点,3 自由度	只能承受拉力的柔性杆,用来模拟索单元。可定义其截面积和初始应变,仅用于命令流
LINK180	3D	线形,2 节点,3 自由度	用于桁架、钢索、连杆和弹簧等。此三维杆单元能承受拉伸或压缩。可支持仅受拉力(线缆)和仅受压力(gap)的情况。在销钉连接结构中,可以不考虑单元的弯曲。包括塑性、蠕变、旋转、大变形和大应变等
BEAM3	2D	线形,2 节点,3 自由度	二维弹性梁,可定义其截面积、惯性矩、初始应变、截面高度等

单　元	维　数	形状和自由度	特　　性
BEAM4	3D	线形,2节点,6自由度	三维弹性梁,可定义其截面积、截面形状、三向惯性矩、初始应变、截面高宽等
BEAM44	3D	变截面不对称,2节点,6自由度	三维弹性梁,可定义多个截面的截面积、截面形状、三向惯性矩、初始应变、截面高宽等
BEAM188	3D	线性,2节点,6或7个自由度	三维弹性梁,适合于分析从细长到中等粗短的梁结构,该单元基于铁木辛哥梁结构理论,并考虑了剪切变形的影响,非常适合线性、大角度转动和非线性大应变问题
BEAM189	3D	线性,2节点,6或7个自由度	适于分析从细长至中等粗短的梁结构。该单元基于铁木辛哥结构理论,并考虑了剪切变形的影响。非常适合于分析线性、大角度转动或非线性大应变问题
SHELL63	3D	四边形或三角形,4节点,6自由度	三维弹性壳,可定义其节点处厚度、刚度、初始弯曲曲率

与 ANSYS 的其他分析一样,结构分析也要进行相应的单元选择。ANSYS 软件提供了 100 种以上的单元类型,可以用来模拟工程中的各种结构和材料,各种不同的单元组合在一起,成为具体的物理问题的抽象模型。在桥梁结构模拟分析中,最常用的单元是梁单元,例如,梁单元可模拟不同截面的钢梁、混凝土梁等;壳单元和杆单元也很常用,壳单元可以模拟桥面板箱梁等薄壁结构,杆单元可以模拟预应力钢筋和桁架等。定义好不同的单元及其选项(KEYOPTS)后,就可以建立有限元模型。可以采用线性或者非线性的结构单元。

设置单元以及其关键选项的方式如下:

```
命令:ET
    KEYOPT
```

GUI 方式:执行 Main Menu→Preprocessor→Element Type→Add/Edit/Delete 命令,如图 12-3 和图 12-4 所示。

4. 设置实常数和单位制

单元实常数和单元类型密切相关,用 R 族命令(如 R、RMODIF 等)或其相应 GUI 菜单路径来说明。例如在结构分析中,可以用实常数定义梁单元的横截面积、惯性矩以及高度等。当定义实常数时,要遵守如下两个规则:

(1) 必须按次序输入实常数。

(2) 对于多单元类型模型,每种单元采用独立的实常数组(即不同的 REAL 参考号)。但是,一个单元类型也可同时注明几个实常数组。

图 12-3　GUI 添加单元类型

命令:R

图 12-4 GUI 选择单元类型

GUI 方式：Main Menu→Preprocessor→Real Constants→Add/Edit/Delete，如图 12-5 和图 12-6 所示。

图 12-5 GUI 方式定义实常数

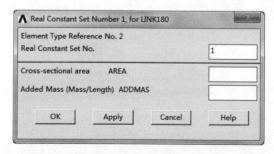

图 12-6 GUI 定义实常数

在结构分析中，系统没有设置单位制，可以根据自己的需要选用各种单位制。在本章的实例中，所有算例都采用国际单位制，即 m、N、kg、s、Pa、Hz 等。

5．创建截面

在桥梁结构分析中，采用梁单元一般都需要定义梁单元的截面。在 ANSYS 中，既可以建立一般的截面（即标准的几何形状和单一的材料），也可以建立自定义截面（即截面形状任意，也可以是多种材料）。

```
命令：SECTYPE
      SECDATA
      SECOFFSET
GUI: Main Menu→Preprocessor→Sections→Beam→Common Sections
```

也可以通过用户定义网格建立自定义截面，此时必须建立用户网格文件。首先要建立一个 2D 实体模型，然后保存。

```
命令：SECWRITE
GUI: Main Menu→Preprocessor→Sections→Beam→Write Sec Mesh
```

6．定义材料属性

桥梁几何模型中可以有一种或多种材料，包括各种性质的钢、混凝土、地基土和刚臂等。每种材料区都要输入相应的材料特性。

ANSYS 程序材料库中有一些已定义好材料特性的材料，可以直接使用它们，也可以修改成需要的形式再使用。在桥梁工程分析中，使用的材料比较简单，基于线形分析的桥梁结构，基本选择线弹性材料（Linear 线性、Isotropic 各向同性）。定义材料属性方式如下：

```
命令：MP
GUI: Main Menu→Preprocessor→Material Props→Material Models→Structural→Linear
     →Isotropic
```

定义材料属性窗口如图 12-7 所示。

图 12-7　GUI 设置材料属性选项

在材料属性中需要输入的数据有弹性模量(EX)、泊松比(PRXY)、密度(Density)、材料阻尼(Damping)等。

对于非线性材料，可以选择 Nonlinear，如图 12-8 所示。

图 12-8　GUI 设置非线性材料属性选项

📞 **注意**：必须按照形式定义刚度(如弹性模量 EX、超弹性系数等)。

对于惯性载荷(重力)，必须定义质量计算所需的数据，如密度 DENS。

对于温度载荷，必须定义热膨胀系数 ALPX。

12.2.2　建模、指定特性、分网

在 ANSYS 中，有两种建立有限元模型的方式。第一种方法为直接建立节点单元，形成有限元模型，可自己控制每一个单元，不需要程序划分单元，这种方法可以用来建立结构比较简单、形式单一的桥梁结构；第二种方法是先建立几何体模型，然后再利用软件将几何模型划分单元而形成有限元模型，这种方法适用于结构复杂的桥梁。

1. 第一种方法

```
命令:N
GUI:Main Menu→Preprocessor→Modeling→Create→Nodes
命令:E
GUI:Main Menu→Preprocessor→Modeling→Create→Elements
```

2. 第二种方法

```
命令:K
GUI:Main Menu→Preprocessor→Modeling→Create→Keypoints
命令:L
GUI:Main Menu→Preprocessor→Modeling→Create→lines
命令:A
GUI:Main Menu→Preprocessor→Modeling→Create→Areas
命令:V
GUI:Main Menu→Preprocessor→Modeling→Create→Volumes
```

几何模型操作：

- ◆ GUI 方式：Main Menu→Preprocessor→Modeling→Operate
- ◆ Extrude：拉伸
- ◆ Extend Line：延长线
- ◆ Booleans：布尔操作
- ◆ Intersect：相交截取交集
- ◆ Add：相加
- ◆ Subtract：相减
- ◆ Divide：分割
- ◆ Glue：粘贴
- ◆ Overlap：搭接
- ◆ Partition：分成多个小区域
- ◆ Scale：梯度

合理地利用以上操作，可以建立非常精确的结构体几何模型。然后就可以对几何模型进行网格划分，形成有限元模型。划分单元具体操作如下：

```
命令:LSEL(选择要划分的线单元)
      TYPE(选择单元类型)
      MAT(选择材料属性)
      REAL(选择实常数)
      ESYS(单元坐标系)
      MSHAPE(选择单元形状)
      MSHKEY(选择单元划分方式)
      LMESH(开始划分线单元)
GUI:Main Menu→Preprocessor→Meshing→MeshTool
```

在划分单元之前，首先要对单元大小、形状等进行适当的控制，否则可能出现意想不到的划分结果。现在以 MeshTool 工具条为例，说明划分单元的方法，如图 12-9 所示。

- ◆ Element Attributes：选择单元类型、材料属性、实常数、单元坐标系、截面号。
- ◆ Smart Size：控制模型细部单元精细度。
- ◆ Size Controls：通过给定几何体分段的大小或者数量控制各个几何体上面单元数量与大小。
- ◆ Mesh：划分单元(点、线、面、体)。单元形状分为三角形或四面体(Tet)、四边形或六面体(Hex)；划分方式分为自由划分、影射划分、扫掠划分。

☏ 注意：(1) 应力或应变急剧变化的区域(通常是感兴趣的区域)，需要比应力或应变近乎常数的区域较密的网格。

(2) 在考虑非线性的影响时，要用足够的网格来得到非线性效应。如塑性分析需要相当的积分点密度，因而在高塑性变形梯度区需要较密的网格。

12.2.3　施加边界条件和载荷

在施加边界条件和载荷时，既可以给实体模型(关键点、线、面)也可以给有限元模型(节点和单元)施加边界条件和载荷。在求解时,ANSYS 程序会自动将加到实体模型上的边界条件和载荷传递到有限元模型上。

在 GUI 方式中,可以通过一系列级联菜单,实现所有的加载操作,如图 12-10 所示。GUI 路径如下:

GUI:Main Menu→Solution→Define Loads→Apply→Structural

这时,ANSYS 程序将列出结构分析中所有的边界条件和载荷类型,然后根据实际情况选择合理的边界条件或载荷。

图 12-9　MeshTool 工具条

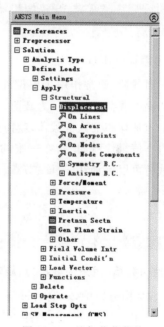

图 12-10　施加载荷菜单

例如,要施加均布载荷到桥面板单元上,GUI 路径如下:

GUI:Main Menu→Preprocessor→Define Loads→Apply→ Structural →Pressure→On Elements/
 On Areas

也可以通过 ANSYS 命令输入载荷,几种常见的结构分析载荷如下:

1. 位移(UX,UY,UZ,ROTX,ROTY,ROTZ)

这些自由度约束往往施加到模型边界上,用以定义刚性支撑点。也可以用于指定对称边界条件以及已知运动的点。例如,一个有三个自由度的二维简支梁单元,边界条件即为:i端点约束 UX、UY 方向位移,j端点约束 UY 方向位移。桥梁结构分析中,位移约束一般加载于桥墩基础、主梁支座、梁端等处。位移约束可以施加在点、线、面、节点上,最终都会转化为施加在节点上面的约束。由标号指定的方向是按照节点坐标系定义的。

```
命令:D
GUI:Main Menu→Preprocessor→Define Loads→Apply→Structural→Displacement or Potential
GUI:Main Menu→Solution→Define Loads→Apply→Structural→Displacement
```

2. 力(FX,FY,FZ)/力矩(MX,MY,MZ)

这些集中力通常在模型的外边界上指定,其方向是按节点坐标系定义的。集中力或弯矩可以模拟桥梁上的集中力载荷。例如:当车辆行驶于桥梁上面时,轴重简化为一组集中力作用于梁上,来计算梁的受力情况。集中力或弯矩只能施加在关键点或者节点上面。

```
命令:F
GUI:Main Menu→Preprocessor→Define Loads→Apply→Structural→Force/Moment
GUI:Main Menu→Solution→Define Loads→Apply→Structural→Force/Moment
```

3. 压力载荷(PRES)

这是表面载荷,通常作用于模型外部。正压力为指向单元面(起到压缩的效果)。均布载荷和梯度载荷都属于压力载荷,在桥梁结构分析中会经常施加压力载荷。例如在桥面板上施加均布的人群载荷,就需要选择桥面板单元,然后在选择的单元或者面上面施加压力。值得注意的是,在三维的面上施加压力时,要注意面的方向与压力的方向。压力载荷可以施加在线、面、节点、单元、梁上。

```
命令:SF
GUI:Main Menu→Preprocessor→Define Loads→Apply→Structural→Pressure
GUI:Main Menu→Solution→Define Loads→Apply→Structural→Pressure
```

4. 惯性力载荷(用来加载重力、旋转等)

ANSYS 结构分析中,一般通过施加惯性力来施加结构的重力。同时也可以用来施加加速度。用来加载重力的惯性力与重力加速度的方向相反。定义惯性载荷之前必须定义密度。例如:重力方向为 Y 轴的负方向,则加的惯性力应该为 Y 轴的正方向。

```
命令:ACEL
GUI:Main Menu→Preprocessor→Define Loads→Apply→Structural→Inertia→Gravity
GUI:Main Menu→Solution→Define Loads→Apply→Structural→Inertia→Gravity
```

12.2.4 求解

结构分析的求解种类比较多,应根据不同的需要选择不同的求解方式。基本的求解过程如下:

1．定义分析类型

在定义分析类型和分析将用的方程求解器前，要先进入 SOLUTION 求解器。

命令：/SOLU
GUI：Main Menu→Solution

选择分析类型。

命令：ANTYPE
GUI: Main Menu→Solution→Analysis Type→New Analysis

选择分析类型如图 12-11 所示。

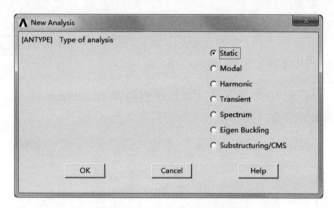

图 12-11　GUI 选择分析类型

桥梁结构常用的分析类型有：

（1）静力分析：这是桥梁结构分析中的重要环节，静力分析结果必须满足设计要求。通过静力计算，可以求解出结构的位移、内力、应力分布、变形形状、稳定性等。

命令：ANTYPE,STATIC,NEW
GUI:Main Menu→Solution→Analysis Type→New Analysis

选择"static"选项，单击"OK"按钮。

如果需要重启动一个分析（施加了另外的激励），先前分析的结果文件 Jobname.
EMAT，Jobname.ESAV 和 Jobname.DB 还可用，使用命令 ANTYPE,STATIC，REST。

（2）模态分析：在模态分析中，可以求解出结构的自振频率以及各阶振型，同时也可求出每阶频率的参与质量等。而在谱分析之前，必须进行模态分析。

命令：ANTYPE,MODAL,NEW
GUI:Main Menu→Solution→Analysis Type→New Analysis

选择"Modal"选项，单击"OK"按钮。

模态分析由 4 个主要步骤组成：

① 建模。

② 加载及求解。除了零位移约束之外的其他类型的载荷——力、压力、加速度等

可以在模态分析中指定,但是在模态提取时将被忽略;求解输出内容主要有固有频率、参与系数表等。

③ 扩展模态。指将振型写入结果文件,得到完整的振型;在扩展处理前必须明确地离开求解器(FINISH)并且重新进入求解器。

④ 观察结果。末态分析结果包括固有频率、扩展振型、相对应力和力分布。在POST1中观察结果。

☎ **注意**:在模态分析中只有线性行为是有效的,如果指定了非线性单元,它将被看作是线性的;在模态分析中必须指定弹性模量 EX 和密度 DENS。

(3)瞬态分析:用于分级计算结构受到突然加载的载荷时的响应情况。例如在桥梁结构分析中,桥梁受到地震激励的时程作用,或者计算桥墩受到突然撞击的情况,都可以选择使用瞬态分析来计算结构响应。

命令:ANTYPE, TRANS, NEW
GUI:Main Menu→Solution→Analysis Type→New Analysis

选择"Transient"选项,单击"OK"按钮,弹出如图 12-12 所示对话框。选择适当的求解方式,单击"OK"按钮。

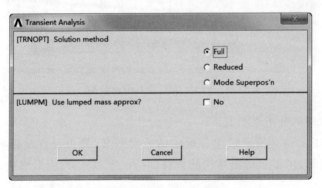

图 12-12 瞬态分析选项

(4)谱分析:是一种将模态分析结果与一个已知的谱联系起来计算模型的位移和应力的分析技术。谱分析替代时间-历程分析,主要用于确定结构对随机载荷或随时间变化载荷(如地震、风载、波浪等)的动力响应情况。在结构分析中,谱分析常用在计算结构受到震动激励情况下的响应。最常用的就是地震反应谱。注意在谱分析之前要先进行模态分析。

命令:ANTYPE, SPECTR, NEW
GUI:Main Menu→Solution→Analysis Type→New Analysis

选择"Spectrum"选项,单击"OK"按钮。

谱分析的全过程包括以下几步:

◆ 建立模型。
◆ 模态分析。注意只有 Block 法、Subspace 法和 Reduced 法才对谱分析有效。
◆ 谱分析。输入反应谱,有加速反应谱、位移反应谱、速度反应谱、力反应谱等。

◆ 扩展模态。扩展振型之后才能在后处理器中观察结果。

◆ 合并模态。模态的组合方式在桥梁结构设计规范中规定选择 SRSS 方式,即先求平方和再求平方根。

◆ 观察结果。

2. 定义分析选项

定义好分析类型之后,就可以设置分析选项。每种分析的选项对话框各不相同。

(1) 静力分析。

命令:EQSLV

GUI: Main Menu→Solution→Analysis Type→Sol'n Controls

在求解选项中,可以看到如图 12-13 所示的菜单。

图 12-13　GUI静力分析求解选项卡

Basic 选项卡中有如下选项:

◆ Small Displacement Static(小位移静力分析)。

◆ Large Displacement Static(大位移静力分析)。

◆ Small Displacement Transient(小位移瞬态分析)。

◆ Large Displacement Transient(大位移瞬态分析)。

◆ Calculate prestress effects(计算预应力效应)。

◆ Time at end of loadstep(最后一个载荷步的时间)。

◆ Number of substeps(通过载荷子步控制)。

◆ Time increment(通过时间增量控制)。

◆ Write Items to Results File(结果文件输出设置)。

在 Basic 中的设置,提供了分析中所需的最少数据。一旦 Basic 选项卡中的设置满足以后,就不需要设置其他选项卡中的选项,除非因为要进行高级控制而修改其他默认设置。

☎ 注意:在设置 ANTYPE 和 NLGEOM 时,如进行一个新的分析并忽略大变形效应(如大挠度、大转角、大应变)时,请选择"Small Displacement Static"项。如预期有大挠度(如弯曲的长细杆)或大应变,则选择"Large Displacement Static"项。如果想重启动一个失败的非线性分析,或者已经进行了完整的静力分析,而想指定其他载荷,则选择"Restart Current Analysis"项。

在设置 TIME 时,记住这个载荷步选项指定该载荷步结束的时间,默认值为 1。对于后继的载荷步,默认值为 1 加上前一个载荷步指定的时间。

在设置 OUTERS 时,记住:默认时只有 1000 个结果集记录到结果文件中,如果超过这一数目,程序将出错停机。可以通过/CONFIG,NRES 命令来增大这一限值。

(2) 模态分析。

命令:EQSLV
GUI: Main Menu→Solution→Analysis Type→Analysis Options

执行以上命令后,弹出模态分析选项设置对话框,如图 12-14 所示。

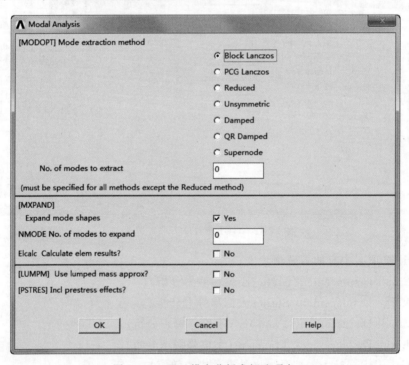

图 12-14　GUI模态分析求解选项卡

模态分析方法一共有 7 种(子空间法、PCG Lanczos 法、PowerDynamics 法、缩减法、非对称法、阻尼法、QR 阻尼法),前 4 种方法是最常用的模态提取方法。

桥梁结构分析计算中一般采用 PCG Lanczos 法和子空间法。常用选项意义如下：

◆ No. of modes to extract(提取模态数)：除缩减法以外的其他模态提取该选项都是必须设置的。

◆ Expand mode shapes(是否扩展模态)：如果准备在谱分析之后进行模态扩展，该选项应该设置为 NO。

◆ No. of modes to expand(扩展模态数)：该选项只在采用缩减法、非对称法和阻尼法时要求设置。

◆ Calculate elem results(计算单元结果)：如果想得到单元求解结果，需要打开此项。

◆ Incl prestress effects(是否包括预应力效应)：该项用于确定是否考虑预应力对结构震动的影响。默认分析过程不包括预应力效应，即结构处于无预应力状态。

当选择 PCG Lanczos 法时，单击"OK"按钮后弹出如图 12-15 所示对话框，在对话框中输入起始频率和截止频率。也就是给出一定的频率范围，程序最后计算出的自振频率结果在所给频率范围之内。

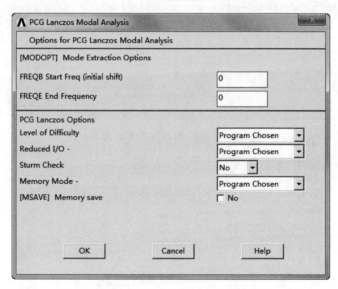

图 12-15　GUI 模态分析求解选项卡

PCG Lanczos 法用于提取大模型的多阶模态(40 阶以上)，模型中包含形状较差的实体和壳单元时建议采用此法，最适合用于由壳或壳与实体组成的模型，速度快。内存要求中等，存储要求低。

（3）瞬态分析。

命令：EQSLV
GUI：Main Menu→Solution→Analysis Type→Analysis Options

具体介绍见其他章节。

出现的对话框如图 12-16 所示，选项设置与静力分析相同。

（4）谱分析。

命令：EQSLV

GUI：Main Menu→Solution→Analysis Type→Analysis Options

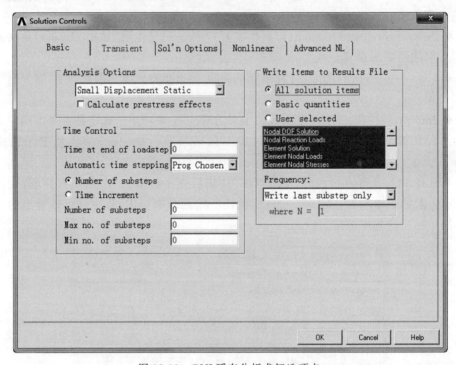

图 12-16　GUI 瞬态分析求解选项卡

选择谱类型，如图 12-17 所示。

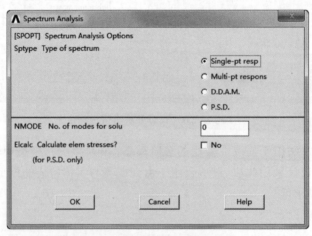

图 12-17　GUI 谱分析求解选项

◆　Single-pt resp（单点响应谱分析）。

◆　Multi-pt respons（多点响应谱分析）。

◆　D. D. A. M（动力设计分析）。

◆ P. S. D(功率谱密度分析)。

结构分析常采用第一种单点响应谱分析。具体介绍见第 7 章。

在谱分析中,必须进行模态扩展,要重新回到模态分析中进行模态扩展。执行以下命令。

```
命令:ANTYPE,MODAL,NEW
GUI:Main Menu→Solution→Analysis Type→New Analysis
```

选择"Modal"选项,单击"OK"按钮。

3．备份数据库

用工具条中的"SAVE DB"按钮来备份数据库,如果计算过程中出现差错,可以方便地恢复需要的模型数据。恢复模型时重新进入 ANSYS,用下面的命令:

```
命令:RESUME
GUI:Utility Menu→File→Resume Jobname.db
```

4．开始求解

对于简单的静力分析,一次加载求解可以计算出结果。例如计算在自重作用下,钢梁的挠度变形,施加完载荷之后只需要求解一次便得结果。

对于动载荷来说,加载方式比较复杂,而且要经过多次求解才能得出最终结果。例如,计算钢梁在一段地震波作用下的响应,就需要将地震波加速度按时间分成小段,一次一次地加载到结构上面并且每加载一次都要求解一次,最终才能得到钢梁在地震波作用下的时程响应。施加复杂动载荷时,往往采用命令流输入方式,菜单方式输入比较烦琐。

用下面 GUI 方式进行静力求解:

```
命令:SOLVE
GUI:Main Menu→Solution→Solve→Current LS
```

检查弹出的求解信息文档,确认没有错误之后,单击如图 12-18 所示对话框中的"OK"按钮。

图 12-18 确认求解对话框

5．完成求解

```
命令:FINISH
GUI:Main Menu→Finish
```

12.2.5 后处理(查看计算结果)

ANSYS 程序将计算结果存储到结果文件 Jobname. rmg 中,其中包括:

1) 基本解

节点位移(UX,UY,UZ,ROTX,ROTY,ROTZ)。

2) 导出解

(1) 节点和单元应力。

(2) 节点和单元应变。

(3) 单元力。

(4) 节点反力。

可以在一般后处理器 POST1 或者时程后处理器 POST26 中观看处理结果。

```
命令:/POST1
GUI:Main Menu→General Postproc
命令:/POST26
GUI:Main Menu→TimeHist Postproc
```

注意:若希望在 POST1 和 POST26 后处理器中查看结果,在数据库中必须包括与求解相同的模型。同时,结果文件 Jobname. RST 也必须存在。

检查结果数据,方式如下:

1) 从数据库文件中读入数据

```
命令:RESUME
GUI:Utility Menu→File→Resume from
```

2) 读入适当的结果集

用载荷步、子步或时间来区分结果数据库集。若指定的时间值不存在相应的结果,ANSYS 会将全部数据通过线性插值得到该时间点上的结果。

```
命令:SET
GUI:Main Menu→General Postproc→Results→Read Result→By Load Step
```

如果模型不在数据库中,需用 RESUME 命令后再用 SET 命令或其等效路径读入需要的数据集。要观察结果文件中的解,可使用 LIST 选项。可以分别看不同加载步及子步或者不同时间的结果数据集。典型的 POST1 后处理操作如下:

1) 显示变形图

```
命令:PLDISP
GUI:Main Menu→General Postproc →Plot Results→Deformed Shape
```

PLDISP 命令的 KUND 参数使用户可以在原始图上叠加变形图。

2）列出反力和反力矩

> 命令：PRESOL
> GUI：Main Menu→General Postproc →List Results→Reaction Solu

列出约束节点的反力和力矩。为了显示反力，执行/PBC，RFOR，1，然后显示所需节点或单元（NPLOY 或者 EPLOYT）。如果要显示反力矩，用 RMOM 代替 RFOR。

3）列出节点力和力矩

> 命令：PRESOL，F(或 M)
> GUI：Main Menu→General Postproc →List Results→Element Solution

也可以列出所选择的节点集的所有节点的力和力矩。首先选择节点，然后列出作用于这些节点上的所有力。

> 命令：FSUM
> 命令：Total Force Sum

也可以在选择的节点上检查所有力和力矩。

对于处于平衡状态的实体，除载荷作用点或者存在反力载荷的节点外，其他所有节点的总载荷为 0。

4）线单元结果

对于线单元，可以得到应力、应变等导出数据，结果数据用一个标号和一个序列号组合，或用元件名来区别。

> 命令：ETABLE
> GUI：Main Menu→General Postproc→Element Table→Define Table

定义好单元数据表之后，可以显示线单元结果，即可显示弯矩图、剪切力图、轴力图。

> 命令：PLLS
> GUI：Main Menu→General Postproc→Plot Results→Contour Plot - Line Elem

5）误差评估

在实体和壳单元的线性静力分析中，通过误差评估列出网格离散误差的评估值。这个命令按结构能量模计算和列出误差百分比，代表一个特定的网格离散的相对误差。

> 命令：PRERR
> GUI：Main Menu→General Postproc→List Results→Percent Error

6）等值线显示

几乎所有的结果项都可以显示为等值线，如应力（SX，SY，SZ 等）、应变（EPELX、EPELY、EPELZ 等）和位移（UX，UY，UZ 等）。PLNSOL 和 PLESOL 命令的 KUND 域可以在原始结构上叠加显示。

```
命令:PLNSOL
      PLESOL
GUI:Main Menu→General Postproc→Plot Results→Contour Plot－Nodal Solu
GUI:Main Menu→General Postproc→Plot Results→Contour PlotElement Solu
```

显示单元表数据和线单元数据：

```
命令:PLETAB
      PLLS
GUI:Main Menu→General Postproc→Element Table→Plot Element Table
GUI:Main Menu→General Postproc→Plot Results→Contour PlotLine Elem Res
```

7) 矢量显示

对于观察矢量如位移(DISP)、转角(ROT)、主应力(S1,S2,S3)，矢量显示(不要与矢量模态混淆)是一种有效的办法。

显示矢量：

```
命令:PLVECT
GUI:Main Menu →General Postproc→Plot Results→Vector Plot→Predefined
```

矢量列表：

```
命令:PRVECT
GUI:Main Menu→General Postproc→List Results→Vector Data
```

8) 表格列示

在列表之前,要进行数据排列：

```
命令:NSORT
      ESORT
GUI:Main Menu→General Postproc→List Results→Sorted Listing→Sort Nodes
GUI:Main Menu→General Postproc→List Results→Sorted Listing→Sort Elems
```

表格列示：

```
命令:PRNSOL(节点结果)
      PRESOL(单元-单元之间结果)
      PRRSOL(反力)等
GUI:Main Menu→General Postproc→List Results→solution option
```

9) 列表显示所有频率

在模态分析中,可以列表结构的所有频率。

```
命令:SET,LIST
GUI:Main Menu→General Postproc→List Results→Results Shape
```

10）列表显示主自由度

在模态分析中，可以列表结构的主自由度。

命令：MIST,ALL
GUI：Main Menu→Solution→Master DOFs→List ALL

12.3 钢桁架桥静力受力分析

本节对一架钢桁架桥进行具体静力受力分析，分别采用 GUI 和命令流方式。

12-1

12.3.1 问题描述

如图 12-19 所示，已知下承式简支钢桁架桥桥长 72m，每个节段 12m，桥宽 10m，高 16m。设桥面板为 0.3m 厚的混凝土板。桁架杆件规格有 3 种，见表 12-2。

图 12-19 钢桁架桥简图

表 12-2 钢桁架桥杆件规格

杆 件	截 面 号	形 状	规 格
端斜杆	1	工字形	400×400×16×16
上下弦	2	工字形	400×400×12×12
横向连接梁	2	工字形	400×400×12×12
其他腹杆	3	工字形	400×300×12×12

所用材料属性见表 12-3。

表 12-3 材料属性

参 数	钢 材	混 凝 土
弹性模量 EX	$2.1×10^{11}$	$3.5×10^{10}$
泊松比 PRXY	0.3	0.1667
密度 DENS	7850	2500

12.3.2 GUI 操作方法

1. 创建物理环境

（1）过滤图形界面。

执行 Main Menu→Preferences 命令，弹出"Preferences for GUI Filtering"对话框，选中"Structural"对后面的分析进行菜单及相应的图形界面过滤。

（2）定义工作标题。

执行 Utility Menu→File→Change Title 命令，在弹出的对话框中输入"Truss Bridge Static Analysis"，单击"OK"按钮，如图 12-20 所示。

图 12-20　定义工作标题

（3）指定工作名。

执行 Utility Menu→File→Change Jobname 命令，弹出对话框，在"Enter new jobname"文本框中输入"Structural"，"New log and error files"选择 Yes，单击"OK"按钮，如图 12-21 所示。

图 12-21　指定工作名

（4）定义单元类型和选项。

执行 Main Menu→Preprocessor→Element Type→Add/Edit/Delete 命令，弹出"Element Types"（单元类型）对话框，单击"Add"按钮，弹出"Library of Element Types"（单元类型库）对话框。在该对话框左面列表框中选择"Structural Beam"，在右边的列表框中选择"2 node 188"，单击"OK"按钮，定义了"BEAM188"单元，如图 12-22 所示。继续单击"Add"按钮，弹出"Library of Element Types"对话框。在该对话框左面列表框中选择"Structural Shell"，在右边的列表框中选择"3D 4node 181"，单击"OK"按钮，定义了"SHELL181"单元。在"Element Types"对话框中选择"BEAM188"单元，单击"Options…"按钮打开"BEAM188 element type options"对话框，将其中的"K3"设置为"Cubic Form"，单击"OK"按钮。选择"BEAM181"单元，单击"Options…"按钮打开"BEAM181 element type options"对话框，将其中的"K3"设置为"Full w/incompatible"，单击"OK"按钮，得到如图 12-23 所示的结果。最后单击"Close"按钮，关闭单元类型对话框。

图 12-22　单元类型库对话框

（5）定义材料属性。

执行 Main Menu→Preprocessor→Material Props→Material Models 命令，弹出"Define Material Model Behavior"对话框，在右边的栏中连续单击"Structural→Linear→Elastic→Isotropic"后，弹出"Linear Isotropic Properties for Material Number 1"对话框，如图 12-24 所示，在该对话框中"EX"文本框中输入"2.1e11"，在"PRXY"文本框中输入"0.3"，单击"OK"按钮。

图 12-23　单元类型对话框

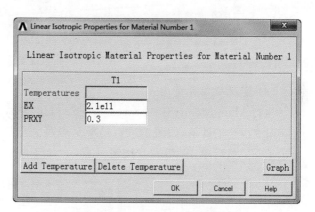

图 12-24　设置弹性模量和泊松比

在"Define Material Model Behavior"对话框中，在右边的栏中连续单击"Structural→Density"，弹出"Density for Material Number 1"对话框，如图 12-25 所示，在"DENS"文本框中输入"7850"，单击"OK"按钮。

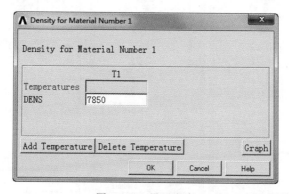

图 12-25　设置密度

设置好第一种钢材材料之后，还要设置第二种混凝土桥面板材料。在"Define Material Model Behavior"对话框的 Material 菜单中选择"New model"，按照默认的材料编号，单击"OK"按钮。这时"Define Material Model Behavior"对话框左边出现"Material Model Number 2"，同第一种材料的设置方法一样，"Linear Isotropic"中

"EX"输入"3.5e10","PRXY"输入"0.1667","DENS"输入"2500",单击"OK"按钮结束,如图12-26所示。最后关闭"Define Material Model Behavior"对话框。

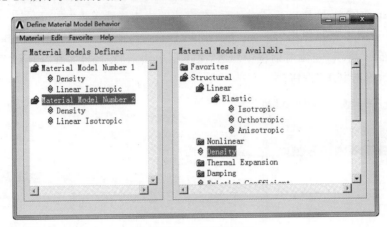

图 12-26　定义材料属性

（6）定义梁单元截面。

执行 Main Menu→Preprocessor→Sections→Beam→Common Sections 命令,弹出"Beam Tool"工具条,如图12-27(a)所示填写。然后单击"Apply"按钮,如图12-27(b)所示填写;然后单击"Apply"按钮,如图12-27(c)所示填写,最后单击"OK"按钮。

图 12-27　定义三种截面

每次定义好截面之后，单击"Preview"可以观察截面特性。在本模型中三种工字钢截面特性如图 12-28 所示。

(c)

图 12-28　三种截面图及截面特性

（7）定义壳单元厚度。

执行 Main Menu→Preprocessor→Sections→Shell→Lay－up→Add／Edit 命令，弹出如图 12-29 所示的"Create and Modify Shell Sections"对话框，设置 Thickness 为 0.3，单击"OK"按钮。

图 12-29　"Create and Modify Shell Sections"对话框

2．建立有限元模型

（1）生成半跨桥的节点。

执行 Utility Menu→Preprocessor→Modeling→Create→Nodes→In Active CS 命令，弹出"Create Nodes in Active CS"对话框，在"X，Y，Z"输入行输入："0，0，−5"，单击"OK"按钮，如图 12-30 所示。

图 12-30　建立节点

然后执行 GUI：Utility Menu→Preprocessor→Modeling→Copy→Nodes→Copy 命令，在"Copy nodes"对话框中单击"Pick All"按钮，在弹出的对话框中，按如图 12-31 所示填写。

图 12-31　复制节点（一）

继续执行 Utility Menu→Preprocessor→Modeling→Copy→Nodes→Copy 命令，在"Copy nodes"对话框中单击"Pick All"按钮，在弹出的对话框中，按如图 12-32 所示填写。

继续执行 Utility Menu→Preprocessor→Modeling→Copy→Nodes→Copy 命令，弹出"Copy nodes"对话框，在 ANSYS 主窗口中用箭头选择 2、6、10 号节点，单击"OK"按钮，在弹出的对话框中，在"ITIME"文本框中输入 2，在"DY"文本框中输入 16，在"INC"文本框中输入 1，在"RATIO"文本框中输入 1，其他项不填写。单击"OK"按钮。

继续执行 Utility Menu→Preprocessor→Modeling→Copy→Nodes→Copy 命令，弹出"Copy nodes"对话框，在 ANSYS 主窗口拾取 3、7、11 号节点，单击"OK"按钮，在

图 12-32 复制节点（二）

弹出的对话框中，在"ITIME"文本框中输入 2，在"DZ"文本框中输入－10，在"INC"文本框中输入 1，在"RATIO"文本框中输入 1，其他项不填写。单击"OK"按钮。最终 ANSYS 主窗口中出现画面如图 12-33 所示。

图 12-33 半桥模型的节点

（2）生成半桥跨单元。

选择第一种单元属性：

执行 Utility Menu → Preprocessor → Modeling → Create → Elements → Elem Attributes 命令，弹出"Element Attributes"对话框，如图 12-34 所示。单击"OK"按钮关闭窗口。

建立端斜杆梁单元：

执行 Utility Menu → Preprocessor → Modeling → Create → Elements → Auto

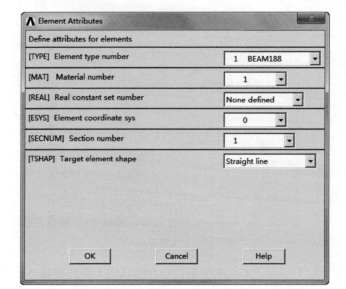

图 12-34　选择单元属性

Numbered→Thru Nodes 命令,弹出"Elem from Nodes"拾取节点对话框,分别拾取 11 和 14 号节点,单击"OK"按钮。再选择 12 和 13 号节点,单击"OK"按钮,结果如图 12-35 所示。

图 12-35　建立端斜杆梁单元

选择第二种单元属性:

执行 Utility Menu → Preprocessor → Modeling → Create → Elements → Elem Attributes 命令,弹出"Element Attributes"对话框,"SECNUM"项选择 2,其他选项不变。单击"OK"按钮关闭窗口。

Note

建立上下弦杆和横梁杆梁单元：

执行 Utility Menu → Preprocessor → Modeling → Create → Elements → Auto Numbered→Thru Nodes 命令，弹出"Elem from Nodes"选择对话框，分别在 2 和 6 号节点、6 和 10 号节点、10 和 14 号节点、1 和 5 号节点、5 和 9 号节点、9 和 13 号节点、3 和 7 号节点、7 和 11 号节点、4 和 8 号节点、8 和 12 号节点、1 和 2 号节点、3 和 4 号节点、5 和 6 号节点、7 和 8 号节点、9 和 10 号节点、11 和 12 号节点、13 和 14 号节点建立单元。单击"OK"按钮关闭窗口。

选择第三种单元属性：

执行 Utility Menu → Preprocessor → Modeling → Create → Elements → Elem Attributes 命令，弹出"Element Attributes"对话框，"SECNUM"项选择 3，其他选项不变。单击"OK"按钮关闭窗口。

建立上下弦杆和横梁杆梁单元：

执行 Utility Menu → Preprocessor → Modeling → Create → Elements → Auto Numbered→Thru Nodes 命令，弹出"Elem from Nodes"选择对话框，分别在 3 和 6 号节点、6 和 11 号节点、4 和 5 号节点、5 和 12 号节点、2 和 3 号节点、1 和 4 号节点、6 和 7 号节点、5 和 8 号节点、10 和 11 号节点、9 和 12 号节点建立单元。单击"OK"按钮关闭窗口。

选择第四种单元属性：

执行 Utility Menu → Preprocessor → Modeling → Create → Elements → Elem Attributes 命令，弹出"Element Attributes"对话框，"TYPE"项选择"2 SHELL181"，"MAT"项选择 2，"SECNUM"项选择 4，"TSHAP"项选择"4 node quad"，其他选项不变。单击"OK"按钮关闭窗口。

建立桥面板单元：

执行 Utility Menu → Preprocessor → Modeling → Create → Elements → Auto Numbered→Thru Nodes 命令，弹出"Elem from Nodes"选择对话框，依次选择 1、2、6、5 号节点、5、6、10、9 号节点、9、10、14、13 号节点建立三个壳单元。单击"OK"按钮关闭窗口，结果如图 12-36 所示。

图 12-36 半桥单元

Note

（3）生成全桥有限元模型。

生成对称节点：

执行 Main Menu→Preprocessor→Modeling→Reflect→Nodes 命令，弹出"Reflect Nodes"选择对话框，单击"Pick All"按钮。在第二个对话框中，选择"Y-Z plane"，"INC"项填写"14"。单击"OK"按钮关闭对话框。

生成对称单元：

执行 Main Menu → Preprocessor → Modeling → Reflect → Elements → Auto Numbered 命令，弹出"Reflect Elems"选择对话框，单击"Pick All"按钮。在第二个对话框中，"NINC"项填写"14"。单击"OK"按钮，最后得到的全桥单元如图 12-37 所示。

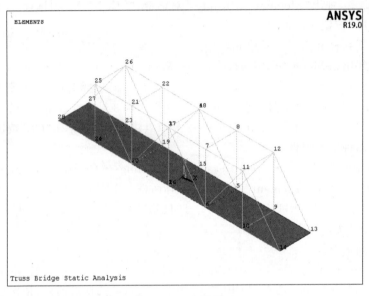

图 12-37　全桥单元

（4）合并重合节点、单元。

执行 Main Menu→Preprocessor→Numbering Ctrls→Merge Items 命令，弹出 "Merge Coincident or Equivalently Defined Items"对话框，"Label"项选择"All"，单击 "OK"按钮关闭窗口，结果如图 12-38 所示。

图 12-38　合并重合节点和单元

Note

压缩编号：

执行 Main Menu→Preprocessor→Numbering Ctrls→Compress Number 命令，弹出"Compress Numbers"对话框，"Label"项选择"All"，单击"OK"按钮关闭窗口，结果如图 12-39 所示。

图 12-39　压缩编号

（5）保存模型文件。

执行 Utility Menu→File→Save as 命令，弹出"Save Database"对话框，在"Save Database to"文本框中输入文件名"Structural_model.db"，单击"OK"按钮。

3．加边界条件和载荷

（1）施加位移约束：在简支梁的支座处要约束节点的自由度，以达到模拟铰支座的目的。假定梁左端为固定支座，右边为滑动支座。

执行 Main Menu→Solution→Define Loads→Apply→Structural→Displacement→On Nodes 命令，弹出节点选取对话框，用箭头选择 23 和 24 号节点，单击"OK"按钮，弹出"Apply U,ROT Nodes"对话框，"DOFs to be constrained"项中，选择"UX,UY,UZ"，单击"OK"按钮关闭窗口，如图 12-40 所示。以同样的方法，在 13 和 14 号节点施加位移约束，选择 13、14 号节点之后，在"DOFs to be constrained"项中选择"UY,UZ"，单击"OK"按钮关闭窗口，结果如图 12-41 所示。

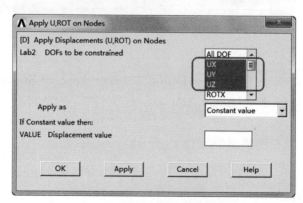

图 12-40　设置节点位移约束

（2）施加集中力：在跨中两节点处施加集中力载荷。

执行 Main Menu→Solution→Define Loads→Apply→Structural→Force/Moment→On Nodes 命令，弹出节点选取对话框，用箭头选择 1 和 2 号节点，单击"OK"按钮弹出"Apply F/MNodes"对话框，"Lab"项选择"FY"，"VALUE"项填写 −100 000，如图 12-42 所示。单击"OK"按钮关闭窗口。

图 12-41　施加位移约束后的模型

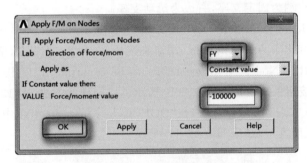

图 12-42　设置集中力载荷

（3）施加重力。

执行 Main Menu→Solution→Define Loads→Apply→Structural→Inertia→Gravity→Global 命令，弹出"Apply Acceleration"对话框，在"ACELY"项填写 10，单击"OK"按钮。

施加所有载荷之后的模型如图 12-43 所示。

4. 求解

（1）选择分析类型。

执行 Main Menu→Solution→Analysis Type→New Analysis 命令，在弹出的"New Analysis"对话框中选择 static 选项，单击"OK"按钮关闭对话框。

（2）开始求解。

执行 Main Menu→Solution→Solve→Current LS 命令，弹出名为"/STATUS Command"的文本框，如图 12-44 所示，检查无误后，单击"Close"按钮。在弹出的另一个"Solve Current Load Step"对话框中单击"OK"按钮。求解结束后，关闭"Solution is

图 12-43　施加所有载荷后的模型

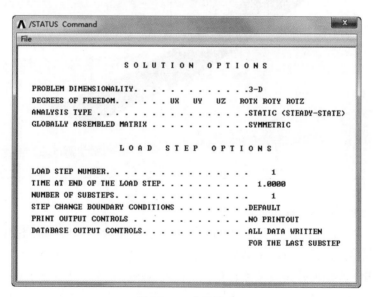

图 12-44　求解信息

done"对话框。

5. 查看计算结果

（1）查看结构变形图。

执行 Main Menu→General Postproc→Plot Results→Deformed Shape 命令，弹出如图 12-45 所示的对话框，单击"OK"按钮，结果显示如图 12-46 所示。

（2）云图显示位移。

执行 Main Menu→General Postproc→Plot Results→Contour Plot→Nodal Solu

图 12-45　设置变形显示

图 12-46　结构变形结果

命令,弹出如图 12-47 所示的对话框,在下拉列表框中依次选择"Nodal Solution→DOF Solution→Displacement vector sum",其中包括 X、Y、Z 各个方向的位移及总体位移,和 X、Y、Z 各个方向的转角及总体转角。下面的选项分别是:是否显示未变形的模型;变形比例。单击"OK"按钮显示云图。各节点总体位移结果云图如图 12-48 所示。

(3)矢量显示节点位移。

执行 Main Menu→General Postproc→Plot Results→Vector Plot→Predefined 命令,弹出"Vector Plot of Predefined Vectors"矢量画图对话框,在"PLVECT"项中选取"DOF solution"和"Translation U",单击"OK"按钮,其结果如图 12-49 所示。

(4)显示结构内力图。

① 定义单元表。

执行 Main Menu→General Postproc→Element Table→Define Table 命令,弹出"Element Table Data"对话框,单击"Add"按钮,弹出"Define Additional Element Table

图 12-47　选择云图显示数据

图 12-48　总位移云图显示

Items"对话框,在"Lab"文本框中输入"zhou_i"(定义单元 i 节点轴力名称),左边下拉列表框中选择最后一项"By sequence num",右边下拉列表框中选择"SMISC",下面的文本框中输入"SMISC,1",如图 12-50 所示。单击"Apply"按钮,继续定义单元 j 节点轴力,在"Lab"文本框中输入"zhou_j",下面的文本框中输入"SMISC,7"。单击"Apply"按钮,继续定义单元 i 节点剪力,在"Lab"文本框中输入"jian_i",下面的文本

图 12-49　节点位移矢量显示

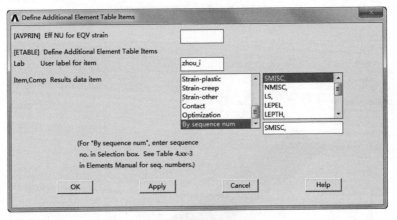

图 12-50　定义单元表

框中输入"SMISC,2"。单击"Apply"按钮,继续定义单元 j 节点剪力,在"Lab"文本框中输入"jian_j",下面文本框中输入"SMISC,8"。单击"Apply"按钮,继续定义单元 i 节点弯矩,在"Lab"文本框中输入"wan_i",下面文本框中输入"SMISC,6"。单击"Apply"按钮,继续定义单元 j 节点轴力,在"Lab"文本框中输入"wan_j",下面文本框中输入"SMISC,12"。单击"OK"按钮关闭对话框。单击"Close"按钮关闭"Element Table Data"对话框。

② 列表单元表结果。

执行 Main Menu→General Postproc→Element Table→List Elem Table 命令,弹出"List Element Table Data"对话框,选择刚才定义的内力名称"ZHOU_I,ZHOU_J, JIAN_I,JIAN_J,WAN_I,WAN_J",单击"OK"按钮,弹出文本列表"PRETAB Command",其中显示了每个单元的节点内力,如图 12-51 所示。

列表的最后还列出了每项最大值和最小值，以及它们所在的单元。

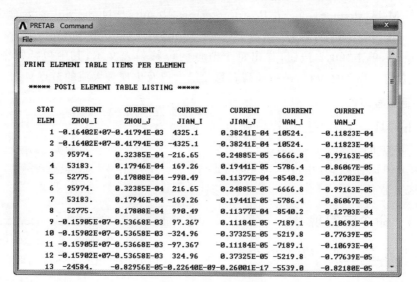

```
PRETAB Command                                                              X
File

  PRINT ELEMENT TABLE ITEMS PER ELEMENT

  ***** POST1 ELEMENT TABLE LISTING *****

  STAT    CURRENT      CURRENT      CURRENT      CURRENT      CURRENT      CURRENT
  ELEM    ZHOU_I       ZHOU_J       JIAN_I       JIAN_J       WAN_I        WAN_J
     1  -0.16402E+07-0.41794E-03   4325.1      0.38241E-04  -10524.      -0.11823E-04
     2  -0.16402E+07-0.41794E-03  -4325.1     -0.38241E-04  -10524.      -0.11823E-04
     3   95974.      0.32385E-04  -216.65     -0.24885E-05  -6666.8      -0.99163E-05
     4   53183.      0.17946E-04   169.26      0.19441E-05  -5786.4      -0.86067E-05
     5   52775.      0.17808E-04  -990.49     -0.11377E-04  -8540.2      -0.12703E-04
     6   95974.      0.32385E-04   216.65      0.24885E-05  -6666.8      -0.99163E-05
     7   53183.      0.17946E-04  -169.26     -0.19441E-05  -5786.4      -0.86067E-05
     8   52775.      0.17808E-04   990.49      0.11377E-04  -8540.2      -0.12703E-04
     9  -0.15905E+07-0.53668E-03   97.367      0.11184E-05  -7189.1      -0.10693E-04
    10  -0.15902E+07-0.53658E-03  -324.96     -0.37325E-05  -5219.8      -0.77639E-05
    11  -0.15905E+07-0.53668E-03  -97.367     -0.11184E-05  -7189.1      -0.10693E-04
    12  -0.15902E+07-0.53658E-03   324.96      0.37325E-05  -5219.8      -0.77639E-05
    13  -24584.     -0.82956E-05-0.22640E-09  -0.26001E-17  -5539.0      -0.82180E-05
```

图 12-51　单元表数据

③ 显示线单元结果。

执行 Main Menu→General Postproc→Plot Results→Contour Plot→Line Elem Res 命令，弹出"Plot Line-Element Results"对话框，"LabI""LabJ"项分别选择"ZHOU_I"和"ZHOU_J"，"Fact"项设置显示比例（默认值是 1），"KUND"项选择是否显示变形。单击"OK"按钮，显示轴力图，如图 12-52 所示。重新执行显示线单元结果操作，"LabI""LabJ"项分别选择"JIAN_I"和"JIAN_J"，显示剪力图。重新执行显示线单元结果操作，"LabI""LabJ"项分别选择"WAN_I"和"WAN_J"，显示剪力图。由于本算例中的结构属于桁架杆系结构，杆件的剪力与弯矩很小，结果不做重点考虑。

图 12-52　轴力图

（5）列表节点结果。

执行 Main Menu→General Postproc→List Results→Nodal Solution 命令，弹出"List Nodal Solution"对话框，选择"Nodal Solution→DOF Solution→Displacement vector sum"，单击"OK"按钮，弹出每个节点的位移列表文本，其中包括每个节点的 X、Y、Z 方向位移和总位移，最后还列有每项最大值及出现最大值的节点。

6. 退出程序

单击工具条上的"Quit"按钮弹出如图 12-53 所示的"Exit from ANSYS"对话框，选取一种保存方式，单击"OK"按钮退出 ANSYS 软件。

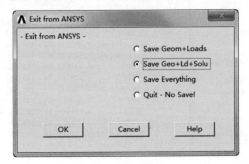

图 12-53　退出 ANSYS 对话框

12.3.3　命令流实现

略，见前言二维码中的电子文档。

12.4　钢桁架桥模态分析

本节对前面一节介绍的钢桁架桥进行模态分析，分别采用 GUI 方式和命令流方式。

12.4.1　问题描述

已知下承式简支钢桁架桥尺寸如图 12-19 所示。杆件规格及材料属性见表 12-2 及表 12-3。

12.4.2　GUI 操作方法

建模过程与上一节的建模过程相同，施加的位移约束相同，但是不需要施加载荷（除了零位移约束之外的其他类型的载荷——力、压力、加速度等可以在模态分析中指定，但是在模态提取时将被忽略）。下面进行模态求解。

1. 求解

（1）选择分析类型。

（2）执行 Main Menu→Solution→Analysis Type→New Analysis 命令，在弹出的"New Analysis"对话框中选择 Modal 选项，单击"OK"按钮关闭对话框。

设置分析选项：执行 Main Menu→Solution→Analysis Type→Analysis Option 命令，弹出"Modal Analysis"对话框，如图 12-54 所示填写，单击"OK"按钮。接着弹出"PCG Lanczos Modal Analysis"对话框，在"FREQE End Frequency"文本框中填写100，如图 12-55 所示。

（3）开始求解。

执行 Main Menu→Solution→Solve→Current LS 命令，弹出名为"/STATUS

Note

图 12-54 选择模态求解方式

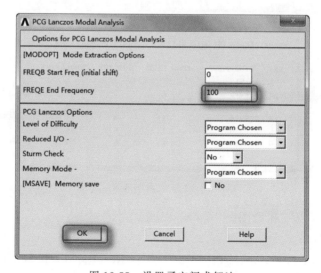

图 12-55 设置子空间求解法

Command"的文本框,如图 12-56 所示,检查无误后,单击"Close"按钮。在弹出的另一个"Solve Current Load Step"对话框中,单击"OK"按钮开始求解。求解结束后,关闭"Solution is done"对话框。

2. 查看结算结果

(1) 列表显示频率。

执行 Main Menu→General Postproc→Results Summary 命令,弹出频率结果文本列表,如图 12-57 所示。

Note

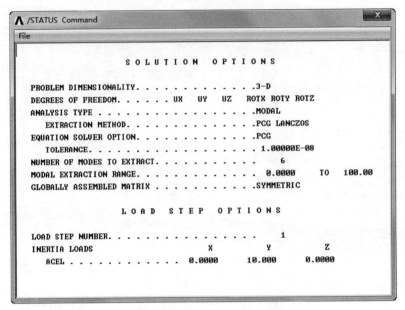

图 12-56　求解信息

图 12-57　频率列表

（2）显示各阶频率振型图。

① 读取载荷步。

执行 Main Menu→General Postproc→Read Results→First Set 命令，菜单中可供选择的方式有 First Set（第一步）、Next Set（下一步）、Previous Set（前一步）、Last Set（最后一步）、By Pick（任意选择步数）等，可以任意选择读取载荷步，每一步代表一阶模态。

② 显示振型图：每次读取一阶模态之后，就可以显示该阶振型。执行 Main Menu→General Postproc → Plot Results → Contour Plot → Nodal Solu 命令，选择"Nodal Solution→DOF Solution→Displacement vector sum"，就可以显示振型图。如图 12-58 所示为前 6 阶模态的振型图。

（3）查看模态求解信息：在 ANSYS Output Window 中可以查看模态计算时的求

第一阶振型

第二阶振型

第三阶振型

第四阶振型

第五阶振型

第六阶振型

图 12-58　六阶模态振型图

解信息。如果想把求解信息保存下来，则需要在求解（solve）之前，将输出信息写入文本中，操作如下：在进行求解之前执行 Utility Menu→File→Switch Output to→File 命令，弹出"Switch Output to File"对话框，定义文件名，选择保存路径之后，单击"OK"按钮创建文件，然后求解。求解结束之后，执行 Utility Menu→File→Switch Output to→Output Window 命令，使信息继续在输出窗口中显示，不再保存到创建的文件中。完整的求解信息中主要包含：总质量，结构在各方向的总转动惯量，各种单元质量，各阶频率、周期、参与因数、参与比例、有效质量、有效质量积累因数等。

模态各方向参与因数计算见表 12-4。

Note

表 12-4　各阶模态参与因数

X 方向参与因数计算						
模　态	频　率	周　期	参与因数	参与比例	有效质量	有效质量积累
1	1.20835	0.82757	4.51E-03	0.00006	2.04E-05	3.47E-09
2	1.66921	0.59908	2.65E-04	0.000004	7.01E-08	3.48E-09
3	2.30789	0.4333	−2.3E-03	0.000029	4.56E-06	4.25E-09
4	2.43382	0.41088	−16.577	0.221531	274.783	4.68E-02
5	3.96078	0.25248	1.14E-02	0.000152	1.29E-04	4.68E-02
6	3.9914	0.25054	74.827	1	5599.12	1
					总质量 5873.90	

Y 方向参与因数计算						
模　态	频　率	周　期	参与因数	参与比例	有效质量	有效质量积累
1	1.20835	0.82757	6.14E-03	0.000009	3.76E-05	8.16E-11
2	1.66921	0.59908	−4.54E-05	0	2.06E-09	8.16E-11
3	2.30789	0.4333	−4.27E-03	0.000006	1.82E-05	1.21E-10
4	2.43382	0.41088	679.15	1	461241	0.99999
5	3.96078	0.25248	−2.23E-02	0.000033	4.97E-04	0.99999
6	3.9914	0.25054	2.1269	0.003132	4.52367	1
					总质量 461246	

Z 方向参与因数计算						
模　态	频　率	周　期	参与因数	参与比例	有效质量	有效质量积累
1	1.20835	0.82757	218.62	1	47799.6	0.999624
2	1.66921	0.59908	−3.245	0.014843	10.53	0.999844
3	2.30789	0.4333	2.6971	0.012337	7.27422	0.999996
4	2.43382	0.41088	−3.79E-04	0.000002	1.44E-07	0.999996
5	3.96078	0.25248	0.4391	0.002008	0.192808	1
6	3.9914	0.25054	−8.20E-03	0.000038	6.73E-05	1
					总质量 47813.6	

RX 方向参与因数计算						
模　态	频　率	周　期	参与因数	参与比例	有效质量	有效质量积累
1	1.20835	0.82757	3038.8	1	9.23E+06	0.998889
2	1.66921	0.59908	8.9082	0.002932	79.3561	0.998898
3	2.30789	0.4333	−100.92	0.033212	10189.4	1
4	2.43382	0.41088	2.15E-02	0.000007	4.63E-04	1
5	3.96078	0.25248	1.2935	0.000426	1.67321	1
6	3.9914	0.25054	−0.10188	0.000034	1.04E-02	1
					总质量 9244300	

RY 方向参与因数计算						
模　态	频　率	周　期	参与因数	参与比例	有效质量	有效质量积累
1	1.20835	0.82757	−62.423	0.018844	3896.61	3.52E-04
2	1.66921	0.59908	3312.6	1	1.10E+07	0.992069
3	2.30789	0.4333	−17.912	0.005407	320.826	0.992098
4	2.43382	0.41088	7.48E-03	0.000002	9.60E-05	0.992098
5	3.96078	0.25248	−299.71	0.089266	87442.2	1

模 态	频 率	周 期	参 与 因 数	参 与 比 例	有 效 质 量	有效质量积累
RY 方向参与因数计算						
6	3.9914	0.25054	1.14E-02	0.000003	1.30E-04	1
					总质量 11065200	

模 态	频 率	周 期	参 与 因 数	参 与 比 例	有 效 质 量	有效质量积累
RZ 方向参与因数计算						
1	1.20835	0.82757	2.76E-02	1.00E-05	7.60E-04	9.10E-11
2	1.66921	0.59908	-7.66E-03	3.00E-06	9.87E-05	9.80E-11
3	2.30789	0.4333	1.01E-02	4.00E-06	1.03E-04	1.10E-10
4	2.43382	0.41088	17.11	0.005921	292.763	3.51E-05
5	3.96078	0.25248	2.40E-03	1.00E-06	9.76E-06	3.51E-05
6	3.9914	0.25054	2889.7	1	8.35E+06	1
					总质量 8350830	

3. 退出程序

单击工具条上的"Quit"按钮弹出如图 12-59 所示的"Exit from ANSYS"对话框，选取一种保存方式，单击"OK"按钮，退出 ANSYS 软件。

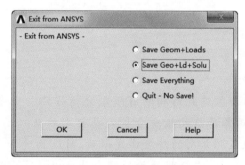

图 12-59 退出 ANSYS 对话框

12.4.3 命令流实现

略，见前言二维码中的电子文档。

第 13 章

ANSYS房屋建筑工程应用实例分析

　　本章介绍房屋建筑结构的有限元分析方法。当今的建筑结构向着复杂化发展,对各种结构模拟分析的也要求越来越高。ANSYS有限元程序可以模拟多种复杂的房屋建筑体系,对结构进行受力分析也能达到相当精准的程度,它在分析结构的动力特性以及非线性方面有着强大的优势。

学 习 要 点

◆ 建筑结构分析模拟过程
◆ 三层框架结构地震响应分析
◆ 框架结构模拟建模

13.1 引　　言

对于房屋建筑结构而言,有多种常用的有限元分析软件。而 ANSYS 有限元软件在分析房屋建筑结构方面有着强大的优势,它能够对复杂的建筑结构进行静力分析、动力分析、线性与非线性性能分析、稳定性分析、可靠性分析等,为设计者带来很大方便。

ANSYS 程序的单元库和材料库非常丰富,几乎可以模拟出任何形式的建筑结构,可以较精确地反映出结构的变形、应力分布、内力、自振频率、振型、载荷耦合、时程响应等特性。利用有限元软件对桥梁结构进行模拟分析,可以得出较准确的分析结果。

本章介绍房屋建筑结构的模拟分析。房屋建筑结构的形式多种多样,主要有砌体结构、框架结构、剪力墙结构、框-剪结构、网架结构、框架结构等。ANSYS 的单元与材料种类繁多,可以很好地模拟各种形式的结构。

所有形式的房屋建筑结构的分析内容基本相同。对结构进行静力分析,要施加多种载荷,对载荷进行各种组合;动力分析时,一般要分析结构在地震作用下或者其他动载荷作用下的响应。房屋建筑结构和桥梁结构分析内容与过程较为相似,总体上来说,主要的模拟分析过程如下:

(1) 根据条件,选择合适的单元和材料,建立结构的有限元模型。

(2) 施加静力或者动力载荷,施加适当的边界条件。

(3) 选择合适的求解器进行求解。

(4) 在后处理器中观察求解结果。

13.2 建筑结构分析模拟过程

13.2.1 创建物理环境

建立建筑结构模型之前要对工作环境进行设置。进入 ANSYS 前处理器,按照以下步骤建立物理环境。

1. 设置 GUI 菜单过滤

若要通过 GUI 路径运行 ANSYS,当 ANSYS 启动之后首先要选择菜单路径:Main Menu→Preferences,执行上述命令后,弹出如图 13-1 所示的对话框,选择 Structural 以便在进行结构分析时过滤掉一些不必要的菜单及相应图形界面。房屋建筑结构分析和桥梁结构分析一样,属于结构分析,所以要选择"Structural"项。

2. 定义分析标题

在进行分析前,可以给所要进行的分析起一个能够代表所分析内容的标题,比如"roof",以便能够从标题上与其他模型区别。下面是定义分析标题的方法。

> 命令:/TITLE
> GUI:Utility Menu→File→Change Title

可以使用/STITLE命令加副标题,副标题将出现在输出结果中,而在图形中不显示。

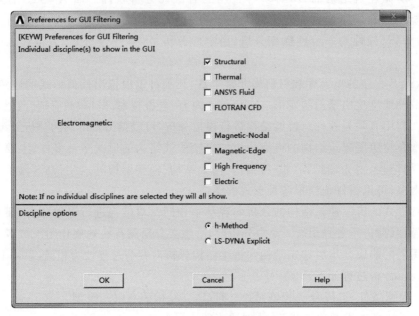

图 13-1　GUI图形界面过滤

3. 定义单元类型及其选项(KEYOPT 选项)

结构分析首先要进行单元的选择。ANSYS 单元库中有超过 150 个不同单元类型,可以用来模拟工程中的各种结构和材料,各种不同的单元组合在一起,成为具体的物理问题的抽象模型。在房屋建筑结构模拟分析中,常用的单元有梁单元、壳单元、实体单元、杆单元。例如,梁单元可模拟框架柱,壳单元可以模拟屋面板,实体单元可以模拟大体积混凝土,杆单元可以模拟预应力钢筋等。单元可以是线性的,也可以是非线性的。定义好不同的单元及其选项(KEYOPTS)后,就可以建立有限元模型,见表 13-1。

表 13-1　建筑结构分析常见单元

单　　元	维　数	形状和自由度	特　　性
LINK8	3D	线形,2 节点,3 自由度	刚性杆,可承受拉力和压力,用来模拟钢筋钢架等。可定义其截面积和初始应变
LINK180	3D	线形,2 节点,3 自由度	用于桁架、钢索、连杆和弹簧等。此三维杆单元能承受拉伸或压缩。可支持仅受拉力(线缆)和仅受压力(gap)的情况。在销钉连接结构中,可以不考虑单元的弯曲,包括塑性、蠕变、旋转、大变形和大应变等
BEAM3	2D	线形,2 节点,3 自由度	二维弹性梁,用来模拟梁柱等。可定义其截面积、惯性矩、初始应变、截面高度等

续表

单　元	维　数	形状和自由度	特　性
BEAM4	3D	线形,2节点,6自由度	三维弹性梁,用来模拟梁柱等。可定义其截面积、截面形状、三向惯性矩、初始应变、截面高宽等
BEAM188	3D	线形,2节点,6或7个自由度	三维弹性梁,适合于分析从细长到中等粗短的梁结构,该单元基于铁木辛哥梁结构理论,并考虑了剪切变形的影响,非常适合线性、大角度转动和非线性大应变问题
SHELL63	3D	四边形或三角形,4节点,6自由度	三维弹性壳,用来模拟板壳等。可定义其节点处厚度、刚度、初始弯曲曲率等
SOLID65	3D	六面体或四面体,8节点,3自由度	三维钢筋混凝土实体,用来模拟钢筋混凝土。可定义材料、体积率、钢筋方向等
SOLID185	3D	六面体或四面体,8节点,3自由度	三维结构实体,用来模拟块状实体。不需要设置实常数

设置单元以及其关键选项的方式如下：

```
命令:ET
      KEYOPT
```

执行 Main Menu → Preprocessor → Element Type → Add/Edit/Delete 命令,在"Element Type"对话框中单击"Add"按钮添加单元类型,添加好单元后单击"Options"定义单元选项,单击"Delete"按钮删除选中的单元,如图 13-2 所示。

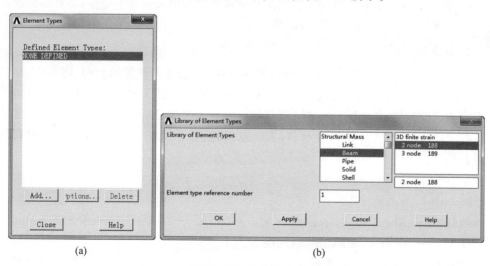

(a)　　　　　　　　　　(b)

图 13-2　设置单元以及其关键选项对话框

(a)添加单元类型；(b)选择单元类型

4. 设置实常数和单位制

单元实常数和单元类型密切相关,不同单元定义的实常数意义不同,用 R 命令或其相应 GUI 菜单路径来说明。例如在结构分析中,可以用实常数定义梁单元的横截面积、惯性矩以及高度,定义板单元的厚度等。一般每一种单元类型都有自己的实常数,而且同一种单元类型可以拥有多种实常数。如果多个单元类型参考相同的实常数号,ANSYS会发出一个警告信息。

图 13-3 所示以 LINK180 单元为例,显示如何定义 LINK180 单元的实常数。

(a)　　　　　　　　　　　(b)　　　　　　　　　　　(c)

图 13-3　　GUI 定义实常数

命令:R
GUI:Main Menu→Preprocessor→Real Constants→Add/Edit/Delete

ANSYS 软件没有为分析指定系统单位,除了磁场分析,可以使用任意一种单位制,只要保证输入的所有数据都是使用同一单位制中的单位。在本章中,所有实例都采用国际单位制,即 m、N、kg、s、Pa、Hz 等。

5. 定义材料属性

房屋建筑结构模型中可以有一种或多种材料:包括各种性质的钢材、混凝土、地基土,等等。每种材料区都要输入相应的材料特性。材料特性大多数为线性,可以是常数也可以与温度相关,各向同性或者正交异性。在建筑工程分析中,使用的材料常基于线性分析的结构,基本选择线弹性材料(Linear 线性、Isotropic 各向同性)。定义材料属性方式如下:

命令:MP

执行 Main Menu→Preprocessor→Material Props→Material Models→Structural→Linear→Isotropic 命令,如图 13-4(a)所示。

在材料属性中,需要输入的主要数据有弹性模量(EX)、泊松比(PRXY)、密度(Density)、材料阻尼(Damping)等。

对于非线性材料,可以选择 Nonlinear,如图 13-4(b)所示。

注意:(1) 必须按照形式定义刚度(如弹性模量 EX,超弹性系数等)。

(2) 对于惯性载荷(重力),必须定义质量计算所需的数据,如密度 DENS。

(3) 对于温度载荷,必须定义热膨胀系数 ALPX。

(a)

(b)

图 13-4　GUI 设置材料属性选项

13.2.2　建模、指定特性、分网

在 ANSYS 结构分析中,有两种建立有限元模型的方式。第一种方法为直接建立节点单元,形成有限元模型,可自己控制每一个单元,不需要程序划分单元,这种方法可以用来建立结构比较简单、形式单一的桥梁结构;第二种方法是先建立几何体模型,然后再利用软件将几何模型划分单元而形成有限元模型,这种方法适用于结构复杂、无规则的结构。

1. 直接生成节点和单元

```
命令:N
GUI:Main Menu→Preprocessor→Modeling→Create→Nodes
命令:E
GUI:Main Menu→Preprocessor→Modeling→Create→Elements
```

2. 首先生成几何模型,再划分网格单元形成有限元模型

```
命令:K
GUI:Main Menu→Preprocessor→Modeling→Create→Keypoints
命令:L
GUI:Main Menu→Preprocessor→Modeling→Create→lines
命令:A
GUI:Main Menu→Preprocessor→Modeling→Create→Areas
命令:V
GUI:Main Menu→Preprocessor→Modeling→Create→Volumes
```

几何模型操作:

```
GUI:Main Menu→Preprocessor→Modeling→Operate
```

合理地利用以上操作,可以建立出非常精确的结构体几何模型。然后就可以对几何模型进行网格划分,形成有限元模型。划分单元具体操作如下:

```
命令:LSEL(选择要划分的线单元)
      TYPE(选择单元类型)
      MAT(选择材料属性)
      REAL(选择实常数)
      ESYS(单元坐标系)
      MSHAPE(选择单元形状)
      MSHKEY(选择单元划分方式)
      LMESH(开始划分线单元)
GUI:Main Menu→Preprocessor→Meshing→MeshTool
```

在划分单元之前,首先要对单元大小形状等进行适当的控制,否则可能出现意想不到的划分结果。MeshTool工具条的具体讲解参看第6章桥梁工程分析中的介绍。

13.2.3 施加边界条件和载荷

在施加边界条件和载荷时,既可以给实体模型(关键点、线、面)也可以给有限元模型(节点和单元)施加边界条件和载荷。在求解时,ANSYS程序会自动将加到实体模型上的边界条件和载荷传递到有限元模型上。ANSYS程序中,载荷分成6类:DOF约束、力、表面分布载荷、体积载荷、惯性载荷、耦合场载荷。与载荷相关的两个术语:载荷步、子步。载荷步仅指可求得解的载荷配置,例如在结构分析中,可将风载荷施加于第一个载荷步,第二个载荷步施加重力;子步是指一个载荷步中增加的步数,主要是为了瞬态分析或非线性分析中提高分析精度和收敛,子步还称为时间步,代表一段时间。

注意:ANSYS程序在瞬态分析和静态分析中使用时间的概念。瞬态分析中,时间代表实际时间,用秒、分、小时表示;静态分析中,时间仅作为计数器以标识载荷步和子步。

在GUI方式中,可以通过一系列级联菜单,实现加载操作。GUI路径如下:

```
GUI:Main Menu→Solution→Define Loads→Apply→Structural
GUI:Main Menu→Preprocessor→Define Loads→Apply→Structural
```

这时,ANSYS 程序将列出结构分析中所有的边界条件和载荷类型。然后根据实际情况选择合理的边界条件或载荷。主要的载荷有 Displacement、Force/Moment、Pressure、Inertia,等等。

例如,要施加均布载荷到屋面板上,GUI 路径如下:

> GUI:Main Menu→Preprocessor→Define Loads→Apply→Structural→Pressure→On Elements/On Areas

然后选择屋面板所在的几何面,就可以将局部压力施加到屋面板单元上面。

也可以通过 ANSYS 命令来输入载荷,几种常见的结构分析载荷如下:

1. 位移约束(UX,UY,UZ,ROTX,ROTY,ROTZ)

> 命令:D

2. 力(FX,FY,FZ)/力矩(MX,MY,MZ)

> 命令:F

3. 压力(PRES)

> 命令:SF

4. 温度(TEMP)

> 命令:BF、BFK、BFL、BFA、BFV、BFE

5. 惯性力载荷(用来加载重力、旋转等)

> 命令:ACEL
> GUI:Main Menu→Preprocessor→Define Loads→Apply→Structural→Inertia→Gravity
> GUI:Main Menu→Solution→Define Loads→Apply→Structural→Inertia→Gravity

瞬态动力学分析中,除了惯性载荷外,其他所有载荷都可以施加到模型上。

13.2.4 求解

房屋建筑结构基本的求解过程如下:

1. 定义分析类型

首先进入 SOLUTION 求解器。

> 命令:/SOLU
> GUI:Main Menu→Solution

然后选择分析类型。

> 命令:ANTYPE

执行 Main Menu→Solution→Analysis Type→New Analysis 命令，如图 13-5 所示。

图 13-5　GUI 选择分析类型

在结构分析中常用的分析类型如下：

（1）静力分析：在结构分析中有重要的地位，结构的设计验算都要首先满足静力要求。通过计算，要求解出结构的位移、内力、应力分布、变形形状、稳定性等。

命令：ANTYPE, STATIC, NEW
GUI: Main Menu→Solution→Analysis Type→New Analysis

然后选择"static"选项，单击"OK"按钮。

（2）模态分析：在模态分析中可以求解出结构的自振频率以及各阶振型，同时也可求出每阶频率的参与质量等。而在谱分析之前，必须进行模态分析。具体模态分析叙述见第 8 章。

命令：ANTYPE, MODAL, NEW
GUI: Main Menu→Solution→Analysis Type→New Analysis

然后选择"Modal"选项，单击"OK"按钮。

（3）瞬态分析：经常用于分级计算结构受到突然加载的载荷时的响应情况。例如在桥梁结构分析中，桥梁受到地震激励的时程作用，或者计算桥墩受到突然撞击的情况，都可以选择使用瞬态分析来计算结构响应。

瞬态动力学分析可采用 3 种方法：完全法（Full）、缩减法（Reduced）和模态叠加法。

完全法是 3 种方法中功能最强的。优点是：容易使用，不必关心选择主自由度；允许包括各类非线性特征；不涉及质量矩阵近似；一次分析就能得到所有的位移和应力；允许施加所有类型的载荷；允许在实体模型上施加载荷。但是这种方法的开销很大。完全法的分析步骤如下：

① 建造模型。可使用线性或非线性单元，必须指定弹性模量 EX 和密度 DENS。

② 建立初始条件。即第一个载荷步，零时刻的情况。

③ 设置求解控制。定义分析类型、分析选项、载荷步设置。

④ 设置其他求解选项。

⑤ 施加载荷。可施加位移约束、力、面载荷、体载荷、惯性载荷。

⑥ 存储当前载荷步的载荷设置。针对载荷-时间曲线的每个拐点施加载荷并存储载荷配置到各自的载荷步文件。

⑦ 重复步骤③～⑥定义其他每个载荷步。

⑧ 备份数据库。命令：SAVE。GUI：Utility Menu→File→Save as。

⑨ 开始瞬态分析。命令：LSSOLVE。GUI：Main Menu→Solution→Solve→Form LS Files。

⑩ 退出求解器。命令：FINISH。

⑪ 观察结果。POST1用于观察指定时间点整个模型的结果；POST26用于观察模型中指定点处随时间变化的结果。

模态叠加法的优点是：计算最快、开销最小；可将模态分析中施加的单元载荷引入到瞬态分析中；允许考虑模态阻尼。缺点是：分析过程中时间步长必须保持恒定，不允许采用自动时间步长；只允许点点接触非线性；不能施加非零位移。

模态叠加法分析步骤如下：

◆ 建造模型。

◆ 获取模态解。具体见前面章中有关模态分析的介绍。

◆ 获取模态叠加法瞬态分析解。程序从模态分析得到的振型来计算瞬态响应。

◆ 扩展模态叠加法。

◆ 观察结果。用POST1和POST26观察结果。

缩减法的优点是：计算速度较快开销小。缺点是：初始解只计算主自由度位移，第二步进行扩展；不能施加单元载荷；限制在实体模型上加载；只允许点点接触非线性。

缩减法分析步骤如下：

◆ 建造模型。

◆ 获取缩减解。需要定义主自由度。

◆ 观察缩减法求解结果。只能用POST26观察结果。

◆ 扩展解。在关键的时间点上进行。

◆ 观察已扩展的结果。用POST1和POST26观察结果。

命令：ANTYPE, TRANS, NEW
GUI：Main Menu→Solution→Analysis Type→New Analysis

然后选择"Transient"选项，单击"OK"按钮，弹出如图13-6所示对话框。选择适当的分析方法，单击"OK"按钮。

(4) 谱分析：是一种将模态分析结果与一个已知的谱联系起来计算模型的位移和应力的分析技术。谱分析替代时间-历程分析，主要用于确定结构对随机载荷或随时间变化的载荷（如地震、风载、波浪等）的动力响应情况。在结构分析中，谱分析常用在计算结构受到震动激励情况下的响应。最常用的就是地震反应谱。注意在谱分析之前要先进行模态分析。

图 13-6　GUI 瞬态分析选项

ANSYS 的响应谱分析有两种类型：单点响应谱（SPRS）和多点响应谱（MPRS）。

单点响应谱分析的全过程包括以下几步：

① 建立模型。只有线性行为才有效，必须定义材料的弹性模量 EX 和密度 DENS。

② 模态分析。注意只有 Block 法、Subspace 法和 Reduced 法才对谱分析有效，模态分析时先不要进行模态扩展。

③ 谱分析。输入响应谱，有加速的反应谱、位移反应谱、速度反应谱和力反应谱等。

④ 扩展模态。扩展振型之后才能在后处理器中观察结果。"Expansion Pass dialog box"对话框中的"Expansion pass option"项设置为"Yes"，"Model Analysis Option"对话框中"Mode Expansion"项设置为"On"，把模态扩展作为一个独立求解过程。

⑤ 合并模态。合并模态是一个独立的求解阶段，包括：（a）进入求解器；（b）指定分析类型（新分析，谱分析）；（c）选择模态合并方式（模态的组合方式在结构设计规范中规定选择 SRSS 方式，即先求平方和再求平方根）；（d）开始求解；（e）推出求解器。

⑥ 观察结果。使用 POST1 观察结果。最终得到结构的总响应，总响应包括总位移、总应力、总应变、总反作用力。

```
命令:ANTYPE, SPECTR,NEW
GUI:Main Menu→Solution→Analysis Type→New Analysis
```

然后选择"Spectrum"选项，单击"OK"按钮。

2. 定义分析选项

定义好分析类型之后，设置分析选项。分析选项对话框各不相同。

（1）静力分析。

```
命令:EQSLV
GUI:Main Menu→Solution→Analysis Type→Sol'n Controls
```

在求解选项中，可以看到如图 13-7 所示的菜单。

在 Basic 中的设置，提供了分析中所需的最少数据。一旦 Basic 选项卡中的设置满足以后，就不需要设置其他选项卡中的选项，除非因为要进行高级控制而修改其他默认

· 506 ·

图 13-7 GUI静力分析求解选项卡

设置。

（2）模态分析。

> 命令：EQSLV

执行 Main Menu→Solution→Analysis Type→Analysis Options 命令，弹出模态分析选项设置对话框，如图 13-8 所示。

图 13-8 模态分析选项设置对话框

模态分析方法一共有 7 种（子空间法、PCG Lanczos 法、PowerDynamics 法、缩减法、非对称法、阻尼法、QR 阻尼法），前 4 种方法是最常用的模态提取方法。

桥梁结构分析计算中一般采用 PCG Lanczos 法和子空间法。常用选项意义如下：

No. of modes to extract（提取模态数）：除缩减法以外的其他模态提取该选项都是必须设置的。

Expand mode shapes（是否扩展模态）：如果准备在谱分析之后进行模态扩展，该选项应该设置为 NO。

No. of modes to expand（扩展模态数）：该选项只在采用缩减法、非对称法和阻尼法时要求设置。

Calculate elem results（计算单元结果）：如果想得到单元求解结果，需要打开此项。

Incl prestress effects（是否包括预应力效应）：该项用于确定是否考虑预应力对结构震动的影响。默认分析过程不包括预应力效应，即结构处于无预应力状态。

当选择 PCG Lanczos 法时，单击"OK"按钮后弹出如图 13-9 所示对话框，在对话框中输入起始频率和截止频率。也就是给出一定的频率范围，程序最后计算出的自振频率结果在所给频率范围之内。

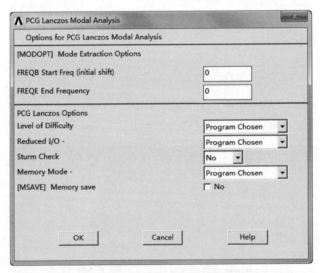

图 13-9　GUI PCG 模态分析求解选项卡

PCG Lanczos 法用于提取大模型的多阶模态（40 阶以上），模型中包含形状较差的实体和壳单元时建议采用此法，最适合用于由壳或壳与实体组成的模型，速度快。内存要求中，存储要求低。

（3）瞬态分析。

现在以瞬态动力学分析中的完全法（Full）为例，详细讲解分析选项设置。

命令：EQSLV
GUI：Main Menu→Solution→Analysis Type→Sol'n controls

出现的对话框如图 13-10 所示，选项设置与静力分析相同。

图 13-10　GUI瞬态分析求解选项卡

注意：在设置 ANTYPE 和 NLGEOM 时，如进行一个新的分析并忽略大变形效应（如大挠度、大转角、大应变）时，请选择"Small Displacement Static"项。如预期有大挠度（如弯曲的长细杆）或大应变，则选择"Large Displacement Static"项。如果想重启动一个失败的非线性分析，或者用户已经进行了完整的静力分析，而想指定其他载荷，则选择"Restart Current Analysis"项。

① 在设置 AUTOTS 时，记住该载荷步选项基于结构的响应增大或减小的积分步长。对于大多数问题，建议打开自动时间步长与积分时间步长的上下限。通过 DELTIM 和 NSUBST 指定积分步长上下限，有助于限制时间步长的波动范围。

② DELTIM 和 NSUBST 是载荷步选项，用于指定瞬态分析积分时间步长。积分时间步长是运动方程时间积分中的时间增量。时间积分增量可以直接或间接指定（即通过子步数）。时间步长的大小决定求解精度。

③ 在设置 OUTERS 时，请记住：在完全法瞬态动力分析中，默认只有最后子步（时间点）写入结果文件中，为了写入所有子步，需要设置所有子步的写入频率。同时，默认只有 1000 的结果序列能够写入结果文件，如果超过这一数目，程序将出错停机。可以通过/CONFIG，NRES命令来增大这一限值。

注意：TIMINT 是动力载荷步选项，用于指定是否打开时间积分效应 [TIMINT]。对于需要考虑惯性和阻尼效应的分析，必须打开时间积分效应（否则当作静力进行求解），所以默认值为打开时间积分效应。

④ ALPHAD 和 BETAD 是动力载荷步选项，用于指定阻尼。大多数结构中都存在某种形式的阻尼，必须在分析中考虑进来。

⑤ TINTP 是动力载荷步选项,用于指定瞬态积分参数。瞬态积分参数控制 Netmark 时间积分技术,默认值为采用恒定的平均值加速度积分算法。

(4)谱分析。

命令:EQSLV

执行 Main Menu→Solution→Analysis Type→Analysis Options 命令,如图 13-11 所示。

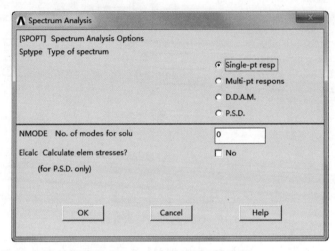

图 13-11　GUI 谱分析求解选项

① 定义分析类型和分析选项。

◆ Single-pt resp(单点响应谱分析)。

◆ Multi-pt respons(多点响应谱分析)。

◆ D. D. A. M(动力设计分析)。

◆ P. S. D(功率谱密度分析)。

结构分析常采用第一种单点响应谱分析。在谱分析中,必须进行模态扩展,模态扩展要重新回到模态分析中进行模态扩展。执行以下命令。

命令:ANTYPE,MODAL,NEW
GUI:Main Menu→Solution→Analysis Type→New Analysis

然后选择"Modal"选项,单击"OK"按钮。选择单点响应谱分析,确定求解所需要的模态数。

② 定义载荷步选项。

(a)响应谱类型。

命令:SVTYPE
GUI:Main Menu→Solution→Load Step Opts→Spectrum→Single Point→Settings

谱的类型可以是位移、速度、加速度、力。除了力谱以外,所有的谱都是地震谱,即它们都是假定作用于结构的基础上。

（b）激励方向。

> 命令：SED
> GUI：Main Menu→Solution→Load Step Opts→Spectrum→Single Point→Settings

（c）谱值-频率曲线。

> 命令：FREQ，SV
> GUI：Main Menu→Solution→Load Step Opts→Spectrum→Single Point→Freq Table
> GUI：Main Menu→Solution→Load Step Opts→Spectrum→Single Point→Spectr Values

FREQ 和 SV 用来定义谱曲线，可以定义一系列不同阻尼比的谱曲线。用 STAT 命令列表显示当前谱曲线的对应值。

③ 开始求解：SOLVE

3．备份数据库

用工具条中的"SAVE DB"按钮来备份数据库，如果计算过程中出现差错，可以方便地恢复需要的模型数据。恢复模型时重新进入 ANSYS，用下面的命令：

> 命令：RESUME
> GUI：Utility Menu→File→Resume Jobname.db

4．开始求解

对于动载荷来说，加载方式比较复杂，而且要经过多次求解才能得出最终结果。例如，计算钢梁在一段地震波作用下的响应，就需要将地震波加速度按时间分成小段，一次一次地加载到结构上面，并且每加载一次都要求解一次，最终才能得到钢梁在地震波作用下的时程响应。对于施加复杂动载荷，往往采用命令流输入方式，菜单方式输入比较烦琐。

用下面方式进行求解：

> 命令：SOLVE
> GUI：Main Menu→Solution→Solve→Current LS
> 命令：LSSOLVE
> GUI：Main Menu→Solution→Solve→Form LS Files

检查弹出的求解信息文档，确认没有错误，单击如图 13-12 所示对话框中的"OK"按钮。

图 13-12　确认求解对话框

5. 完成求解

命令:FINISH

13.2.5　后处理(查看计算结果)

ANSYS 程序将计算结果存储到结果文件 Jobname.rmg 中,其中包括:

1)基本解

节点位移(UX,UY,UZ,ROTX,ROTY,ROTZ)。

2)导出解

◆ 节点和单元应力。

◆ 节点和单元应变。

◆ 单元力。

◆ 节点反力。

可以在通用后处理器 POST1 或者时程后处理器 POST26 中观看处理结果。POST1 用于观察指定时间点整个模型的结果;POST26 用于观察模型中指定点处随时间变化的结果。观察结果时,在数据库中必须包括与求解相同的模型。同时,结果文件 Jobname.RST 也必须存在。

命令:/POST1
GUI:Main Menu→General Postproc
命令:/POST26
GUI:Main Menu→TimeHist Postproc

检查结果数据,方式如下:

1)从数据库文件中读入数据

命令:RESUME
GUI:Utility Menu→File→Resume from

2)读入适当的结果集

用载荷步、子步或时间来区分结果数据库集。若指定的时间值不存在相应的结果,ANSYS 会将全部数据通过线性插值得到该时间点上的结果。

命令:SET
GUI:Main Menu→General Postproc→Results→Read Result→By Load Step

如果模型不在数据库中,需用 RESUME 命令后再用 SET 命令或其等效路径读入需要的数据集。要观察结果文件中的解,可使用 LIST 选项。可以分别看不同加载步及子步或者不同时间的结果数据集。

POST1 通用后处理操作主要有以下几种,具体介绍详见第 6 章。

◆ 显示变形图 PLDISP。

- ◆ 列出反力和反力矩 PRESOL。
- ◆ 列出节点力和力矩 PRESOL,F(或 M)。
- ◆ 线单元结果 ETABLE,PLLS。
- ◆ 等值线显示 PLNSOL,PLESOL。
- ◆ 矢量显示 PLVECT。
- ◆ 表格列示 PRNSOL,PRESOL,PRRSOL。
- ◆ 列表显示所有频率 SET,LIST。
- ◆ 列表显示主自由度 MIST,ALL。

下面介绍 POST26 的使用。

POST26 要用到结果项-时间关系表,即 variables(变量)。每一个变量都有一个参考号,1 号变量被内定为时间。

1) 定义变量

```
命令:NSOL(基本数据即节点位移)
      ESOL(派生数据即单元解数据,如应力)
      RFORCE(反作用力数据)
      FORCE(合力,或合力的静力分量,阻尼分量,惯性力分量)
      SOLU(时间步长,平衡迭代次数,响应频率,等)
GUI:Main Menu→TimeHist Postproc→Define Variables
```

2) 绘制变量曲线或列出变量值

通过观察完整模型关心点的时间历程结果,就可以确定需要用 POST1 后处理器进一步处理的临界时间点。

```
命令:PLVAR(绘制变量变化曲线)
      PLVAR、EXTREM(变量值列表)
GUI:Main Menu→TimeHist Postproc→Graph Variables
    Main Menu→TimeHist Postproc→List Variables
    Main Menu→TimeHist Postproc→List Extremes
```

POST26 还可以使用许多其他后处理功能,如在变量间进行数学运算,将变量值传递给数组元素,将数组元素传递给变量等。

13.3 三层框架结构地震响应分析

13-1

本节对一个简单的两跨三层框架结构进行地震响应分析,分别采用 GUI 方式和命令流方式。

13.3.1 问题描述

计算某板梁结构在 Y 方向的地震位移响应谱作用下整个结构的响应情况,板梁结构立面图和侧面图的基本尺寸如图 13-13 所示,地震谱如表 13-2 所示,其他数据如下:

图 13-13　钢桁架桥简图

表 13-2　频率-谱值表

响 应 谱		响 应 谱	
频率/Hz	位移/10^3 m	频率/Hz	位移/10^3 m
0.5	1.0	17	1.2
1.0	0.5	18	0.75
2.4	0.9	20	0.86
3.8	0.8	32	0.2

材料是 A3 钢,杨氏模量为 2e11N/m^2,泊松比为 0.3,密度为 7.8e3kg/m^3。

板壳厚度为 2e-3m。

梁几何性质:截面面积为 1.6e-5m^2,惯性矩为 64/3e-12m^4,宽度为 4e-3m,高度为 4e-3m。

13.3.2　GUI 操作方法

1. 创建物理环境

(1) 过滤图形界面。

执行 Main Menu→Preferences 命令,弹出"Preferences for GUI Filtering"对话框,选中"Structural"来对后面的分析进行菜单及相应的图形界面过滤。

(2) 定义工作标题。

执行 Utility Menu→File→Change Title 命令,在弹出的对话框中输入"Single-Point Response Analysis",单击"OK"按钮,如图 13-14 所示。

图 13-14　定义工作标题

(3) 定义单元类型。

执行 Main Menu→Preprocessor→Element Type→Add/Edit/Delete 命令,弹出

"Element Types"（单元类型）对话框，单击"Add"按钮，弹出"Library of Element Types"（单元类型库）对话框，如图 13-15 所示。

图 13-15　单元类型库对话框

在该对话框左边的下拉列表框中选择"Structural Shell"，在右边的下拉列表框中选择"3D 4node 181"，定义了"SHELL181"单元。单击"Apply"按钮，弹出"Library of Element Types"对话框。

在该对话框左边的下拉列表框中选择"Structural Beam"，在右边的下拉列表框中选择"2 node 188"，单击"OK"按钮，定义了"BEAM188"单元。在"Element Types"对话框中选择"SHELL181"单元，单击"Options...."按钮打开"SHELL181 element type options"对话框，将其中的"K3"设置为"Full w/incompatible"，单击"OK"按钮。

选择"BEAM188"单元，单击"Options...."按钮打开"BEAM188 element type options"对话框，将其中的"K3"设置为"Cubic Form"，单击"OK"按钮。最后单击"Close"按钮，关闭单元类型对话框，如图 13-16 所示。

图 13-16　单元类型对话框

（4）指定材料属性。

执行 Main Menu→Preprocessor→Material Props→Material Models 命令，弹出"Define Material Model Behavior"对话框，在右边的列表框中连续单击"Structural→Linear→Elastic→Isotropic"后，弹出"Linear Isotropic Properties for Material Number 1"对话框，如图 13-17 所示，在该对话框"EX"文本框中输入"2e11"，"PRXY"文本框中输入"0.3"，单击"OK"按钮。

继续在"Define Material Model Behavior"对话框右边的列表框中连续单击"Structural→Density"，弹出"Density for Material Number 1"对话框，如图 13-18 所示，在该对话框"DENS"文本框中输入 7800，单击"OK"按钮，定义材料属性如图 13-19 所示。最后关闭"Define Material Model Behavior"对话框。

图 13-17　设置弹性模量和泊松比

图 13-18　设置密度

图 13-19　定义材料属性

（5）定义壳单元厚度：执行 Main Menu→Preprocessor→Sections→Shell→Lay-up→Add/Edit 命令，弹出如图 13-20 所示的"Create and Modify Shell Sections"对话框，设置 Thickness 为 2e-3，单击"OK"按钮。

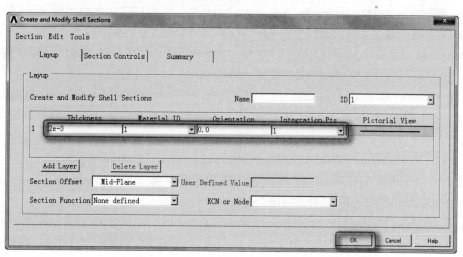

图 13-20 　"Create and Modify Shell Sections"对话框

（6）定义梁单元截面。

执行 Main Menu→Preprocessor→Sections→Beam→Common Sections 命令，弹出"Beam Tool"工具条，如图 13-21 所示填写。然后单击"Apply"按钮，最后单击"OK"按钮。

每次定义好截面之后，单击"Preview"按钮可以观察截面特性。在本模型中截面特性如图 13-22 所示。

图 13-21 　定义截面

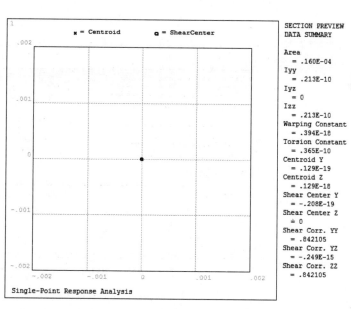

图 13-22 　截面图及截面特性

2．建立有限元模型

（1）建立框架柱。

执行 Main Menu→Preprocessor→ Modeling→Create→Keypoints→In Active CS

命令,弹出"Create Keypoints in Active CS"对话框,在"NPT"文本框中输入 1,在"X,Y,Z"文本框中输入 0、0、0,单击"Apply"按钮;在"NPT"文本框中输入 2,在"X,Y,Z"文本框中输入 0、0.6、0,单击"Apply"按钮;继续输入 3、"0,1.2,0",单击"Apply"按钮;继续输入 4、"0,1.8,0",单击"OK"按钮,结果如图 13-23(a)所示。

执行 Main Menu→Preprocessor→Modeling→Create→lines→lines→Straight Line 命令,分别选择 1 和 2 点、2 和 3 点、3 和 4 点画出直线,单击"OK"按钮,如图 13-23(b)所示。

执行 Main Menu→Preprocessor→Meshing→Mesh Attributes→Default Attribs 命令,在"Meshing Attributes"对话框中 "TYPE"项选择"2 BEAM188","MAT"项选择 1,"SECNUM"项选择 2,单击"OK"按钮。

执行 Main Menu→Preprocessor→Meshing→Size Cntrls→ManualSize→Lines→All Lines 命令,在"NDIV"文本框中输入 6,单击"OK"按钮,结果如图 13-23(c)所示。

图 13-23　建立有限元模型
(a) 建立节点;(b) 绘制直线;(c) 复制节点

执行 Main Menu→Preprocessor→Meshing→Mesh→Lines 命令,在选择对话框中单击"Pick All"。

执行 Main Menu→Preprocessor→Modeling→Copy→Lines 命令,在弹出的选择线

对话框中单击"Pick All"按钮,出现"Copy Lines"对话框,在"ITIME"文本框中输入 2,在"DZ"文本框中输入 0.5,单击"Apply"按钮;再单击"Pick All"按钮,出现"Copy Lines"对话框,在"ITIME"文本框中输入 3,在"DX"文本框中输入 0.5,单击"OK"按钮,结果如图 13-24 所示。

图 13-24　半桥模型的节点

（2）建立层板。

执行 Main Menu → Preprocessor → Modeling → Create → Areas → Arbitrary → Through KPs 命令,按顺序选择 2、6、14、10 号节点,单击"OK"按钮,形成一个矩形面。

执行 Main Menu→Preprocessor→Meshing→Mesh Attributes→All Areas 命令,"MAT"项选择 1,"TYPE"项选择"1 SHELL181","SECT"项选择 1,单击"OK"按钮。

执行 Utility Menu→Preprocessor→Meshing→Size Cntrls→ManualSize→Lines→Picked Lines 命令,然后拾取 20、22 号线,单击"OK"按钮,"NDIV"项输入 5,单击"OK"按钮。

执行 Main Menu → Preprocessor → Meshing → Mesh → Areas → Mapped→3 or 4 sided 命令,弹出拾取对话框,选择 1 号面,单击"OK"按钮,结果如图 13-25 所示。

执行 Main Menu→Preprocessor→Modeling→Copy→Areas 命令,拾取 1 号面,单击"OK"按钮,出现"Copy Areas"对话框,在"ITIME"文本框中输入 2,在"DX"文本框中输入 0.5,单击"Apply"按钮;在弹出的拾取面对话框中单击"Pick All"按钮,出现"Copy Areas"对话框,在"ITIME"文本框中输入 3,在"DY"文本框中输入 0.6,单击"OK"按钮,结果如图 13-26 所示。

执行 Main Menu → Preprocessor → Numbering Ctrls → Merge Items 命令,弹出"Merge Coincident or Equivalently Defined Items"对话框,"Label"项选择"All",单击"OK"按钮关闭窗口,如图 13-27 所示。

图 13-25　划分好单元的一个面

图 13-26　划分好单元的结构

执行 Main Menu→Preprocessor→Numbering Ctrls→Compress Number 命令,弹出"Compress Numbers"对话框,"Label"项选择"All",单击"OK"按钮关闭窗口。

（3）施加位移约束：假设此结构与地面接触的柱脚处为固接。

执行 Main Menu→Solution→Define Loads→Apply→Structural→Displacement→On Nodes 命令,弹出节点选取对话框,拾取柱脚处 6 个节点,单击"OK"按钮,弹出"Apply U,ROT on Nodes"对话框,在"DOFs to be constrained"下拉列表框中,选择

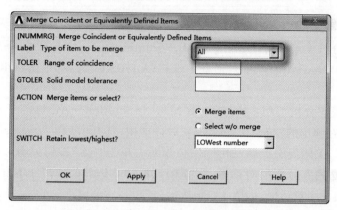

图 13-27 合并重合节点和单元

"All DOF",单击"OK"按钮关闭窗口,如图 13-28 所示。加约束之后的模型如图 13-29
所示。

图 13-28 约束节点自由度

图 13-29 加约束后的模型

3．模态求解

（1）选择分析类型：执行 Main Menu→Solution→Analysis Type→New Analysis 命令，在弹出的"New Analysis"对话框中选择"MODAL"选项，单击"OK"按钮关闭对话框。

（2）选择模态分析类型：执行 Main Menu→Solution→Analysis Type→Analysis Options 命令，在弹出的"Modal Analysis"对话框中，选择"PCG Lanczos"单选按钮，提取前 10 阶模态，关闭模态扩展，如图 13-30 所示。单击"OK"按钮关闭对话框。接着弹出设置子空间法模态分析的对话框，在"FREQE End Frequency"文本框中输入 1000，单击"OK"按钮关闭对话框，如图 13-31 所示。

图 13-30　选择模态分析类型

图 13-31　设置子空间法

（3）开始求解。

执行 Main Menu→Solution→Solve→Current LS 命令，弹出一个名为"/STATUS Command"的文本框，检查无误后，单击"Close"按钮。在弹出的另一个"Solve Current Load Step"对话框中单击"OK"按钮开始求解。求解结束后，关闭"Solution is done"对话框。

4.获得谱解

（1）关闭主菜单中求解器菜单，再重新打开。

执行 Main Menu→Solution→Analysis Type→New Analysis 命令，在弹出的"New Analysis"对话框中选择"Spectrum"选项，单击"OK"按钮关闭对话框。

（2）选择谱分析类型。

执行 Main Menu→Solution→Analysis Type→Analysis Options 命令，在弹出的"Spectrum Analysis"对话框中，选择"Single-pt resp"单选按钮，在"NMODE"文本框中输入 10，"Elcalc"指定为"Yes"，如图 13-32 所示，单击"OK"按钮。

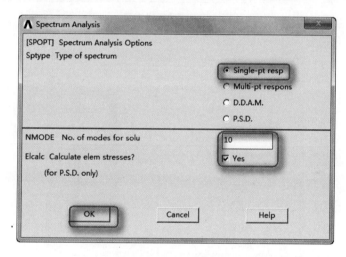

图 13-32　选择谱类型

（3）设置反应谱。

执行 Main Menu→Solution→Load Step Opts→Spectrum→Single Point→Setting 命令，在弹出的单点反应谱设置对话框中，"SVTYP"下拉列表框选择"Seismic displac"，激励方向"SED"文本框中输入 0、0、1，如图 13-33 所示，单击"OK"按钮。

执行 Main Menu→Solution→Load Step Opts→Spectrum→Single Point→Freq Table 命令，弹出频率输入对话框，按照频率-谱值表依次输入频率值，如图 13-34 所示，单击"OK"按钮。

执行 Main Menu→Solution→Load Step Opts→Spectrum→Single Point→Spectr Values 命令，弹出谱值-阻尼比对话框，直接单击"OK"按钮，此时设置为默认状态，即无阻尼。然后依次对应上述频率输入谱值，如图 13-35 所示。单击"OK"按钮关闭对话框。

图 13-33　设置谱激励

图 13-34　频率表

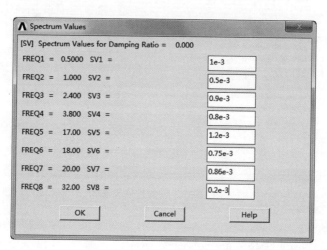

图 13-35　谱值表

执行 Main Menu→Solution→Load Step Opts→Spectrum→Single Point→Show Status 命令,弹出频率-谱值列表,检查无误后关闭列表。

（4）开始求解。

执行 Main Menu→Solution→Solve→Current LS 命令,弹出一个名为"/STATUS Command"的文本框,检查无误后,单击"Close"按钮。在弹出的另一个"Solve Current Load Step"对话框中单击"OK"按钮开始求解。求解结束后,关闭"Solution is done"对话框。

5．扩展模态

（1）关闭主菜单中求解器菜单,再重新打开。

执行 Main Menu→Solution→Analysis Type→New Analysis 命令,在弹出的"New Analysis"对话框中选择"Modal"选项,单击"OK"按钮关闭对话框。

执行 Main Menu → Solution → Analysis Type → Expansion Pass 命令,弹出 "Expansion Pass"对话框,"EXPASS"项设置成"On",如图 13-36 所示,单击"OK"按钮。

图 13-36　"Expansion Pass"对话框

（2）模态扩展设置。

执行 Main Menu→Solution→Load Step Opts→Expansion Pass→Single Expand→Expand Modes 命令,弹出扩展模态对话框,在"NMODE"文本框中输入 10,在"SIGNIF"文本框中输入 0.005,"Elcalc"项选择位"Yes",如图 13-37 所示,单击"OK"按钮关闭对话框。

图 13-37　设置扩展模态

（3）开始求解。

执行 Main Menu→Solution→Solve→Current LS 命令，弹出一个名为"/STATUS Command"的文本框，检查无误后，单击"Close"按钮。在弹出的另一个"Solve Current Load Step"对话框中单击"OK"按钮开始求解。求解结束后，关闭"Solution is done"对话框。

6. 模态叠加

（1）关闭主菜单中求解器菜单，再重新打开。

执行 Main Menu→Solution→Analysis Type→New Analysis 命令，在弹出的"New Analysis"对话框中选择"Spectrum"选项，单击"OK"按钮关闭对话框。

执行 Main Menu→Solution→Analysis Options 命令，单击"OK"按钮选择默认时的设置，如图 13-38 所示。

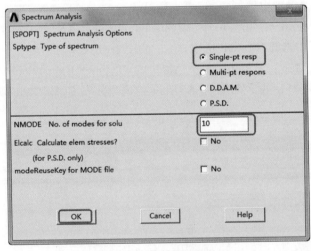

图 13-38　选择谱类型

（2）模态叠加。

执行 Main Menu→Solution→Load Step Opts→Spectrum→Single Point→Mode Combine 命令，弹出"Mode Combination Methods"对话框，选择"SRSS"方法，在"SIGNIF"文本框中输入 0.15，在"Type of output"下拉列表框中选择"Displacement"，

如图13-39所示，单击"OK"按钮。

图13-39 设置合并模态

（3）开始求解。

执行 Main Menu→Solution→Solve→Current LS 命令，弹出一个名为"/STATUS Command"的文本框，检查无误后，单击"Close"按钮。在弹出的另一个"Solve Current Load Step"对话框中单击"OK"按钮开始求解。求解结束后，关闭"Solution is done"对话框。

7. 查看结果

（1）查看 SET 列表。

执行 Main Menu→General Postproc→List Results→Detailed Summary 命令，弹出 Set 命令列表，如图13-40所示，浏览后关闭。

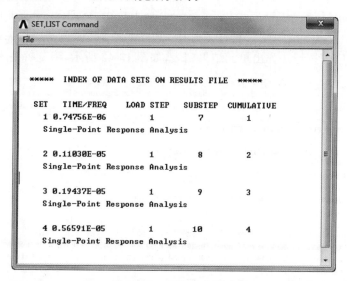

图13-40 SET 命令列表

（2）读取结果文件。

执行 Utility Menu→File→Read Input from 命令，在"Read File"对话框右侧的列表框中，选择包含结果文件的路径；在左侧的列表框中，选择 Jobname. mcom 文件。单击"OK"按钮关闭对话框。

（3）列表显示节点结果。

执行 Main Menu→General Postproc→List Results→Nodal Solution 命令，在"List Nodal Solution"对话框中，选择"Nodal Solution→DOF Solution→Displacement vector sum"，单击"OK"按钮。弹出节点位移列表，如图 13-41 所示，浏览后关闭窗口。

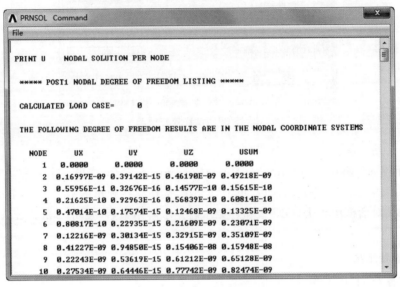

图 13-41　节点位移列表

（4）列表显示单元结果。

执行 Main Menu→General Postproc→List Results→Element Solution 命令，在"List Element Solution"对话框中，选择"Element Solution→All Available force items"，单击"OK"按钮。弹出单元结果列表，如图 13-42 所示，浏览后关闭窗口。

图 13-42　单元结果列表

（5）列表显示反力。

执行 Main Menu→General Postproc→List Results→Reaction Solu 命令，在"List Reaction Solution"对话框中，选择"All items"，单击"OK"按钮，弹出被约束的节点支反力列表，如图 13-43 所示，浏览后关闭窗口。

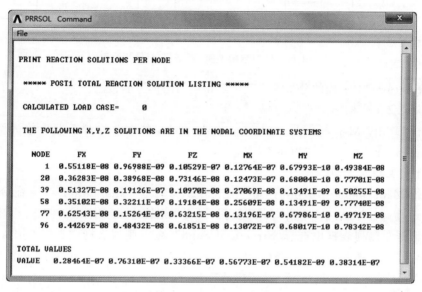

图 13-43　节点支反力列表

8. 退出程序

单击工具条上的"Quit"按钮弹出"Exit from ANSYS"对话框，选取一种保存方式，单击"OK"按钮，退出 ANSYS 软件。

13.3.3　命令流实现

略，见前言二维码中的电子文档。

13.4　框架结构模拟建模

本节针对一个框架结构进行仿真建模分析，分别采用 GUI 方式和命令流方式。

13.4.1　问题描述

已知框架结构的平面图、立面图、侧面图如图 13-44 所示。楼板和屋盖厚度 200mm，框架柱截面 0.5m×0.5m，横梁截面 0.3m×0.6m。

13.4.2　GUI 操作方法

1. 创建物理环境

（1）过滤图形界面。

执行 Main Menu→Preferences 命令，弹出"Preferences for GUI Filtering"对话框，

13-2

图 13-44　框架结构平面、侧面、立面尺寸简图

选中"Structural"对后面的分析进行菜单及相应的图形界面过滤。

（2）定义工作标题。

执行 Utility Menu→File→Change Title 命令，在弹出的对话框中输入"Frame construction analysis"，单击"OK"按钮。

（3）定义单元类型。

执行 Main Menu→Preprocessor→Element Type→Add/Edit/Delete 命令，弹出 "Element Types"对话框，单击"Add"按钮，弹出"Library of Element Types"对话框。在该对话框左侧列表框中选择"Structural Solid"，在右侧列表框中选择"Brick 8node 185"，单击"OK"按钮，定义了"SOLID185"单元。在"Element Types"对话框中选择 "SOLID185"单元，单击"Options...."按钮打开"SOLID185 element type options"对话框，将其中的"K2"设置为"Simple Enhanced Strn"，单击"OK"按钮。最后单击"Close"按钮，关闭单元类型对话框。本模型只用这一种实体单元类型。

（4）定义单元实常数：由于 SOLID 单元没有实常数，所以不必添加实常数。

（5）指定材料属性。

执行 Main Menu→Preprocessor→Material Props→Material Models 命令，弹出 "Define Material Model Behavior"对话框，在右侧列表框中连续单击"Structural→ Linear→Elastic→Isotropic"后，弹出"Linear Isotropic Properties for Material Number 1"对话框，如图 13-45 所示，在该对话框的"EX"文本框中输入 3E＋010，在"PRXY"文本框中输入 0.1667，单击"OK"按钮。

图 13-45　设置弹性模量和泊松比

如图 13-46 所示,继续在"Define Material Model Behavior"对话框右边的列表框中连续单击"Structural→Density",弹出"Density for Material Number 1"对话框,如图 13-47 所示,在该对话框中"DENS"文本框中输入 2500,单击"OK"按钮。

图 13-46　定义材料属性

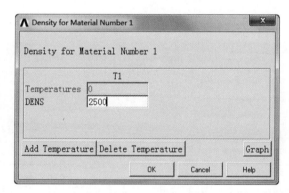

图 13-47　设置密度

2. 建立实体模型

(1) 建立框架柱。

执行 Main Menu→Preprocessor→Modeling→Create→Keypoints→In Active CS 命令,弹出"Create Keypoints in Active CS"对话框,在"X,Y,Z"文本框中输入 8 个关键点,分别为 1、2、3、4、5、6、7、8,坐标分别是"1.25,0,0.25"、"1.25,0,−0.25"、"0.75,0,0.25"、"0.75,0,−0.25"、"1.25,12,0.25"、"1.25,12,−0.25"、"0.75,12,0.25"、"0.75,12,−0.25",单击"OK"按钮。

执行 Main Menu→Preprocessor→Modeling→Create→Volumes→Arbitrary→Through KPs 命令,依次选择 1、2、4、3、5、6、8、7 号节点,单击"OK"按钮,建成一个柱子,如图 13-48 所示。

执行 Main Menu→Preprocessor→Modeling→Copy→Volumes 命令,选择建成的柱体,单击"OK"按钮,弹出"Copy Volumes"对话框,在"ITIME"文本框中输入 2,在

Note

图 13-48　一个框架柱

"DX"文本框中输入 6,如图 13-49 所示,单击"Apply"按钮。

图 13-49　复制体设置

继续单击"Pick All"按钮,弹出"Copy Volumes"对话框,在"ITIME"文本框中输入 5,在"DZ"文本框中输入 5,单击"OK"按钮。

执行 Main Menu→Preprocessor→Modeling→Reflect→Volumes 命令,单击"Pick All"按钮,弹出"Reflect Volumes"对话框,选择"Y-Z plane"单选按钮,如图 13-50 所示,单击"OK"按钮。

最终建成所有框架柱,如图 13-51 所示。

(2) 建立横梁。

执行 Main Menu→Preprocessor→Modeling→Create→Keypoints→In Active CS 命令,弹出"Create Keypoints in Active CS"对话框,在"X,Y,Z"文本框中输入 8 个关键

图 13-50　镜像体设置

图 13-51　框架柱

点,161、162、163、164、165、166、167、168 号节点,坐标分别是"0.75,3.4,-0.11"
"0.75,3.4,0.11""0.75,4,0.11""0.75,4,-0.11""-0.75,3.4,-0.11""-0.75,3.4,
0.11""-0.75,4,0.11""-0.75,4,-0.11",单击"OK"按钮。

执行 Main Menu→Preprocessor→Modeling→Create→Volumes→Arbitrary→
Through KPs 命令,依次选择 161、162、163、164、165、166、167、168 号节点,单击"OK"
按钮,建成一根横梁。

执行 Main Menu→Preprocessor→Modeling→Copy→Volumes 命令,选择 21 号
体,单击"OK"按钮。弹出"Copy Volumes"对话框,在"ITIME"文本框中输入 5,在
"DZ"文本框中输入 5,单击"OK"按钮。

执行 Main Menu→Preprocessor→Modeling→Create→Keypoints→In Active CS

命令,弹出"Create Keypoints in Active CS"对话框,在"X,Y,Z"文本框中输入 8 个关键点坐标,201、202、203、204、205、206、207、208 号节点,坐标分别是"1.25,3.4,−0.11""1.25,3.4,0.11""1.25,4,0.11""1.25,4,−0.11""6.75,3.4,−0.11""6.75,3.4,0.11""6.75,4,0.11""6.75,4,−0.11",单击"OK"按钮。

执行 Main Menu→Preprocessor→Modeling→Create→Volumes→Arbitrary→Through KPs 命令,依次选择 201、202、203、204、205、206、207、208 号节点,单击"OK"按钮,建成横梁。

执行 Main Menu→Preprocessor→Modeling→Copy→Volumes 命令,选择 26 号体,单击"OK"按钮。弹出"Copy Volumes"对话框,在"ITIME"文本框中输入 5,在"DZ"文本框中输入 5,单击"OK"按钮。

执行 Main Menu→Preprocessor→Modeling→Reflect→Volumes 命令,选择 26～30 号体。弹出"Reflect Volumes"对话框,选择"Y-Z plane"单选按钮,单击"OK"按钮。

执行 Main Menu→Preprocessor→Modeling→Copy→Volumes 命令,选择 21～35 号体,单击"OK"按钮,弹出"Copy Volumes"对话框,在"ITIME"文本框中输入 3,在"DY"文本框中输入 4,单击"OK"按钮。建好的梁柱如图 13-52 所示。

图 13-52　框架柱和部分横梁

执行 Main Menu→Preprocessor→Modeling→Create→Keypoints→In Active CS 命令,弹出"Create Keypoints in Active CS"对话框,在"X,Y,Z"文本框中输入 8 个关键点坐标,分别是"0.89,3.4,0.25""1.11,3.4,0.25""1.11,4,0.25""0.89,4,0.25""0.89,3.4,4.75""1.11,3.4,4.75""1.11,4,4.75""0.89,4,4.75",单击"OK"按钮。

执行 Main Menu→Preprocessor→Modeling→Create→Volumes→Arbitrary→Through KPs 命令,依次选择 521、522、523、524、525、526、527、528 号节点,单击"OK"按钮,建成横梁。

执行 Main Menu→Preprocessor→Modeling→Copy→Volumes 命令,选择 66 号体,单击"OK"按钮,弹出"Copy Volumes"对话框,在"ITIME"文本框中输入 4,在"DZ"文本框中输入 5,单击"OK"按钮。

执行 Main Menu→Preprocessor→Modeling→Copy→Volumes 命令,选择 66~69 号体,单击"OK"按钮,弹出"Copy Volumes"对话框,在"ITIME"文本框中输入 2,在"DX"文本框中输入 6,单击"OK"按钮。

执行 Main Menu→Preprocessor→Modeling→Reflect→Volumes 命令,选择 66~73 号体。弹出"Reflect Volumes"对话框,选择"Y-Z plane"单选按钮,单击"OK"按钮。

执行 Main Menu→Preprocessor→Modeling→Copy→Volumes 命令,选择 66~81 号体,单击"OK"按钮,弹出"Copy Volumes"对话框,在"ITIME"文本框中输入 3,在"DY"文本框中输入 4,单击"OK"按钮。建成所有的梁柱,如图 13-53 所示。

图 13-53　横梁和框架柱

(3) 建立楼板。

执行 Main Menu→Preprocessor→Modeling→Create→Keypoints→In Active CS 命令,弹出"Create Keypoints in Active CS"对话框,在"X,Y,Z"文本框中输入 8 个关键点,坐标分别是"-7.25,3.8,-0.25""-7.25,3.8,20.25""7.25,3.8,20.25""7.25,3.8,-0.25""-7.25,4,-0.25""-7.25,4,20.25""7.25,4,20.25""7.25,4,-0.25",单击"OK"按钮。

执行 Main Menu→Preprocessor→Modeling→Create→Volumes→Arbitrary→Through KPs 命令,依次选择 905、906、907、908、909、910、911、912 号节点,单击"OK"按钮,建成一层楼板。

执行 Main Menu→Preprocessor→Modeling→Copy→Volumes 命令,选择 114 号体,单击"OK"按钮。弹出"Copy Volumes"对话框,在"ITIME"文本框中输入 3,在"DY"文本框中输入 4,单击"OK"按钮。

（4）搭接几何体。

执行 Main Menu→Preprocessor→Modeling→Operate→Booleans→Overlap→Volumes 命令，单击"Pick All"按钮。

建成框架结构的最终形式，如图 13-54 所示。

图 13-54　框架结构实体模型

3．划分单元

（1）定义单元属性。

执行 Main Menu→Preprocessor→Meshing→Mesh Attributes→Default Attribs 命令，在"Meshing Attributes"对话框中，"TYPE"项选择"1 SOLID185"，"MAT"项选择 1，如图 13-55 所示，单击"OK"按钮。

图 13-55　选择单元属性

（2）控制网格大小。

执行 Main Menu→Preprocessor→Meshing→Size Cntrls→ManualSize→Lines→All Lines 命令，在控制单元尺寸的对话框中，"SIZE"项中输入 1，代表每条线都被按1m 长分段。单击"OK"按钮。

（3）划分单元。

执行 Main Menu→Preprocessor→Meshing→Mesh→Volumes→Free 命令，单击"Pick All"按钮，开始划分单元，划分好后如图 13-56 所示。

图 13-56　框架结构有限元模型

4. 施加载荷

（1）位移约束。

执行 Utility Menu→Select→Entities 命令，弹出"Select Entities"对话框，如图 13-57 所示填写完毕后，单击"OK"按钮。

执行 Main Menu→Solution→Define Loads→Apply→Structural→Displacement→On Areas 命令，单击"Pick All"按钮，弹出"Apply U,ROT on Areas"对话框，选择"All DOF"，单击"OK"按钮，给选择的柱脚处面施加零位移约束。

执行 Utility Menu→Select→Everything 命令，选择所有实体。

（2）施加重力。

执行 Main Menu→Solution→Define Loads→Apply→Structural→Inertia→Gravity→Global 命令，在对话框中，"ACELY"文本框中输入 10，单击"OK"按钮。

图 13-57　选择面

5. 静力求解

（1）选择分析类型。

执行 Main Menu→Solution→Analysis Type→New Analysis 命令，在弹出的"New Analysis"对话框中选择"Static"选项，单击"OK"按钮关闭对话框。

（2）开始求解。

执行 Main Menu→Solution→Solve→Current LS 命令，弹出一个名为"/STATUS Command"的文本框，检查无误后，单击"Close"按钮。在弹出的另一个"Solve Current Load Step"对话框中单击"OK"按钮开始求解。求解结束后，关闭"Solution is done"对话框。

6. 查看结算结果

（1）显示结构变形云图。

执行 Main Menu→General Postproc→Plot Results→Contour Plot→Nodal Solu 命令，选择"Nodal Solution→DOF Solution→Displacement vector sum"，单击"OK"按钮，可以显示结构变形图，如图 13-58 所示。

图 13-58　结构变形云图

（2）显示主应力云图。

执行 Main Menu→General Postproc→Plot Results→Contour Plot→Nodal Solu 命令，选择"Nodal Solution→Stress→3rd Principal stress"，单击"OK"按钮，可以显示第三主应力云图，如图 13-59 所示。

可以根据需要在后处理器中显示或者列表其他结果，这里不再一一介绍。

7. 退出程序

单击工具条上的"Quit"按钮弹出"Exit from ANSYS"对话框，选取一种保存方式，单击"OK"按钮，退出 ANSYS 软件。

图 13-59 结构第三主应力云图

13.4.3 命令流实现

略，见前言二维码中的电子文档。

二维码索引